Die Pharmaindustrie
Einblick – Durchblick – Perspektiven

Dagmar Fischer / Jörg Breitenbach (Hrsg.)

Die Pharmaindustrie

Einblick – Durchblick – Perspektiven

mit Beiträgen von
Achim Aigner, Robert Becker, Jörg Breitenbach, Frank Czubayko,
Dagmar Fischer, Tobias Jung, Gerhard Klebe, Jon B. Lewis,
Peter Riedl, Frank Riemenschneider, Manfred Schlemminger,
Ulrich Sprandel, Milton Stubbs

2. Auflage

Zuschriften und Kritik an:
Elsevier GmbH, Spektrum Akademischer Verlag, Dr. Ulrich G. Moltmann, Slevogtstraße 3–5
69126 Heidelberg

Wichtiger Hinweis für den Benutzer
Der Verlag und der Autor haben alle Sorgfalt walten lassen, um vollständige und akkurate Informationen in diesem Buch zu publizieren. Der Verlag übernimmt weder Garantie noch die juristische Verantwortung oder irgendeine Haftung für die Nutzung dieser Informationen, für deren Wirtschaftlichkeit oder fehlerfreie Funktion für einen bestimmten Zweck. Der Verlag übernimmt keine Gewähr dafür, dass die beschriebenen Verfahren, Programme usw. frei von Schutzrechten Dritter sind. Der Verlag hat sich bemüht, sämtliche Rechteinhaber von Abbildungen zu ermitteln. Sollte dem Verlag gegenüber dennoch der Nachweis der Rechtsinhaberschaft geführt werden, wird das branchenübliche Honorar gezahlt.

Bibliografische Information der Deutschen Nationalbibliothek
Die Deutsche Nationalbibliothek verzeichnet diese Publikation in der Deutschen Nationalbibliografie; detaillierte bibliografische Daten sind im Internet über http://dnb.d-nb.de abrufbar.

Planung und Lektorat: Dr. Ulrich G. Moltmann, Bettina Saglio
Herstellung: Elke Littmann-Bähr
Umschlaggestaltung: SpieszDesign, Neu-Ulm
Layout/Gestaltung: TypoDesign Hecker, Leimen
Satz: Mitterweger & Partner, Plankstadt
Druck und Bindung: LegoPrint S.p.A., Lavis

Gedruckt auf: 90 g Tauro Offset

Printed in Italy

ISBN-13: 978-3-8274-1732-9
ISBN-10: 3-8274-1732-5

Aktuelle Informationen finden Sie im Internet unter www.elsevier.de und www.elsevier.com

Autorenliste

HD Dr. Achim Aigner (Kap. 2)
Institut für Pharmakologie und Toxikologie
Medizinische Forschungseinheiten
Philipps-Universität Marburg
Karl-von-Frisch-Straße 1
D-35033 Marburg

Dr. Robert Becker (Kap. 3)
Stresemann Straße 40
D-88400 Biberach

Dr. Jörg Breitenbach (Kap. 1, 8, 9)
Hans-Sachs-Ring 95a
D-68199 Mannheim

Prof. Dr. Frank Czubayko (Kap. 2)
Institut für Pharmakologie und Toxikologie
Medizinische Forschungseinheiten
Philipps-Universität Marburg
Karl-von-Frisch-Straße 1
D-35033 Marburg

PD Dr. Dagmar Fischer (Kap. 1, 9)
Institut für Pharmazeutische Technologie
und Biopharmazie
Philipps-Universität Marburg
Ketzerbach 63
D-35032 Marburg

Dr. Tobias Jung (Kap. 5)
Galenische Entwicklung
Grünenthal GmbH
Postfach 50 04 44
D-52078 Aachen

Prof. Dr. Gerhard Klebe (Kap. 2)
Institut für Pharmazeutische Chemie
Philipps-Universität Marburg
Marbacher Weg 6
D-35032 Marburg

Dr. Jon B. Lewis (Kap. 8)
Business Development Consultant
Summerton House, Spring Lane
UK-Wymondham, Leics. LE14 2AY

Dr. Peter Riedl (Kap. 7)
Patentanwalt
Reitstötter, Kinzebach & Partner
Sternwartstraße 4
D-81679 München

Prof. Dr. Frank Riemenschneider (Kap. 6)
Fachhochschule Münster
Postfach 30 20
D-48016 Münster

Manfred Schlemminger (Kap. 4)
Leiter Zulassung/Registrierung
EPA Euro Pharma Auftragsforschung GmbH
Am Aufstieg 6
D-61476 Kronberg/Ts.

Ulrich Sprandel (Kap. 6)
ebc-Consult GmbH
Ober-Eschenbacher Straße 109
D-61352 Bad Homburg

Prof. Dr. Milton Stubbs (Kap. 2)
Physikalische Biotechnologie
Institut für Biotechnologie
Martin-Luther-Universität Halle
Kurt-Mothes-Straße 3
D-06120 Halle (Saale)

Vorwort zur 2. Auflage

Was passiert, wenn der Berufseinsteiger in der pharmazeutischen Industrie an seiner ersten Besprechung teilnimmt? Oder der Student, Doktorand sich um eine Famulatur oder Position in der Pharmaindustrie bewirbt?

Diese Situationen haben alle eines gemeinsam. Man stellt fest, dass die Pharmabranche eine Welt für sich ist, mit vielen ihr eigenen Gesetzmäßigkeiten und Abläufen und sogar einer eigenen Sprache, die sich für Außenstehende oder Einsteiger nicht ohne weiteres offenbaren und auch nicht Gegenstand von Lehrplänen sind.

Dies alles gab im Jahr 2002 die Idee zum vorliegenden Buch, das sich an Berufseinsteiger in der pharmazeutischen Industrie, Studierende naturwissenschaftlicher Zweige, Doktoranden und Apotheker, aber auch Betriebswirtschaftler, Ingenieure und Juristen wendet.

Für die erste Auflage 2003 waren die Ergebnisse der am 27.11.2001 veröffentlichten Studie „Wettbewerbsfähigkeit Deutschlands als Standort für Arzneimittelforschung und Entwicklung" mit der Forderung nach wissenschaftlicher Ausbildung in modularen, flexiblen Studiengängen internationalen Standards sowie einer stärkeren Orientierung des Ausbildungssystems an den späteren Anforderungen des Berufslebens in der Industrie ein Anlass zu dem vorliegenden Buch. Die deutsche Arzneimittelforschung, die auf eine lange und erfolgreiche Tradition zurückblickt, ist immer noch eher ein Patient, den es zu behandeln gilt. In den 70er-Jahren galt Deutschland noch als die „Apotheke der Welt". Heute hat Deutschland seine Stellung als ehemals weltweit führender Forschungs- und Entwicklungsstandort für die pharmazeutische Industrie eingebüßt und liegt nur noch im Mittelfeld.

Ziel und Anliegen des Buches ist es, einen Überblick über die relevanten Schritte der Entwicklung von Arzneimitteln bis zur Vermarktung zu geben. Dabei wird, wann immer möglich und im Umfang zulässig, der Vergleich zwischen Europa und den USA, den beiden größten Pharmamärkten, gezogen. Das Buch gibt einen Einblick in die vielfältigen Aktivitäten, die von heterogenen Berufsgruppen in gemeinsamen Teams – oftmals parallel – durchgeführt werden. Es werden Tätigkeitsfelder und Abläufe in der pharmazeutischen Industrie aufgezeigt, Zusammenhänge verständlich gemacht und Tendenzen und Perspektiven beleuchtet.

Die 1. Auflage wurde grundlegend überarbeitet. Insbesondere die Kapitel 1 und 9, die einen Überblick über den Status quo der pharmazeutischen Industrie geben, bedurften größerer Änderungen. Vor allem die Entwicklung des biotechnologischen Sektors zu einer eigenen Branche, die Neuordnung des Gesundheitssystems sowie die Novellierung des Arzneimittelgesetzes machten Aktualisierungen notwendig. Zahlreiche aktuelle Beispiele wurden ergänzt.

Das umfassende Thema gebietet, sich auf die essenziellen Aspekte zu beschränken. Aus diesem Grund befindet sich am Ende des Buches eine Auflistung der weiterführenden Literatur. Darüber hinaus soll die Liste mit einschlägigen Websites helfen, aktuelle Änderungen schnell und übersichtlich im Kontext zu erfassen.

Wir möchten all denen danken, die uns mit ihrem Beitrag und ihrer Expertise, ihrer Diskussionsbereitschaft und ihren Ideen bei der Entstehung der zweiten Auflage mit Rat, Tat und auch schonungsloser Kritik zur Seite gestanden haben.

Sowohl Vertreter der pharmazeutischen Industrie als auch Lehrende der Hochschulen haben uns Input gegeben, was uns zeigte, dass unser Konzept, beide Bereiche einander näher zu bringen, tatsächlich funktioniert. Ganz besonders haben wir uns über das Feedback von zahlreichen Studenten gefreut, das maßgeblich zur Verbesserung der zweiten Auflage beigetragen hat.

Ein ganz besonderer Dank geht wieder an das Team des Spektrum-Verlags, insbesondere Herrn Dr. Ulrich Moltmann und Frau Bettina Saglio, für ihr Engagement und ihren Einsatz. Bedanken möchten wir uns auch bei allen Autoren, die sich bereit erklärt haben, in kurzer Zeit ihre Kapitel zu überarbeiten. Im Voraus bedanken wir uns wieder bei allen Lesern, die uns hoffentlich mit Feedback, Anregungen und Kritik versorgen werden.

Mannheim, im Juli 2006
Dr. Jörg Breitenbach und PD Dr. Dagmar Fischer

Inhalt

1 Wandel und Herausforderung – die pharmazeutische Industrie

1.1 Entwicklung der pharmazeutischen Industrie

1.1.1 Von Extrakten zu Industrieprodukten

Der Wunsch, ja das Bedürfnis, Krankheiten zu lindern oder zu heilen, kann ohne Frage als eine der Triebfedern zur Entwicklung von Arzneimitteln im weitesten Sinne angesehen werden. Arzneimittel sind rückdatierbar bis auf 2100 v. Chr., und alle großen Kulturen trugen zur Weiterentwicklung der Medizin und Heillehre bei.

Ein steckbriefhafter Blick auf einige Meilensteine, die zur Bildung der pharmazeutischen Industrie maßgeblich beitrugen:

Im 13. Jahrhundert reformiert Friedrich der Zweite das **Gesundheitssystem** in Deutschland. Der Arztberuf und der des Apothekers werden getrennt. Die Zubereitung der Arzneimittel wird in die Hand des Apothekers gelegt.

„Die Dosis macht das Gift."[1] Dieser Satz, geprägt durch den schwäbischen Arzt Paracelsus (eigentlich Philippus Aureolus Theophrastus von Hohenheim, 1493–1541), fasst zwei bedeutsame Erkenntnisse zusammen: Erstens wird dem Wirkstoff als solches eine Wirksamkeit zuerkannt, zweitens entsteht der Dosisbegriff. Beides ist, wie noch gezeigt wird, entscheidend für die systematische Entwicklung von Arzneimitteln.

Seit Justus Liebig ein neues, forschungsorientiertes Ausbildungskonzept vorgelegt und durchgesetzt hatte, verfügte Deutschland über eine Vielzahl sehr gut ausgebildeter Chemiker. Mit dem Fortschritt in Chemie und Physik konnte die systematische Erforschung der Wirkung von Arzneimitteln begonnen werden. Gleichzeitig wurde die Technik der Tierexperimente ausgebaut, sodass die Wirkung von Giften und Arzneien am ganzen Körper und an den einzelnen Organen verfolgt werden konnte. Es war dies die Geburtsstunde der Pharmakologie. Die ersten Erfolge errang die Arzneimittelchemie mit der Isolierung der reinen Wirkstoffe aus bekannten Drogen: 1803 – das Morphium aus dem Mohn, 1818 – das Strychnin aus dem Samen der Ignatiusbohnen und 1821 – das Chinin aus der Rinde des Chinabaumes.

Von der reinen Erkenntnis der Wirksamkeit bis zum chemischen Aufbau des Wirkstoffs sollte es noch mal mehr als 100 Jahre dauern: Der chemische Aufbau des Morphiums, die **Strukturanalyse**, wurde erst 110 Jahre nach der Entdeckung des Stoffes aufgeklärt. Die Synthese wiederum gelang erst 135 Jahre nach der Isolierung. Um 1890 gab es nur wenige chemisch hergestellte Wirkstoffe: Chloroform zur Narkose, Chloralhydrat als Schlafmittel, Iodoform zur Desinfektion und von der Salicylsäure wusste man, dass sie bei rheumatischen Beschwerden hilfreich sein konnte.

In Preußen betrug die Apothekendichte um 1830 weniger als eine Apotheke auf 10.000 Einwohner, im Westen lag sie um den Faktor 1,5 besser. Die teilweise gewollt begrenzte Neuzulassung von Apotheken konnte nicht mit dem Bevölkerungswachstum Schritt halten.

1877 und 1891 gab es in Deutschland ein Reichsgesetz über Markenschutz und Warenbezeichnungen, das sich an den Anforderungen der Industrie nach Schutz der wissenschaftlichen Leistungen orientierte. Die **Bismarcksche Sozialgesetzgebung**, insbesondere das Krankenversicherungsgesetz von 1883 ermöglichte einer breiten Bevölkerung die medizinische Versorgung, sodass die Nachfrage stark anstieg.

---

[1] „Alle Dinge sind Gift und nichts ohn' Gift; allein die Dosis macht, dass ein Ding kein Gift ist."

Die Herstellung größerer Mengen von Wirkstoffen und Medikamenten führte zur Trennung zwischen Apotheke und **pharmazeutischer Fabrik**. Gesetzgebung, Markt und wissenschaftliche Innovation hatten zur Bildung eines neuen Industriezweiges beigetragen.

Viele Apotheker trugen diesem Umstand als clevere Geschäftsleute Rechnung und bauten eigene Fabrikationsstätten auf. Der erste war Heinrich Emanuel Merck (1794–1855), der Besitzer der Engel-Apotheke in Darmstadt. Er startete 1827 in einer pharmazeutisch-chemischen Fabrik mit der Herstellung von Alkaloiden, der Ursprung der heutigen Merck Darmstadt. Sein Großenkel gründete 1889 Merck & Co. in New York. Nach dem Ersten Weltkrieg wurde daraus die selbstständige amerikanische Merck & Co., die ihre Produkte heute unter dem Namen Merck Sharp & Dome vertreibt. In Berlin entstand aus der Grünen Apotheke am Wedding die spätere Schering AG. Christian Engelman und C. H. Boehringer begründeten jene Firma, aus der später die Boehringer Firmen in Ingelheim und Mannheim entstehen sollten. Die Brüder Albert und Hans Knoll gründeten zusammen mit Max Deage die Knoll in Ludwigshafen. Ähnliches geschah in der Schweiz. 1859 wird die erste Teerfarbenfabrik auf dem Kontinent gegründet, die Chemische Industrie in Basel, kurz Ciba.

1860 schrieb Oliver Wendell Holmes: »Ich glaube fest daran, dass, wenn man die ganze Materie der Medizin, wie sie nun benutzt wird, auf dem Grund der Meere versenken würde, wäre es besser für die Menschheit und schlechter für die Fische.« Trotzdem entstanden aus einer empirischen Wissenschaft bald nützliche Medikamente und Arzneimittel. Dazu hatte 1836 der deutsche Chemiker Friedrich Woehler beigetragen, der zum ersten Mal Harnstoff synthetisierte. Dies gelang ihm aus einer anorganischen Substanz, die eine organische Substanz, nämlich Harnstoff, als Resultat hatte. Chemiker versuchten von da an, Chemikalien auf künstliche Art und Weise in einfachen Bausteinen herzustellen. 1856 studierte der 18-jährige William Henry Perkin am Royal College of Chemistry in London Chemie unter dem deutschen Chemiker August Wilhelm Hoffmann. Perkin versuchte sich in einem kleinen Laboratorium im elterlichen Haus an der Synthese von Chinin. Obwohl er nicht erfolgreich war, produzierte er durch Zufall den ersten synthetischen Farbstoff, den er Mauveine nannte.

Später sollte dieser Farbstoff als Anilin schwarz oder blau bekannt werden. Diese Entdeckung führte zur Suche nach neuen Synthesen, z. B. durch Friedrich Bayer, der natürliche Farbstoffe extrahierte, ebenso wie die beiden Firmen Geigy und Ciba in der Schweiz. 1888 gründete die Friedrich Bayer GmbH, die es seit 1863 gab, ihre pharmazeutische Abteilung, um den ersten synthetischen Wirkstoff Phenacetin zu vermarkten. Phenacetin war von dem Chemiker Carl Duisberg entdeckt worden. Erst 1869 hatte Dimitrij I. Mendelejew das Periodensystem der Elemente entwickelt.

Gegen Fieber gab es bis 1883 nur Chinin. Das erste künstliche Fiebermittel wurde von Ludwig Knorr gefunden. Die Firma Hoechst brachte es 1884 als Antipyrin auf den Markt. Die Firma Kalle und Co. in Bieberich brachte Acetanilid als Antifebrin gegen Fieber auf den Markt. Diesem folgten 1888 Phenacetin und später die Acetylsalicylsäure als Aspirin der heutigen Bayer AG. Phenacetin gilt als das erste Arzneimittel, das von einer privaten Firma synthetisiert, entwickelt und vermarktet wurde. Es ist dies auch die Stunde der disziplinübergreifenden Forschung: Arzt, Apotheker und Chemiker bilden Forschungsgruppen. Die Synthese von Aspirin 1897 und dessen Einführung 1899 begründete Bayers Dominanz auf dem Gebiet synthetischer Chemikalien, die sich bis zum Beginn des **Ersten Weltkrieges** hielt.

Die Entdeckung, dass aus Bestandteilen des Steinkohlenteers Farbstoffe hergestellt werden können, hatte ein Vierteljahrhundert zuvor zur Gründung der Farbenfabriken geführt. Aus dem gleichen Grundstoff wurden nun Arzneimittel hergestellt. Die Entwicklung der deutschen Farbstoffindustrie gab einen weiteren Anstoß zur Herstellung synthetischer Arzneimittel. Verschiedene Zwischenprodukte bei der industriellen Erzeugung von Farbstoffen (**Anilinfarben**) erwiesen sich als geeignete Rohmaterialien zur Synthese von wirksamen Arzneimitteln. Beispiele sind die Sulfonamide (Prontosil, Aristamid, Cibazol, Supronal), die schwefelhaltige Abkömmlinge von Anilinfarbstoffen darstellen. Ähnliches gilt aber auch für die Firmen Ciba und Geigy in der Schweiz.

Gegen Ende des Jahres 1900 gab es rund 620 Arzneimittelhersteller.

Ein Blick über den Atlantik zeigt ähnliche Gründungsdaten. Als die Wiege der amerikanischen pharmazeutischen Industrie gilt Philadelphia mit dem ersten Krankenhaus (1751).

Geprägt durch den Civil War gründeten Pharmazeuten wie John Wyeth, William Warner und Louis Dohme und Ärzte wie Walter Abbott und William E. Upjohn Firmen zur Herstellung pharmazeutischer Produkte[2].

Der Weg in ein neues Industriesegment, die pharmazeutische Industrie als Teil der **chemischen Industrie**, war geebnet. Apotheke und Farbenindustrie hatten nacheinander wissenschaftliche Grundsteine für diese Entwicklung gelegt. Wie ging es weiter?

Das Know-how der organischen Chemie in den deutschen Chemiefirmen versetzte Bayer auch in die Lage, den ersten Anti-Syphilis-Wirkstoff Salvarsan herzustellen. 1910 hatte Paul Ehrlich die Entdeckung gemacht. 1936 führte Bayer Prontosil ein, den ersten der schwefelhaltigen Wirkstoffe, der von Gerhard Domagk entdeckt wurde. Prontosil wirkte insbesondere gegen Streptokokken, die bei Frauen nach der Geburt oftmals tödliche Infektionen hervorriefen.

Am 11. Januar 1922 injizierten der Chirurg Frederick G. Banting und der Physiologe Charles H. Best einem 14-jährigen Jungen mit Diabetes einen Leberextrakt. 1921 war ihnen die Isolierung des Insulins gelungen. Ein historischer Durchbruch folgte. George Henry Clowes, ein englischer Emigrant und Biochemiker bei Eli Lilly, trifft sich mit seinem Freund an der Toronto University, der ihm von Banting und Bests Erfolg erzählt. Clowes offeriert die Finanzierung und Herstellung dieses Produktes durch Eli Lilly. 1923 gelingt es Eli Lilly erfolgreich, vermarktbare Mengen von **Insulin** durch Extraktion aus tierischen Bauchspeicheldrüsen herzustellen. Seit den 80er-Jahren wird menschliches Insulin gentechnisch hergestellt. Die amerikanische pharmazeutische Industrie verstand sich mehr auf Produktion als auf Forschung. Nur Lilly und Squibb hatten eine nennenswerte nationale Präsenz. Zwischen 1932 und 1934, auf dem Höhepunkt der Wirtschaftsdepression, gingen 3512 Firmen in den USA bankrott. Darunter auch viele pharmazeutische Unternehmer, denen es an Umsatzvolumen mangelte.

In den 20er- und 30er-Jahren findet sich auch die weite Verbreitung von Vitaminen, die bei Glaxo von dem jungen Pharmazeuten Harry Jephcott vorangetrieben wurden. 1924 wird Vitamin D das erste pharmazeutische Produkt von Glaxo. Zwischen den beiden Weltkriegen wurden sog. patentierte Arzneimittel (*patent medicines*) in großen Mengen verkauft. Viele der Produkte hielten nicht, was sie versprachen und Werbung und unseriöse Versprechungen trugen ihren Teil zur unrühmlichen Popularität dieser Produkte bei. Zusammenfassend kann man sagen, dass die **pharmazeutische Industrie** ihren Ursprung in verschiedenen Wurzeln fand. Diese umfassen die sog. *retail pharmacies*, also Apothekenketten, wie z. B. Merck, SmithKline and French und Boots, die *patent medicine*-Firmen wie Beecham und Winthrop-Stearn und die Farben- und Chemiefirmen wie z. B. Ciba, Geigy, Bayer, Hoechst und ICI.

Akzeptiert man, dass die pharmazeutische Industrie in den Kriegsjahren erwachsen wurde, so lässt sich rückblickend sagen, dass sie eine außerordentlich produktive Teenagerzeit hinter sich hatte.

Mit Beginn des Zweiten Weltkrieges war die USA weitgehend abhängig von den Wirkstoffherstellern anderer Länder. Penicillin trug zur medizinischen Verbesserung während des Weltkrieges entscheidend bei. 1928 hatte Alexander Fleming die Entdeckung gemacht. Die Massenproduktion in den USA begann mit dem Eintritt in den Zweiten Weltkrieg, 1941. Die **Fermentationstechnik** begann ihren Siegeszug. Neben Penicillin wurde Plasma und Albumin für das Militär benötigt. Alleine Lilly stellte zwei Millionen Einheiten Plasma her. In einem Zusammenschluss von 13 Firmen war es gelungen die Plasmamengen bereitzustellen. Auch bei Penicillin war die Zusammenarbeit von 10 Firmen Garant für den Erfolg.

Die Nachkriegszeit zeichnete sich für die amerikanische pharmazeutische Industrie durch Expansion und Entwicklung neuer Wirkstoffe aus. Streptomycin (Merck & Co., 1945), Chlortetracy-

---

[2] Gründungsdaten wichtiger amerikanischer pharmazeutischer Firmen:
Frederick Stearns & Company (1855), William R. Warner & Co. (1856), E. R. Squibb & Sons (1858), Wyeth (1860), Sharp & Dohme (1860), Parke, Davis & Company (1866), Eli Lilly & Company (1876), Lambert Company (1884), Johnson & Johnson (1885), Upjohn Company (1886), Bristol-Myers (1887), Merck (U.S.) (1887), Abbott Laboratories (1888), G. D. Searle (1888), Becton Dickinson (1897).

Tabelle 1.1: Entwicklung der pharmazeutischen Forschung und Industrie im Überblick.

Zeitraum	1820–1880	1880–1930
Wissenschaftlicher Fortschritt	<ul><li>Mikroskope</li><li>Entdeckung der Zelle</li><li>Pathologie – G. B. Morgagni</li><li>Geburtshilfe – W. Hunter</li><li>Organische Chemikalien</li><li>R. Koch (Milzbrand-Bazillus)</li></ul>	<ul><li>Isolierung von Chemikalien aus Pflanzen</li><li>Synthese von Wirkstoffen</li><li>Röntgenstrahlen</li><li>Organische Chemie</li><li>E. von Behring – Diphtherietoxine</li><li>A. Flemming – Penicillin</li></ul>
Produktentwicklung	<ul><li>Alkaloide (Morphin)</li><li>Impfung/Immunologie E. Jenner – Pocken</li><li>Anästhetika</li><li>C. Long (Ethylether)</li></ul>	<ul><li>Schmerzmittel</li><li>Hypnotika</li><li>Insulin F. G. Banting, C. H. Best</li><li>Impfung/Immunologie L. Pasteur – Tollwut</li><li>P. Ehrlich – Salvarsan gg. Syphilis</li><li>Germanin (Bayer AG) gg. Schlafkrankheit</li><li>Eli Lilly – Lebertran gg. Anämie</li></ul>
Industriestruktur	<ul><li>Akademische Forschung</li><li>Teil der chemischen Industrie</li></ul>	<ul><li>Forschung in Firmen</li><li>Marketing</li></ul>

clin (Lederle, 1948) und Chloramphenicol (Parke-Davis, 1949) waren Ergebnis der Suche nach Breitbandantibiotika. Benadryl (Parke-Davis, 1946) war das erste Antihistaminikum.

Der ganze Prozess wurde in den USA seit 1852 durch einen starken Verband begleitet, die *American Pharmaceutical Association* (APhA). Zwei Präsidenten, A. Dohme und H. Dunning, kamen aus der Industrie, ebenso wie vier Ehrenvorsitzende (E. Mallinckrodt, H. Wellcome, J. Lilly Sr. und G. Pfeiffer). Dies sorgte für eine enge Verzahnung von Industrie und akademischer Forschung.

1.1.2 Etablierung und erste Zusammenschlüsse

Wie bereits beschrieben, fanden viele der Pharmafirmen – insbesondere in Europa – ihren Ursprung in der Wirkstoffentwicklung durch Chemiker, die ihre Wirkstoffe selbst synthetisierten. Produktionskopien, also solche, die durch andere Prozesse hergestellt wurden, und Marketing-Kopien der Wirkstoffe, die durch die großen Firmen vertrieben wurden, waren ein zweites Standbein.

1930–1960	1960–1980	1980–2005

• Prozessentwicklung
• Große Synthesemaßstäbe
• Orale Antidiabetika
  Sulfonylharnstoffe
• F. Crick, J. D. Watson, M. Wilkins –
  DNA Struktur
• A. Butenandt –
  Synthese d. Geschlechtshormone
	• Mechanismen
	• Rezeptoren
	• Genregulation –
	  J. L. Monod
	• Halbsynthetische Antikörper
		• Molekulare Biologie
		• Enzym Inhibitoren
		• Drug Delivery
		• Monoklonale Antikörper
		• Genomics
		• Human Genome Project

• Sulfonamide
  G. Domagk
• Antibiotika Penicillin in Therapie –
  E. Chain, H. Florey
  Streptomycin –
  S. A. Waksman
• Vitamine – B_{12}
• Hormone
  Antibabypille –
  G. Pincus
• J. E. Salk – Impfstoff gg.
  Kinderlähmung
	• Nichtsteroidale Antirheumatika
	• Calcium-Antagonisten – Verapamil,
	  Knoll AG
	• Diuretika
	• Antipsychotika
	• Antidepressiva
	• Beta-Blocker gg. Angina Pectoris
	  (Propanolol) –
	  J. W. Black (ICI)
	• ACE Hemmer Captopril (Squibb)
	• H_2-Blocker Cimetidin (Smith Kline
	  French)
	• Onkologie
		• Anti-Cholesterol
		• Virale Chemotherapie
		• AIDS – Proteaseinhibitoren
		  Reverse-Transkriptase Inhibitoren
		• Proteine
		• Gentechnologisch hergestelltes
		  Humaninsulin (Eli Lilly)
		• EPO
		• Lipidsenker
		• Cyclosporin als Immunsuppresivum
		  (Sandoz AG)
		• Gentechnisch hergestelltes
		  menschliches Wachstumshormon
		  (HGH = human growth hormon)
		• Lutenisierungshormon-Releasing-
		  hormon (LHRH) gg. Prostatakrebs
		  (Hoechst AG)
		• Sildenafil (Viagra, Pfizer)

• Erwerb und Zusammenschluss von
  Forschungs- zu Marketing-, Sales-
  u. Produktionsfirmen
• Marketing Organisationen
	• Horizontale Diversifikation
	• Diversifikation und Innovation wird
	  langsamer
	• Globalisierung
	• Patent Abläufe/
	  niedrigere Gewinne (1960)
		• Biotech
		• Blockbuster
		• Generika
		• OTC
		• Firmen-Aquisitionen/Zusammen-
		  schlüsse
		• Käufermarkt
		• Globalisierung
		• Staatliche Interventionen
		• Life Science
		• Vioxx-Produktrückruf

Als sich die pharmazeutische Industrie in den 50er- und 60er-Jahren etabliert hatte, waren die meisten der großen **Pharmafirmen** vollständig vertikal integriert, d. h., sie betrieben alle Prozesse von der frühen Forschung über die Entwicklung bis zur Produktion, dem Verkauf und Marketing selbst. Ein Konzept, das heute von den Pharmafirmen heftig diskutiert und von Biotech-Firmen nicht mehr praktiziert wird.

Diese Firmen strebten danach, gleichzeitig globale Verkaufs- und Marketing-Netzwerke aufzubauen, um ihre Entwicklungskosten durch Verkäufe in möglichst vielen Ländern schnell zu kompensieren. Wieder ein Aspekt, der bis heute seine Gültigkeit hat.

Da das **Patentrecht** zu dieser Zeit in vielen Ländern keinen Schutz für die Produkte der großen multinationalen Firmen bot, teils weil staatsübergreifende Übereinkünfte im Patentrecht fehlten, teils weil das Patentrecht noch wenig entwickelt war, war die Kopie von pharmazeutischen Produkten legitim und weit verbreitet. Die multinationalen Firmen waren daher bestrebt, ihre Produkte möglichst überall zu vertreiben und gleichzeitig den Nachahmern den Markteintritt zu erschweren.

Dies führte zu einer sehr restriktiven **Lizenzaktivität**. Firmen gaben ihre Produkte in Lizenzverträgen nur an Firmen weiter, wenn diese in den jeweiligen regionalen Märkten keine eigene Präsenz hatten. So entstanden Frühformen des Co-Marketing und der Co-Promotion, also dem Vertrieb einer Substanz unter verschiedenen oder gleichen Warenzeichen.

Patentrecht als Einstiegshürde für den Nachahmer und strategische Partnerschaften – dies sind heute weit verbreitete Prinzipien, verfolgt man nur die Schlagzeilen im Kampf zwischen Originator und Generikaanbieter.

Das Patentrecht der DDR kannte keinen Stoffschutz, sondern nur Verfahrenspatente. Dies gestattete, sich frühzeitig mit der Suche nach neuen Syntheseverfahren für Wirkstoffe zu befassen. Im Unterschied zur Bundesrepublik entwickelte man keine Nachahmerprodukte, sog. *me-toos*, was für das von staatlicher Seite stets limitierte Arzneimittelsortiment als durchaus typisch gelten kann.

Die pharmazeutische Industrie wurde durch die Vielzahl von Unternehmen geprägt, und so kam es in den 70er-Jahren zu Zusammenschlüssen, der ersten **Konsolidierungsphase**. Multinationale Firmen akquirierten kleine Firmen in Ländern, wo sie keine direkte Präsenz hatten. Kleinere nationale Firmen schlossen sich zusammen, um besser mit den sich ausdehnenden multinationalen Firmen im Wettbewerb stehen zu können. Dieser Prozess verlief in den einzelnen Märkten unterschiedlich. In England und der Schweiz hatte die Konsolidierung sehr früh begonnen und zu großen, finanziell starken Konzernen geführt, die ihre Forschungsausgaben erhöhen konnten, um einen konstanten Produktfluss zu gewährleisten.

In Frankreich hingegen fand eine Konsolidierung einiger kleinerer forschungsbasierter Firmen statt, die jedoch nur eine begrenzte Präsenz auf den ausländischen und Überseemärkten hatten. Die deutsche Industrie war dominiert von großen Chemiefirmen, Hoechst, Bayer und BASF, während in Spanien und Italien zunächst das Fehlen einschlägiger Patentgesetze zu einer sehr fragmentierten, aus vielen kleinen Unternehmen bestehenden Industrie führte.

Zu dieser Zeit war die US-amerikanische Pharmaindustrie bereits geprägt von einer Vielzahl von Zusammenschlüssen mit dem Resultat, dass diese großen Firmen ein sehr etabliertes globales Netzwerk und beeindruckende Forschungsstandorte hatten.

Die Zusammenschlüsse großer, international operierender Firmen war einer der letzten, neueren Schritte, die die Pharmaindustrie maßgeblich formte:

- 1995 erwirbt Pharmacia die Firma Upjohn für 6 Mrd. US-Dollar;
- 1996 schließen sich Ciba-Geigy und Sandoz zur Novartis zusammen;
- 1998 gleich drei **Elephanten-Hochzeiten**: Sanofi und Synthelabo, Astra und Zeneca, sowie Hoechst und Rhône-Poulenc, die zur Aventis werden.
- 1999 erwirbt Pharmacia&Upjohn Monsanto und im bisher finanziell teuersten Schachzug, fällt Warner-Lambert für 87 Mrd. Dollar an Pfizer.
- Im Januar 2000 folgten dann SmithKline Beecham und Glaxo Wellcome, das zu GlaxoSmithKline wird. Die Übernahme erfolgte für 76 Mrd. Dollar.
- 2001 kauft Johnson & Johnson die Firma Alza für 11 Mrd. Dollar. BristolMyersSquibb erwirbt DuPont Pharmaceuticals für 8 Mrd. Dollar.
- 2002 ist es wieder Pfizer, das Pharmacia für 55 Mrd. Dollar übernimmt.
- 2004 übernimmt Sanofi-Synthelabo Aventis für 66 Mrd. Dollar und wird zu Sanofi-Aventis.
- 2005 aquiriert Bayer Schering und wird voraussichtlich unter dem Namen Bayer-Schering Pharma firmieren.
- 2006 übernimmt die Firma Johnson & Johnson für 16.6 Mrd. US-Dollar den Bereich der rezeptfreien Medikamente von Pfizer.

1.2 Wandel und Herausforderung

1.2.1 Der Markt für pharmazeutische Produkte

Die pharmazeutische Industrie hat sich im heutigen Wirtschaftsgeschehen ohne Frage zu einem bedeutenden Industriezweig entwickelt. Die von ihr angebotenen Arzneimittel sind einerseits Gegenstand des täglichen Wirtschaftsverkehrs und unterliegen damit den gleichen Regularien und Vorschriften wie alle anderen Handelsgüter auch. Da Arzneimittel aber zur Anwendung an Mensch und Tier bestimmt sind, nehmen sie andererseits als sog. „Waren besonderer Art" eine Sonderstellung ein. Das Gesetz über den Verkehr mit Arzneimitteln (AMG), das Gesetz über die Werbung auf dem Gebiet des Heilwesens (HWG) und die Betriebsverordnung für pharmazeutische Unternehmer (PharmBetrV) stellen in Deutschland zusätzliche Rahmenbedingungen auf, denen Arzneimittel oder der Umgang mit Arzneimitteln genügen müssen.

Die pharmazeutische Industrie zählt zu den sog. weißen Industrien. Sie benötigt weder große Flächen noch in großen Mengen Rohstoffe, deren Vorräte begrenzt sind wie in der Stahl- oder chemischen Industrie. Der wesentliche „Rohstoff" ist die Intelligenz der Mitarbeiter. Circa 10 % der Beschäftigten sind Akademiker und darüber hinaus werden viele Fachkräfte beschäftigt.

Die **Bedeutung der Pharmaindustrie** und ihrer Produkte für die ganze Gesellschaft, der gesamtwirtschaftliche Effekt ist hier nicht eindeutig quantifizierbar, kommt jedoch u. a. durch höhere Lebenserwartung, verhinderte Neuerkrankungen und geringere Arbeitsausfälle zum Ausdruck. Vor 100 Jahren betrug die durchschnittliche Lebenserwartung der Menschen in Industrieländern nicht einmal 40 Jahre. Heute werden die Menschen im Durchschnitt älter als 70 Jahre. Neben den besseren hygienischen Verhältnissen und der gestiegenen Qualität der Ernährung ist dafür vor allem die bessere medizinische Versorgung, insbesondere die Bereitstellung wirksamer Arzneimittel verantwortlich. Schon ein durchschnittlicher Krankenstand von ca. 5 % der Beschäftigten bedeutet für das Bruttosozialprodukt der Bundesrepublik Deutschland eine jährliche 2-stellige Milliarden-Euro-Einbuße. Wenn die Anwendung vorbeugender oder heilender Arzneimittel eine Absenkung des Krankenstandes um nur 10 % bewirkt, bedeutet dies eine bedeutsame volkswirtschaftliche Einsparung von etwa 6 Mrd. Euro.

In der gesamten Kostenentwicklung des Gesundheitswesens ist der Anteil der Aufwendungen für Arzneien in den Gesamtausgaben der gesetzlichen Krankenversicherungen (GKV) rückläufig. Zu der oft erhobenen Behauptung, es bestehe ein Zusammenhang zwischen der Zahl der Arzneimittel und der Höhe des Arzneimittelverbrauchs, hat die Weltgesundheitsorganisation (WHO) festgestellt, dass es keinen Beweis dafür gibt, dass eine starre staatliche Kontrolle der Herstellung und des Vertriebs von Arzneimitteln einen Einfluss auf das Gesamtvolumen des Arzneimittelverbrauchs hat. Ebenso gibt es nach Auffassung der WHO keine Hinweise, die zu der Annahme berechtigen, dass ein numerisch großes Angebot von Arzneimitteln die Höhe des Arzneimittelverbrauchs signifikant beeinflusst. In allen Industrienationen hat sich gezeigt, dass die Entwicklung des **Arzneimittelverbrauchs** und des Wohlstands eng miteinander verknüpft sind. Auf der einen Seite schafft der wachsende Lebensstandard die materiellen Voraussetzungen für höhere Gesundheitsausgaben, andererseits hat er einen höheren Bedarf an Gesundheitsfürsorge und -vorsorge und damit auch an Arzneimitteln zur Folge. Ursachen dieser Entwicklung sind die mit dem wachsenden Wohlstand verbundenen Begleiterscheinungen wie höherer Verbrauch an Genussmitteln, falsche Ernährung, Bewegungsmangel und wachsender Stress. Diese Faktoren haben in allen Staaten zu einem steigenden Arzneimittelverbrauch geführt, und zwar unabhängig vom politischen System, von der Wirtschaftsordnung oder Art der Arzneimittelkontrolle. Dies gilt im Übrigen auch für jene Staaten, in denen für Arzneimittel nicht beim Publikum geworben werden darf.

Anders als andere Arbeitsgebiete wie z. B. die Chemie, entwickelt sich der Pharmamarkt unbeeinflusster von Konjunkturzyklen. Die Nachfrage in diesem Markt wird vor allem durch die Multimorbidität alternder Bevölkerungen, ungesunde Lebensweise, Epidemien wie Grippe,

Aids, Malaria und Tuberkulose sowie nicht zuletzt durch den medizinischen Fortschritt getrieben. Der Arzneimittelverbrauch steigt mit dem Alter und liegt bei der Gruppe der 80- bis über 90-Jährigen am höchsten. Die Gruppe der 25- bis 35-Jährigen bildet im Arzneimittelverbrauch das Minimum in Deutschland.

Im Jahr 2005 lassen sich die weltweiten **Pharmamärkte** in die führenden Märkte

- USA, mit einem Umsatz von Arzneimitteleinkäufen in Apotheken in Höhe von 185 Mrd. US-Dollar,
- Europa mit rund 92 Mrd. US-Dollar und
- Japan mit 60 Mrd. US-Dollar

unterteilen.

Das Wachstum betrug ca. 6 % auf gesamt rund 371 Mrd. US-Dollar in 12 Monaten von Februar 2004 bis einschließlich Januar 2005.

Im Jahr 2002 hat Europa für die Produktion von Arzneimitteln seinen Spitzenplatz mit 137 Mrd. Euro von den USA mit 111 Mrd. Euro zurückgewonnen. Das ist maßgeblich auf die Bedeutung Irlands als Produktionsstandort zurückzuführen. Japan konnte seinen Vorsprung im Vergleich zu den führenden Ländern in Europa, Frankreich, Großbritannien, Italien, Spanien und Deutschland nicht halten. Die Tendenz ist nicht zu verkennen. Europa hält seine Position nur schwer.

Auch in den Indikationsgebieten gibt es eine Rangfolge des Umsatzes, maßgeblich geprägt durch die Häufigkeit und das Ausmaß der Krankheitsbilder. Die therapeutische Kategorie Herz-Kreislauf führt das Feld an, vor Therapeutika im Bereich des zentralen Nervensystems und den sog. Stoffwechsel-Indikationen. An vierter Stelle folgen Präparate gegen Atemwegserkrankungen und als fünftes Präparate, die in den Bereich Antiinfektiva fallen. Die fünf genannten **Therapiegebiete** machen 70 % des gesamten Umsatzes aus. Das stärkste Umsatzwachstum entfällt auf den Bereich der Zytostatika mit mehr als 13 %.

Die Schulmedizin beschreibt rund 30.000 Krankheitsbilder. Dabei muss man wissen, dass z. B. Krebs oder Rheumatismus Sammelbezeichnungen für jeweils rund 100 z. T. sehr unterschiedliche Krankheitsbilder sind. Wesentlich zur Bekämpfung einer Erkrankung ist demnach zunächst einmal ihre richtige Diagnose. Zur Bekämpfung der Krankheit gibt es dann zwei allgemeine Hauptprinzipien:

1. die Prävention (Vorbeugung) und
2. die Therapie (Heilung).

Bei der **Prävention** unterscheidet man die primäre, die sich umfassend um die Gesunderhaltung wie richtige Ernährung, Hygiene und Vermeidung von falschen Genussmitteln kümmert, und die sekundäre, zu deren Bereich Schutzimpfungen und medikamentöse Maßnahmen gegen die Entstehung von Folgeerscheinungen chronischer Erkrankungen zählen. Die **Therapie** umfasst im Wesentlichen Medikamente, Operationen, Bestrahlungen, physikalische Maßnahmen wie Bäder und Massagen, Prothetik (wie Brillen oder Zahnersatz) sowie die Psychotherapie. Arzneimittel sind in der Regel in ein Therapiekonzept eingebettet, das zusammen mit anderen Maßnahmen zur Linderung der Symptome oder Heilung der Erkrankung führen soll. Vor diesem Hintergrund wird die kurative, heilende Medizin auf absehbare Zeit weiter eine wesentliche Rolle im Gesundheitswesen spielen. Allerdings kann man heute feststellen, dass innerhalb des Gesundheitswesens das Gewicht der Prävention zunehmen wird. Therapie und Prävention stehen jedoch nicht in einer Konkurrenz, sondern ergänzen sich.

Der einzelne Arzt verwendet im Durchschnitt maximal 300 Medikamente in seiner Therapie. Durch die verschiedenen ärztlichen Fachrichtungen, die z. T. spezifische Arzneimittel benötigen, und unterschiedliche medizinische Lehrmeinungen, werden die Mittel der Wahl „differenziert" betrachtet. Auch gibt es neben der naturwissenschaftlichen Schulmedizin offiziell anerkannte Therapieformen wie die Homöopathie. Der Bedarf von Arzt und Patient konzentriert sich auf etwa 2.000 Arzneimittel, die ca. 93 % des Apotheken-Umsatzes ausmachen. Etwa 2/3 beschränken sich auf die 500 umsatzstärksten Arzneimittel. Die restlichen 7 % des gesamten **Apothekenumsatzes** entfallen auf unverzichtbare Präparate, die ständig im Arzneimittelangebot enthalten sein müssen, wie z. B. selten benötigte, aber lebenswichtige Medikamente; neu auf den Markt gekommene Arzneimittel, die noch keine breite Anwendung finden; ältere Präparate, die von neueren Wirkstoffen abgelöst werden, aber dennoch bei bestimmter Befindlichkeitsstörung im Rahmen einer wirtschaftlichen Therapie nutzbringend eingesetzt werden können. Generell gilt aber auch hier das marktwirtschaftliche Prinzip: Medikamente, die nicht gebraucht werden, werden auch nicht nachgefragt und verschwinden vom Markt.

Der Markt für pharmazeutische Produkte teilt sich heute in zwei unterschiedliche Segmente: zum einen den sog. niedergelassenen Bereich, zum anderen den Krankenhausbereich. Der niedergelassene Bereich oder Apothekenmarkt, der die öffentlichen Apotheken beinhaltet, ist durch eine hohe Transparenz des Produktflusses und der Preisbildung sowie durch relative Preisstabilität gekennzeichnet. Der Klinikmarkt dagegen zeichnet sich mehr durch das freie Spiel der Kräfte aus, d. h. von Angebot und Nachfrage abhängige Tagespreise und Preisbildung auf der Basis mehrerer Produkte, Kompensationsgeschäfte oder Mischkalkulationen. Aufgrund dieser Wettbewerbssituation im **Klinikmarkt** beschränken sich die Marktbearbeitungsstrategien in diesem Segment in der Regel fast ausschließlich auf den Preis. Im **Apothekenmarkt** dagegen stellen die Produktpolitik, die Preispolitik und die Kommunikationspolitik die wichtigsten Wettbewerbsparameter dar. Diese Begriffe werden im Kapitel Marketing (Kap. 6) noch näher beleuchtet.

Dass der **niedergelassene Bereich**, nicht unerwartet, für die meisten Arzneimittelunternehmen der weitaus wichtigere ist, zeigen die folgenden Zahlen:

- Das Marktvolumen aller in öffentlichen Apotheken und Krankenhäusern abgesetzten Medikamente betrug im Zeitraum April 2005 bis März 2006 25,8 Mrd. Euro (zu Hersteller-Abgabepreisen).
- Davon entfielen allein auf den Apothekenmarkt rund 87 %, also 22,5 Mrd. Euro.
- Auch die sog. Selbstmedikation bildet ein wichtiges Marktsegment. Dieser Teilmarkt wird außerdem noch von einem dritten Markt des Arzneimittel-Gesamtmarktes überlappt, dem sog. *over the counter* (*OTC*)-Markt. Er umfasst sowohl die apotheken-, aber nicht verschreibungspflichtigen Präparate, als auch freiverkäufliche Arzneimittel, die zusätzlich in Drogerien, Reformhäusern und im Lebensmittelhandel verkauft werden dürfen. Daher ist ein Marktvolumen nicht exakt erfassbar, wird aber auf ca. 13 Mrd. Euro geschätzt.
- Die Zunahme der Selbstmedikation sowie der steigende Umsatz von **OTC-Produkten** macht deutlich, dass sich im Pharmasektor immer mehr ein Wandel vom Verkäufer- zum Käufermarkt vollzieht. Das Beziehungsgeflecht aus Anbietern und Nachfragern von Medikamenten verändert sich, wie die steigende An-

zahl der Präparate innerhalb bestimmter Indikationsgebiete, ihre zunehmende Vergleichbarkeit und damit verbunden ihre mögliche Substituierbarkeit zeigen. Letzteres verringert die Chance eines Anbieters, sein Angebot durchzusetzen, und erhöht gleichzeitig die Gelegenheit für den Arzt, der das Präparat verschreibt, Auswahl zwischen verschiedenen Alternativen zu treffen.

An dieser Stelle sei darauf hingewiesen, dass Arzneimittel zwar eine zentrale Rolle in der Gesundheitsversorgung spielen, bei den Leistungsausgaben z. B. in Deutschland im Jahr 2000 aber nur Kosten von 15,4 % ausmachten. Ein Aspekt, der oftmals bei der absoluten Größe der oben genannten Zahlen vergessen wird.

1.2.1.1 Megabrands und Blockbuster

Vielfach taucht in der Literatur der Begriff der Blockbuster und Megabrands auf. Was verbirgt sich hinter diesen Begriffen und welche Implikationen sind damit verbunden?

Megabrands sind nach AstraZeneca Produkte, die Umsätze von einer Milliarde US-Dollar pro Jahr erreichen. Dies nicht etwa in einem beliebigen Zeitraum, sondern bereits zwei Jahre nach der Markteinführung. Damit einher gehen Umsätze in mehreren Jahren von einigen Mrd. US-Dollar über die Folgejahre. Ein solches Produkt kann nur entstehen, wenn die Vermarktung innerhalb von zwei Jahren in etwa 60 Ländern weltweit erfolgt. Dies wiederum erfordert, wie unschwer zu folgern ist, enorme Marketingaufwendungen. AstraZeneca schätzt, dass die Aufwendungen etwa zwischen 0,5–1 Milliarde US-Dollar in den ersten zwei Jahren betragen. Etwa 25 % dieser Ausgaben werden vor der eigentlichen Vermarktung in sog. *pre-launch*-Aktivitäten ausgegeben.

Als Beispiel drei Produkte, die in die Kategorie der Megabrands fallen: Celebrex®, Viagra® und Lipitor®. Lipitor® erlöste von Februar 2005 bis Januar 2006 einen Umsatz von 11,4 Mrd. Dollar.

Von **Blockbustern** spricht man gemeinhin bei Produkten von mehr als einer Milliarde US-Dollar Umsatz, unabhängig vom Zeitraum. Die Anzahl von Blockbustern ist über die Jahre kontinuierlich angestiegen: Während es 1997 ca. 17 Produkte waren, befanden sich 2001 nahezu 50 Blockbuster auf dem Markt. 2005 waren es 94.

Der maximale Erfolg kann also nur erreicht werden, wenn die jeweilige Firma schon in den ersten Jahren nach der Markteinführung einen Durchbruch, d. h. eine schnelle und vollständige Marktdurchdringung erzielt. Das hat dazu geführt, dass auch führende Pharmafirmen im Bereich des Marketing Partnerschaften suchen. Ein gutes Beispiel ist dabei die Partnerschaft zwischen Glaxo und Roche für die Co-Promotion von Ranitidin in den USA.

Interessant ist, dass sich die geografische Verteilung dieser großen Produkte geändert hat: Wurden 1991 noch 60 % aller Blockbuster-Produkte von europäischen Firmen und 40 % von US-amerikanischen vertrieben, gehörten im Jahr 2001 nur noch 28 % zu europäischen Firmen, während 68 % nun zu US-amerikanischen Firmen und 4 % zu japanischen Firmen gehörten.

Nicht nur die Aufwendungen sind groß, sondern auch der Zeitdruck hat sich erhöht. Während das Produkt Inderal® (Propanolol) etwa zehn Jahre exklusiv im Markt war, bis ein Nachfolger in der Wirkstoffklasse am Markt auftauchte – Lopressor® mit dem Wirkstoff Metoprolol – dauerte es bei dem Antirheumatikum Vioxx® (Rofecoxib) kein Jahr mehr. 1999 wurde auch Celebrex® (Celecoxib) auf den Markt gebracht. Der Wettbewerb um Blockbuster ist wesentlich schneller geworden.

In den einzelnen Indikationen sorgt der **Wettbewerb** der Arzneimittelinnovationen für erhöhten Kostendruck und eine steigende Leistungsfähigkeit des angebotenen Arzneimittels. Am Beispiel der Ulcus (Magengeschwür)-Therapeutika erkennt man den Wandel durch Wettbewerb. Zantac® war Marktführer für einige Jahre, wurde aber durch zwei neue Arzneimittel, Prilosec® und Prevasit®, abgelöst. Nach wenigen Jahren und nach Patentablauf ist auch der Markführer Prilosec® auf dem absteigenden Ast. Neueinführungen drängen in den Markt. Dem Marktführer von 1995 (etwa 37 % Marktanteil) GlaxoSmithKline bleiben 2002 mit Zantac® gerade noch 2,4 % vom Markt.

Auch der **generische Wettbewerb** hat an Geschwindigkeit zugelegt. 1980 konnte man noch hoffen, dass erst nach zwölf Monaten etwa 40 %, nach 18 Monaten 48 % der Umsätze des Originatorproduktes auf Generikaanbieter verteilt wurde. In den Neunzigern sind nach 18 Monaten durchschnittlich 70 % der Umsätze für den Originator verloren. Da erscheint es kaum verwunderlich, dass alle Firmen, deren Umsätze auf solchen Produkten beruhen, mit Argusaugen den generischen Wettbewerb und die Patentlaufzeit betrachten. Das sog. Lifecycle Management, die „Wiederbelebung" und Sicherung eines Produktes, d. h. primär Abwehr des generischen Wettbewerbs durch unterschiedliche Strategien, steht im Mittelpunkt.

Beispielhaft seien einige Produkte in Tabelle 1.2 erwähnt. Klar ist, dass mit Patentablauf starke Einbrüche im Umsatz des jeweiligen Unternehmens zu verzeichnen sein werden.

Die Umsatzeinbußen durch Patentabläufe in den USA werden im Jahr 2005 auf 10 Mrd. US-Dollar geschätzt, bei nur zwölf betroffenen Produkten.

Bis zum Jahr 2008 werden weltweit weitere Medikamente mit einem Umsatzvolumen von 66 Mrd. Dollar ihren Patentschutz verlieren. Dazu gehören Präparate wie Biaxin, Novolin, Zoloft, Prevacid, Imigran, Neupogen, Oxycontin, Melavotin, Pravachol, Paxil, Norvasc, Effexor, Fosamax und Risperdal.

Langfristig ist der Markterfolg von sog. Blockbustern wie Losec® von AstraZeneca, Prozac® von Eli Lilly und kürzlich Celebrex® von Pharmacia weniger wahrscheinlich.

Trotz steigender Aufwendungen in den **Forschungsausgaben** bis auf 50 Mrd. US-Dollar 2003 ist die Anzahl der weltweit erstmals eingeführten, neuen Arzneimittel eher stagnierend. Sie schwankte von 1992 bis 1995 etwa um den Wert 40, um 1998 auf 35 zu fallen. Dies gilt insbesondere für die chemischen Wirkstoffe (New Chemical Entities, NCEs). Bei den biologischen Wirkstoffen (New Biological Entities, NBEs) stieg die Anzahl, jedoch ohne eine Trendumkehr bei der Gesamtzahl zu bewirken.

Betrachtet man diese Aspekte, scheint die vorgegebene Marschrichtung zu großen, globalen Produkten durchaus ihre Nachteile zu offenbaren. Zeitdruck und finanzielle Aufwendungen steigern sich in immer neue Größenordnungen und damit auch das Risiko – der Return, also letztlich das, was dem Unternehmen als Gewinn erhalten bleibt, ist zumindest stärker gefährdet und ungewisser als noch vor zehn Jahren.

Tabelle 1.2: Blockbuster-Wirkstoffe die den Patentschutz verloren haben.

Wirkstoff	Präparat	Firma	Patentablauf USA (Jahr)
Terazosin	Hytrin	Abbott Laboratories	2000
Enalapril	Vasotec	Merck & Co.	2000
Glucophage	Metformin	BristolMyersSquibb	2000
Pepcid	Famotidin	Merck & Co.	2000
Prozac	Fluoxetin	Eli Lilly	2001
Prilosec	Omeprazol	AstraZenenca	2001
Mevacor	Lovastatin	Merck & Co.	2001
Biaxin	Clarithromycin	Abbott Laboratories	2003
Cipro	Ciprofloxacin	Bayer	2003
Calritin	Loratidin	Schering-Plough	2004
Zithromax	Azithromycin	Pfizer	2005
Pravachol	Pravastatin	BristolMyersSquibb	2005
Zocor	Simvastatin	Merck & Co.	2005

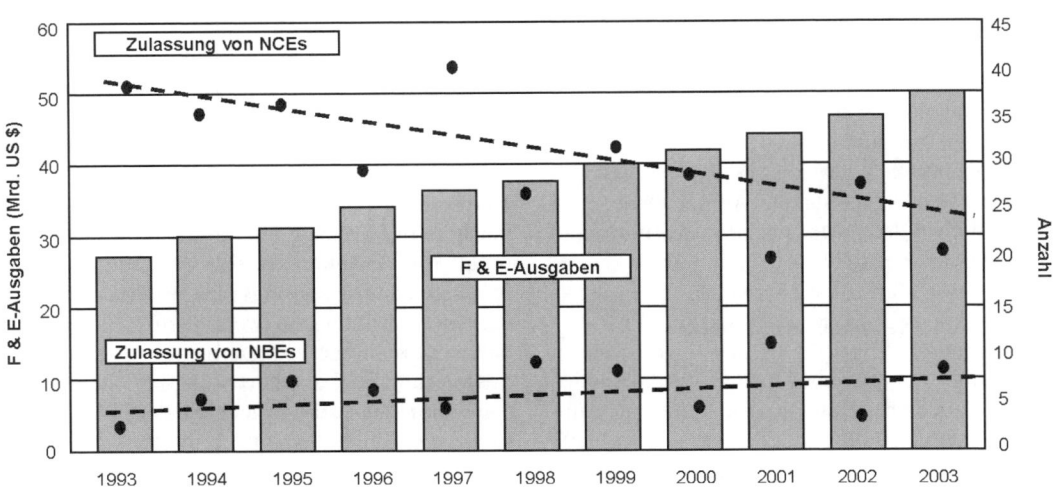

Abb. 1.1: Anzahl jährlicher zugelassener chemischer und biologischer Wirkstoffe 1993–2003.

1.2.1.2 Staatliche Reglementierung und Intervention

Da es im Geschäft mit pharmazeutischen Produkten aber nicht zuletzt um die Sicherheit der Konsumenten geht, behält sich der Staat vor, regulierend und kontrollierend auf diesen Prozess Einfluss zu nehmen. Kennzeichnend für die Einflussnahme sind verschiedene Restriktionen:

1. Sicherung der pharmazeutischen Qualität durch Optimierung von Personalausstattung, Betriebsräumen und Einrichtungen für die Herstellung und den Arzneimittelvertrieb.

2. Steigende Zulassungsanforderungen für neue Arzneimittel.
3. Werbebeschränkungen zur Verhinderung missbräuchlicher Werbepraktiken auf dem Arzneimittelmarkt.
4. Ärztemusterbeschränkung.
5. Reglementierung der Durchführung von Feldstudien.

Die Qualität von Arzneimitteln ist zweifellos eine wesentliche Grundlage für die Arzneimittelsicherheit. Qualität entsteht, wenn Ausgangsstoffe und Produktionsprozesse gleichermaßen geeignet sind. Die Auswahl geeigneter Ausgangsstoffe und Produktionsprozesse liegt in der Verantwortung der Hersteller von Arzneimitteln. Staatliche Regelungen und Richtlinien sollen Arzneimittelsicherheit und ein angemessenes Qualitätsniveau bewirken. Das Arzneibuch ist eine dieser staatlichen Regelungen für die Qualität von Arzneimitteln, sogar diejenige mit der längsten Tradition: Das erste amtliche **Arzneibuch** Europas ist das Dispensatorium des Valerius Cordus, das vor 456 Jahren in Nürnberg eingeführt wurde (1546). Seitdem hat sich die Aufgabe der Arzneibücher kaum verändert. Noch heute lautet sie:

- Festlegung der angemessenen Qualität von Ausgangsstoffen für die Herstellung von Arzneimitteln;
- Festigen der Qualität von Zubereitungen durch Vorschriften über die Herstellung;
- Ausschluss unlauterer Konkurrenz durch Billigangebote unter Verzicht auf Qualität;
- Ausschluss von Fälschungen von Stoffen und Zubereitungen.

Das BfArM als europäische Behörde

Am 1. Juli 1975 wurde das Institut für Arzneimittel als Teil des Bundesgesundheitsamtes gegründet. Es arbeitet durch das am 24. Juni 1994 beschlossene Gesetz über die Neuordnung zentraler Einrichtungen des Gesundheitswesens (GNG) als selbstständiges Bundesinstitut für Arzneimittel und Medizinprodukte (BfArM) und ist dem Bundesgesundheitsministerium direkt unterstellt. Vorläufer des Arzneimittelinstituts war das Spezialitätenregister des Bundesgesundheitsamtes. Aufgabe beider Institutionen war zunächst die Registrierung von Arzneimitteln nach dem Arzneimittelgesetz von 1961. Erstmalig wird 1971 mit der Einführung einer Prüfrichtlinie

eine vorbeugende Sicherheitsprüfung im Registrierungsverfahren eingeführt. Damit wurde die Ablösung der Registrierung durch das Prüfverfahren der Zulassung durchgeführt. Die 2. Novelle des Arzneimittelgesetzes von 1986 führte die sog. Fachinformation, zustimmungspflichtige Änderungen, den Verwertungsschutz für Zulassungsunterlagen sowie die Begründungspflicht bei Kombinationspräparaten ein. Die 3. Novelle 1988 brachte das Zulassungsverfahren nach dem § 7a des AMG, d. h. die Zulassung vergleichbarer Arzneimittel mit bekannten Stoffen wurde erleichtert. Die 4. Novelle 1990 brachte mit § 25 neue Zulassungsverfahren und in § 29 weitere zustimmungspflichtige Änderungen. Die 5. Novelle von 1994 schrieb eine geänderte Reihenfolge der Angaben in der Packungsbeilage vor. Inzwischen ist die 14. Novelle des Arzneimittelgesetzes (AMG) am 6. September 2005 in Kraft getreten. Mit der Novelle werden in erster Linie neue Regelungen des EU-Arzneimittelrechtes in nationales Recht umgesetzt werden. Dies betrifft unter anderem Vorschriften bei der Zulassung, für Etikettierung und Packungsbeilagen, Qualitätskontrollen, eine bessere Information der Öffentlichkeit und mehr Transparenz bei den Zulassungs- und Überwachungsbehörden.

Die Hersteller werden unter anderem verpflichtet, die deutschen Zulassungsbehörden über alle Verbote und Beschränkungen zu informieren, denen ihr Produkt in anderen Ländern unterliegt. Ebenso müssen sie der Aufsichtsbehörde alle andern Informationen zugänglich machen, die für eine Nutzen-Risiko-Bewertung wichtig sind. Außerdem soll die Öffentlichkeit umfangreicher über zugelassene Medikamente informiert werden. So werden die Zulassungsbehörden künftig die Zusammenfassung der Produktmerkmale, den Beurteilungsbericht mit Informationen über die Ergebnisse der pharmazeutischen, vorklinischen und klinischen Versuche sowie Angaben über Auflagen bei der Zulassung von Humanarzneimitteln veröffentlichen. Den Zulassungsbehörden wird ermöglicht, Betriebe und Einrichtungen zu überprüfen, die Arzneimittel herstellen, in Verkehr bringen oder klinisch testen.

Durch die Einführung des **zentralen und dezentralen Zulassungsverfahrens** der Europäischen Union sind die europäischen Zulassungsbehörden, also auch das BfArM, in einen direkten Wettbewerb zueinander getreten. Im zentralen Verfahren befindet sich die Behörde im Wettbewerb um die Rolle des Rapporteurs und Co-Rapporteurs. Diese führen das Zulassungsverfahren und können erheblichen Einfluss auf den Inhalt einer Zulassung ausüben. Im dezentralen Anerkennungsverfahren stehen die Behörden im Wettbewerb mit anderen Behörden um die erste Zulassung der Arzneimittel. Da die Erstzulassungsbehörde bei den folgenden Anerkennungsanträgen als Referenzbehörde auftreten kann (*reference member state*) bestimmt sie maßgeblich den Inhalt aller weiteren Zulassungen. Auch die Neufassung der amtlichen Erläuterungen zur Erstellung von Zulassungsanträgen, die sog. *notice to applicants,* gehören zum Aufgabengebiet der Zulassungsbehörde. Für ein breites Spektrum an Generika liegen heute Monographien oder Mustertexte für Packungsbeilage und Fachinformation (*summary of product characteristics* – SPC) vor.

Im November 1993 publizierte die Europäische Kommission ein wichtiges Papier, das sog. *Program of Community Action of Health Promotion Information Education and Training within the Framework for Action in the Field of Public Health.* In dieser Publikation erkannte und förderte die Kommission den Trend zur **Selbstmedikation.** Sie stellte fest, dass Selbstmedikationen von besonderem Vorteil in der Behandlung von geringfügigen Gesundheitsstörungen sind. Sie führte weiterhin darin aus, dass darüber hinaus die Selbstmedikation auch möglich sein sollte nach einer Diagnose und Verschreibung. Der Arzt delegiert dann gleichsam die Verantwortung an den Patienten, während er selbst weiterhin beratend zur Verfügung steht.

Die politische Unterstützung öffnet der Selbstmedikation Bereiche, die seither der Therapie durch den Arzt vorbehalten waren. Möglich wird diese Entwicklung aber nur dann, wenn die Patienten ausreichende, leicht zugängliche und verständliche Informationen zur Verfügung haben. Unterstützt wird der Trend zur Selbstmedikation durch das immer weiter um sich greifende Phänomen der leeren Kassen im öffentlichen Gesundheitswesen aller EU-Mitgliedsstaaten. Der Trend zur Selbstmedikation wird aber bislang bei den Stellen, die fachlich über die Frage der Zuordnung eines Präparates zum Verschreibungsstatus bzw. zur Entlassung aus der Verschreibungspflicht entscheiden, wenig berücksichtigt. Die EU-Verschreibungspflicht-Richtlinie 92-26-

EWG schreibt in den Artikeln 5 und 6 fest, dass jedes Mitgliedsland eine Liste der auf seinem Hoheitsgebiet vorgenommenen verschreibungspflichtigen Arzneimittel erstellen muss. Es gibt Stimmen in Europa, die dazu auffordern, alsbald eine EU-einheitliche Liste **verschreibungspflichtiger Arzneistoffe** zu erstellen. Hinzu kommt, dass die Regelungen des Verschreibungsstatus bislang nicht Teil des gegenseitigen Anerkennungsverfahrens, also des dezentralen Zulassungsverfahrens ist. Die Verschreibungspflicht wird bislang national entschieden. Daraus resultiert, dass Arzneimittel, die durch dezentrale Zulassungsverfahren in verschiedene Länder gegangen sind, unterschiedlichen Status haben können. Eines der Merkmale, die nicht für einen existierenden, einheitlichen europäischen Markt sprechen.

Die FDA

Die staatliche Regulierung in den USA geht auf das Jahr 1848 zurück. Mit dem sog. *Important Drugs Act* wurde der amerikanische Zoll ermächtigt, Wirkstoffe aus Übersee zu testen und die Einfuhr ggf. zu verweigern. Die Umsetzung der Gesetze war zunächst im *Bureau of Chemistry* im Landwirtschaftsministerium angesiedelt, bis 1927 die *Food, Drug and Insecticide Administration* gebildet wurde, die sich später in die *Food and Drug Administration* (FDA) umbenannte (1930).

Die Gesetzgebung scheint Zwischenfällen im Marktgeschehen zu folgen, wie an einigen Anhaltspunkten klar wird: 1906 ging der *Federal Food and Drugs Act* gegen die *patented medicines* vor. Für die forschenden Arzneimittelhersteller war nun die *United States Pharmacopoeia* (USP) und das *National Formulary* (NF) der neue Standard. Alle Produkte hatten diesen Kompendien, dem NF und der USP, mit Hinsicht auf Dosisstärke, Qualität und Reinheit zu genügen. Damit wurde ein hoher Qualitätsstandard eingeführt, den nur große Firmen, mit entsprechender Expertise erfüllen konnten. 1937 wurde ein hoch toxischer Hilfsstoff in einem Präparat vermarktet. Mehr als 100 Menschen starben. Der Vorfall führte zu einem Gesetz, das seit 1933 im Kongress beraten wurde, dem *Federal Food, Drug, and Cosmetic Act (FDC Act)* von 1938. 1938 gab es den **Thalidomid-Fall.** Der Wirkstoff war in Deutschland und England auf den Markt gebracht worden, als Schlafmittel und zur Behandlung von Übelkeit bei Schwangeren. Es zeigte sich, dass Thalidomid fruchtschädigend war und viele missgebildete Kinder zur Welt kamen. Die USA hatten die Zulassung verweigert. Der entscheidende Teil des *FDC Act* war, dass die Arzneimittelhersteller gegenüber der FDA die Sicherheit des neuen Arzneimittels beweisen mussten. 1938 kam auch die Bewerbung von Arzneimitteln unter die Aufsicht der FDA. Der *FDC Act* wurde ergänzt und erneuert und findet sich in Titel 21 im *Code der Federal Regulations* (CFR). 1941 und 1945 wird in der Ergänzung des *FDC Act* die Testung und Zertifizierung jeder Charge von Antibiotika vorgeschrieben. 1951 regelt das *Durham-Humphrey Amendment* die Verschreibung von Wirkstoffen. 1962 werden die Kefauver-Harris-Ergänzungen eingebracht, die den Beweis der Wirksamkeit und Sicherheit neuer Arzneimittel vor der Vermarktung fordern, rückwirkend bis 1938. 1972 schließlich wurde beschlossen, dass alle Arzneimittel bei der FDA gelistet sein mussten.

1983 wurde der *Orphan Drug Act* beschlossen. Dieses Gesetz begünstigt Entwickler und Vermarkter von Arzneimitteln für seltene, und daher wirtschaftlich wenig interessante Therapien.

Um den generischen Wettbewerb zu fördern, wurde 1984 der *Waxman-Hatch Act* beschlossen. Dieses Gesetz regelt die verkürzte Zulassung von Präparaten, die äquivalent zu den Originator-Präparaten sind, durch die FDA.

Der Einfluss auf das weltweite Geschehen im pharmazeutischen Sektor ist heute unverkennbar. Weit über die *International Conference on Harmonization of Technical Requirements for Registration of Pharmaceuticals for Human Use (ICH,* Kapitel 1.3.2.2*)* hinaus gibt die FDA Richtlinien und Vorgehensweisen aus, an die sich die Marktteilnehmer gemeinhin halten.

So kündigte die FDA im August 2002 eine signifikant neue Initiative an: *„Pharmaceutical cGMPs for the 21st Century: A Risk-Based Approach".*

Ziel ist es, die Regulierung für die pharmazeutische Fertigung und die Produktqualität (*current Good Manufacturing Practices,* cGMP) zu verbessern und den Fokus im 21. Jahrhundert auf diese Regulierungs-Verantwortung der FDA zu legen. Von dieser Initiative betroffen sind sowohl Humanarzneimittel- als auch Veterinärarzneimittel-Hersteller.

Die FDA sieht ihre Regularien und Inspektionen als weltweiten „Goldstandard" an. Dennoch ist sich die FDA der Tatsache bewusst, dass auch ein gutes System noch verbessert werden kann. Dazu dient nun diese Initiative.

Drei Hauptziele nennt die FDA für die neue Initiative:

- Die Aufmerksamkeit, Ressourcen und cGMP-Anforderungen der FDA mehr auf potenzielle Risiken für die öffentliche Gesundheit zu legen.
- Die Sicherstellung, dass die Entwicklung und Implementierung neuer Produktqualitätsstandards der FDA keine Innovationen oder neue Herstellungs-Techniken behindert.
- Die Einheitlichkeit und Berechenbarkeit der FDA zu verbessern (bessere Abstimmung zwischen dem FDA *center* und den *field offices*).

Dass die FDA auch Klagen ausgesetzt ist, zeigt der Fall **Vioxx**: Ein Forscherteam um Peter Jüni von der Universität Bern hatte Merck Sharp & Dome (MSD) und der US-Arzneimittelbehörde FDA im renommierten Fachblatt *The Lancet* vorgeworfen, sie hätten die Gefahr von Vioxx schon vor Jahren erkennen müssen. Jüni und Kollegen analysierten knapp 30 Studien aus der FDA-Datenbank und entdeckten dabei nach eigenen Angaben, dass sich schon Ende 2000 ein mehr als verdoppeltes Herz-Kreislaufrisiko bei Vioxx-Patienten abzeichnete. Am 30. September 2004 hatte MSD das Medikament Vioxx® freiwillig weltweit vom Markt genommen. Grund für die Rücknahme der Medikamente mit dem Wirkstoff Rofecoxib (Vioxx, Vioxx Dolor, Ceoxx) waren neue Daten aus einer Langzeitstudie. Derweil bereiten sich laut *New York Times* schon hunderte von US- Anwälten auf eine Flut von Klagen gegen Merck vor, der Aktienkurs von Merck fiel dramatisch. Es zeigte sich zunächst, dass nach 18 Monaten das Herzinfarkt- und Schlaganfall-Risiko in der Vioxx-Gruppe anstieg, nicht aber bei den Probanden, die Placebo geschluckt hatten. Nach Angaben der amerikanischen Gesundheitsbehörde FDA erlitten 3,5 Prozent der mit Vioxx behandelten Patienten einen Herzinfarkt oder Schlaganfall. In der Placebogruppe waren es dagegen nur 1,9 Prozent.

Die Fachzeitschrift *New England Journal of Medicine* korrigierte dann die Studie zu den Risiken des Schmerzmittels „Vioxx". Danach steige die Gefahr von Herzproblemen nicht erst nach einer Einnahmezeit von 18 Monaten, sondern kontinuierlich. Zwar träten Herzinfarkte und Schlaganfälle häufiger bei Patienten auf, die mindestens eineinhalb Jahre lang mit Vioxx behandelt wurden. Die eigentliche gesundheitliche Schädigung könne aber dennoch zu einem früheren Zeitpunkt erfolgt sein. Grund für die Korrektur seien Rechenfehler von Merck, das an der Studie beteiligt war, so die Publikation.

Diese Publikation vom August 2005 revidierte die Ergebnisse der im März 2005 publizierten Langzeitstudie.

Der Vioxx-Skandal hatte Merck bereits zig Millionen Dollar an Entschädigungen gekostet. Erst im April 2005 hatte ein Geschworenengericht in der US-amerikanischen Stadt Atlantic City Merck für die Herzerkrankung eines Klägers haftbar gemacht. Das Gericht sprach einem 77-jährigen Rentner 4,5 Mio. Dollar Schadensersatz zu. Merck habe den Kläger nicht hinreichend über die möglichen Herzkreislauf-Risiken von Vioxx informiert.

Viel schlimmer als die Schadenersatz- und Strafsummen wirkte sich für Merck jedoch der Umsatzverlust aus. Im Jahr 2003 nahm Merck durch das Medikament mehr als 2,5 Mrd. Dollar ein. Betrachtet man die Anzahl der behandelten Patienten und die Größe des Produktes ist dies der größte Rückruf in der Geschichte der Pharmaindustrie.

Das Arzneibuch

Die Mittel, mit denen das Arzneibuch seine Ziele verfolgt, sind, wie bereits in Kapitel 1.2.1.2 beschrieben, grundsätzlich unverändert: Die Qualität von Stoffen und Zubereitungen wird in Form von Monographien festgelegt. Letztere haben sich im Laufe der Zeit stark verändert, indem sie den wissenschaftlichen Fortschritt nutzen und die Methoden der **Prüfung von Arzneimitteln** und Zubereitungen immer mehr erweitern. Die Entwicklung kann am Beispiel des Chininsulfats demonstriert werden: Schon im ersten deutschen Arzneibuch (1872) wurde Chininsulfat auf Identität und Reinheit geprüft. Eine Gehaltsprüfung wurde erst 1959 eingeführt. Dies ist weniger auf die Entwicklung der Methodik, in diesem Fall der Maßanalyse, als auf eine Änderung des Konzepts zurückzuführen. Man ist jetzt grundsätzlich bemüht, die Ergebnisse der Prüfung auf Identität und Reinheit durch eine unabhängige Analyse zu bestätigen,

deren Ergebnis, der Gehalt, zudem eine direkte Korrelation mit der Stärke der Wirkung der Substanz hat. Sehr gut ablesen lässt sich die Entwicklung der Methodik an der Prüfung auf andere China-Alkaloide: 1872 wurde eine Prüfung eingeführt, mit der abgeschätzt werden konnte, ob der Gehalt an anderen Alkaloiden unterhalb eines gewissen Limits liegt. Die Beschreibung der Methode wurde im Laufe der Zeit präzisiert. Sie blieb aber im Prinzip unverändert bis 1958. In den Jahren 1959 und 1968 wurde die Grenzprüfung auf andere Alkaloide jeweils durch eine andere ersetzt: 1959 durch die Prüfung der spezifischen Drehung und 1968 mit einer titrimetrischen Prüfung auf Hydroalkaloide. 1986 wurde diese Grenzprüfung durch eine dünnschichtchromatografische Prüfung ergänzt.

Hierbei handelt es sich wiederum um die Erweiterung des Konzepts. Die Prüfung auf verwandte Substanzen – üblicherweise mittels Dünnschichtchromatografie – wird durchgängig eingeführt. 1996 wird die Prüfung auf andere China-Alkaloide auf HPLC umgestellt und gleichzeitig die gesonderte Prüfung auf Hydroalkaloide in diese Prüfung einbezogen. Damit ist eine erneute Änderung des Konzepts verbunden: Der Gehalt an verwandten Substanzen wird in Zukunft sowohl einzeln als auch insgesamt begrenzt.

Staatliche Intervention

Ein weiterer Grund, der zum Eingriff des Staates in den pharmazeutischen Markt führte, waren die enormen Kosten der gesetzlichen Krankenversicherungen (GKV), die Mitte der 80er-Jahre zu einer Kostenexplosion führten und die staatlichen Institutionen zwangen, kostendämpfende Maßnahmen zu ergreifen. Diese tangierten den Arzneimittelmarkt vor allem in Form von Festbeträgen, die die Erstattungshöchstgrenze der gesetzlichen Krankenversicherungen pro Handelsform eines Präparates darstellen. Das sog. Gesundheitsreformengesetz vom 1.1.1989 hat aber die Erwartungen nicht erfüllt. Die Gesamtaufwendungen der GKV sanken zwar für 1989 gegenüber dem Jahr zuvor um 2,9 %, doch schon ein Jahr später kletterten sie wieder um 8,6 %, 1991 sogar um 12,6 %. Die Aufwendungen der GKV nach ausgewählten Leistungsarten stieg von 1992 mit 33,8 Mrd. Euro bei den Krankenhausbehandlungen auf 49,0 Mrd. Euro in 2005. Für Arzneimittel im gleichen Zeitraum bewegte sich die Steigerung von 16,6 Mrd. Euro auf 25,4 Mrd. Euro, für ärztliche Behandlungen von 16,6 Mrd. Euro auf 21,6 Mrd. Euro. Im Vergleich dazu waren die Aufwendungen für zahnärztliche Behandlungen und Zahnersatz (11,3 Mrd. Euro auf 10,0 Mrd. Euro) und Krankengeld (7,2 Mrd. Euro auf 5,9 Mrd. Euro) rückläufig. Der Betrag für Heil- und Hilfsmittel stieg hingegen von 5,7 Mrd. Euro auf 8,2 Mrd Euro.

Mit der zweiten Stufe der Gesundheitsreform, dem Gesundheitsstrukturgesetz vom 1.1.1993 wurde der Druck auf die Ärzte, noch mehr Arzneimittelkosten zu sparen, ein weiteres Mal gesteigert, vor allem, da sie für zu hohe Ausgaben in diesem Bereich persönlich haftbar gemacht werden konnten.

Derzeit ist eine weitere Regelung in aller Munde: Aut-Idem. Es handelt sich dabei um einen Rahmenvertrag zwischen den Spitzenverbänden der gesetzlichen Krankenkassen und dem deutschen Apothekerverband. Ziel ist es, durch den Apotheker die Möglichkeit zu schaffen, ein billigeres Präparat abzugeben. Dazu müssen folgende Rahmenbedingungen für die Austauschbarkeit gegeben sein:

- Wirkstoffgleichheit
- Identität der Wirkstärke
- Identität der Packungsgröße
- Gleiche oder austauschbare Darreichungsform
- Zulassung für den gleichen Indikationsbereich
- Preisgünstigkeit
- Keine pharmazeutischen Bedenken im Einzelfall

Ein Nachteil für den Hersteller des Originals, da die Nachahmerpräparate nicht die gleichen aufwändigen Zulassungsstudien benötigen wie das Original.

Das Gesundheitsreformgesetz (GHG) brachte für viele Patienten zusätzliche Kosten mit sich, im Arzneimittelbereich insbesondere erhöhte Zuzahlungen, die ab Januar 2004 in Kraft traten. In den Arztpraxen wurden viele Arzneimittelverschreibungen in den Dezember 2003 vorgezogen, um die ab dem Folgemonat fällige Zuzahlungen zu sparen. Dadurch war der Dezember 2003 um 800 Mio. Euro höher im Umsatz und erreichte fast 3 Mrd. Euro. Generell lag der Umsatz zwischen 1,8 und 2,4 Mrd. Euro pro Monat.

Parallel- und Reimporte

Als **Reimport** werden Arzneimittel bezeichnet, die vom Hersteller für einen ausländischen Markt bestimmt und entsprechend verpackt worden sind, dort aber nicht zum Patienten gelangen. Stattdessen werden sie von Importhändlern aufgekauft und in Deutschland auf den Markt gebracht. Da das Originalprodukt in Deutschland bereits eine Zulassung hat, ist für reimportierte Medikamente in der Regel nur ein vereinfachtes Zulassungsverfahren notwendig. Der Importeur muss lediglich die ausländischen Beschriftungen auf der Packung und die Beipackzettel durch deutschsprachige ersetzen. Die Beschriftungen auf der sog. Primärverpackung, den Blistern z. B., kann bestehen bleiben. Der wirtschaftliche Anreiz für einen Reimport ist durch die internationalen Preisunterschiede gegeben. In vielen europäischen Ländern existieren im Arzneimittelbereich besondere nationale Preisfestsetzungssysteme, welche die Arzneimittelpreise künstlich niedrig halten. So sind in den südeuropäischen Ländern Arzneimittel oftmals billiger als in den nordeuropäischen Staaten. Die gezielte Förderung der Reimporte durch gesetzliche Bestimmungen zwingen den Apotheker z. B. zur Abgabe von preisgünstigen importierten Arzneimitteln. Ab 1. April 2002 muss jede Apotheke eine Mindestquote an Reimporten von 5,5 % und ab 1. Januar 2003 von 7 % erfüllen. Aus Sicht der Importeure ist es nur konsequent, möglichst hohe Preise zu erzielen. Durch den Umweg der Produkte über das Ausland entstehen ihnen zusätzliche Kosten, die gedeckt werden müssen. Es gilt jedoch die Bedingung, dass importierte Arzneimittel mindestens 10 % billiger sein müssen als das Original. Die Entwicklung der Importpreise zeigt jedoch, dass die Preisdifferenz der Vergangenheit keineswegs festgeschrieben ist und die Differenzen zwischen dem Original und dem Reimport sogar bis auf 1 % gefallen sind.

Für die gesetzlichen Krankenkassen hat die Abgabe von Reimporten Vorteile, solange dadurch bei den Ausgaben für Arzneimittel Einsparungen erzielt werden können. Die vermeintliche Kostenersparnis wird jedoch zum **Nachteil**, wenn die **reimportierten Arzneimittel** zu Anwendungs- und Dosierungsproblemen führen. Die resultierenden Zusatzkosten sind dann wieder von den gesetzlichen Krankenversicherungen zu tragen. Ferner wird ein großer Teil der erzielten Preisvorteile nicht an die Krankenversicherungen weitergegeben, sondern verbleibt beim Handel. Die Belastung für den Steuerzahler durch Reimporte lässt sich in drei Nachteile gliedern:

1. Durch die Umlenkung der Produkte über das Ausland entgehen dem deutschen Fiskus Steuereinnahmen in beträchtlicher Höhe.
2. Auf Dauer kann es sich eine Industrie nicht leisten, eine Produktion unter den hohen inländischen Kostenbedingungen durchzuführen, wenn sie bei den Herstellkosten mit dem Preisniveau von Billiglohnländern konfrontiert wird. Verlagerung der Produktion und Verluste von Arbeitsplätzen sind die Folge.
3. Die Qualifizierung der Arbeitsplätze ist unterschiedlich, da für Forschung, Entwicklung und Produktion höhere Qualifikationen erforderlich sind als für das bloße Umverpacken von Arzneimitteln.

Es gibt derzeit ca. 35 am deutschen Markt tätige Parallel- und Reimporteure. Im Gegensatz zum gesamten Arzneimittelmarkt, in dem der Marktanteil des Marktführers unter 5 % liegt, ist dieses Teilsegment der Reimporte jedoch hochkonzentriert. So erreicht der größte Importeur mit ca. 64 % Marktanteil eine signifikante Marktbeherrschung. Eine Förderung der Reimporte führt also keineswegs zur Stärkung des Wettbewerbs.

Problematisch ist auch die Sicherstellung der Arzneimittelversorgung in solchen Ländern, die aufgrund ihres niedrigen Preisniveaus als klassische Arzneimittel-Exportländer anzusehen sind. Hier kann es schlimmstenfalls zu einer Unterversorgung mit dem jeweiligen Arzneimittel kommen. Dies ist insbesondere dort der Fall, wo es um die patentgeschützten innovativen Produkte geht. Bei den Arzneimitteln mit Wirkstoffen, deren Patentschutz erloschen ist, ist der Preis in Deutschland oft niedriger als in den ausländischen Märkten, da es hier einen intensiven Wettbewerb durch Generika gibt. Diese Arzneimittel sind daher für Reimporte uninteressant.

1.2.2 Die Industriezweige

Heute versteht insbesondere der Kapitalmarkt unter dem Begriff Life Science in der Regel die Sparten Biotech, Pharma, Medizintechnik und Healthcare.

1.2.2.1 Die forschende pharmazeutische Industrie

Während die erste Auflage dieses Buches entstand, ging eine Schlagzeile um die Welt: Pfizer kauft Pharmacia für rund 60 Mrd. US-Dollar. Eine Momentaufnahme in der pharmazeutischen Industrie? Große schlucken Kleine? Schon bei dieser zweiten Auflage war es wieder soweit: Sanofi-Synthélabo übernahm Aventis und Bayer hatte die Übernahme von Schering eingeleitet (vgl. Kap. 1.1.2). Ein Blick auf die Welt der Giganten:

Mit deutlichem Abstand hat sich der neue Pharmariese Pfizer/Pharmacia an die Spitze der weltweit größten Pharmakonzerne gesetzt. Besonders positiv ist, dass es kaum Überschneidungen in der Produktpalette der beiden Unternehmen gab. Zu dieser Produktpalette gehören nach der Fusion zwölf Blockbuster, 120 weitere Medikamente sind bereits in der Pipeline.

Vor wenigen Jahren noch waren Pharmacia, Warner-Lambert, Searle (als Teil von Monsanto) und Upjohn eigenständige Firmen. Nun sind sie Teil des neuen Konzerns.

Warum setzt ein Unternehmen wie Pfizer so unumwunden auf Größe?

Das Niveau der pharmazeutischen Forschung ist heute bereits so hoch, dass die Erbringung weiterer Innovationsleistungen gewaltige Anstrengungen der Arzneimittelunternehmen erfordert. So kommt von ca. 8.000 bis 10.000 Substanzen nach ca. zwölf Jahren Forschungs- und Entwicklungstätigkeit ein Medikament auf den Markt. Dabei entstehen den forschenden Arzneimittelunternehmen einschließlich der Fehlschläge durchschnittlich Kosten von mehr als 450 Mio. Euro. Neue Zahlen sprechen gar von 800 Mio. Euro (vgl. Abb. 1.4). In den wenigen Jahren, die den Unternehmen von den 20 Jahren des gesetzlich festgelegten Patentschutzes verbleiben, muss ein möglichst hoher Gewinn erwirtschaftet werden, um künftige Forschungen fi-

Tabelle 1.3: Die zehn größten Pharmafirmen nach Pharma-Umsatz (2005).

Firma	Umsätze (Mrd. US $)
Pfizer	44.3
GlaxoSmithKline	34.0
Sanofi-Aventis	33.9
Novartis	25.0
AstraZeneca	24.0
Johnson & Johnson	22.3
Merck & Co.	22.0
Roche	22.0
Wyeth	15.3
BristolMyersSquibb	15.3

nanzieren zu können und einen ausreichenden Innovationsnachschub zu gewährleisten. An welcher Stelle man den Markteintritt im Vergleich zur Konkurrenz schafft, ist zudem von erheblichem Interesse. Bei gleicher Performance hat der Erste im Schnitt 28 % Marktanteil, der Zweite 22 %, der Dritte noch 18 %, der Vierte 12 % und der Fünfte lediglich noch 5 %. Das heißt, dass der Erste und der Zweite 50 % des Marktanteils inne haben.

Drei Konsequenzen werden daraus abgeleitet:

1. Eine marktfähige Innovation kann nur als erfolgreich gelten, wenn mindestens eine Umsatzschwelle von 200 Mio. Euro erreicht wird.
2. Bei den gegebenen Entwicklungszeiten muss innerhalb von ein bis zwei Jahren in allen großen Märkten ein Markteintritt erfolgen, um die Patentlaufzeit optimal zu nutzen.
3. Der Markterfolg ist abhängig von der Art und Intensität der Marketingaufwendungen, der Preisgestaltung und den Maßnahmen zur Verlängerung der Lebenszykluskurve (Lifecycle Management).

Der enorme Aufwand an **Forschungs- und Entwicklungsressourcen**, um in einem Therapiegebiet eine sichere Stellung zu erreichen, führte zur Selektion und Fokussierung der Firmen auf einzelne Therapiegebiete. Typischerweise ist eine Firma mit einem globalen Umsatz von weniger als einer Mrd. US-Dollar oft in nur einem oder zwei Therapiegebieten weltweit vertreten. Auch bei Umsätzen von 10 Mrd. US-Dollar kann eine Pharmafirma heute nur noch in fünf oder sechs Therapiegebieten weltweit wettbewerbsfähig agieren. Dies führt zu einem starken Bedarf an Lizenzaktivitäten sowohl im Bereich vermarkteter Produkte als auch im Bereich von Forschungs- und Entwicklungsprojekten.

Das Forschungsbudget von Pfizer beträgt geschätzte 7 Mrd. US-Dollar. Dies alleine ist aber noch keine Erfolgsgarantie. Allgemein betrachtet ist die Anzahl der Neueinführungen in Deutschland zum Beispiel eher rückläufig. Für Europa ergibt sich ein ähnliches Bild. Zwischen 1980 und 1984 wurden 126, zwischen 1985 und 1989 129, zwischen 1990 und 1994 94 und 1995 und 1999 nur noch 89 *NCEs* auf den Markt gebracht. Die Gesamtzahl der Zulassungen in Abhängigkeit von den Forschungsaufwendungen ist in Abbildung 1.1 dargestellt.

Die Kernfrage ist also nicht alleine die Höhe des Forschungsbudgets, sondern eher: Hat eine Firma ihre Produktsegmente, Kategorien der Therapiegebiete, auf denen Produkte vertrieben und entwickelt werden, sog. *franchises*, verstärkt und kann diese nun durch erhöhte Forschungsausgaben besser voranbringen? Größe ja, aber dann möglichst in vordefinierten Produktklassen, die bereits existieren oder im Aufbau befindlich sind.

Hinzu kommt, dass der Konzern Pfizer etwa 13.000 Vertreter weltweit besitzen wird – ein Instrument, um die schnelle Marktdurchdringung für neue Produkte global zu gewährleisten. 2005 überraschte Pfizer jedoch mit einem Kosteneinsparungsprogramm, das die Reduktion um 1/8 der Kosten zum Ziel hatte. Davon betroffen ist auch der Außendienst des Konzerns.

Auch wenn man den Marktanteil der zehn führenden Pharmafirmen betrachtet, zeigt sich immer noch ein Bild der starken Unterteilung: 1988 hatten die Top Ten 24,9 % Marktanteil, 1993 waren es 28,2 %, im Jahr 2000 dann 45,3 % und 2005 50,5 %. Zum Vergleich: Die Marktführer in der Automobilbranche haben einen Marktanteil von 80 %. Demnach ist die Welle der Fusionen noch nicht abgeschlossen.

Es versteht sich fast von selbst, dass Firmen einer solchen Größe oft mehrere Teilsparten betreiben. Eine typische Aufteilung eines Konzerns in den Top Ten der pharmazeutischen Industrie könnte wie folgt aussehen:

Pharma (*pharmaceuticals*), OTC (*over-the-counter*), Ernährung (*nutrition*), *consumer health*, Tiergesundheit (*animal health*), Spezialchemikalien (*specialty chemicals*).

Hier werden Synergien zwischen einzelnen Teilbereichen ausgenutzt und auch Produkte in ihrem Lebenszyklus zwischen den Teilsparten z. B. von Pharma nach OTC weitergegeben.

Die Formen der am stärksten ausgeprägten F&E (Forschung und Entwicklung)-Aktivitäten im Ausland sind im traditionellen Technologiebereich, den sog. **Entwicklungszentren**, in denen die Entwicklungstätigkeiten für den Gesamtmarkt eines Geschäftsbereichs, z. B. Pharma, wahrgenommen werden. Auf sie entfällt etwa ein Drittel aller ausländischen F&E-Standorte deutscher Unternehmen im Pharmabereich. Aber auch in diesen Fällen kann nicht ohne weiteres von einem substitutiven Charakter ausgegangen werden, selbst wenn günstigere Rahmenbedingungen von Bedeutung sind. Oft wird als Hauptmotiv für den Aufbau von Entwicklungszentren im Ausland der Zugriff auf technisches Wissen genannt. Da viele dieser F&E-Standorte aus Akquisitionen hervorgehen, liegt die Vermutung nahe, dass es sich hierbei um externes Know-how handelt, welches der Muttergesellschaft vorher nicht zur Verfügung stand und welches zur Erweiterung der vorhandenen Wissensbasis dient. Im traditionellen Technologiebereich ist die Adaption fremden Wissens stark an eigene F&E-Aktivitäten, die vor allem im Stammsitzland erfolgen, gebunden.

Oft gelten F&E-Einheiten aber auch explizit als Unterabteilungen der Produktions- und Vertriebssegmente. Es liegt also ganz offensichtlich keine Verlagerung, sondern vielmehr ein im Zusammenhang mit internationalen Absatzbemühungen notwendiger, komplementärer Aufbau von F&E-Kapazitäten im Ausland vor. Die Anzahl der F&E-Standorte dieser Art ist zwar relativ groß, allerdings entfällt auf sie jeweils nur ein geringer Anteil der Beschäftigten im gesamten F&E-Bereich eines Konzerns.

Die Gründe, warum **Europa** insbesondere im pharmazeutischen Sektor ins **Hintertreffen** geraten ist, sind offensichtlich:

1. Europa ist kein einheitlicher Markt für pharmazeutische Produkte. Es besteht aus 15 separaten Märkten mit mehr oder minder fixen staatlichen Regularien. Die Preisbildungs-mechanismen in den europäischen Staaten sind unterschiedlich.
2. Die steigende Anzahl der Parallelimporte kosten die europäische Pharmaindustrie Geld, das nicht wieder in F&E investiert werden kann.
3. Die Marktdurchdringung in Europa ist langsamer, damit wird der Gewinn auch langsamer erwirtschaftet als im amerikanischen Markt.
4. Neue Technologien finden oft in den Vereinigten Staaten mehr Akzeptanz als in Europa und werden damit in den dortigen technischen Zentren global agierender Firmen auch bereitwilliger eingesetzt.
5. Kooperationen zwischen Hochschule und Industrie sind in den USA ausgeprägter als in Europa.
6. Das amerikanische System fördert das *value added* eher als das europäische, in dem die *me-toos* oder Generika als Niedrigpreisprodukte im Vordergrund stehen.

Dies führt zu einem Szenario, in dem alle europäischen Firmen ihren Marktanteil in den USA ausbauen wollen. Die Gewinne werden aber nicht zurück nach Europa transferiert, sondern in den USA investiert.

Die **Pharmaindustrie** ist heute weltweit in **Verbänden** organisiert. Die wichtigsten sind nachfolgend kurz aufgeführt:

– APhA (*American Pharmaceutical Association*)
– ABPI (*Association of the British Pharmaceutical Industry*)
– BPI (*Bundesverband der Pharmazeutischen Industrie*)
– CEFIC (*European Chemical Industry Council*)
– DIA (*Drug Information Association*)
– IFPMA (*International Federation of Pharmaceutical Manufactures Associations*)
– NPA (*National Pharmaceutical Association, GB*)
– PhRMA (*Pharmaceutical Research and Manufacturers of America*)
– VfA (*Verband forschender Arzneimittelhersteller*)

Auch im Segment der **rezeptfreien Medikamente** findet zunehmend eine Konsolidierung statt. Der Markt wird auf global ca. 45 bis 75 Mrd. Dollar geschätzt und wächst mit etwa 4 % pro Jahr. Die operativen Margen bewegen sich bei den Topunternehmen der Branche bei 15 bis 20 % und sind damit niedriger als im innovativen Pharmageschäft, aber auch unabhängig von Patenten. Anders als bei klassischen Pharmaaktivitäten hängt der Erfolg vom Aufbau starker Marken ab (vgl. Kap. 8.1.11). Die führenden Anbieter im OTC-Segment sind die Firmen Pfizer (3,88 Mrd. Dollar Umsatz), Bayer (2,92 Mrd. Dollar Umsatz) GSK (2,61 Mrd. Dollar Umsatz) Wyeth (2,55 Mrd. Dollar Umsatz) und Johnson & Johnson sowie Novartis. Die Umsatzzahlen beziehen sich auf das Jahr 2005. Roche hatte sein OTC-Segment an Bayer verkauft und Bristol-Myers gab den Löwenanteil der OTC-Sparte an Novartis ab.

1.2.2.2 Biotechnologie-Firmen

In den 80er-Jahren bildete sich ein weiterer Industriezweig aus. Es war die Geburtsstunde der Biotechnologie-Firmen, die sich als zusätzlicher Sektor in der pharmazeutischen Industrie etablierten.

Nach Cox und Walker ist **Biotechnologie** die praktische Nutzung biologischer Systeme in der produzierenden oder dienstleistenden Industrie oder im Management der Umwelt. Diese weite Fassung trifft auch auf die unterschiedlichen Firmen zu, die an den Börsen im Bereich Biotech notiert sind.

Während biotechnologische Methoden der ersten und zweiten Generation zum Teil bereits seit langer Zeit angewendet werden, steht seit Anfang der 70er-Jahre die dritte Generation, und hier insbesondere die Gentechnik, im Zentrum des Interesses. Die erste und zweite Generation sind die Bereiche der Fermentation, also die chemische Umwandlung von Stoffen durch Bakterien und Enzyme (Gärung), auf der z. B. die Herstellung von alkoholischen Getränken beruht, aber auch von Penicillin oder Antibiotika.

Fortschritte ergaben sich zunächst durch die gentechnische Herstellung bereits bekannter Produkte. Bekanntestes Beispiel hierfür ist die Produktion von Humaninsulin durch gentechnisch veränderte Bakterien, wodurch sowohl größere Mengen erstellt als auch mit dem konventionell verwendeten tierischen Insulin verbundene allergische Komplikationen vermieden werden können. Wirklich revolutionierende Fortschritte durch *genetic engineering* erwartet man je-

doch bei der Entwicklung neuer Wirksubstanzen, speziell von Impfstoffen, und vor allem bei der Gewinnung von Proteinen, durch deren pharmakologischen Einsatz Genaktivitäten medikamentös gesteuert werden könnten (*gene therapy*).

Der eigentliche **Durchbruch** ist jedoch ein ganz anderer: Die bis heute dominierende Screening-Technologie wird durch ein rationelles, an kausalen Zusammenhängen orientiertes Entwerfen von Arzneimitteln (*drug design*) ersetzt und so längerfristig die stark gestiegenen Forschungskosten gesenkt. Die moderne Biotechnologie entwickelt sich aus den Fortschritten der Molekularbiologie in den 50er-, 60er- und frühen 70er-Jahren. Genentech, die erste Biotech-Firma, gegründet 1976, klonte und lizensierte dann an Eli Lilly den ersten rekombinanten Proteinwirkstoff, humanes Insulin. 1982 wurde das Produkt zur Vermarktung zugelassen.

Einige Wirkstoffe wie z. B. Erythropoietin gehören zu den Topsellern der Branche. Produkte der sog. 2. und 3. Generation kommen zur Marktreife oder sind in der klinischen Erprobung. Ende 1996 waren schon mehr als 30 rekombinante Wirkstoffe als Therapeutika zugelassen.

Nicht zuletzt das dauerhaft hohe Wirtschaftswachstum der USA in den 90er-Jahren des letzten Jahrtausends hat die Bedeutung von jungen Technologieunternehmen (JTU), den sog. *start-ups*, für eine wachsende Volkswirtschaft vielfach in den Mittelpunkt des ökonomischen Interesses gerückt. Dass dies nicht ein rein amerikanisches Phänomen ist, hat u. a. eine europäische Studie der EVCA (*European Venture Capital Association*) gezeigt.

Das Wachstum der deutschen **Biotechnologie-Branche** lässt sich in Zahlen wie folgt verdeutlichen: Die Umsätze stiegen von 1997 bis zum Jahr 2000 von 289 Mio. Euro auf 776 Mio. Euro, 2005 waren es 832 Mio. Euro, die Zahl der Beschäftigten von 4013 auf 10700, um bis 2005 wieder auf 9534 zu fallen. Die Anzahl der Unternehmen in Deutschland stieg von 1997 mit 173 auf nahezu das Doppelte im Jahr 2000 mit 332 Unternehmen und war 2005 mit 375 Unternehmen fast konstant. Im Jahr 2005 wies der weltweite Biotech-Sektor bei praktisch allen Kennzahlen ein solides Wachstum aus. Die Umsätze der börsennotierten Biotech-Unternehmen stiegen 2005 um 18 % und erreichten einen historischen Höchststand von 63,1 Mrd. Dollar. Alleine in den USA brachte es die Biotech-Branche auf 32 Produktzulassungen, davon 17 Erstzulassungen. Die Produktepipelines der börsennotierten europäischen Biotech-Unternehmen wuchsen um 28 % an, wobei insbesondere die Zahl der Produkte in der späten Entwicklungsphase stark zunahm. Die Branche erreicht, fast 30 Jahre nachdem die erste Biotech-Firma ihre Tore geöffnet hatte, einen neuen Reifegrad. Weltweit vermarkteten Biotech-Gesellschaften im Jahr 2005 über 230 Medikamente, davon zahlreiche **therapeutische Antikörper** (vgl. Tabelle 1.4). Das Jahr 2005 war zudem gekennzeichnet von einem dramatischen Anstieg der Biotech-Übernahmen durch die großen Pharmakonzerne. Sie führten gleich mehrere Großakquisitionen durch, da die bislang größte Welle auslaufender Patente auf die Pharmafirmen zurollt. In Europa dagegen bevorzugten die Unternehmen die Bildung von Partnerschaften in der eigenen Region: Es war ein historischer Höchststand von 66 Mergers & Acquisitions-Geschäften zu verzeichnen. Der Biotech-Sektor in den USA erzielte im Jahr 2005 bereits zum dritten Mal in Folge eine große Zahl von Produktzulassungen sowie solide Finanzresultate. Der Sektorumsatz schnellte durch die höheren Verkäufe um 16 % nach oben. In Europa ging 2005 eine längere Restrukturierungsperiode der Branche zu Ende. Die Umsätze der börsennotierten Unternehmen legten um 17 % zu, nachdem sie im Vorjahr noch um 5 % zurückgegangen waren.

Mit Blick auf die Finanzierung markiert 2005 das bislang beste Jahr in der Geschichte des europäischen Biotech-Sektors, wenn man von der Genforschungs-Blase im Jahr 2000 absieht. Der europäische Biotech-Sektor konnte 2005 zum ersten Mal sogar mehr Kapital durch IPOs aufnehmen als die US-Branche.

Häufig finden die Biotech-Firmen ihren Ursprung in Ideen und Ausgründungen von Universitäten. Wenig überraschend hängen die Biotech-Firmen vom Erfolg ihrer Ideen ab. Biotech-Unternehmen haben zudem flachere Hierarchien. Dieser Zweig der pharmazeutischen Industrie ist in einem konstanten Umbruch mit Firmen, die neu gegründet werden, Firmen, die übernommen werden, und solche, die sich in Kooperationen zusammenschließen.

Bei den Biotech Firmen unterscheidet man sog. Technologie- und Produktfirmen.

Die **Technologiefirmen** haben ihren Schwerpunkt in der Entwicklung sog. Plattform-Technologien. Dabei handelt es sich um Technologien, die helfen, völlig neue Produkte zu entwickeln, die der pharmazeutischen Forschung und den Produktunternehmen ihre Technologien als Dienstleistungen anbieten, beispielsweise in der Suche nach neuen Wirkstoffen. Am besten bekannt sind in diesem Zusammenhang die Technologien Genomics, Proteomics und das *high throughput screening* (HTS).

Tabelle 1.4: Überblick über die wichtigsten Antikörper.

Medikament	Indikation	Unternehmen	Antikörper-Art
Bexxar®	Blutkrebs (NHL)	GlaxoSmithKline	Maus
Zevalin®	Blutkrebs (NHL)	Biogen Idec / Schering	Maus
Erbitux®	Darmkrebs	ImClone / Merck	Chimär
Rituxan®	Blutkrebs (NHL)	Biogen Idec / Genentech / Roche	Chimär
Remicade®	Morbus Crohn	Johnson & Johnson	Chimär
Avastin®	Darm-, Brust- u. Lungenkrebs	Genentech / Roche	Humanisiert
Herceptin®	Brustkrebs	Genentech / Roche	Humanisiert
Raptiva®	Schuppenflechte	Genentech / Serono	Humanisiert
Synagis	RS-Virus bei Frühgeborenen	Medimmune / Abbot	Humanisiert
Xolair®	Asthma	Tanox / Genentech / Novartis	Humanisiert
Humira®	Rheuma	Abbott	Human

Das Geschäftsmodell ist vergleichsweise risikoarm, da innerhalb weniger Jahre profitabel gearbeitet werden kann. Allerdings müssen sie aufgrund der immer kürzer werdenden Innovationszyklen ihre Kernkompetenzen kontinuierlich ausbauen.

Demgegenüber stehen Firmen, die sog. **Produktfirmen**, die mit der Entwicklung von Medikamenten ihr Geld verdienen wollen. Sie gelten als die lukrativste Stufe der Wertschöpfungskette. Aber es droht ihnen bei Fehlschlägen auch der Totalverlust.

Noch vor zwei Jahren haben die produktorientierten Biotech-Unternehmen darauf gepocht, alle Medikamente bis zur Zulassung zu begleiten. Inzwischen tendiert man dazu, die Wirkstoffe bis zu einer bestimmten Phase zu entwickeln – in der Regel nach den erstmaligen Tests an Patienten, der Phase II der klinischen Entwicklung – und sich dann einen Partner aus der Pharmaindustrie zu suchen, der die notwendigen Kapazitäten und Vertriebsmöglichkeiten hat, um das Medikament später zu vermarkten. Es hat sich gezeigt, dass die größte Steigerung in der Wertschöpfungskette, d. h. das beste Verhältnis aus Erfolgswahrscheinlichkeit und Entwicklungskosten eben nach der Phase II liegt. Die Biotech-Unternehmen erhalten dann meist nur noch eine Umsatzbeteiligung.

Neue Untersuchungen von McKinsey, die die Einlizenzierungsstrategien der großen Pharmafirmen unter die Lupe nahmen, kommen zu dem Schluss, dass durch spätes Einlizenzieren den Firmen beträchtliche Gewinne entgehen. Nachfolgend sind die wichtigsten Punkte dieser Studie *„The new math for drug licensing“* zusammengefasst:

- Schon im Jahr 2001 stammten 30 % der Umsätze der großen Pharmafirmen von einlizenzierten Produkten.
- 1/3 aller Einlizenzierungen findet im Stadium der präklinischen Entwicklung statt; diese Deals werden relativ niedrig vergütet.
- Nach einer durchgeführten Modellrechnung wäre es wesentlich gewinnbringender, alle Einlizenzierungen im präklinischen Stadium vorzunehmen, da die wesentlich niedrigeren Kosten alle späteren Rückschläge/ Ausfälle bei der Entwicklung bei weitem kompensieren. Dies würde selbst dann noch gelten, wenn die Zahlungen für Präklinik-Produkte wesentlich höher (150 %) wären.
- Bei höheren Vergütungen für Präklinik-Produkte würde sich diese neue Strategie auch für die Biotechnologie-Firmen rechnen.

Die Partnerschaft bringt für beide Seiten Vorteile: Für die Biotechs externes Kapital, um die eigene riskante Forschung zu finanzieren, und eine globale Verkaufs- oder Marketinginfrastruktur, die sie selbst nicht haben. Dadurch kann innerhalb kürzester Zeit ein hoher Umsatz generiert werden: Für die Pharmaindustrie eine Streuung des Risikos, ohne die Größe ihrer eigenen Forschungs- und Entwicklungseinheiten auszubauen, da Kosten und Risiken der Wirkstoffentwicklung stetig wachsen. Alles in allem ist dies eine sinnvolle Arbeitsteilung, in der jeder Partner sein Betätigungsfeld findet.

Während sich die Produkt-Biotechs meist mit Wirkstoffen beschäftigen, die für mehrere Krankheitsbilder einsetzbar sind, konzentriert sich die Pharmaindustrie eher auf einige wenige ertragsbringende Krankheitsbilder. Bei den großen Pharmaunternehmen kommen die Einnahmen im Bereich Pharmazeutika wie schon gesehen oftmals durch den Verkauf weniger Blockbuster zustande. Während sich weltweit in den Pharmaunternehmen rund 200 Wirkstoffe in der klinischen Prüfung befinden, sind es bei den gesamten Biotech-Firmen annähernd 1 000. Im Zentrum des Bereichs Life Science steht der Sektorindex Pharma & Healthcare mit seinen 43 an der Frankfurter **Wertpapierbörse** im Prime Standard notierten Einzelwerten. Darin enthalten ist das Segment Biotechnologie.[3]

---

[3] Aktien aus dem Biotechnologie-Sektor des Bereichs Pharma & Healthcare:
BB Biotech (Biotech-Beteiligungsgesellschaft), Curasan (Pharma und Knochenersatzstoffe), Epigenomics (DNA-Methylierung), Eurofins Scientific (Analysendienstleister), Evotec OAI (Screening und Spezialchemie), Girindus (Medikamentenauftragsproduktion), GPC Biotech (Technologie für Wirkstoffsuche), Lion Bioscience (Bioinformatik), Macropore (Implantate), MediGene (Medikamentenentwicklung), Morphosys (Entwicklung von Antikörpern), MWG Biotech (Synthese), November (Molekulare Diagnose), Qiagen (Produkte zur DNA-Gewinnung).

Das Segment Biotechnologie bringt einen Börsenwert von 3 Mrd. Euro auf die Waage. Gut 2 Mrd. Euro entfallen auf die Schwergewichte Qiagen und BB Biotech.

Im internationalen Vergleich haben diese Werte in der Regel hingegen kaum Bedeutung. Deutschland ist eher für seine Maschinen- und Autobauer bekannt als für seine Biotech-Industrie. Auch wenn sich in den vergangenen Jahren schon sehr viel getan hat, so ist die Branche hierzulande gerade erst im Entstehen und hinkt den führenden USA um mindestens zehn Jahre hinterher. Das größte Problem für inländische Unternehmen ist, dass sie überwiegend **Technologie-Plattformen** anbieten, die in der Forschung und Entwicklung von Medikamenten verwendet werden. Nur wenige haben tatsächlich Wirkstoffe in ihrer Pipeline. In der Forschung und Entwicklung werden rund 30 % der Wertschöpfung der Biotech-Industrie erzielt. Das meiste Geld wird in der Produktion und im Verkauf von Medikamenten verdient. Nicht ohne Grund konzentrieren sich daher die meisten Biotech-Investoren auf die sog. Produktfirmen. Es können aber nur Firmen an diesem Teil der Wertschöpfungskette mit etwa 70 % teilhaben, die eine gute Produktpipeline haben. Die Produktpipeline der deutschen Biotechs besteht derzeit aus Wirkstoffen, die sich in der klinischen Prüfung befinden. Alleine die Unternehmen im Raum München haben Ende 2005 vier Wirkstoffe in Phase-III-, sieben Substanzen in Phase-II- und 16 Substanzen in Phase-I-Studien. Die Biotech-Region München nimmt damit die Spitze in Deutschland ein (Tab. 1.5).

Nicht zuletzt auch, weil sie aufgrund der genannten Schwäche von Investoren links liegen gelassen werden, versuchen nun einige Firmen, den Wandel von der Technologie- zum Produktanbieter zu vollziehen. Eine gefährliche Strategie, die Durchhaltevermögen verlangt, da die Entwicklung eines Medikaments bis zur Marktreife etwa zehn Jahre dauert und auf dem Weg Kosten von mindestens 450 Mio. Euro anfallen. Geld, das die deutschen Biotechs im Vergleich zu ihren amerikanischen Konkurrenten oftmals nicht haben und bei den schwachen Börsen am Kapitalmarkt nicht auftreiben können.

Auch die Jahre 2001 bis 2004 waren in der Pharmaindustrie Jahre der **Fusions- und Übernahmeaktivitäten**. 2004 alleine gab es 55 Biotech-Zusammenschlüsse und sieben Aquisitionen von Biotechs durch Pharmaunternehmen. Worin lag das **Interesse an der Biotechnologie** begründet? Zum einen waren es die Neuausrichtungen der Pharmaindustrie mit der zunehmenden Bedeutung der Biotechnologie. Andererseits schlossen sich kleine und mittlere Unternehmen zusammen, um Wertschöpfungsketten zu erschließen und kritische Masse zu erreichen, die Investoren und Analysten überzeugt. Die Produktorientierung der Biotechnologie-Unternehmen setzte sich fort. Es ist zu erwarten, dass der Anteil der Produkte aus biotechnologischer Forschung schon bald die Produkte aus der klassischen Pharmaforschung übersteigt (vgl. Abb. 1.2; Tab. 1.6).

Die Führungsposition der Vereinigten Staaten auf dem Gebiet der Biotechnologie ist möglicherweise der entscheidende Faktor, der die USA auch zum Vorreiter im Bereich der kom-

Tabelle 1.5: Wirkstoffe ausgewählter börsennotierter deutscher Biotech-Unternehmen in klinischer Entwicklung.

Unternehmen	Wirkstoff	Indikation	Klinische Phase
GPC Biotech	Satraplatin Satraplatin 1D09C3	Hormonresistenter Prostatakrebs Unterützung der Strahlentherapie bei Lungenkrebs Blutkrebs (u. a. NHL)	Phase III Phase II Phase I / II
MediGene	Polyphenon® E Polyphenon® E EndoTAG-1 NV1020	Genitalwarzen Aktinische Keratose Bauchspeicheldrüsenkrebs Lebermetastasen	Positive Phase-III Ergebnisse Phase II Phase II Phase I / II
Paion	Desmoteplase Desmoteplase Enecadin	Ischämischer Schlaganfall Lungenembolie Schlaganfall	Phase IIb / III Phase II Phase II

Abb. 1.2: Anteil der Produkte aus biotechnologischer Forschung.

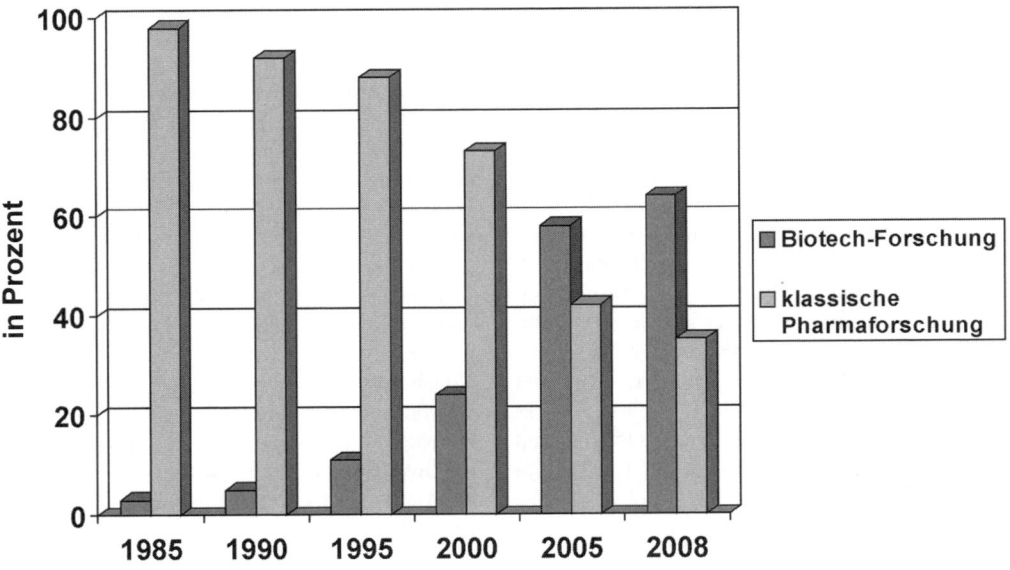

Tabelle 1.6: Umsätze ausgewählter Biotech-Medikamente 2004.

Medikament	Hersteller / Vertreiber	Umsatz 2004 (Mio. US$)	Therapiegebiet	Zulassung
Procrit® / Eprex®	Johnson & Johnson von Amgen	3.589	Anämie (alle Märkte außer Dialyse)	1999 (US), 1993 (EU)
Rituxan® / MabThera®	Roche / Genentech / Biogen Idec	2.989	Onkologie	1997 (US), 1998 (EU)
Remicade®	Johnson & Johnson / Centor	2.891	Rheuma / Morbus Crohn	1998 (US), 1999 (EU)
Epogen®	Amgen	2.601	Anämie, Dialyse	1989 (US)
Enbrel®	Amgen / Wyeth von Immunex	2.580	Rheuma	1998 (US), 2000 (EU)
Aranesp®	Amgen	2.473	Anämie	2001 (US, EU)
Intron A® / PEG-Intron®	Schering Plough von Biogen Idec	1.851	Hepatitis C	1986 (US), 2000 (EU) 2000 (US), 2001 (EU)
NeoRecormon® / Epogin®	Roche / Genentech / Chugai	1.842	Anämie	1997 (US)
Neulasta®	Amgen	1.700	Onkologie	2002 (US, EU)
Avonex®	Biotech Idec	1.417	Multiple Sklerose	1996 (US), 1997 (EU)
Neupogen®	Amgen	1.200	Onkologie	1991 (US), 1994 (EU)
Humalog®	Eli Lilly	1.102	Diabetes	1996 (US, EU)

binatorischen Chemie werden lässt. Wir beobachten hier ein Phänomen, das eine schwache Position in einem innovativen Gebiet einen **Effekt der zweiten Generation** nach sich zieht.

Europäische Firmen haben bereits reagiert: Glaxo übernahm Affymax, ein auf dem Gebiet der kombinatorischen Chemie führendes Unternehmen in den USA, für 535 Mio. US-Dollar.

Eine Anmerkung am Rande: Forschungsaufwendungen der Staaten unterscheiden sich drastisch. Gemessen am Bruttoinlandsprodukt (BIP) stagnierten die Forschungsausgaben der Europäer zwischen 2000 und 2003 bei 1,9 Prozent. Sie lagen damit weiter deutlich hinter den USA (2,59 %) und Japan (3,15 %). China setzt mit jährlichen Zuwachsraten von zehn Prozent zum kräftigen Sprung an.

Die Forschungsausgaben in der EU sollten nach dem Beschluss des Europäischen Rates von Barcelona bis 2010 auf drei Prozent des BIP steigen. Diese Marke erreichten im Jahr 2003 bislang nur Schweden (4,27 %) und Finnland (3,49 %). Deutschland lag mit 2,49 im Jahr 2004 Prozent unter den geforderten 3 %. Hauptursache für die Stagnation in Europa ist der Rückgang der privaten Investitionen für Forschung und Entwicklung. Im Vergleich zu Japan (74 %) oder den USA (63 %) ist ihr Anteil in Europa mit 56 Prozent ohnehin geringer. Die öffentliche Hand füllt derzeit noch die Lücke – angesichts leerer Kassen ist das kein Zukunftsmodell. Dagegen steigen die Forschungsausgaben von EU-Unternehmen in den USA stetig. Auch dies deutet nicht darauf hin, dass Biotechs in Deutschland zukünftig ein günstiges Wettbewerbsumfeld vorfinden werden.

1.2.2.3 Generikahersteller

Hersteller von sog. Generika oder Nachahmerpräparaten, versuchen mit Medikamenten im Markt Fuß zu fassen, die Wirkstoffe grundsätzlich in der gleichen Arzneiform und in der gleichen Dosierung wie das Originalpräparat enthalten. Grundvoraussetzung ist, dass der Patentschutz des Originalherstellers abgelaufen ist.

Die Grundlage für den Aufschwung der Branche bietet zum einen der Patentablauf bei einer Reihe umsatzstarker Originalpräparate, zum anderen der ständig zunehmende Kostendruck im Gesundheitswesen. Analysten gehen davon aus,

dass bis zum Jahr 2005 Medikamente mit bisher 30 Mrd. US-Dollar ihren Patentschutz in den USA verlieren (vgl. Abb. 9.1). Bis zum Jahr 2008 kommen nochmals Produkte mit 66 Mrd. US-Dollar hinzu. Vor diesem Hintergrund rechnen Experten mit einem Wachstum des Generikamarktes von durchschnittlich 11 % pro Jahr gegenüber 8 – 9 % im gesamten Pharmamarkt.

Es zählt vor allem Geschwindigkeit. Der erste Generika-Hersteller, der seine Zulassung erhält, darf sein Produkt in Deutschland sechs Monate exklusiv vertreiben.

Allerdings zeichnet sich das Geschäft auch durch vergleichsweise niedrige Gewinne und harten Wettbewerb aus, was wiederum auch die Konzentration unter den Generikaanbietern vorantreibt. Hier spielen die *economies of scale*, das durch Mengenwachstum größere Gewinnpotenzial, eine große Rolle.

Umgekehrt wird durch den generischen Wettbewerb auch eine weitere Konzentration der forschenden Unternehmen erzwungen und die Forschungsaufwendungen werden den rückläufigen Erträgen angepasst.

Ein Beispiel: 85 Jahre stolzer Selbstständigkeit gehen zu Ende, wenn der amerikanische Pharmakonzern Barr Pharmaceuticals Inc. 2006 das kroatische Traditionsunternehmen Pliva d.d. für

Tabelle 1.7: Generikahersteller im Jahr 2005.

Unternehmen	Sitz	Umsatz 2005 in Mill. US$
Teva	Israel	5.250
Sandoz (Novartis)	Schweiz	4.694
Merck KgaA	Deutschland	2.227
Ratiopharm	Deutschland	2.001
Watson	USA	1.646
Stada	Deutschland	1.267
Ranbaxy	Indien	1.178
Pliva	Kroatien	1.174
Andrx	USA	1.042
Barr	USA	1.030
Mylan (Q1)	USA	932
Actavis	Island	579

2,2 Milliarden US-Dollar übernimmt. Werden die Kartellbehörden den Zusammenschluss genehmigen, dürfte die neue Barr-Gruppe auf dem Markt für Nachahmerpräparate (Generika) in Nordamerika, West-, Mittel- und Osteuropa einen Jahresumsatz von rund 2,5 Milliarden US-Dollar erwirtschaften.

1.2.2.4 CROs und Drug Delivery

CROs sind sog. *contract research organizations*, also Firmen, die einzelne Teile der Arzneimittelentwicklung als Dienstleistung zur Verfügung stellen. Viele konzentrieren sich auf die klinische Entwicklung wie z. B. Parexel oder Besselaer, andere bieten auch Leistungen in der präklinischen Entwicklung wie z. B. Quintiles.

Auch Firmen im Bereich der kombinatorischen Chemie gehören zu diesem Segment der Dienstleister.

Ähnlich dem Konzept der Biotechs haben die *CRO*s einen großen Vorteil für die Pharmaindustrie: Sie erlauben es, eigene Kapazitäten klein zu halten und so das Risiko für den Pharmakonzern zu minimieren.

In den 70er-Jahren kam es zur Ausbildung eines weiteren Phänomens, das sich in der späteren Zeit zu einem der wichtigsten Bausteine des pharmazeutischen Lizenzgeschäftes entwickeln sollte: die Entwicklung **patentierter Darreichungssysteme** (*drug delivery systems*). Der Patentschutz dieser Wirkstoffsysteme verschaffte den Firmen, die sich auf diesem Sektor spezialisiert hatten, einen ähnlichen Exklusivitätsgrad wie den Entwicklern des ursprünglichen Wirkstoffes. Neu gegründete Technologiefirmen wie die Firma ALZA etablierten ihre Rolle als Hightech-Firmen mit Arzneistoffträgersystemen, die die Wirksamkeit und Effizienz bereits bekannter Wirkstoffe verbesserten.

Ein Beispiel war die Entwicklung von Theophyllin-Zubereitungen mit verzögerter Wirkstofffreisetzung, die schnell eine bedeutsame Position im Feld der respiratorischen Produkte erlangen sollten. Es wurde möglich, lang anhaltend wirksame Präparate einzusetzen, die den Wirkstoff gleichförmig abgeben, so Nebenwirkungen vermeiden, und dem Patienten das lästige, dauernde Schlucken von Tabletten ersparen.

Die Nutzung dieser neuer Technologien wurde zusätzlich ein bedeutames Instrument im **Management des Lebenszyklus** eines neuen Wirkstoffes. Durch die neue patentgeschützte Formulierung war es möglich, den Ablauf des Patentschutzes um weitere Jahre auszudehnen, indem neuer Patentschutz auf die innovative Formulierung, das *drug delivery system*, erhalten wurde.

Ein beeindruckendes Beispiel ist die Neuformulierung von Nifedipin durch die sog. OROS Technologie der Firma ALZA (Procardia XL®). Procardia XL® wurde 1989 durch Pfizer erstmals in den Markt eingeführt. Damit wurde eine lineare, osmotisch gesteuerte Freisetzung des Wirkstoffs über den Tag erzielt. Auch Cardiazem CD® von Aventis Neoral und Voltaren von

Tabelle 1.8: Weltweit operierende *drug delivery*-Firmen.

Firma
Elan
Andrx
Shire Pharmaceuticals
Duro Pharmaceuticals
MiniMed
Biovail
Gilead Sciences
The Liposome Co
Vivus
Inhale Therapeutic Systems
Meridian Medical Technologies
Noven Pharmaceuticals
Guilford Pharmaceuticals
Advanced Polymer Systems
Bentley Pharmaceuticals
Columbia Laboratories
Aradigm
Geltex Pharmaceuticals
ML Laboratories

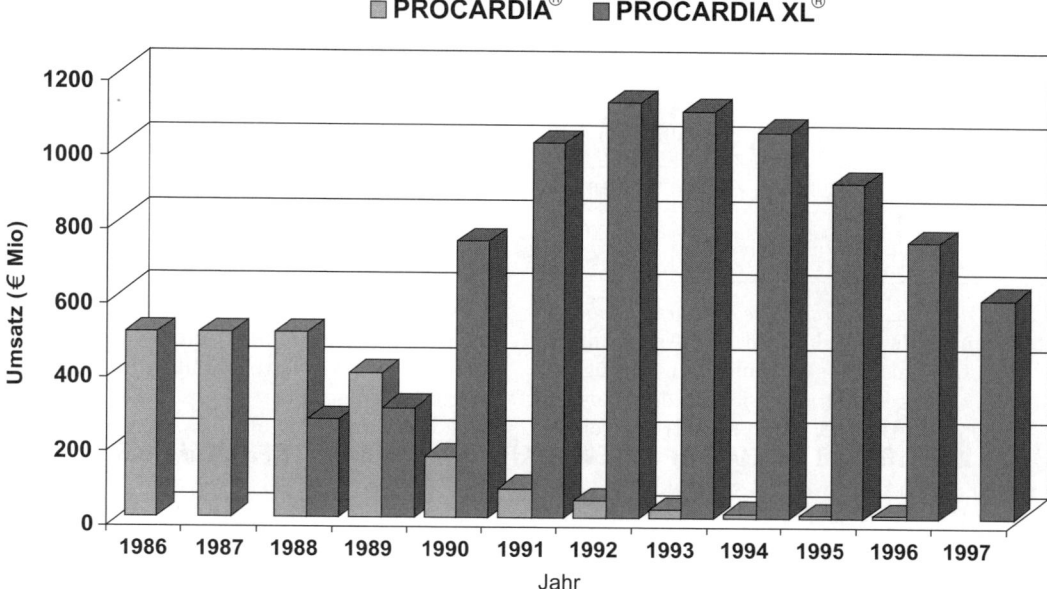

Abb. 1.3: Umsatzverlauf von Procardia® und Procardia XL®.

Novartis, Kaletra von Abbott, Fosamex von Wyeth, Zomig von AstraZeneca, Duragesic von Johnson & Johnson und Detrol von Pfizer sind weitere Beispiele für die erfolgreiche Anwendung von *drug delivery.*

Ein Blick auf die Abbildung 1.2 zeigt, dass das reformulierte Produkt Procardia XL® drastisch zum Erhalt, ja zur Steigerung der Umsätze und Gewinne gegenüber dem alten, eingeführten Produkt Procardia® beitrug (Abb. 1.3).

Die ständige Verbesserung und Weiterentwicklung der *drug delivery*-Systeme machte es möglich, neben der reinen Formulierung von Generika, auch bisher wegen ihrer ungünstigen physikalisch-chemischen Eigenschaften oder Verteilungsprofile im Organismus, nicht applizierbare Wirkstoffe überhaupt für eine Therapie zugänglich zu machen. In diesen Bereich fällt das Einsatzgebiet der sog. *Enhancing* (verbessernden) *drug delivery*-Technologien, die die Effektivität des Wirkstoffes erhöhen, Nebenwirkungen senken und damit auch zu einer verbesserten *patient compliance* oder *patient adherence* (Therapietreue) führten.

Auch das sog. *targeting,* d. h. das gezielte **Ansteuern eines bestimmten Organs**, und daraus resultierend die lokale Begrenzung der Wirkung eröffnete neue Perspektiven für Unternehmen, die sich auf das Auffinden von organspezifischen Erkennungsmerkmalen spezialisiert hatten. *Drug delivery* wurde bald ein Kernelement nahezu aller Forschungs- und Entwicklungsprogramme in multinationalen Pharmafirmen. Oftmals waren die Technologien zur Entwicklung solcher Darreichungssysteme in den multinationalen Konzernen nicht vorhanden. Auch war es schwierig vorherzusagen, welches System das am besten geeignete für die Formulierung eines bestimmten Wirkstoffes ist. So ist es heute weit verbreitet, dass Wirkstoffe eines Originators in einer Co-Entwicklung mit einer *drug delivery*-Firma zu einem Marktprodukt entwickelt werden.[4]

Die strategische Entscheidung lässt sich mit den durchschnittlichen Werten in Tabelle 1.9 verdeutlichen.

Hinzu kommt, dass das Risiko in der Wirkstoffentwicklung deutlich höher ist. Damit wird deutlich, dass *drug delivery*, neben der klassischen

---

[4] Quelle: Scrip Magazine Mai 2000, Geschäftsberichte der Firmen.

Tabelle 1.9: Vergleich von Kosten der Entwicklung, Dauer und Umsatz eines *NCE* und eines *drug delivery*-Systems.

Konzept	Kosten bis Marktein- führung (Mill. US $)	Dauer (Jahre)	Maximaler Umsatz (pro Jahr; Mill. US $)
drug delivery	15–50	4–7	100–250
Wirkstoff- Entwicklung	350–1000	10–15	300–700

schen Wirkstoffentwicklung, ein erfolgreiches Konzept darstellt.

Ein weiterer Anbieter im Markt sind die sog. Lohnhersteller, Firmen, die im Auftrag Produktionsschritte von der Arzneistoffsynthese bis hin zur Fertigstellung der fertigen Arzneiform übernehmen.

1.3 Der lange Weg der Entwicklung neuer Therapeutika

Der Prozess der Arzneimittelentwicklung von der Idee bis zum marktfähigen Produkt hat sich im Laufe der Jahrzehnte zu einem komplexen System aus verschiedenen, ineinander greifenden Aktivitäten entwickelt, die von heterogenen Berufsgruppen in gemeinsamen Teams, oftmals parallel, durchgeführt werden. Die Stufen der **Arzneimittelentwicklung** lassen sich in den Aktivitäten der Forschung und Entwicklung (F&E oder englisch: *research & development*, R&D) einteilen:

- Forschung und Wirkstoffsuche
- Präklinische Entwicklung
- Klinische Entwicklung (Phase I–III)
- Zulassung, Markteinführung, klinische Entwicklung Phase IV

Das nachfolgende Schaubild (Abb. 1.4) gibt einen Überblick über die Kosten, Dauer, Aktivitäten und Anzahl der Kandidaten in jeder Phase.

Halten wir uns noch mal vor Augen: Für einen durchschnittlichen Wirkstoff dauert es fast zehn Jahre und es bedarf einer Ausgabe von 450–700 Mio. Euro, um die Entwicklung, Fehlschläge eingeschlossen, bis zur Zulassung abzuschließen. Kürzt man das Szenario nur um ein Jahr, wird der Hersteller ein Jahr früher Umsätze aus dem neuen Produkt erhalten und damit potenziell ein Jahr früher Gewinne erzielen, die helfen, die enormen Ausgaben wieder einzufahren. Etablierte Pharmaunternehmen berichten in den Phasen II und III der klinischen Entwicklung (vgl. Tab. 1.10) von einer 30- bzw. 65-prozentigen Erfolgschance. Diese historischen Durchschnittswerte gelten für eine Produktpipeline, die sich zu rund 70 % aus Analogpräparaten, so genannten „Me-too"-Wirkstoffen oder Nachahmermolekülen und zu rund 30 % aus neuen, innovativen Wirkstoffen zusammensetzt.

Pharmaunternehmen sehen sich heute mit der Notwendigkeit konfrontiert, neue Arzneimittel auf weniger kostspielige und zeitaufwändige Weise zu entwickeln. Der Druck resultiert aus

Tabelle 1.10: Historische Erfolgswahrscheinlichkeiten von Wirkstoffen in der Entwicklung.

Entwicklungsphase	Pipeline-Mix aus 70 % „Mee-too" / 30 % innovative Wirkstoffe	
	Erfolgswahrscheinlichkeit, die nächste Phase zu erreichen in %	Markteintrittswahrscheinlichkeit in %
Prä-Klinik	50	10
Phase I	70	20
Phase II	50	30
Phase III	70	65
FDA Filing	90	90

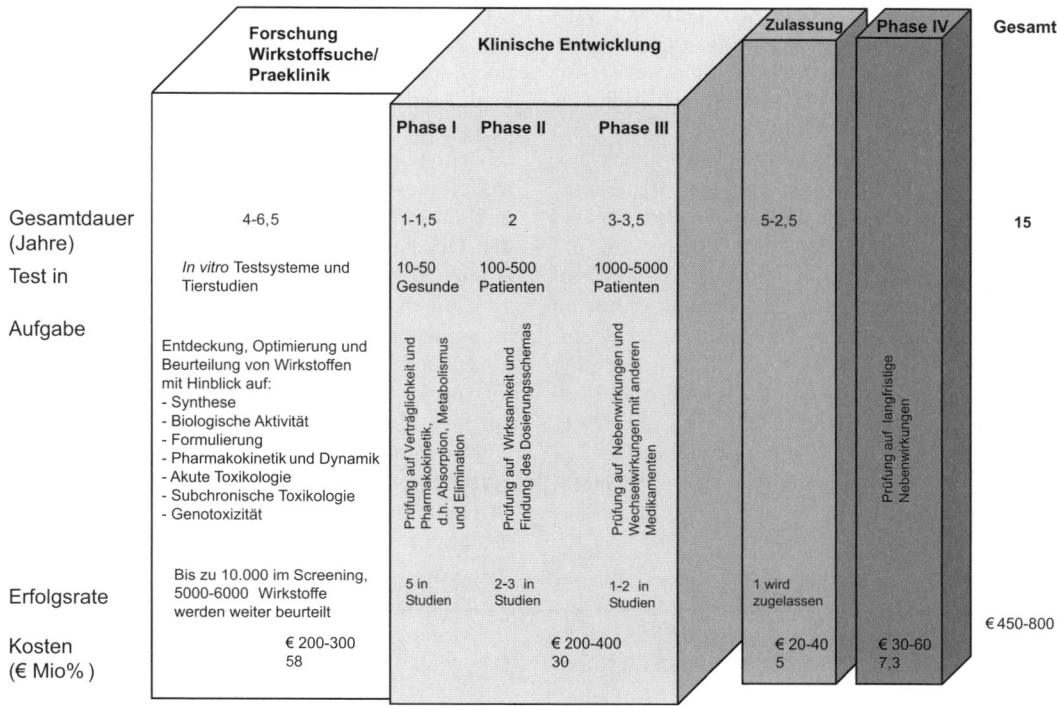

Abb. 1.4: Entwicklung eines neuen Medikamentes: Dauer, Aktivitäten und Kosten. Der große Kostenblock im ersten Segment rührt auch daher, dass Aktivitäten wie Formulierungsforschung, Toxikologie und chemische Entwicklung weit bis in die Phasen des klinischen Blocks hinein andauern. Die Zulassungskosten beinhalten auch die Erstellung der Dokumente (vgl. Abb. 2.12). Zur Erfolgsrate s. a. Abb. 3.1 und 3.2.

drei Faktoren: Gesundheitsorganisationen fordern billigere Arzneimittel, die wissenschaftliche Forschung enthüllt neue Ansatzpunkte zur Krankheitsbekämpfung und gegen eine Reihe resistenter Krankheitserreger und neuer Krankheiten wie AIDS müssen schnell wirksame Medikamente bereitgestellt werden.

Um den Prozess der Entstehung eines Arzneimittels, der sich über Jahre hinweg in seiner heutigen Form entwickelt hat, zu verstehen, sollte man die einzelnen Schritte näher beleuchten. Ein Erfolgsfaktor ist aber die Einheit, die für einen reibungslosen Ablauf des ganzen Entwicklungsprozesses sorgt: das Projektmanagement.

1.3.1 Projektmanagement

Projektmanagement stellt den Rahmen für eine Serie von Prozessen bereit, die mit dem Ziel ablaufen, das Produkt durch die Entwicklung hindurchzuführen und letztlich auf den Markt zu bringen. Dem Projektmanagement fallen dabei Betrachtungen

- der Projektgröße,
- der Ziele,
- der Zeit, sog. *milestones*,
- des Ablaufes,
- der Kosten,

und damit des Einsatzes von Ressourcen und der Kosten für ihre Nutzung und letztlich dem menschlichen Faktor, und das ist das Zufriedenstellen aller Teilnehmer, zu.

Projektmanagement als solches findet seine Historie in zwei großen Projekten in den 50er-Jahren. Es handelte sich dabei um das Polaris-

programm und einen internen Verbesserungs-
prozess der Firma Dupont. Als ein Ergebnis dieser Projekte wurden zwei Planungswerkzeuge
entwickelt: die Methode des kritischen Pfades
(*critical path method*, CPM) durch Dupont und
die Projektevaluation und Bewertungstechnik
(*Project Evaluation and Review Technique*,
PERT) für das Polaris-U-Boot-Projekt. In den
60er-Jahren fokussierten diese Methoden auf
den Umfang, die Zeit und die Kosten eines Projektes. Die Betrachtung des Humanfaktors im
Projektmanagement ist eine der neueren Entwicklungen. Dazu gehört die Teamarbeit, die
Etablierung effektiver Kommunikation, die Lösung von Konflikten und die Definition der Füh-
rungsrolle und Motivation im Team. Was aber ist
nun ein Projekt und wann erfordert es Projektmanagement?

Definition: Ein **Projekt** ist eine Unternehmung
mit genau definierten Start- und Endpunkten,
mit Zielen, deren Erreichung bestimmt werden
kann, und mit Abhängigkeiten von limitierten
Ressourcen.

Nicht alle Unternehmungen und Aktivitäten
treffen diese Definition und damit ist auch nicht
in allen Fällen ein Projektmanagement notwendig. Der lange Zeitraum der Entwicklung eines
Arzneimittels, die hohen Kosten und die verschiedenen Fachbereiche, die zum Einsatz kommen, machen das Projektmanagement in der
Pharmaindustrie zu einem entscheidenden Erfolgsfaktor. Projektmanagement ist notwendig,
um die „vertikalen Silos", in denen sich einige
Unternehmen heute gegliedert sehen, wie z. B.
Forschung, Produktion, Marketing, miteinander
zu verknüpfen. Demgemäß ist ein Projektmanagement oftmals nicht notwendig, wenn eine Ak-

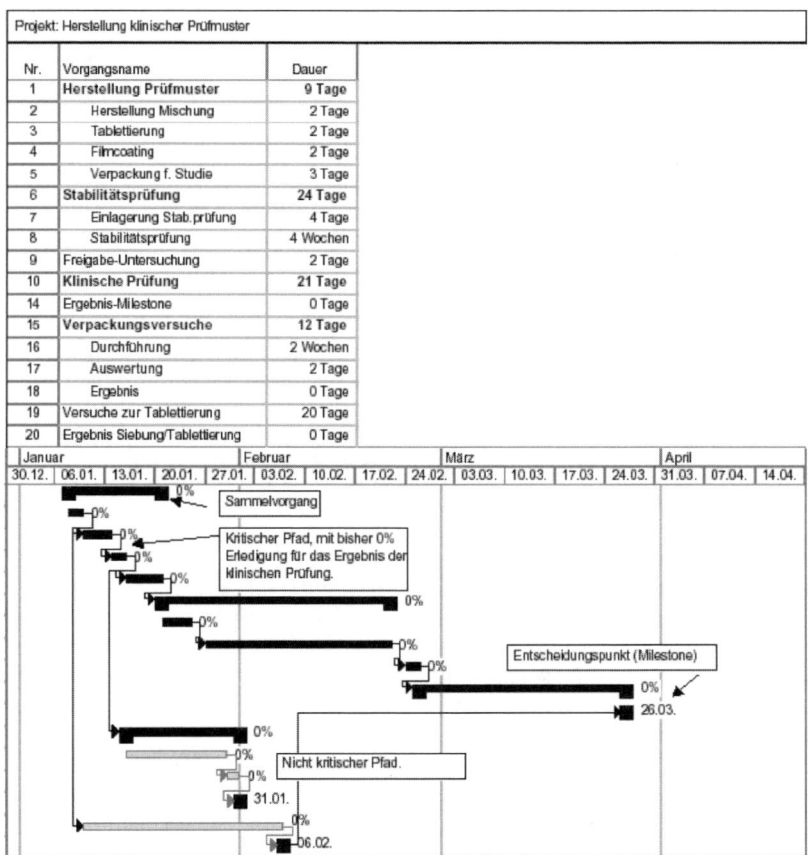

Abb. 1.5: Projektdarstellung in MS-Project®: Kritischer Pfad (schwarz) bestimmt den Zeitpunkt des Entscheidungspunktes nach der klinischen Studie (26.3.). Weitere Daten (Ergebnis Siebung/Tablettierung, nicht zeitkritisch) sollen in die
Entscheidung mit einbezogen werden.

tivität ausschließlich in einem der vertikalen Silos angesiedelt ist. Was ist Projektmanagement noch?

- Projektmanagement kann als der Versuch der Integration funktionaler Zuständigkeiten zum Wohle eines gemeinsamen Projektes verstanden werden.
- Projektmanagement zeichnet sich auch durch die Anpassung an sich ständig ändernde Rahmenbedingungen und die Anpassung des jeweiligen Projektes an diese aus.
- Projektmanagement ist Management von Ressourcen und Abstimmung von auszuführenden Aktivitäten.
- Projektmanagement ist Kommunikation zwischen allen in das Projekt involvierten Bereichen und in das obere Management des Konzerns. Der Projektmanager ist in der Regel für die Einhaltung der Zeitlinien und der Anpassung an die Firmenstrategie verantwortlich.
- Bei der Entwicklung neuer Substanzen bewegen sich Projektteams oftmals auf völlig neuem Territorium. Daher ist die Zusammensetzung der Teams entscheidend. Dies bedeutet nicht, dass alle Bereiche ständig vertreten sein müssen. Die wichtigsten Bereiche für die Neuentwicklung eines Wirkstoffes sind:
  Chemie/Synthese,
  Wirkstoffentwicklung,
  Analytische Entwicklung,
  Präklinische Toxikologie und Metabolismus,
  Zulassung,
  Klinische Entwicklung,
  Pharmazeutische Entwicklung,
  Marketing.

Die verschiedenen Phasen des Projekts werden unterschiedliche Beteiligungen der Funktionen erfordern.

Die Schritte zur **Etablierung eines Projekts** lassen sich wie folgt gliedern:

1. Definition und Übereinstimmung über die Projektziele. Die Projektziele lassen sich in der Regel in das grundsätzliche Szenario hinsichtlich Ablauf, wichtiger Entscheidungspunkte (*milestones*) und zu erreichendes Ziel- und Zieldatum aufschlüsseln.
2. Die wichtigsten Projektaktivitäten werden identifiziert und Verantwortlichkeiten zugeteilt. Im klassischen Projektmanagement wird hierzu ein Instrument benutzt, das als *work breakdown structure* (*WBS*) bezeichnet wird. Dabei werden unter jeder übergreifenden

Aktivität alle Unteraktivitäten definiert und mit Verantwortlichkeiten versehen.

3. Ermittlung eines Zeitplans für das Projekt, indem die einzelnen Aktivitäten aus dem *WBS* miteinander verknüpft werden. Dazu wird in der Regel die Methode des kritischen Pfades (*critical path method*, CPM) verwendet. Die Methode des kritischen Pfades benutzt Diagramme wie sie in Abb. 1.5 gezeigt sind. Oftmals werden solche Planungen durch Programme wie Microsoft Project unterstützt, die sowohl Kosten als auch Ressourcensteuerung zulassen. Der kritische Pfad selbst ist eine Serie von voneinander abhängigen Projektaktivitäten, die aneinander geknüpft sind. Sie bestimmen grundsätzlich die kürzeste Gesamtdauer eines Projektes. Werden kritische Aktivitäten vor oder nach ihrem geplanten Ablauf beendet, ändert sich notwendigerweise der kritische Pfad und die Dauer eines Projektes.
4. Anhand des Ablaufplanes werden dann die Ressourcen, der Zeitbedarf und die Kosten ermittelt.

1.3.2 Der Prozess der Arzneimittelentwicklung

Während noch in den 70er-Jahren Wirkstoffe durch iterative und intuitive Verfahrensweise, d.h. mehr auf einem Zufallsprinzip beruhend gefunden wurden, liefern heute kombinatorische Chemie und indirekt Genomics und Proteomics eine Vielzahl an chemischen Verbindungen, die möglichst schnell und effektiv darauf getestet werden müssen, ob sie sich für die Entwicklung von Wirkstoffen eignen. Dank der technologischen Entwicklungen in der Robotertechnik und der Assay-Technologie hat sich die Industrie in den letzten Jahren rasant verändert.

1.3.2.1 Wirkstoffsuche

Der Prozess der Wirkstoffsuche umfasst die Suche nach einem geeigneten Wirkstoffkandidaten, der Untersuchung seiner Eigenschaften (*drug screening*) sowie die gezielte Veränderung seiner Struktur (*drug design*), um seine Wirksamkeit zu erhöhen, seine Nebenwirkungen zu senken oder seine Verteilungseigenschaften im Organismus zu verbessern.

Unter kombinatorischer Chemie versteht man das Prinzip, gleichzeitig und mit hoher Geschwindigkeit große Mengen unterschiedlicher chemischer Verbindungen herzustellen, wobei dieser Prozess durch Computertechnik und automatisierte Anlagen unterstützt wird. Musste früher der Chemiker Substanzen einzeln synthetisieren, ehe sie auf ihre Wirksamkeit getestet wurden (Screening), können nun verschiedene Bausteine in unterschiedlichen Kombinationen zu- sammengesetzt und eine große Vielzahl unterschiedlicher Substanzen gewonnen werden. Die Sammlung der verschiedenen Molekülstrukturen wird als kombinatorische Bibliothek bezeichnet. Das Ziel ist klar: Je größer die Zahl der Verbindungen, die getestet werden können, desto größer die Chance eine **therapeutische Schlüsselsubstanz** (*lead*- oder Leitstruktur) zu finden. Dank der rasanten Entwicklungen in der Robotertechnik und der Assay-Technologie, sind die Forschungslabors heute in der Lage, große Probenmengen in kurzer Zeit zu bewältigen (*high throughput screening*) und solche Verbindungen aufzuspüren, die gute Chance haben, den gesamten Entwicklungsprozess erfolgreich zu durchlaufen. Indem frühzeitig qualitativ hochwertige potenzielle Kandidaten, also Leitstrukturen, erhalten werden, kann der gesamte Entwicklungsprozess enorm Zeit und Kosten einsparen. Der Prozentsatz erfolgreicher Verbindungen ist jedoch gering:

Einige Unternehmen sind derzeit in der Lage, 1 bis 3 Millionen *lead-compounds* pro Woche zu untersuchen. Am Ende dieses *screenings* bleiben ca. 100 bzw. 300 Treffer, sog. *hits* übrig, von denen sich aber nur 1–2 Substanzen für den weiteren Forschungsprozess eignen.

Wenn eine Leitstruktur in einem biologischen Screening als wirksames Prinzip erkannt worden ist, werden zusätzlich oftmals chemisch modifizierte Varianten synthetisiert und ebenfalls biologisch geprüft.

Am Ende geht aus diesem Prozess ein Arzneistoff hervor, dessen Anwendungsgebiete vorläufig nach Stand der Erkenntnisse definiert werden und für den an dieser Stelle auch bereits ein möglicher Applikationsweg in den Organismus festgelegt wird, der die Art der zu entwickelnden Arzneiform festlegt. Oft werden diese Wirkstoffe als DDCs, *drug development candidates* bezeichnet.

Als **Genomics** bezeichnet man die Wissenschaft der Genentdeckung, die Lokalisierung des Gens auf der DNA, seine Struktur (*structural genomics*) und Funktion (*functional genomics*). Genetische Information sitzt in Form von kleinen Molekülen, sog. Nucleotiden, linear aneinander gereiht in der dreidimensionalen Struktur einer Doppelhelix, der DNA (Desoxyribonucleinsäure). Die Nucleotide bestehen aus nur vier unterschiedlichen Molekülen. Ihre Aneinanderreihung bestimmt die genetische Information. Gene sind nun wiederum bestimmte Abschnitte dieser Abfolge, die eine bestimmte Information zur Herstellung eines Proteins besitzen. Proteine arbeiten zusammen und definieren und regulieren kritische Vorgänge in der Zelle. Das humane Genom, also die Blaupause des Menschen, ist aus 3,2 Mio. Paaren an Nucleotiden aufgebaut und enthält ca. 100.000 Gene. **Proteomics** ist der natürliche nächste Schritt, die Untersuchung der Proteine (Eiweiße), die aus der sog. Genexpression, also der Umsetzung der Geninformation in ein Protein, entstehen.

Man geht heute davon aus, dass die genetische Information des Menschen nicht nur Unterschiede in der Augenfarbe, sondern auch die Anfälligkeit für Krankheiten beinhaltet. Das genetische Profil bestimmt zudem die unterschiedliche Reaktion auf einen Wirkstoff, obwohl 99,9 % der DNA-Sequenz zwischen zwei Menschen identisch ist.

Das neue Gebiet der Pharmakogenomics adressiert das Problem der *adverse drug effects* (ADE), also der Wirkstoffnebenwirkungen, die auf 0,1 % unterschiedlicher DNA-Sequenz beruhen. **Pharmakogenomics** ist die Entwicklung von Wirkstoffen unter Beachtung der genetischen Ursache von Krankheiten. Damit kann auch die Effizienz klinischer Studien erhöht und genetisch bedingte Nebenwirkungen des Wirkstoffes im Idealfall nahezu eliminiert werden. Einfach gesagt sucht man eben nur solche Probanden für eine Studie aus, deren genetische Information nicht darauf schließen lässt, dass es zu Nebenwirkungen aufgrund des genetischen Bildes kommt. Durch die Beschränkung klinischer Studien auf einen bestimmten „Fenotyp" wird die Marktzulassung nur für einen einzigen Fenotyp alleine erreicht werden können.

1.3.2.2 Präklinische Entwicklung (preclinical development)

Ist ein DDC gefunden, erfolgt die Entwicklung der chemischen Synthese des Wirkstoffes, die erste Suche nach einer Formulierung, die Stabilitätstests und analytische Entwicklung notwendig machen. Nur so ist die Qualität gewährleistet.

In diesen Zeitraum fallen auch weitere Entwicklungsaktivitäten wie die Zulassungsstrategie, die Strategie hinsichtlich des gewerblichen Rechtsschutzes, also der Patentierung und die Erforschung der Marktsituation.

Aber der Reihe nach: Bereits in diesem frühen Stadium wird mit der Entwicklung einer geeigneten Arzneiform begonnen. Der gesamte Prozess der Entwicklung, Optimierung und Herstellung einer pharmazeutischen Darreichungsform kann in vier Schritte unterteilt werden, die sich allesamt überschneiden:
1. die Prä-Formulierung,
2. die Formulierungsentwicklung und Optimierung,
3. der *scale-up* (die Übertragung in den Produktionsmaßstab) und
4. die Produktion.

Die beiden letztgenannten Stufen reichen auch noch über die präklinische Phase in spätere Stufen hinein. Die Grundüberlegung der ersten drei Entwicklungsstadien ist es, einen stabilen reproduzierbaren Produktionsprozess zu erhalten, der Produkte gleich bleibender, reproduzierbarer Qualität erzeugt.

Prä-Formulierung, Formulierungs-Entwicklung und Optimierung

In der Prä-Formulierung (vgl. Kap. 3.4, 3.5) werden umfassende und standardisierte physikalisch-chemische Untersuchungen des Wirkstoffes, der Hilfsstoffe, die zur Formulierung einer Arzneiform notwendig sind, sowie der Wechselwirkungen all dieser Komponenten miteinander untersucht. Die umfassende Kenntnis über die Eigenschaften der einzelnen Stoffe, wie Löslichkeit, Stabilität, Säure- und Basenkonstanten, Partikelgrößenverteilung, Oberflächenbetrachtungen, Verteilungskoeffizient, Polymorphie, Hygroskopizität, ermöglicht eine Vorhersage des Verhaltens der zu entwickelnden Darreichungsform und macht den Entwicklungsprozess planbarer.

Gleichzeitig werden erste Arzneiformen hergestellt und analysiert. Die Zusammensetzung der Arzneiform wird dabei so lange optimiert, bis charakteristische Parameter, wie zum Beispiel die Stabilität der Systeme, die Freigabeprofile des Wirkstoffs, die gewünschten Eigenschaften aufweisen. Eine schlechte Formulierung kann die *in-vivo*-Bioverfügbarkeit eines ansonsten akzeptablen Entwicklungskandidaten drastisch negativ beeinflussen.

Der Zusammenhang zwischen Faktoren wie Kristallformen, Löslichkeit, Partikelgrößen, Partikelgrößenverteilung und Freisetzungsverhalten einerseits und einer guten **Bioverfügbarkeit** des Arzneistoffs, also der Aufnahme im Organismus andererseits, ist erst seit den späten 70er-Jahren bekannt. Heute ist die Idee der Auflösungskinetik und Messung der Permeation durch Membranen ein fester Bestandteil der frühen Informationen über die Absorption, Verteilung (Distribution), Metabolisierung und Ausscheidungen (*early absorption, distribution, metabolism, exkretion-model, early ADME-model*) in den Formulierungsfindungs-Gruppen.

Die Prä-Formulierung legt einen Grundstein für Faktoren, die im Rahmen der weiteren Entwicklung optimiert werden müssen. Sie identifiziert kritische Parameter, die mit besonderem Augenmerk im weiteren Entwicklungsprozess verfolgt werden. Oft stehen aus der Synthese des Wirkstoffs nur geringe Mengen, d. h. wenige Gramm zur Verfügung: Bei der Anzahl der durchzuführenden Versuche eine besondere Herausforderung.

Die *International Conference on Harmonization of Technical Requirements for Registration of Pharmaceuticals for Human Use* (ICH) verfolgt das Anliegen, harmonisierte Grundlagen im regulatorischen Umfeld von Arzneimittelzulassungen in den drei **ICH-Regionen** Japan, EU und USA zu schaffen, um der zunehmend globalen Entwicklung von Arzneimitteln Rechnung zu tragen. Sie ermöglicht eine Vergleichbarkeit der Daten, die letztendlich aus dem Entwicklungsprozess und der späteren Produktion erhalten werden. Daher werden z. B. die Stabilitätsdaten unter den sog. ICH-Bedingungen erhoben.[5]

Die **Produktion** der neuen Arzneiform, d. h. die Herstellung im Großmaßstab, ist der letzte Schritt in der Formulierungsentwicklung und findet meistens erst später parallel zu den klinischen Untersuchungen statt, soll aber der Vollständigkeit halber hier genannt werden. Ist eine geeignete Arzneiformulierung für den neuen Arzneistoffkandidaten gefunden (*development pharmaceutics*, pharmazeutische Entwicklung), ist es notwendig, auch im größeren Maßstab die Tragfähigkeit des Herstellungsprozesses nachzuweisen und die Sicherheit und Reproduzierbarkeit in der späteren Marktversorgung zu gewährleisten (*up-scaling*). Die Daten dieser Übertragung werden spätestens bei der Zulassung des Produktes auch von der Behörde eingefordert.

Grundsätzlich umfasst das *up-scaling* alle Schritte der physischen Bewegung und Bearbeitung von Vor-, Hilfs- und Fertigprodukten. Im Pharmakontext bedeutet dies die Herstellung von chemischen Wirkstoffen, die Herstellung von biologischen, biochemischen und biotechnologischen Ausgangsstoffen, die Herstellung der pharmazeutischen Arzneiformen oder auch Formgebung genannt, deren Verpackung und die Kommissionierung sowie der Versand der Fertigprodukte. Man spricht heute von der sog. *supply chain*.

In den späten 50er- und 60er-Jahren wurde den Entwicklern deutlich, dass der Zerfall von Tabletten und Kapseln nicht äquivalent ist mit der Freisetzung im Körper und der Absorption in den Blutkreislauf. Die **Bioverfügbarkeit** als ein Punkt der Betrachtung in der Entwicklung pharmazeutischer Produkte hat ihren Ursprung in der Mitte der 50er-Jahre, als Eino Nelson feststellte, dass unterschiedliche Theophyllin-Salze unterschiedliche Plasmaspiegel verursachten und dies mit ihren Auflösungskinetiken *in vitro*, also in einem extrakorporalen Testsystem in Zusammenhang brachte. Parameter, mit denen der Wirkstoff sich im Blutkreislauf nachweisen lässt, werden maßgeblich durch zwei Faktoren bestimmt (vgl. Kap. 3.5.1, 3.5.4):

1. die Rate, mit welcher der Wirkstoff sich löst bzw. aus der Arzneiform freigesetzt wird und
2. die Fähigkeit, mit der der Wirkstoff durch biologische Membranen, in diesem Fall die Magen-Darm-Wand, dringt und den Blutkreislauf letztendlich erreicht.

Frühe Informationen aus dem *ADME-model* im Tier, oft Ratte und Hund, helfen, das Verhalten des Wirkstoffs im biologischen System zu verstehen. Hierfür werden in der Regel Tierstudien eingesetzt, die später für die erste Studie im Menschen mit Hinblick auf Sicherheit und Pharmakokinetik herangezogen werden.

In dieser Phase werden oft injizierbare Formulierungen oder Trinklösungen eingesetzt. Oft wiederholt sich die Entwicklung und Verbesserung der eigentlichen Arzneiform nochmals während der Phase II und III der klinischen Prüfung.

Toxikologie und Pharmakokinetik

Vor der Prüfung der Wirksamkeit im Menschen erfolgt bereits in den frühen Phasen der Arzneimittelentwicklung ein ausgedehntes pharmakologisches und toxikologisches Testprogramm im Tier. Der Pharmakologe muss wissen, in welcher Dosierung die therapeutischen Wirkungen auftreten und wo keine Wirkung vorliegt und die Nebenwirkungen anfangen, die therapeutische Breite (*therapeutic window*, vgl. Kap. 2.2.1.5).

Aufgabe der **Arzneimitteltoxikologie** im engeren Sinne ist das Erkennen von toxischen Wirkungen, die von der Hauptwirkung unabhängig sind, inklusive der Reizwirkungen und allergischen Wirkungen. Die toxikologische Prüfung vor der Neuzulassung eines Arzneimittels trägt präventiv zur **Arzneimittelsicherheit** bei.

---

[5] Eng mit der Entwicklung der pharmazeutischen Technologie geht die Entwicklung der pharmazeutischen Hilfsstoffe einher. 1975 wurden alle Monographien in zwei Kompendien gespalten. Das erste, die USP, die alle Wirkstoffmonografien und Zubereitungsformen enthielt, und die NF, die alle Monographien für Hilfsstoffe enthält. Substanzen, die sowohl als Wirkstoff als auch als Hilfsstoff eingesetzt wurden, wurden in USP untergebracht mit einem Verweis auf die NF. Das Ziel der NF war es, Monographien zu erzeugen für alle wesentlichen Hilfsstoffe, die in der pharmazeutischen Industrie genutzt werden. Um 1990 änderte sich der Ansatz, denn es wurde klar, dass das Spektrum der NF Aktivitäten erforderte, die ein Prozess zur Harmonisierung der internationalen Standards pharmazeutischer Hilfsstoffe nach sich zieht und gleichzeitig Standards für die Tests für die Analyse der physikalischen und chemischen Eigenschaften etabliert. Diese Tests sollten die Eigenschaften und Einsatzgebiete der Hilfsstoffe charakterisieren und umfassen Kenngrößen wie Fließeigenschaften, Pulverdichte, Partikelgröße und Oberfläche.

Sicherheit im Sinne der lexikalischen Definition als unbedroht sein in Folge des Nichtvorhandenseins von Gefahr und/oder des Vorhandenseins von Schutz ist hier nicht gemeint. Wenn Gefahr, wie in der Definition der Juristen die Möglichkeit eines Schadenseintritts ist, setzt man Sicherheit in der Arzneimitteltherapie nicht voraus, da man die Möglichkeit eines Schadenseintritts im Prinzip akzeptiert. Deswegen spricht das Arzneimittelgesetz nicht von Unschädlichkeit, sondern von Unbedenklichkeit. Entsprechend der Legaldefinition eines **bedenklichen Arzneimittels** – »bedenklich sind Arzneimittel, bei denen nach dem jeweiligen Stand der wissenschaftlichen Erkenntnis der Verdacht besteht, dass sie bei dem bestimmungsgemäßen Gebrauch schädliche Wirkungen haben, die über ein nach den Erkenntnissen der medizinischen Wissenschaft vertretbares Maß hinausgehen« – dürfen wir Unbedenklichkeit als einen Quotienten aus Nutzen und Risiko definieren. In der Toxikologie wird das Risiko häufig als das Produkt aus **Gefahr**, d. h. der Möglichkeit eines Schadenseintritts und Exposition definiert. Zur Gefahr gehören immer zwei Faktoren, zum einen die Schadenshöhe, d. h. der Charakter, die Schwere und die Reversibilität der erwarteten unerwünschten Wirkungen, zum anderen die Eintrittswahrscheinlichkeit. Manchmal wird die Gefahr als Produkt dieser beiden Faktoren definiert. In der Arzneimitteltherapie ist die Exposition der Sinn der Sache – die Arzneimitteltoxikologie konzentriert sich auf den Faktor Gefahr. In Bereichen der Toxikologie sind Grenzwertsetzungen durch Annahme eines Sicherheitsabstandes zu einem sog. *no-observed-effect level*, der im Tierversuch oder besser noch beim Menschen ermittelt wurde, von zentraler Bedeutung. Die Entwicklung immer selektiverer Arzneimittel mit geringerem Gefahrenpotenzial ist schon deshalb erstrebenswert.

Ein Gebiet, das eigentlich zur Pharmakologie gehört, aber auch für die Toxikologie unverzichtbar ist, ist die **Pharmakokinetik** des Arzneimittels. Erst sie erlaubt eine präzise Planung der toxikologischen Prüfung und die Analyse des Wirkungsmechanismus einer evtl. auftretenden toxischen Wirkung. Die mechanistische Analyse ist ohnehin die Domäne des Tierversuches in der Präklinik, in der Phase I dann am Menschen.

Die Pharmakokinetik analysiert den zeitlichen Verlauf der Konzentration eines Arzneimittels im Organismus und bezieht ihre Aussagekraft aus der Tatsache, dass für die meisten Medikamente zwischen Konzentration am Wirkort und ihrer Wirkung eine Korrelation besteht. Da Messungen am Wirkort meist nicht möglich sind, basiert die pharmakokinetische Analyse auf Konzentrationsbestimmungen im Blut und in den Körperausscheidungen. Der zeitliche Verlauf der Konzentrationskurve im Blut ist dabei das Resultat aus komplexen Verteilungsvorgängen zwischen den einzelnen sog. Kompartimenten des Körpers und gibt nur in den Fällen eine Information über die Wirkung, in denen auch eine Beziehung zwischen der gemessenen Konzentration und der Konzentration am Wirkort besteht.

1.3.2.3 Explorative klinische Versuche (Phase I und II)

In Phase-I-klinischen-Studien (vgl. Kap. 2.2.4.3) wird neben der Sicherheit und Tolerabilität des Wirkstoffs die Pharmakokinetik im Menschen sowie das biologische *proof of concept* geprüft. Dies sind wichtige Voraussetzungen für die Entscheidung, in die klinische Phase II zu gehen, in der die Wirksamkeit als bedeutendes Resultat erhalten wird. In Phase II dauern Studien zwischen 18 und 24 Monaten (vgl. Abb. 2.12).

Umfassende Daten zum therapeutischen Konzentrationsbereich werden häufig erst in späteren Studien der Entwicklung eines neuen Arzneimittels erhalten (Phase III), wenn große Patientengruppen in der alltäglichen Therapiesituation untersucht werden. Erste Informationen über den therapeutischen Bereich sind aber bereits in Phase II der Entwicklung unumgänglich notwendig. Hier spielen Arzneimittelinteraktionen eine wesentliche Rolle. Sie können zur Verstärkung (Potenzierung) oder Abschwächung der Wirkung eines Arzneimittels führen. Eine Erhöhung oder eine Reduktion der Konzentration von < 10 % wird in der Regel ohne klinische Relevanz sein, während aber Veränderungen von 20 oder 30 % besonders dann klinisch bedeutsam werden, wenn das Medikament eine enge therapeutische Breite hat. Ein wesentlicher Gesichtspunkt ist die Verfügbarkeit von therapeutischen Alternativen: Sind sie vorhanden, kann man auf das problematische Medikament verzichten. Sind gute Alternativen nicht vorhanden, kann das Medikament dennoch einen klaren

Stellenwert haben, wenn auch nicht unbedingt in einer breiten Indikation.

1.3.2.4 Phase-III-Studien

Der Übergang von Phase II zu Phase III ist oftmals fließend. In der klinischen Phase III wird die Wirksamkeit des Wirkstoffes und die Sicherheit bestätigt, oftmals weltweit in mehreren tausend Patienten. Phase III nimmt den späteren therapeutischen Einsatz vorweg. Phase III liegt noch näher an der Wirklichkeit als die Phase-II-Studien. Langzeitstudien werden durchgeführt, ebenso wie Studien in ausgesuchten Populationen wie Kindern, Frauen oder älteren Patienten. Ebenso werden vergleichende Studien mit Standardmedikationen und Studien über die Wechselwirkung mit anderen Medikamenten durchgeführt. Studien dauern im Schnitt 24–40 Monate und können 3.000–5.000 Patienten beinhalten.

1.3.2.5 Klinische Phase IV

Phase IV erfolgt erst nach der Zulassung und Einführung im Markt. Es sind die sog. marktbegleitenden Studien.

Nach den drei Phasen der klinischen Prüfung und nach der Zulassung sind als Begleitforschung für jedes wirksame Arzneimittel weitere Untersuchungen, sog. Phase-IV-Prüfungen, unerlässlich. Dazu werden Prüfpräparate mit entsprechender Codierung direkt an den Arzt abgegeben. Die Präparate tragen in der Regel die Aufschrift „Zur klinischen Prüfung bestimmt". Dies gilt auch für solche, die von den Zulassungsbehörden z. B. im Rahmen einer vorzeitigen Zulassung zur Prüfung angeordnet wurden. Bei Erkenntnis-Sammlungen bzw. offenen Studien mit Marktpräparaten unter Angabe des Warenzeichens werden Prüfpräparate durch den Apotheker abgegeben. Ein Verzicht auf ständige, breit gestreute Prüfungen ist wissenschaftlich nicht möglich. Solange ein Präparat auf dem Markt ist, muss eine Forschung im Sinne einer Nutzen-Risiko-Abwägung eingeschaltet werden. Bei neuen Wirkstoffen ist zwei Jahre nach Unterstellung unter die automatische Verschreibungspflicht ein ausführlicher Bericht an die Behörden zu erstellen. Fünf Jahre nach der Zulassung muss bei jedem Arzneimittel die Verlängerung der Zulas-

sung beantragt werden. Dabei werden die vorliegenden Erfahrungen und Erkenntnisse über Nutzen und Risiko des Präparates ausgewertet. Dann fällt auch die Entscheidung, ob das Medikament weiterhin unter Verschreibungspflicht durch den Arzt bleibt oder rezeptfrei über Apotheken abgegeben werden kann.

1.3.3 Die Zulassung

Die staatliche Kontrolle der Arzneimittel und Medizinprodukte ist geprägt von einer Aufgabenambivalenz. Der Staat soll Arzneimittelsicherheit gewährleisten, ohne jedoch Innovationen zu verhindern. Der Fortschritt der modernen Medizin und mit ihm die allgemeine Zunahme der Lebenserwartung sind ohne Arzneimittel nicht denkbar. Die Hoffnung vieler richtet sich auf das neue Arzneimittel, das eine sicherere und wirksamere Therapie verspricht. Auch volkswirtschaftlich stellen Arzneimittel und Medizinprodukte wertvolle Erzeugnisse dar. Betrachten wir zunächst das erste Arzneimittelgesetz in Deutschland von 1961. Als es beraten wurde, herrschte noch die Auffassung vor, dass in erster Linie eine **Übersicht** über die gesamte **Arzneimittelproduktion** erforderlich sei, um die Überwachung und im Einzelfall ein Eingreifen zu ermöglichen. Für die Sicherheit des Produktes war 1961 der Hersteller verantwortlich; dementsprechend hatte er lediglich Indikationen und Risiken mitzuteilen. Eine behördliche Überprüfung der therapeutischen Wirkung war ebenso wenig vorgesehen, wie eine Risikobeurteilung. Man scheute die staatliche Empfehlung einer bestimmten therapeutischen Anwendung und fürchtete sowohl den Eingriff in die Verordnungsfreiheit der Ärzte, wie auch die Einschränkung der Selbstbehandlung des einzelnen Staatsbürgers. Die Contergan-Katastrophe hat dann sehr schnell das Ungenügen dieser Zurückhaltung aufgewiesen.

Der Hersteller wurde in der Folge verpflichtet, einen Bericht zur **pharmazeutischen Qualität** sowie zur Unbedenklichkeit und Wirksamkeit vorzulegen. Zusätzlich musste er erklären, dass das Arzneimittel entsprechend dem jeweiligen Stand der wissenschaftlichen Erkenntnisse ausreichend und sorgfältig geprüft sei. Der nächste Schritt war dann die materielle Prüfung der Zulassungsanträge. Mit dem Neuordnungsgesetz von 1976 wurde das heute noch geltende materielle Zulassungsverfahren etabliert. Die Behörde prüfte nun umfassend selbst. Der europäische Harmonisierungsdruck hatte diese Entwicklung beschleunigt. Seit einer ganzen Reihe von Jahren ist zu beobachten, dass Entwicklungen im europäischen Arzneimittelrecht und Anpassung an das deutsche Recht stets ein aktuelles Thema sind. Da das Arzneimittelgesetz ganz überwiegend eine Umsetzung von EU-rechtlichen Regelungen darstellt, ist in der behördlichen Praxis des BfArM bei der Anwendung des Gesetzes stets eine angemessene **Berücksichtigung der europarechtlichen Vorgaben** erforderlich, die sich insbesondere aus der Rechtsprechung des Europäischen Gerichtshofes sowie aus der Rechtsauffassung der Europäischen Kommission zur Auslegung von EU-Bestimmungen ergeben.

Seit dem Januar 1995 gibt es in London die *European Agency for the Evaluation of Medicinal Products*, kurz **EMEA** genannt. Es handelt sich hier um eine der dezentralisierten Körperschaften der Europäischen Union. Die Beurteilung der EMEA wird durch zwei wissenschaftliche Komitees, das *Committee for Proprietary Medicinal Products* (CPMP) und das *Committee for Veterinary Medicinal Products* (PVMP) durchgeführt. Grundsätzlich gibt es nun zwei Zulassungsverfahren für neue pharmazeutische Produkte. In der sog. zentralen Zulassung werden verpflichtend Produkte aus dem Bereich der Biotechnologie und optional andere neue innovative Produkte direkt über die EMEA zugelassen. Dies führt bei der Erteilung der *marketing authorization* zu einer Zulassung, die in allen Mitgliedsländern der Europäischen Union gilt. Der zweite Weg der Zulassung, das sog. dezentralisierte Verfahren, basiert auf dem Prinzip der gegenseitigen Anerkennung *(mutual recognition, MR procedure)*. Grundsätzlich wird hierbei eine *marketing authorization*, die durch einen Mitgliedstaat erteilt wird, auf die anderen Mitgliedstaaten durch Anerkennung ausgedehnt. Wird keine Übereinkunft erreicht, führt die EMEA ein Vermittlungsverfahren durch.

Damit gibt es neben der bisherigen nationalen Zulassung und einem dezentralisierten Verfahren nach dem Prinzip der gegenseitigen Anerkennung auch eine europaweite Zulassung.

Weshalb sich amerikanische Pharmaunternehmen eher für eine Präsenz in Europa als eine überwiegend exportorientierte Vorgehensweise auf dem EU-Arzneimittelmarkt entschieden haben, lässt sich vor allem mit zwei Aspekten begründen:

Solange in der EU kein echter Arzneimittel-Binnenmarkt existiert, die US-Unternehmen aber über weniger Erfahrung im Umgang mit nationalen Regulierungen im Vergleich zu ihren europäischen Konkurrenten verfügen, erscheint eine breit angelegte Lokalpräsenz von Vorteil.

Ein zweiter wesentlicher Faktor ist die Zulassungspraxis der *Food and Drug Administration* (FDA) in der USA. Seit dem *Kefauver-Harris-Drug-Amendment* 1962 gelten in den USA verschärfte Zulassungsbedingungen, durch die sich die Entwicklungskosten neuer Arzneimittel stark erhöhten (vgl. Kap. 4.1.1.2). Zudem galt bis 1986 ein Exportverbot für Medikamente, die sich noch im Zulassungsprozess der FDA befinden, selbst wenn sie im importierten Land zugelassen waren. Die restriktive FDA-Praxis verursachte das Phänomen des *international drug lag*: Arzneimittelinnovationen wurden zwar im Heimatland durchgeführt, jedoch in einem anderen Land mit einem weniger restriktiven bzw. kürzeren Zulassungsverfahren zuerst eingeführt. Auch für europäische Pharmaunternehmen zeichnet sich eine zunehmende Multinationalisierung ab. Während der intraeuropäische Handel mit *intermediates* in seiner relativen Bedeutung zwischen 1980 und 1994 abnahm, ist ein relativer Anstieg des Stroms von *intermediates* aus Europa nach Nordamerika und Südostasien feststellbar. Dies lässt darauf schließen, dass sich Pharmaunternehmen in Europa zumindest hinsichtlich der genannten Regionen der Strategie von US-Firmen annähern, auf Zielmärkten mit den Endstufen des Produktionsprozesses verstärkt lokal vertreten zu sein.

Damit stützen sie den globalen Trend, gemäß dem die Bedeutung der durch ausländische Firmen kontrollierten Produktion vor Ort gegenüber Importeuren von Fertigarzneimittel und in weiterer Konsequenz auch *intermediates* stark zunimmt.

Das Zulassungsdossier, das in den EU-Ländern aus fünf Teilen besteht, die sich nach dem neuen Vorschlag der ICH nun Module nennen werden. Inhalte und Bedeutung sind in Kapitel 4 erläutert.

Zusammenfassend lässt sich festhalten, dass eine *New Drug Application* (NDA) in USA oder ein *Pharmaceutical Marketing Authorization Application* (MAA) in Europa mehrere tausend Seiten von Text, Tabellen und Grafiken hat. Sie umfassen die komplette Historie von der Entdeckung des Wirkstoffes über erste Studien in Tieren zu den fortgeschrittenen klinischen Testprogrammen, wie der Wirkstoff und seine Dosisform hergestellt, verpackt, wie er verschrieben wird und der Öffentlichkeit vorgestellt wird.

2 Das Nadelöhr – Von der Forschung zur Entwicklung

2.1 Vom Zufall zum Konzept: Das wachsame Auge entdeckt neue Arzneimitteltherapien

Die Wurzeln der Arzneimittelforschung reichen zurück bis in die Anfänge der Menschheitsgeschichte. Von jeher war es der Traum, auf gezieltem Weg zu Therapeutika zu kommen. Schon für die ersten Hochkulturen ist der Einsatz pflanzlicher, mineralischer oder tierischer Drogen belegt. Im Mittelalter suchten die Alchimisten nach dem Lebenselixier, das alle Krankheiten zu heilen vermag – leider vergebens. Bis zum Anfang des 19. Jahrhunderts beschränkte sich die Arzneimitteltherapie indessen auf Naturstoffe und anorganische Chemikalien. Viele der damals verfolgten Konzepte entspringen der traditionellen **Volksmedizin**, sei es die narkotische Wirkung des Mohns, der Einsatz der Herbstzeitlose gegen Gicht oder die Meerzwiebel bei Herzinsuffizienz (Wassersucht). Im Altertum beschrieb Theriak eine aus ursprünglich 54 Materialien zusammengesetzte Mischung, die als Antidot bei Vergiftungen aller Art Abhilfe schaffen sollte. Über zerriebene Perlen eingebrachtes Calciumcarbonat könnte durchaus das aktive Prinzip bei der Behandlung von Sodbrennen verstehen lassen. Die Chinesen blicken ebenfalls auf eine lange Tradition der Volksmedizin zurück. In den 52 Büchern des Li Shizhen, die bereits 1590 veröffentlicht wurden, werden die medizinischen Prinzipien aus Pflanzen, Insekten, Tieren und Mineralien in vielen tausend Zubereitungsformen beschrieben. Dennoch praktisch bis zu Beginn des 19. Jahrhunderts waren alle therapeutischen Prinzipien ursächlich auf Pflanzenextrakte, tierische Inhaltsstoffe oder Mineralien zurückzuführen.

Dies änderte sich grundlegend mit dem Aufkommen der organischen Chemie. Jetzt begann der organische Reinstoff als Wirksubstanz an Bedeutung zu gewinnen. Ausgehend von den vornehmlich aus Pflanzen isolierten Alkaloiden und anderen Inhaltsstoffen begann man, Arzneistoffe

gezielt herzustellen. Umso mehr muss man zurückblickend feststellen, dass sich in der zweiten Hälfte des 19. Jahrhunderts Farbstoffe und Arzneimittel gleichermaßen befruchteten. So manches als **Wirkstoffsynthese** geplantes Herstellungsverfahren führte zu einem hervorragenden Farbstoff, beispielsweise die von Perkin geplante Synthese des Chinins, einem potenten Malariawirkstoff, die bei dem Seidenfarbstoff Mauvein endete. Umgekehrt wurden synthetische Farbstoffe parallel auch auf ihre pharmakologische Wirkung geprüft. So fand schon Robert Koch zahlreiche antibakterielle und antiparasitäre Farbstoffe und das von Paul Ehrlich entdeckte Syphilismittel Salvarsan wurde in der Farbenforschung der Farbwerke Hoechst entwickelt.

Obwohl die chemische Synthese von Wirkstoffmolekülen auf der Grundlage von rationalen Konzepten erfolgte, erwies sich immer wieder der Zufall als belebendes Element in der Arzneimittelforschung. So ist die Arzneimittelforschung bis zum heutigen Tag geprägt vom **glücklichen Zufall**. Schon 1886 beschrieben Cahn und Hepp im Centralblatt für Klinische Medizin die fiebersenkenden Eigenschaften von Acetanilid – damals fälschlicherweise als Naphthalin angenommen – mit den Worten: »Ein glücklicher Zufall hat uns ein Präparat in die Hand gespielt.«

War es zunächst die weitgehende Unkenntnis der biologischen Vorgänge, in die ein Arzneimittel eingriff, die eigentlich nur der Zufallsentdeckung eine Chance gab, so war es später der vorbereitete Geist des exakten, weitblickenden und kritisch beobachtenden Wissenschaftlers, der die Zufallsentdeckung über viele Jahre fast schon zum Konzept der Arzneimittelforschung werden ließ. Mit der Verbesserung der Arbeitshypothesen hat der Zufall heute an Bedeutung verloren und die Forschung sucht den geradlinigen

Weg zum Wirkprinzip. Doch auch bei der Entdeckung des *lifestyle drug* Viagra hat die Zufallsentdeckung erst kürzlich wieder Pate gestanden.

2.1.1 Ein prominentes Beispiel: Entdeckung und Entwicklung der β-Lactamantibiotika

Das vielleicht bekannteste Beispiel für eine Zufallsentdeckung ist die **antibiotische Wirkung** von *Penicillium notatum* durch Alexander Fleming im Jahre 1928. Das wachsame Auge dieses Ausnahmewissenschaftlers entdeckte auf einer verdorbenen Staphylokokkenkultur, dass sich auf dem Nährboden einer Petrischale um eine Schimmelpilzinfektion ein Hof gebildet hatte, in dem keine Bakterien mehr wuchsen. Durch diese Beobachtung angeregt, konnte Fleming zeigen, dass dieser Pilz auch andere Bakterienkulturen hemmte. Fleming nannte die noch unbekannte Wirksubstanz Penicillin. Erst 1940 isolierten und charakterisierten Ernst Boris Chain und Howard Florey den Hemmstoff. Zum ersten therapeutischen Einsatz kam das **Penicillin** 1941 bei einem englischen Polizisten. Trotz vorübergehender Besserung und allen Versuchen, das Penicillin aus dem Urin des Patienten zurückzugewinnen, verstarb er nach einigen Tagen. Die zur Verfügung stehende Menge an Wirksubstanz war für die Behandlung nicht ausreichend gewesen.

Später fand sich in einer angeschimmelten Melone von einem Markt im Bundesstaat Illinois der Pilz *Penicillium chrysogenum*, der zum einen deutlich mehr Penicillin produzierte, zum anderen dazu noch viel einfacher zu züchten war. Mutanten des Pilzes konnten später zu einer vervielfachten Produktion des Wirkstoffs herangezogen werden. Das anfänglich gewonnene Penicillin erwies sich als Gemisch aus hauptsächlich fünf verschiedenen Grundsubstanzen. Der mühsame Weg zur Strukturaufklärung des aus einem Thiazolidin- und β-Lactamrings aufgebauten Penicillins wurde von zahlreichen Wissenschaftlern in den 50er-Jahren geleistet. Die Raumstruktur des Wirkstoffes konnte 1945 von Dorothy Hodgkin mithilfe der Röntgenstrukturanalyse aufgeklärt werden, zur damaligen Zeit eine absolute Meisterleistung. Neben der Aufklärung der chemischen Struktur des Penicillins konzentrierten

sich die Biologen auf dessen Wirkprinzip. Joshua Lederberg beobachtete 1957, dass Bakterien, die gewöhnlich penicillinempfindlich sind, in dessen Gegenwart zu kultivieren sind, wenn ein hypertones Nährmedium benutzt wird. Die auf diesem Weg erhaltenen Organismen (Protoplasten) besitzen keine Zellwände und lysieren, wenn sie in ein normales Medium überführt werden. Damit lag der Schluss nahe, dass Penicillin in die Zellwandbiosynthese eingreift. 1965 entdeckten James Park und Jack Strominger, dass Penicillin den letzten Schritt in der Zellwandbiosynthese der *Staphylococcus aureus*-Bakterien durch irreversible Blockade des Enzyms (D-Alanin-Transpeptidase) hemmt, der zur Quervernetzung der Glykanstränge über eine Peptidbrücke führt. In diesem Schritt entsteht eine Bindung zwischen einem Glycin und einem D-Alanin, weiterhin wird ein D-Alanin freigesetzt. Penicillin hemmt das Enzym nun, indem es unter Ringöffnung des gespannten viergliedrigen Lactamringes kovalent an ein Serin im katalytischen Zentrum der Peptidase bindet. Es ahmt im aktiven Zentrum die Bindung des D-Ala-D-Ala-Substrats nach. Durch die kovalente Bindung, die das ringgeöffnete Penicillin mit dem Enzym eingeht, wird es irreversibel gehemmt.

Durch intensiven Einsatz der β-Lactamantibiotika ist es zu Resistenzentwicklungen gekommen. So haben die Bakterien selbst Enzyme, die **β-Lactamasen**, entwickelt, die die Antibiotika durch Öffnung des β-Lactamrings inaktivieren. Sie sind den eigentlichen Penicillin-bindenden Transpeptidasen sehr ähnlich. Als einziger Unterschied kann der nach Ringöffnung mit dem Enzym kovalent am Serin verknüpfte Arzneistoff wieder durch den nucleophilen Angriff eines Wassermoleküls abgespalten werden. Der ringgeöffnete Arzneistoff ist dadurch für die Hemmung der Transpeptidase unbrauchbar geworden. Die β-Lactamase kann nun aber in einem weiteren Umsetzungszyklus das nächste Penicillin-Molekül binden und deaktivieren.

Nun ist es wiederum gelungen, die Penicillin-Antibiotika so zu variieren, dass auch von den β-Lactamasen der intermediär kovalent verknüpfte Inhibitor nicht mehr abgespalten werden kann. Dazu hat man die Moleküle so verändert, dass sie die Position blockieren, an die das nucleophile Wassermolekül in den aktiven Lactamasen platziert werden muss. Durch Kombination eines Penicillins mit einem β-Lactamase-Inhibitor kann eine Addition der Wirkungsweisen erzielt werden und Resistenzen lassen sich umgehen.

Die angesprochene Klasse von Antibiotika soll auch als Beispiel dienen, um zu verdeutlichen, mit welchen Zeiträumen bei einer Arzneimittelentwicklung zu rechnen ist. Im Jahre 1976 wurde Thienamycin als Lactamase-unempfindliches Antibiotikum entdeckt (Abb. 2.1; Thienamycin). Es konnte durch Fermentation aus *Streptomyces cattleya* produziert werden. Ein Jahr später ließ sich durch Synthese von 200 Derivaten, die sich auf Veränderungen einer Seitenkette konzentrierten, Imipenem als Wirkstoff mit verbesserter chemischer Stabilität entwickeln (Abb. 2.1; Imipenem). Acht Jahre später erhielt dieser Wirkstoff als erstes Carbapenem die Zulassung. Die Totalsynthese des Thienamycins über 16 Stufen mit 10 % Ausbeute verschlang drei Jahre. Allerdings war diese Synthese Voraussetzung, um auch **Struktur-Wirkungsbeziehungen** auf den zentralen Ringbaustein auszudehnen. Nach weiteren vier Jahren Strukturoptimierung stand dann das Prolinderivat Meropenem bereit (Abb. 2.1; Meropenem). Dieser neue Wirkstoff konnte anschießend, mittlerweile 20 Jahre nach der Entdeckung des Thienamycins, als Arzneimittel zugelassen werden.

2.1.2 Die molekularen Grundlagen einer Arzneimittelwirkung

Dem gezielten Entwurf eines Arzneimittels muss die Frage nach dem **molekularen Mechanismus seiner Wirkung** vorausgestellt werden. Wie wirkt ein Arzneimittel? Zunächst war es Emil Fischer, der ein erstes Konzept über die Auslösung einer Wirkung vor mehr als 100 Jahren aufgestellt hat. Er verglich die genaue Passform eines Substratmoleküls für das Katalysezentrum eines Enzyms mit dem Bild eines Schlüssels und eines Schlosses. Knapp 20 Jahre später formulierte Paul Ehrlich die Hypothese, dass ohne Bindung keine Wirkung möglich sei, wobei er sich auf Arzneistoffe bezog, die Bakterien oder Parasiten abtöten sollten. Als Wirkungsvoraussetzung müssen

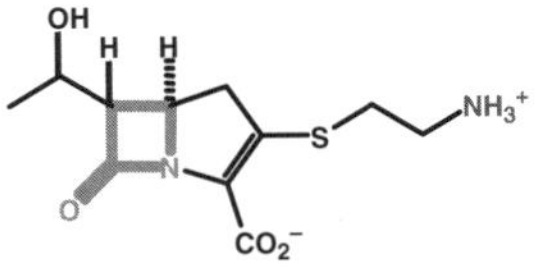

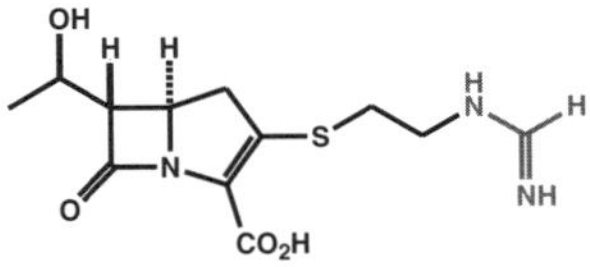

Jahr 0
- ***Thienamycin***: Entdeckung und Produktion durch Fermentation von *Streptomyces cattleya*

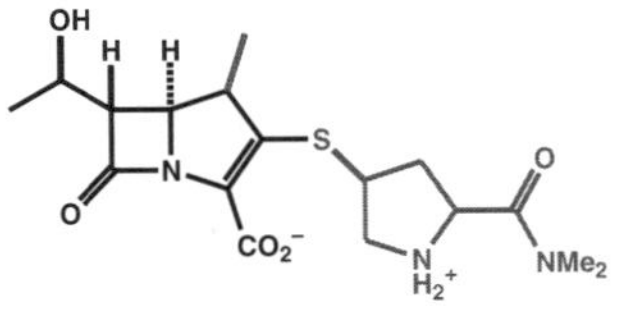

Jahr 1
- Erstes SAR-Profil entwickelt. Beschränkt auf 200 N-Derivate. Erhöhung der chemischen Stabilität.
- ***Imipenem*** (N-Formimidoylthienamycin)

Jahr 4
- Erste Totalsynthesen von ***Thienamycin*** (16 Stufen, 10 % Ausbeute)
- Grundlage für tief greifendere SAR Studien

Jahr 8
- Tief greifenderes SAR-Profil entwickelt (30 Verbindungen mit veränderter Seitenkette)
- Prolinderivat ***Meropenem*** synthetisiert

Jahr 9
- FDA-Zulassung eines ***Imipenem*** Präparates

Jahr 20
- FDA-Zulassung eines ***Meropenem***-Präparates

Abb. 2.1: Die Entwicklung potenter Carbopeneme als neue Antibiotika vom Penicillintyp mit einem β-Lactamring (fett) zog sich über 20 Jahre hin. Ausgehend von Thienamycin (1) konnte durch Strukturoptimierung zunächst Imipenem (2) entwickelt und vermarktet werden. Nach weiterer Optimierung stand Meropenem (3) zu Verfügung, das 20 Jahre nach der Entdeckung von Thienamycin auf den Markt kam.

diese zunächst gebunden werden. Über 100 Jahre später vermögen wir die Korrektheit dieser innovativen Aussagen einzuschätzen, da uns die Kristallstrukturanalysen von Protein-Ligand-Komplexen genau dieses Bild vermitteln. Ein Arzneimittel muss an seinen Wirkort transportiert werden, wo es durch spezifische und hochaffine Bindung an ein Makromolekül seine Wirkung entfaltet. Viele Arzneimittel wirken als Inhibitoren (Hemmstoffe) von Enzymen bzw. als Agonisten (Aktivatoren) oder Antagonisten (Hemmstoffe) von Rezeptoren. Enzyminhibitoren bzw. Rezeptorantagonisten besetzen eine Bindestelle und verhindern so kompetitiv die Anlagerung eines Substrats oder eines endogenen Rezeptorliganden. Auf diesem Weg wird die ursprüngliche Funktion des Makromoleküls ausgeschaltet. Agonisten können dagegen Folgeprozesse initialisieren, sie besitzen eine sog. intrinsische Wirkung.

2.1.2.1 Enzyminhibitoren

Enzyme vermitteln Stoffwechselvorgänge und Biosynthesepfade bzw. regulieren wichtige physiologische Prozesse. Durch Absenken der Aktivierungsbarrieren chemischer Reaktionen können diese im wässrigen Medium normalerweise bei Körpertemperatur und Normaldruck mit erstaunlichen Umsetzungsgeschwindigkeiten ablaufen. Im Verlaufe der Evolution haben sich Enzymfamilien mit analogem räumlichen Aufbau (Faltungsmuster) und strukturell konservierten katalytischen Zentren entwickelt. Allerdings treten kleine Unterschiede in der Zusammensetzung der Bindestellen auf, die deutlichen Einfluss auf die erzielten Substratspezifitäten nehmen.

Als wesentlichen Faktor für ihre **katalytische Wirkung** binden Enzyme weder ihre Substrate noch Produkte sehr fest, dagegen wird der Übergangszustand der zu katalysierenden Reaktion optimal gebunden. Dazu kann es sein, dass das Enzym sein Substrat in eine für den Übergangszustand der Reaktion erforderliche Geometrie überführt und die an der Reaktion beteiligten Gruppen so polarisiert, dass sie ebenfalls die elektronischen Verhältnisse auf den Übergangszustand vorbereiten. Über die starke Wechselwirkung mit dem Übergangszustand der Reaktion erreicht das Enzym eine Absenkung der Ak-

tivierungsbarriere. Nach Ablösen der Produkte steht das Enzym für die Umsetzung des nächsten Substratmoleküls bereit. Häufig stellen Enzyme Bausteine von komplexen Multidomänenproteinen dar, die an einem Substrat mehrere aufeinander folgende Reaktionsschritte ausführen. Sie können auch an Stoffwechsel- oder Signalkaskaden beteiligt sein, die ganze Enzyme oder kleinere peptidartige Liganden aus einer inaktiven Vorstufe in die Wirkform überführen. So durchläuft die Blutgerinnungskaskade eine sukzessive Aktivierung von Enzymen, die, beginnend mit zwei unabhängigen Wegen, in einen gemeinsamen Pfad einmünden und beim Thrombin enden. Es gelingt, einen schwachen auslösenden Effekt schnell und sicher zu einem deutlich verstärkten Signal zu führen.

Inhibitoren können die katalytische Funktion eines Enzyms durch Besetzen der Bindestelle blockieren, die dem Substrat normalerweise zur Verfügung steht. Deshalb nennt man diese Inhibitoren kompetitive Hemmstoffe. Daneben gibt es auch allosterische Inhibitoren, teilweise auch als Effektoren bezeichnet, die an eine andere Stelle des Enzyms binden und dessen Raumstruktur verändern. Diese konformativen Umlagerungen können dazu führen, dass das Enzym seiner katalytischen Funktion nicht mehr nachkommen kann.

Je nachdem, ob der gebundene Inhibitor eine kovalente Verknüpfung mit dem Enzym eingeht oder die bindenden Kontakte auf nicht kovalenter Bindung beruhen, unterscheidet man **reversible bzw. irreversible Inhibitoren**. Die reversiblen Hemmstoffe müssen durch geeignete, nicht kovalente Wechselwirkungen eine so hohe Affinität zu dem Enzym aufweisen, dass die Bindung des natürlichen Substrats nahezu vollständig unterdrückt wird. Ein reversibler Inhibitor kann aber wieder vom Protein abdissoziieren, ohne dass er dort bleibende Veränderungen hinterlässt. Es gibt auch kovalent bindende Inhibitoren, die über eine chemisch labile Verknüpfung, z. B. als Thioacetal, binden. Auch hier kann der Inhibitor nach geraumer Zeit wieder abgelöst werden. Ist die zwischen Protein und Inhibitor entstehende Bindung allerdings so stark, dass für die Verweilzeit des Enzyms im Organismus keine rückläufige Abspaltung erfolgt, spricht man von irreversibler Hemmung.

Die Entwicklung eines Enzyminhibitors beginnt in aller Regel mit der Struktur des Substrats. Häufig wird auch versucht, die Geometrie des angenommenen Übergangszustandes der **Enzymreaktion** durch chemisch ähnliche Gruppen zu imitieren. Wichtig ist dabei aber, dass diese Gruppen den üblichen Ablauf der Enzymreaktion nicht ermöglichen. Im verbleibenden Teil der Molekülstruktur können die substratähnlichen Inhibitoren viele Strukturelemente des natürlichen Substrats aufweisen.

Zur Erläuterung sollen Inhibitoren der **Aspartylprotease** des HIV-Virus betrachtet werden. In Aspartylproteasen wird die Spaltung einer Peptidbindung durch Angriff eines polarisierten Wassermoleküls als Nucleophil auf das Carbonylkohlenstoffatom der Amidbindung eingeleitet (Abb. 2.2). Die Reaktion verläuft dann weiter über einen tetraedrischen Übergangszustand, in dem zwei geminale Hydroxygruppen an den ur-

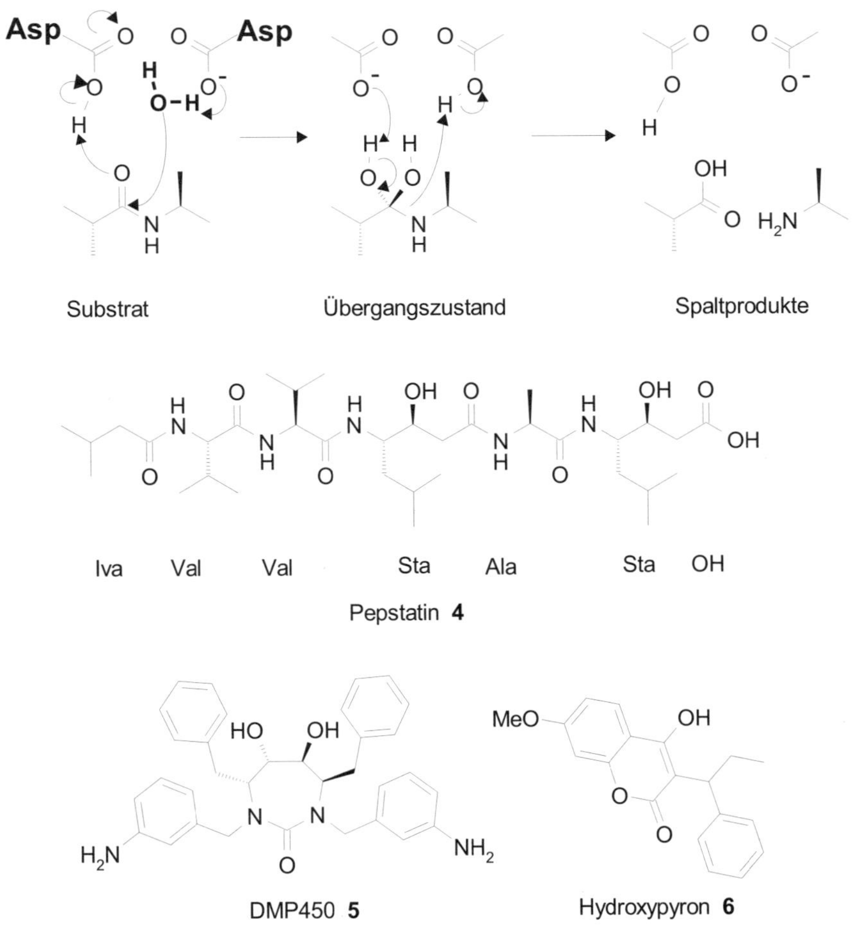

Abb. 2.2: Aspartylproteasen weisen zwei direkt benachbarte Aspartatreste im katalytischen Zentrum auf, die zu Beginn der Peptidspaltungsreaktion (oben links) in unterschiedlichen Protonierungszuständen vorliegen. Die deprotonierte Aminosäure polarisiert ein angreifendes Wassermolekül, das andere Aspartat bildet eine Wasserstoffbrücke zur Carbonylgruppe der zu spaltenden Amidbindung. Dadurch wird die C=O-Bindung für die nucleophile Addition polarisiert und der Angriff des Wassermoleküls auf den Kohlenstoff erleichtert. Der intermediär gebildete Übergangzustand (oben Mitte) zerfällt in die Spaltprodukte (oben rechts). Die ersten HIV-Proteaseinhibitoren stellten substratanaloge Derivate dar, z. B. das Pepstatin (4), das die nicht-natürliche Aminosäure Statin enthält. Mit dessen Hydroxyethylen-Einheit bindet dieser Ligand, analog dem Übergangszustand der Spaltungsreaktion, an die katalytischen Aspartate. Später gelang es durch Computerdesign zyklische Harnstoffe (z. B. DMP450, 5) bzw. durch experimentelles Screening Hydroxypyrone (6) als potente Leitstrukturen zu entdecken.

sprünglichen Carbonylkohlenstoff gebunden sind. Das entstandene Diol zerfällt unter Spaltung der C-N-Bindung und Rückbildung der trigonalen Koordination am Kohlenstoff. Angeregt durch die Geometrie des beschriebenen Übergangszustandes stellten Hydroxyverbindungen einen ersten Ansatz zum Entwurf von Inhibitoren dar. Zusätzlich hatte man Pepstatin (Abb. 2.2, **4**), einen potenten Inhibitor für eine ganze Reihe Aspartylproteasen, aus Kulturfiltraten von *Streptomyces*-Arten isoliert. In dieser peptidischen Leitstruktur kommt Statin, eine nicht natürliche Aminosäure mit einer Hydroxyethylen-Einheit vor. Das Statin ersetzt als Dipeptid-Isoster die Leu-Val Einheit, zwischen der die Peptidspaltung erfolgt.

Inhibitoren mit weitgehend peptidischem Grundgerüst besitzen in aller Regel den Nachteil, dass sie bei oraler Gabe im Verdauungstrakt sehr schnell abgebaut werden. Daher hat man in einem umfangreichen Forschungsprogramm versucht, die Reste links und rechts der Spaltstelle zu optimieren. Gleichzeitig fand man noch eine ganze Palette anderer Gruppierungen, die als Strukturanaloga für den Übergangszustand dienen. Die Inhibitoren, die aus diesem Arbeitsprogramm entwickelt werden konnten, stellen die erste Generation Substrat-analoger Protease-Inhibitoren dar.

Inzwischen konnten für die **HIV-Protease** auch Molekülgerüste entdeckt werden, die strukturell kaum noch eine ablesbare Verwandtschaft mit den peptidischen Substraten aufweisen. In der HIV-Protease befindet sich in Komplexen mit den Substrat-analogen Inhibitoren stets ein gebundenes Wassermolekül, das Wechselwirkungen zwischen Protein und Inhibitor vermittelt. Bei Dupont-Merck durchkämmte man mithilfe des Computers Moleküldatenbanken (Abschnitt 2.1.4), um auf diesem Wege Molekülgerüste zu finden, die einerseits dieses Wassermolekül verdrängen, andererseits aber ebenfalls gut in das aktive Zentrum binden können. Nach einigen Optimierungsschritten aus Computerdesign, chemischer Synthese und Bestimmung der Bindungsaffinität gelang die Entwicklung ganz neuer Inhibitoren. Sie besitzen als zentralen nichtpeptidischen Baustein einen zyklischen Harnstoff (Abb. 2.2, **5**).

Die Forscher bei Parke-Davis hatten auf einem anderen Weg Erfolg. Im experimentellen Hochdurchsatz-Screening (Abschnitt 2.1.3) entdeck-

ten sie ein Hydroxypyron als neue Leitstruktur (Abb. 2.2, **6**). Dieser Strukturtyp verdrängt, ganz analog zu den zyklischen Harnstoffen, das erwähnte Wassermolekül aus dem aktiven Zentrum und geht Wechselwirkungen zu den katalytischen Aspartaten ein.

2.1.2.2 Rezeptoragonisten und Antagonisten

Eine zweite große Gruppe von Zielproteinen, für die ein reicher Schatz an Arzneistoffen entwickelt werden konnte, sind Rezeptoren, die den Informationsaustausch zwischen Zellen vermitteln. Die größte Gruppe stellen membranständige Rezeptoren dar, die mit sieben Helices die Membran durchspannen. Die Bindung eines extrazellulären Agonisten führt, vermittelt durch eine konformative Änderung des Rezeptors, über die Membran hinweg zur Aktivierung des aus drei Untereinheiten aufgebauten G-Proteinkomplexes. Seine α-Untereinheit trennt sich vom Komplex und aktiviert ein Effektorprotein, das in der Zelle einen zweiten Botenstoff freisetzt. Dieser kann dann Prozesse wie die Aktivierung bzw. Deaktivierung von Enzymen anstoßen oder Ionenkanäle steuern. Die Auslösung der Rezeptorantwort verläuft somit trotz völlig verschiedener extrazellulärer Bindestellen über identische Drehscheiben in den Zellen. Dies stellt ein äußerst ökonomisches Prinzip der Natur dar.

Therapeutisch sind die **G-Protein-gekoppelten Rezeptoren** (GPCR) von herausragender Bedeutung. Sie greifen in die neuronale Signalübertragung ein, wie die Regelung des Blutdrucks, das Schmerz- und Lustempfinden oder die Geruchs- und Farbwahrnehmung. Ausgelöst wird diese Signalkaskade durch Liganden, die von der extrazellulären Seite an den Rezeptor binden. Diese Liganden können so klein sein wie einfache Kationen, aber über kleine biogene Monoamin-Neurotransmitter und Oligopeptide bis hin zu Proteinen kennt man auch sehr große Liganden, die GPCRs ansteuern können.

Aus der Sicht der Pharmaindustrie stellen die GPCR die größte Gruppe an validierten Arzneimitteltargets dar. Ein 1995 erhobener Überblick zeigte, dass 22 % der hundert am häufigsten verschriebenen Arzneimittel ihre Wirkung an einem dieser Rezeptoren entfalten. Nimmt man alle zugelassenen Arzneimittel als Basis, so sind es sogar mehr als 50 %. Dies machte im Jahr 1995 immerhin einen Weltumsatz von 84 Mrd. US-Dollar aus.

Als ein Beispiel mag die Entwicklung von Angiotensin-II-Rezeptor-Antagonisten dienen, die für die Behandlung des Bluthochdrucks eingesetzt werden. Durch Einwirkung der Enzyme Renin und Angiotensin-Konversionsenzym (ACE) entsteht aus der inaktiven Vorform Angiotensinogen, das gefäßverengend wirkende Oktapeptid Angiotensin II (Abb. 2.3; Angiotensin II). Die Blockade dieses Systems führt zur Blutdrucksenkung. Dies kann entweder durch Hemmen der Enzyme Renin und ACE erreicht werden oder – auf unterster Ebene – durch Antagonisieren des **Angiotensin-II-Rezeptors**. Dieser Rezeptor gehört zu der Klasse der GPCR. Anfang der 80er-Jahre wurden durch die Firma Takeda zwei Patente zu Angiotensin-II-Rezeptor-Antagonisten offengelegt. Dankbar griff die Konkurrenz die beschriebenen Verbindungen auf und verglich sie, wie man zunächst glaubte, durch rationale Überlegungen mit der angenommenen rezeptorgebundenen Konformation des Angiotensins. Überlagerungen mit dieser Referenz führten zu weiteren Optimierungen, die in deutlich wirkstär-

keren Antagonisten resultierten. Nach Steigerung der Bioverfügbarkeit stand Mitte der 90er-Jahre als erste Verbindung Losartan zur Zulassung bereit (Abb. 2.3; Losartan).

Spätere Arbeiten zeigten dann, dass die im Prinzip erfolgreich verwendete Hypothese einer strukturellen Verwandtschaft zwischen peptidischem Agonisten und nicht-peptidischem Antagonisten falsch war. Man ging davon aus, dass beide Moleküle an der gleichen Bindestelle angreifen würden. Durch **Mutationsstudien** konnte aber gezeigt werden, dass peptidischer Agonist und nicht-peptidische Antagonisten in unterschiedlichen Arealen des Rezeptors angreifen. Zusätzlich gelang es, den Angiotensin-Rezeptor des Frosches, *Xenopus laevis*, der auf das Peptid anspricht, aber von Lorsartan unbeeinflusst bleibt, so zu mutieren, dass nunmehr ein Antagonisieren mit Lorsartan gelingt. Dazu wurden 13 Reste, die sich im humanen Rezeptor als wichtig für die Bindung erwiesen hatten, auf den Rezeptor des Frosches übertragen. Die Bindung des peptidischen Agonisten bleibt von diesen Mutationen unbeeinflusst. Das Beispiel zeigt, dass in der Pharmaforschung durchaus falsche Konzepte

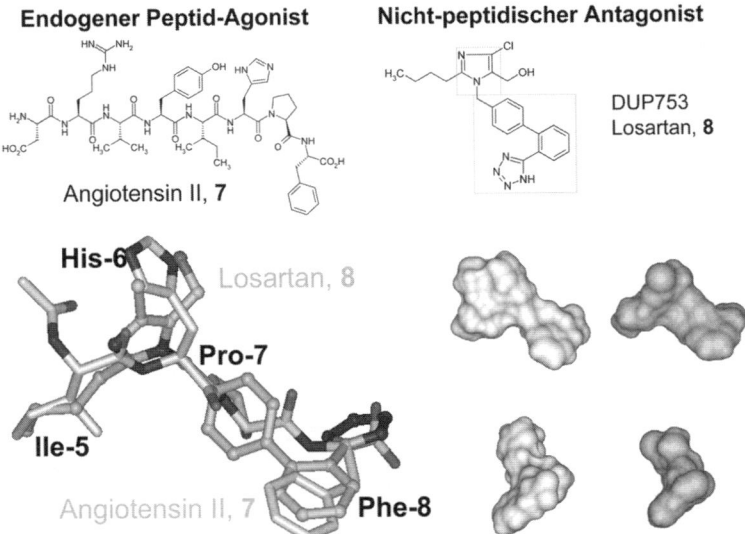

Abb. 2.3: Das gefäßverengend wirkende Oktapeptid Angiotensin II (7) diente als Leitstruktur eines petidischen Agonisten zur Entwicklung nicht-peptidischer Antagonisten. Zunächst wurden mögliche Antagonisten mit der Referenz überlagert (unten links, Angiotensin hellgrau, Lorsartan dunkelgrau), wobei das inzwischen auf dem Markt befindliche Losartan (8) entwickelt werden konnte. Auf der rechten Seite sind beide Moleküle mit einer Oberfläche in zwei unterschiedlichen Orientierungen gezeigt, die die strukturelle Ähnlichkeit im Raum demonstrieren. Später stellte sich heraus, dass die rationalen Überlegungen einer strukturellen Ähnlichkeit zwischen peptidischem Agonisten und nicht-peptidischem Antagonisten von falschen Voraussetzungen ausgingen.

und falsche Schlüsse zu erfolgreichen Wirkstoffentwicklungen führen können.

Lösliche Rezeptoren

Neben den membranständigen Rezeptoren kennt man viele Hormonrezeptoren, die sich in gelöster Form im Inneren einer Zelle befinden. Nach Bindung eines in die Zelle eingedrungenen Agonisten dimerisiert der Rezeptor unterstützt durch Koaktivatoren und wandert in den Zellkern ein. Dort bindet er an Signalsequenzen der DNA, die sog. Operator- und Repressorgene, und induziert entweder die Neusynthese von Proteinen oder unterdrückt deren Darstellung. Die **cytosolischen Hormonrezeptoren** bestehen aus einer Ligandenbindungsdomäne und einer DNA-Bindestelle. Die Strukturen einiger Ligandenbindungsdomänen sind inzwischen aufgeklärt worden, darunter die Steroidrezeptoren des Estrogens und Progesterons. An diesem Beispiel konnte erstmals auf der molekularen Ebene gezeigt werden, was einen Agonisten von einem Antagonisten unterscheidet (Abb. 2.4).

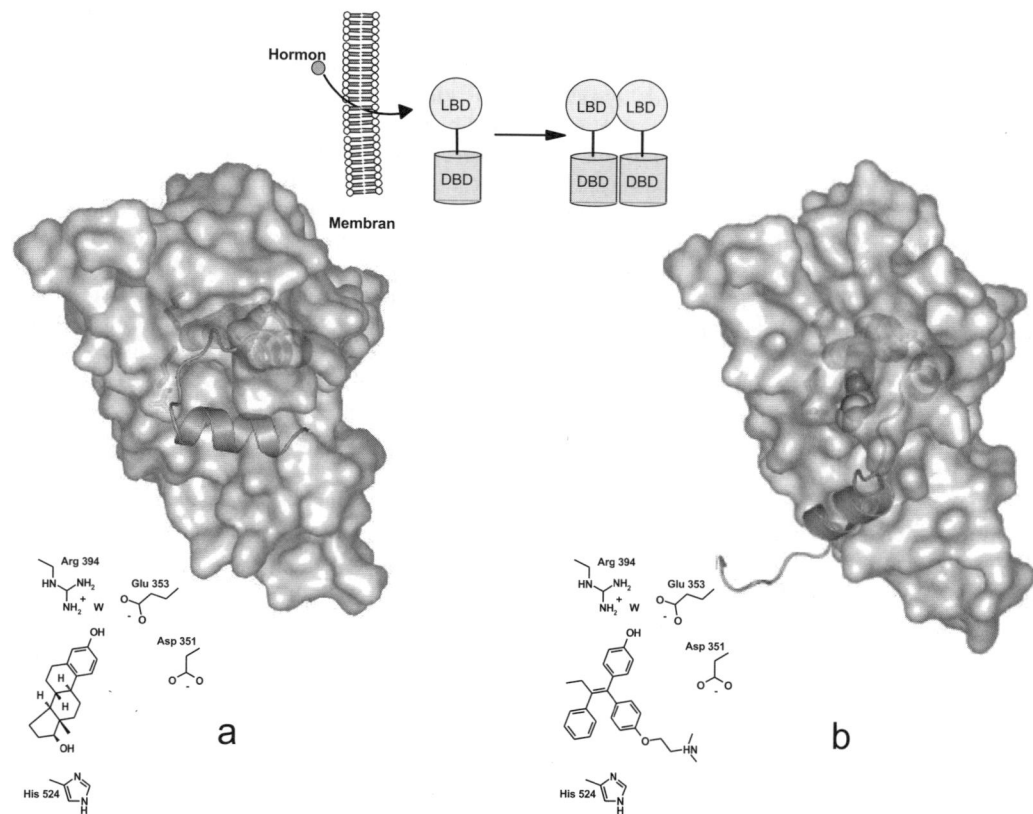

Abb. 2.4: Ein Hormonmolekül diffundiert durch die Membran in die Zelle und bindet an die Ligandenbindungsdomäne (LBD) des Steroid-Rezeptors (oben). Der Rezeptor dimerisiert und wandert anschließend in den Zellkern, um dort mit seinen DNA-bindenden Domänen (DBD) an die DNA zu binden und die Proteinbiosynthese anzustoßen. Ein Agonist wie das Estrogen (a, links) bindet in eine tief vergrabene Bindetasche der Ligandenbindungsdomäne. Nach der Bindung legt sich die sog. Erkennungshelix (dunkelgrau) auf die Rezeptoroberfläche und schließt die Bindetasche ab. Diese Platzierung der Helix führt zu einer Dimerisierung der DNA-bindenden Domänen, dadurch kann die Bindung an einen Koaktivator eingeleitet werden. Antagonisiert man diesen Prozess durch Bindung eines Antihormons, z. B. 4-Hydroxy-Tamoxifen (b, rechts), so muss die Helix einen anderen Platz einnehmen. Dies gelingt den Antagonisten mithilfe einer nur bei ihnen vorkommenden Seitenkette, die in den Eintrittskanal zur Bindetasche orientiert wird. Bei den Agonisten bleibt dieser Kanal aber unbesetzt. Somit kann bei den Antagonisten die Helix nicht mehr korrekt platziert werden. Damit unterbleibt die Dimerisierung der DBD, die molekulare Erkennung mit dem Koaktivator findet nicht statt und die gesamte Kaskade ist blockiert.

Neben den cytosolischen Hormonrezeptoren kennt man noch membranständige Rezeptoren, die durch Dimerisierung aktiviert werden. Die Dimerisierung wird infolge der Bindung eines Liganden an die extrazellulären Domänen ausgelöst. Dadurch werden intrazellulär Kinasen aktiviert, die Teil des Rezeptorproteins sind. Zu dieser Gruppe gehören der Rezeptor des menschlichen Wachstumshormons oder der Insulinrezeptor. Weiterhin kennt man Rezeptoren, bei denen mehr als zwei Komponenten zu einem Komplex vereint werden müssen, damit eine **Rezeptorantwort** ausgelöst wird. Hierzu gehören eine Reihe immunologisch bedeutsame Rezeptoren wie der des Tumornekrosefaktors. Der Faktor selbst ist ein Homotrimer und bildet mit drei Bindungsdomänen des Rezeptors einen Komplex aus. Gerade diese Rezeptoren werden in jüngster Zeit intensiv beforscht und man versucht ihre Funktion durch Liganden, die einmal zu neuen Arzneistoffen entwickelt werden können, zu verändern.

2.1.2.3 Ionenkanäle und Transporter

Ionenkanäle sind in die Zellmembran eingebettet und lassen im geöffneten Zustand Ionen entlang eines Konzentrationsgradienten in die Zelle ein- oder ausströmen. Das Öffnen bzw. Schließen des Kanals kann spannungs- oder ligand- bzw. rezeptorgesteuert erfolgen. Im Ruhezustand liegt die intrazelluläre Konzentration an Calciumionen deutlich niedriger als in dem umgebenden Medium. Im Moment der Erregung einer Zelle werden spannungsgesteuerte Calciumkanäle durch ein elektrisches Signal kurz geöffnet. Dies führt zum Einstrom von Ca^{2+}-Ionen in die Zelle und beispielsweise bei Herz- und Muskelzellen werden Kontraktionen ausgelöst. Anschließend werden die Ionen gegen einen **Konzentrationsgradienten** aus der Zelle gepumpt, die Zelle geht wieder in den Ruhezustand über. Calciumkanalblocker wie Nifedipin oder Verapamil greifen an solchen spannungsabhängigen Calciumkanälen an. Sie hemmen den Ca^{2+}-Einstrom, wodurch die Erregbarkeit, z. B. der Herzzellen reduziert wird. Insgesamt wird weniger Energie verbraucht, sodass die Herzzellen ökonomischer arbeiten. Neben den Calciumkanälen kennt man noch spezifische Kanäle für Natrium- und Kaliumio-

nen. An den Natriumkanälen greifen beispielsweise die Lokalanästhetika und davon abgeleitete Antiarrhythmika an. Sie setzen die Erregbarkeit von Nerven herab. Ähnliche Funktion können Blocker des Kaliumkanals erreichen. Stabilisieren sie die offene Form des Kanals, wirken sie gefäßerweiternd und blutdrucksenkend. Verbindungen, die blockierend auf die Kaliumkanäle der insulinproduzierenden Zellen der Bauchspeicheldrüse wirken, besitzen antidiabetische Wirkung.

Auch Kanäle für Anionen, wie beispielsweise der Chloridkanal, sind Angriffspunkt vieler Arzneistoffe. Tranquilizer vom Benzodiazepintyp verstärken die Bindung des Neurotransmitters γ-Aminobuttersäure (GABA). Sie bewirken damit eine längere Öffnung des Kanals. Der erhöhte Einstrom von Chloridionen in die Zellen bedingt ein verlagertes Reaktionsverhalten der Nervenzellen. Auch die Barbiturate und einige Inhalationsnarkotika greifen an den Rezeptoren an, allerdings an einer anderen Untereinheit als die Benzodiazepine.

Gegen einen Konzentrationsgradienten können Moleküle und Ionen nur durch Transporter in Zellen hinein- oder herausgeschleust werden. Dazu muss der Vorgang an einen energieliefernden Prozess gekoppelt werden. Für viele Neurotransmitter, Aminosäuren, Zucker und Nucleoside, d. h. polare Moleküle, die die Zelle braucht und die selbst nicht membrangängig sind, konnten inzwischen Aminosäuresequenzen spezifischer Transporter entdeckt werden.

Schon heute kennt man viele Wirkstoffe, die an **Transportern** angreifen und den natürlichen Liganden verdrängen. So geht die euphorisierende Wirkung von Kokain auf die Bindung an den Dopamin-Transporter zurück, der für den aktiven Transport und somit die Wiederaufnahme von Dopamin in die Nervenzelle verantwortlich ist. Einige Antidepressiva sind Liganden der Transporter für Noradrenalin und Serotonin. Bestimmte Gichtmittel binden an den Harnsäuretransporter und verdrängen die Harnsäure. Dadurch wird dessen Resorption aus dem Primärharn gehemmt und es erfolgt eine beschleunigte Ausscheidung über den Urin.

Auch für Ionen gibt es spezifische Transporter, die Ionen unter Energieverbrauch gegen einen Konzentrationsgradienten pumpen. Herzwirksame Glykoside können die Na^+/K^+-ATPase hemmen, eine Pumpe, die den Austausch von

Natrium- gegen Kaliumionen bewirkt. Im Magen ist für die Einstellung des sauren Milieus eine H^+/K^+-ATPase verantwortlich. An dieser Protonenpumpe greifen bekannte Säurehemmer wie Omeprazol an und blockieren die Pumpe durch irreversible Bindung.

2.1.2.4 Trojanische Pferde, Antimetabolite und falsche Substrate

Die Liste an denkbaren Wirkprinzipien und relevanten Arzneistofftargets ist lang und vielfältig. Bedingt durch die Aufklärung des humanen Genoms, aber auch der Genome von Bakterien und Parasiten wächst diese Liste zurzeit stetig weiter. Bei der Therapie viraler, parasitärer und bakterieller Erkrankungen versucht man ganz spezifisch den Erreger auszuschalten. Dazu nutzt man Mechanismen, vor allem Biosynthesewege, die beim Menschen in identischer Form nicht vorkommen oder nur eine untergeordnete Rolle spielen.

Ein solcher Weg führt über Antimetabolite. Sulfanilamid, ein Spaltprodukt des Sulfonamids Sulfachrysoidin, ähnelt stark der p-Aminobenzoesäure, die ein Ausgangsstoff für die Biosynthese von Folsäure darstellt. Nur Bakterien nehmen davon Schaden, da Sulfanilamid statt p-Aminobenzosäure erkannt wird. Die höheren Lebewesen sind nicht auf die Folsäure-Biosynthese angewiesen, sie nehmen dieses Vitamin mit der Nahrung auf.

Einige Virustatika und tumorhemmende Wirkstoffe sind Nucleosid-Antimetabolite. Sie beeinflussen die DNA und RNA-Synthese. Wie **trojanische Pferde** werden sie als inaktive Formen in die Zellen eingeschleust und entfalten ihr Wirkpotenzial erst dort. Das Anti-Herpesmittel Aciclovir wird nur in den virusinfizierten Zellen durch eine virusspezifische Thymidinkinase zur Wirkform phosphoryliert. Als sog. „falsches Substrat" blockiert es auf späterer Stufe die Funktion der DNA-Polymerase und bedingt einen Abbruch der DNA-Polymerisation. Die Ausbreitung des Influenzavirus lässt sich stören, wenn das Oberflächenenzym Neuraminidase gehemmt wird, das einen Sialinsäurerest von Glykolipiden und Glykoproteinen abspaltet. Dieses Hüllprotein ist an der Freisetzung aus infizierten Zellen und, zusammen mit Hämagglutinin, der zellulären Adsorption der Viren beteiligt.

Die bereits oben beschriebenen Penicilline und Cephalosporine hemmen die Zellwandbiosynthese in Bakterien. Nur sie verfügen über eine solche Zellwand. Erst kürzlich konnte ein Biosynthesepfad, der nicht über Mevalonat verläuft, zur Bereitstellung von Isoprenoid-Einheiten als essenziell in zahlreichen Bakterien und Parasiten entdeckt werden. Da dieser Pfad im Menschen nicht vorkommt, stellen die Enzyme entlang seiner Abfolge ideale Arzneistofftargets dar. Tetracycline, Streptomycin und Chloramphenicol greifen in die ribosomale Proteinbiosynthese ein. Einen weitereren Weg zur Unterdrückung der Proteinbiosynthese eröffnen Antisense-Oligonucleotide, die das Ablesen der richtigen Information bei der Transkription stören. Das richtige Verpacken der DNA in der Bakterienzelle lässt sich durch Gyrasehemmer z. B. vom Chinolontyp blockieren. Das Verhindern des richtigen Verdrillens der DNA führt dazu, dass das Erbmaterial keinen Platz mehr in der Zelle findet. Die DNA ist ein häufiger Angriffspunkt für Antitumortherapeutika. Durch Alkylierung der DNA-Basen werden Lese- und Schreibfehler induziert. Interkalierende oder in die Furchen bindende Agenzien stören die intakte DNA-Struktur und führen zu Fehlern bei der Zellteilung. Verbindungen wie Taxol greifen in die Synthese der röhrenförmigen Mikrotubuli ein, ihre intakte Funktion ist Voraussetzung für die Zellteilung.

Sicher lassen sich noch viele weitere Wirkmechanismen für eine erfolgreiche **Arzneistofftherapie** aufzählen. Durch das aufgeklärte Genom werden wir auf immer neue Zielstrukturen aufmerksam gemacht. Bei der Suche nach potenten Wirkstoffen, die in die Funktion dieser Systeme eingreifen, wird man zunehmend auf Prinzipien bauen, die die strukturellen Verwandtschaften zwischen den Proteinen ausnutzen. So entdeckt man zunehmend, dass bestimmte Strukturtypen, beispielsweise Proteasen, immer wieder mit dem gleichen Baumuster an ganz unterschiedlichen Funktionen des Organismus beteiligt werden. Ihre Hemmung bedeutet biochemisch immer das gleiche Ergebnis, für das Krankheitsgeschehen ergeben sich aber Wirkstoffe mit völlig anderem Wirkprofil. Durch Übertragung des Familiengedankens von Proteinklassen auf die Wirkstoffgruppen wird in Zukunft viel schneller eine Optimierung zu potenten und spezifischen Wirkstoffen privilegierter Leitstrukturen für bestimmte Proteinfamilien gelingen.

2.1.3 Von der Biochemie geprägt: hin zu einer Target-orientierten Arzneistofftherapie

2.1.3.1 Von ‚Hits', ‚Leads' und ‚Drugs'

Letztendliches Ziel der Pharmaforschung ist es, einen neuen Wirkstoff auf den Markt zu bringen. Der Weg dahin ist zäh und beschwerlich, es kann bis zu zwei Jahrzehnte dauern, dieses Ziel zu erreichen. Selbst wenn eine riesige Zahl von Testsubstanzen aus Naturstoffen oder Synthetika zur Verfügung steht, ist es nicht einfach, aus dieser Menge die aktiven Moleküle herauszufiltern und ihren Wert für eine bestimmte Indikation zu entdecken. Es erfordert ein zeitaufwändiges und kostenintensives Durchmustern riesiger Substanzbestände (sog. **Screening**). Dieser Suchprozess kann in drei Phasen aufgeteilt werden. Zunächst erfolgt das Eingangsscreening der gesamten Substanzbank. Dabei werden erste „Hits" als wechselwirkende Substanzen ermittelt. Danach erfolgt ein vertieftes Screening, bei dem bereits um die aufgefundenen Treffer herum der chemische Strukturraum abgesucht wird. Ziel ist es dabei, einfache Struktur/Wirkungsbeziehungen aufzustellen und somit die pharmakologischen und physikochemischen Eigenschaften zu verbessern. Auf diesem Weg werden Leitstrukturen („Leads") entdeckt. Danach erfolgt in der letzten Phase die Optimierung einer Leitstruktur durch vertiefte biologische Testung hin zu einem Arzneistoffkandidaten („Drug"), der in eine klinische Prüfung überführt werden kann. Wie entdeckt man nun aus so genannten Testkandidaten Treffer, die das Potenzial zur Entwicklung zu Wirkstoffkandidaten besitzen? Diese Frage wird durch das Screening auf biologische Wirkung beantwortet.

2.1.3.2 Die biologische Wirkung eines Arzneistoffs sichtbar gemacht

Wir können uns heute nur schwer vorstellen, wie unsere Vorfahren die Wirkung einer Substanz auf den Organismus beobachtet haben. Vermutlich haben der Zufall und das wachsame Auge erkannt, ob bestimmte Pflanzen- oder Tierextrakte eine biologische Wirkung erzielen. Durch Mundpropaganda wurden dann solche Erfahrungen weitergereicht, oft im Erfahrungsschatz so genannter Medizinmänner oder Quacksalber. Ein überliefertes Beispiel ist die Entdeckung der Wirkung von Digitalis im 18. Jahrhundert. Der in England arbeitende schottische Arzt William Withering wurde 1773 von einem Patienten aufgesucht, der an massiver Herzschwäche litt. Nachdem der Arzt ihm keine Hilfe anbieten konnte, besuchte der kranke Mann eine Zigeunerin, die ihm eine Kräutertherapie verschrieb. In kurzer Zeit erholte sich der Patient von seinen Herzbeschwerden. Beeindruckt von diesem Erfolg suchte Dr. Withering die Zigeunerin auf und bat sie um die Rezeptur. Nach Zahlung eines netten Sümmchens gab sie ihr Geheimnis preis: Einer der Inhaltsstoffe stammte aus dem (giftigen) roten **Fingerhut** ***Digitalis purpurea***. Der Arzt untersuchte die Wirksamkeit unterschiedlicher Aufbereitungen der Pflanze, indem er sie an 163 Patienten verabreichte. Auf diesem Wege fand er heraus, dass die beste Formulierung in den getrockneten, pulverisierten Blättern bestand. Nach der Beobachtung, dass eine toxische Dosis schnell erreicht wird, empfahl er die Einnahme einer verdünnten Präparation in wiederholten Dosen, bis der gewünschte therapeutische Effekt eintrat.

Obwohl auch heute noch die Inhaltsstoffe aus *Digitalis* zu den besten Wirkstoffen gegen Herzinsuffizienz zählen, würde wohl niemand den von Dr. Withering eingeschlagenen Weg für die Bestimmung des therapeutischen Potenzials eines Wirkstoffs empfehlen. Dieses Vorgehen ist weder ethisch zu vertreten noch sehr praktikabel. Heute machen wir uns das Verständnis physiologischer Prozesse auf der molekularen Ebene zunutze. Zusammen mit dem ganzen Methodenarsenal der modernen Biochemie wird versucht, Kandidaten für eine Wirkstoffentwicklung durch Testung im Reagenzglas (sog. *in vitro*-Testung) zu entdecken. Vor allem hat die Molekularbiologie, mit der reine Proteine auf rekombinantem Wege in großen Mengen für die direkte Testung produziert werden können, die Vorgehensweise revolutioniert. Man versteht heute Zellen und Organismen umzuprogrammieren, um so die Funktion von einzelnen Genen zu studieren. Der besondere Trick bei diesen Testverfahren ist es nun, einen bestimmten Effekt auf molekularer Ebene in ein makroskopisch beobachtbares Signal umzumünzen. Beispielsweise bestimmt man das Potenzial einer neuen Verbindung als Antithrombotikum in einem Gerinnungstest. Dabei wird die Koagulationsgeschwindigkeit des Blutes in Abhängigkeit von der zugegebenen Verbindung untersucht.

Doch heute gelingt es, mit unserem Wissen um biochemische Netzwerke, noch einen Schritt weiter zu physiologisch relevanteren Tests zu gehen. Um bei dem Beispiel der Blutgerinnung zu bleiben: Die jahrzehntelange Forschung auf diesem Gebiet hat ergeben, dass die Bildung eines Blutpfropfs durch eine enzymatische Kaskade ausgelöst und gesteuert wird. Daher können die einzelnen Enzyme entlang dieser Kaskade sukzessive untersucht werden. Es hat sich herausgestellt, dass einige der Enzyme **Proteasen** sind, d. h. sie spalten Proteine und Peptide. Wie kann deren enzymatische Aktivität sichtbar gemacht werden? Man stellt sich synthetische Substrate her, die den natürlichen Substraten sehr ähnlich sehen, allerdings über eine Peptidbindung verknüpft einen para-Nitroanilinrest tragen. Wenn das Enzym nun dieses Substrat spaltet, wird para-Nitrophenolat freigesetzt, das sich durch veränderte Absorptionseigenschaften als gelber Farbstoff bemerkbar macht. Dies lässt sich einfach spektroskopisch beobachten. Wenn nun beim Screening eine Verbindung als Inhibitor des Enzyms auffällt, so wird sie die Spaltung des synthetischen Substrats mehr oder weniger stark unterdrücken und so die Gelbfärbung der Lösung vermindern. Auf diesem Wege lässt sich quantitativ die Hemmstärke einer Testsubstanz bestimmen.

Es konnte eine breite Palette von farbgebenden Reaktionen entwickelt werden, die zur Charakterisierung enzymatischer Aktivität geeignet sind. Viele Enzyme, z. B. Glutamat Dehydrogenasen benötigen als natürlichen Kofaktor NAD(P)H, das zu NAD(P)+ oxidiert wird. Da das Edukt NAD(P)H im Gegensatz zum Produkt bei 340 nm absorbiert, kann das Fortschreiten der Enzymreaktion über Beobachtung der Absorption bei dieser Wellenlänge verfolgt werden. Als eine Variante kann man auch, wenn das Substrat, das für eine spektroskopische Verfolgung der Enzymreaktion geeignet ist, erst durch die vorgelagerte Enzymreaktion gebildet wird, zwei Enzymreaktionen miteinander koppeln. Dann wird beispielsweise nicht die Reaktion im eigentlich interessierenden Enzym beobachtet, sondern dessen Aktivität wird durch die Umsetzung des aus dieser vorgelagerten Reaktion hervor-

gehenden Produkts in einer nachfolgenden Enzymreaktion registriert.

Obwohl spektroskopische Assays aus technischen Gründen vorzuziehen sind, spielen Tests, die auf der Umsetzung radioaktiv markierter Verbindungen beruhen, noch immer eine wichtige Rolle. Die Aktivität von Kinasen wird z. B. über Phosphor-32-markiertes Adenosin-Triphosphat verfolgt. Das an der endständigen Phosphatgruppe markierte Substrat wird auf das durch die Kinase zu phosphorylierende Protein übertragen. Die Einbaurate dient als Maß für die Aktivität der Kinase. Für Rezeptorbindungsstudien wird ein bekannter Ligand radioaktiv markiert. Im Assay wird nun untersucht, inwieweit Testverbindungen den radioaktiv markierten Liganden von der Rezeptorbindestelle verdrängen können. Ein solcher Test stellt noch nicht zwingend einen Funktions-Assay dar. Agonistische und antagonistische Bindung müssen noch unterschieden werden.

Antikörper spielen eine wichtige Rolle in der Assay-Entwicklung. Die hohe Spezifität einer Antikörper-Antigen-Wechselwirkung lässt sich als hoch sensitives System ausnutzen. Als Beobachtungsgröße verwendet man in den klassischen Immun-Assays entweder die Freisetzung von radioaktiv markierten Verbindung (Radioimmun-Assay, RIA) oder das Auslösen einer enzymatischen Umsetzung (ELISA: *Enzyme Linked Immunosorbent Assay*, Abb. 2.5). Das letztere Verfahren erfreut sich eines deutlich größeren Einsatzbereichs, vor allem weil versucht wird, die Radioaktivität als Beobachtungsgröße zu vermeiden. Die Immun-Assays sind nicht nur hoch spezifisch, weil sie nur eine molekulare Spezies erkennen, sie sind auch extrem vielseitig einsetzbar.

In der jüngsten Zeit wurden die Screeningverfahren im Hinblick auf Automatisierung und Miniaturisierung optimiert. Ziel hinter diesen Bestrebungen war die dramatische Steigerung des Durchsatzes hin zum **Hochdurchsatz-Screening** (englisch: *high-throughput screening* oder **HTS**). Heute werden die meisten Hochdurchsatz-Verfahren in 96er (8x12) oder 384er (16x24) Mikrotiterplatten durchgeführt. In den Vertiefungen dieser Platten umfassen die Reaktionsvolumina ca. 100μl. Aber die Miniaturisierung schreitet fort, inzwischen versucht man mit 1μl in 1536er (32x48) Platten auszukommen. Mit ausgeklügelten Robotersystemen werden bis zu 100.000 As-

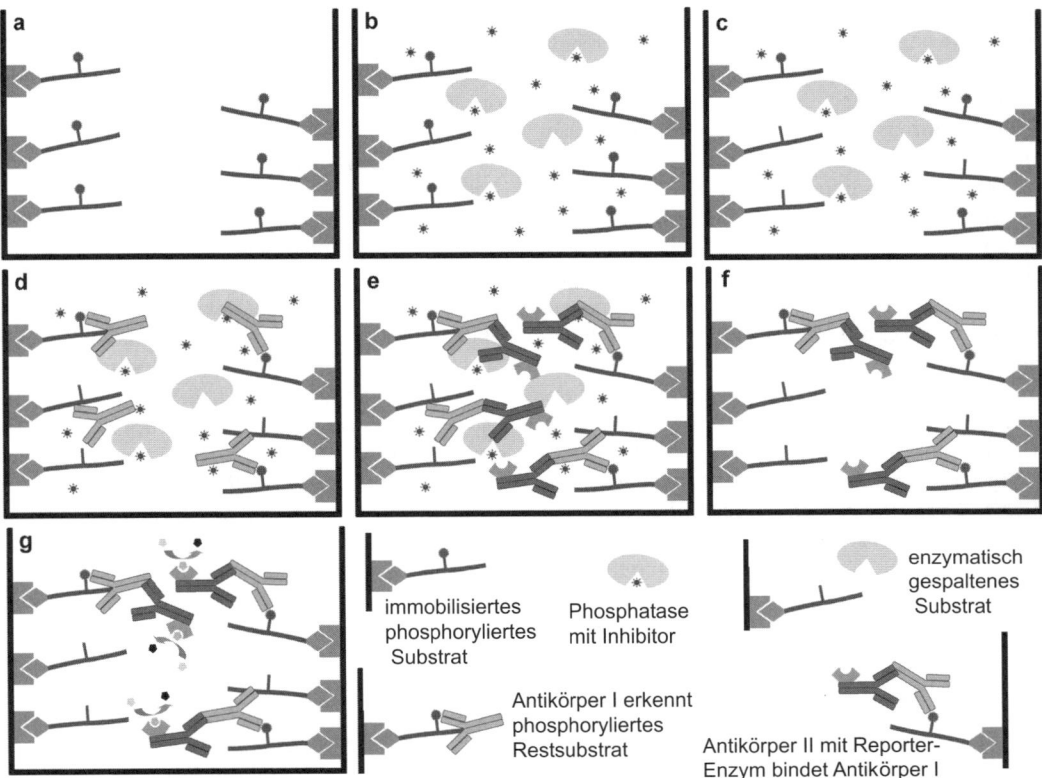

Abb. 2.5: Beispiel für einen ELISA-Assay zur Bestimmung der Beeinflussung der Aktivität einer Phosphatase durch einen möglichen Treffer (∗).
(a) Das Substrat, ein phosphoryliertes Peptid (mittelgrau), wird auf die Wand des Reaktionsgefäßes aufgezogen (meist unter Verwendung des Biotin/Streptavidin-Systems). (b) Die Phosphatase (grau) und ein möglicher Inhibitor (∗) werden in das Reaktionsgefäß gegeben. (c) Abhängig von der Bindungsaffinität des getesteten Inhibitors für die Phosphatase können die verbliebenen nichtgehemmten Enzymmoleküle Phosphatgruppen vom Substrat abspalten. (d) Ein Antikörper (grau), der das phosphorylierte Substrat erkennt, wird zugegeben, gefolgt (e) von einem zweiten Antikörper, der an die konstante Domäne (Fc) des ersten Antikörpers bindet. Dieser zweite Antikörper ist kovalent mit einem Reporterenzym verknüpft (z. B. eine Meerrettichperoxidase). (f) Überschüssige Antikörperkomplexe werden durch Waschen entfernt. (g) Das Substrat des Reporterenzyms wird zugegeben und das erzeugte Signal (üblicherweise eine Farbreaktion) ist proportional zu der Menge an verbliebenem, phosphoryliertem Substrat an der Gefäßwand. Es ist somit umgekehrt proportional zu der Aktivität der getesteten Verbindung. Alleine durch Auswechseln des immobilisierten Substrats und des ersten substraterkennenden Antikörpers kann der verbleibende Teil des Testsystems unverändert auf andere Testsysteme übertragen werden. Dies stellt natürlich eine sehr kostengünstige Variante dar.

says pro Tag ausgeführt. Dies führt natürlich zu einer enormen Datenflut, die weiter verarbeitet werden muss. Die reduzierten Testvolumina haben den Vorteil einer deutlichen Einschränkung der benötigten Probenvolumina und Reagenzien. Außerdem lassen sich die Messungen in kürzerer Zeit durchführen. Gleichzeitig wird aber die Handhabung der Proben immer schwieriger. Man denke nur an die Verdunstung aus so kleinen Probenmengen, die enorm ansteigende

Logistik, so viele Daten parallel zu erfassen, die Reproduzierbarkeit der Ergebnisse und die notwendige Empfindlichkeit, das schwache Messsignal gesichert zu bestimmen.

Um gerade diesen letzten Aspekt zu verbessern, ist man auf immer empfindlichere Nachweisverfahren übergegangen. Besonders empfindlich sind **Fluoreszenzmessverfahren**. Im einfachsten Fall verwendet man ein fluoreszierendes Substrat wie Cumarin, das beispielsweise in einem Protease-Assay anstelle des para-Nitroanilins eingebaut wird. Die Protein-Ligand-Bindung kann auch über Fluoreszenzanisotropie (oder Polarisation) beobachtet werden. Ein bekannter Ligand wird mit einem Fluorophor verknüpft und mit polarisiertem Licht angeregt. Die abgestrahlte Fluoreszenz ist in diesem Fall ebenfalls polarisiert. Mit der Zeit, in der das angeregte Molekül in Lösung frei diffundieren kann, wird die vorgegebene Polarisation abnehmen. Da ein kleines Molekül viel schneller diffundiert als ein großes, wird die Fluoreszenz des ungebundenen Liganden viel schneller abfallen als wenn er an ein Protein gebunden ist. Dort werden dann die Diffusionseigenschaften durch das große Protein bestimmt.

Noch größere Empfindlichkeit erreichen sog. **FRET-Messverfahren** (Fluoreszenz Resonanz Energie Transfer). Ein Resonanzenergietransfer erfolgt zwischen einem Donor- und Akzeptorfluorophor ähnlicher Absorption, wenn beide nicht mehr als ca. 50Å ($1Å = 10^{-10}$ m) voneinander entfernt sind. Um nochmals den Phosphatase-Assay als Beispiel zu verwenden, hieße dies, das phosphorylierte Peptid mit einem Donorfluorophor zu versehen (Abb. 2.6). An den Antikörper müsste dann der Akzeptor angefügt werden. Wenn viel unverbrauchtes phosphoryliertes Substrat vorhanden ist, kann viel Antikörper binden und es resultiert ein starkes FRET-Signal. Hat die Phosphatase dagegen viel Substrat umgesetzt, so ist kaum ein FRET-Signal zu registrieren. Im Gegensatz zum ELISA-Test (Abb. 2.5) ist kein Waschen der Probe mehr notwendig (d. h. wir haben es jetzt mit einem sog. homogenen Assay zu tun). Der Test ist damit deutlich vereinfacht, eine wichtige Voraussetzung für seine Automatisierbarkeit. Daher sind die Be-

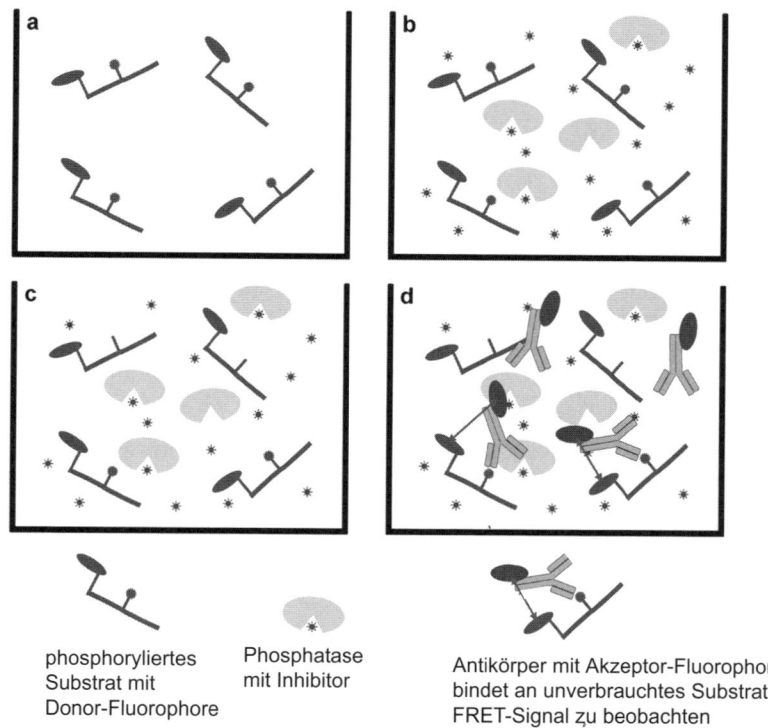

phosphoryliertes Substrat mit Donor-Fluorophore

Phosphatase mit Inhibitor

Antikörper mit Akzeptor-Fluorophor bindet an unverbrauchtes Substrat FRET-Signal zu beobachten

Abb. 2.6: Die Verwendung der FRET-Technik wird für die in Abb. 2.5 gezeigte Reaktion erläutert. (a) Das phosphorylierte Peptidsubstrat trägt einen kovalent verknüpften Donorfluorophor (graue Ellipse). (b) Analog wie in Abb. 2.5 wird die Phosphatase (hellgrau) und die Testverbindung (∗) zugegeben, (c) die Phosphatase spaltet nach verbliebener Restaktivität Substrat. (d) Der Antikörper, der das phosphorylierte Substrat erkennt, ist mit einem Akzeptorfluorophor (dunkelgrau) verknüpft, dessen Absorptionsmaximum mit dem im Emissionsspektrum des Donorfluorophors überlappt. Wenn viel des phosphorylierten Substrats verblieben ist (was für einen potenten Testinhibitor spricht), wird die räumliche Nähe zwischen Donor- und Akzeptorfluorophor zu einem starken Resonanzenergie-Transfer führen.

strebungen zu verstehen, ELISA-Tests auf die neue FRET-Technik umzustellen.

Erschwerend macht sich bei den **Fluoreszenzuntersuchungen** das Hintergrundrauschen bemerkbar. Eine Möglichkeit, dies zu unterdrücken liegt in der Anwendung von zeitaufgelösten FRET-Techniken. Dazu verwendet man einen Chelatkomplex mit einem Seltene-Erde-Metallion als Donor, weil diese Fluoreszenzsonden sehr lange Halbwertszeiten besitzen. Als Akzeptor wird eine typische Sonde wie Fluorescein eingesetzt. Die Hintergrundfluoreszenz wird nun deutlich reduziert, wenn man zwischen Anregung und Detektion eine Zeit von mehr als 50μsec verstreichen lässt. Zusätzlich ergibt sich dann noch der Vorteil gegenüber den üblichen FRET-Techniken, dass Fluoreszenz-Transfer über größere Distanzen (ca. 90 Å), wie sie typischerweise bei Protein-Protein-Wechselwirkungen auftreten, beobachtbar werden. Eine andere Alternative sind die radiometrischen Techniken der *scintillation proximity assays*. Dazu wird das interessierende Zielprotein auf einem Träger immobilisiert, der einen Farbstoff enthält, der zur Szintillation angeregt werden kann. Bindet ein radioaktiv-markiertes Molekül, so regt dies den Szintillationsfarbstoff zum Leuchten an. Ungebundene Moleküle verbleiben in einer Distanz zu dem Farbstoff, der keine Anregung erlaubt. Ein Problem dieser Methode sind derzeit noch die zu langen Messzeiten.

Fortschritte bei der Miniaturisierung der Assays erlauben inzwischen die Beobachtung einzelner Moleküle. Dies gelingt mit der Fluoreszenz-Korrelationspektroskopie (FCS). Ein konfokales Lasermikroskop durchstrahlt etwa einen Femtoliter Messlösung. Wenn ein einzelner Fluorophor durch das Beobachtungsvolumen diffundiert, erzeugt er eine zeitliche Fluktuation des Fluoreszenzsignals. Analysiert man die Autokorrelation dieser Fluktuationen, so erhält man wichtige Informationen über Konzentration und Diffusionskonstante. Die Diffusionsgeschwindigkeit wird wiederum davon abhängen, ob die mit einem Fluoreszenzmarker versehene Substanz an ein Protein gebunden ist oder nicht. Verwendet man zwei verschiedene Marker, sowohl an dem Protein wie an einem Liganden, so kann deren Assoziation und Dissoziation sehr genau verfolgt werden.

Das Oberflächen-**Plasmonenresonanz**-Verfahren wird in der Pharmaforschung zunehmend zur Validierung von Treffern und zur Optimierung der Messbedingungen im Fluoreszenz-Assay eingesetzt. Dazu wird das Zielmolekül auf der goldbeschichteten Oberfläche eines Sensorchips verankert. Anschließend strahlt man von der Unterseite eines Glasträgers Licht ein (Abb. 2.7). Änderungen im Brechungsindex, die sich über eine Verschiebung des Winkels der internen Totalreflexion verfolgen lassen, sind ein Maß für Massenänderungen auf der Sensoroberfläche. Wenn nun eine Verbindung mit einer Masse von mehr als 100 D bindet, kann die verursachte Massenänderung auf der Goldoberfläche registriert wer-

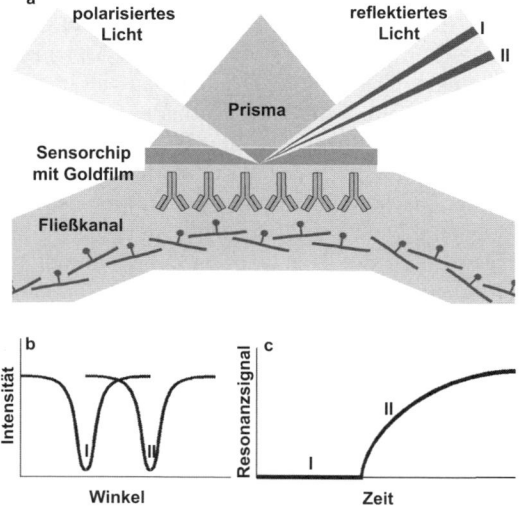

Abb. 2.7: Prinzip der Oberflächen-Plasmonen-Resonanz (SPR). Die Methode registriert Änderungen im Brechungsindex an der Oberfläche eines Sensorchips. Das Ausmaß der Massenänderung auf der Oberfläche, die durch Rezeptorbindung eines Substratmoleküls bedingt wird, führt zu einer Verschiebung des Resonanzwinkels des reflektierten Lichts (I und II). Dadurch wird nicht nur die Bindungsaffinität vermessen, es gelingt auch, kinetische Parameter der Assoziation und Dissoziation zu ermitteln.

den. Da das Verfahren schnell arbeitet und einen zeitlichen Verlauf beobachten kann, werden neben der Stöchiometrie kinetische Parameter der Assoziation bzw. Dissoziation verfügbar. Ein Problem, das ein Screening in Mikrotiterplatten mit sich bringt, besteht in der enormen Zeit, die benötigt wird, die Verbindungen auf der Platte abzulegen. Ein Weg, dieses Problem zu umgehen besteht darin, ganze Verbindungsbibliotheken auf dem Sensorchip mit Sprayverfahren in Mikroarray-Format aufzubringen. Gibt man nun das zu testende Rezeptorprotein zu einem solchen Chip, so tritt dort, wo der Rezeptor bindet, eine große Massendifferenz auf. Aufgrund der ortsaufgelösten Belegung des Chips mit Testverbindungen lässt sich einfach feststellen, welche Bibliotheksmoleküle mit dem Testrezeptor in Wechselwirkung getreten sind.

2.1.3.3 Von der Bindung zur Funktion: Tests an ganzen Zellen

Wie bereits erwähnt, sagt die Bindung eines Liganden an ein Protein noch nichts über die damit einhergehende Funktion bzw. ausgelöste Funktionsänderung. Bei einem Enzym-Assay ist es oft einfach, die beobachtete Hemmung mit einer Funktion in Beziehung zu setzen. Bei Rezeptoren und Ionenkanälen liegt diese Korrelation weniger offensichtlich auf der Hand. Betrachtet man die biochemischen Pfade und Regelkreise in einer Zelle, so werden auch die Überlegungen zur Funktionszuordnung für Enzyme komplizierter. Diese Zusammenhänge lassen sich nicht einfach im Reagenzglas nachstellen. Daher müssen zum Studium der Funktion ebenfalls Assays entwickelt werden, die das Verhalten ganzer Zellen bei der Bindung eines Liganden beobachten. Für viele Gewebe lassen sich Zellkulturen züchten, die dann das Studium gewebsspezifischer Rezeptoren ermöglichen.

Üblicherweise wurde das Verhalten von Ionenkanälen über Bindungstests oder radioaktive Durchfluss-Assays untersucht. Um den Einfluss eines Entwicklungskandidaten für einen Arzneistoff besser zu charakterisieren, sind die so genannten *patch-clamp*-Techniken entwickelt worden. Eine Elektrode wird an die Oberfläche einer Zelle geführt und eine Spannung bzw. ein Strom angelegt. Auf diesem Wege kann das Öffnen bzw. Schließen einzelner Kanäle registriert

werden, vor allem wenn bei diesen Messungen Testmoleküle zugegeben werden. Dieses Verfahren dringt sicher nicht in die Dimensionen der Hochdurchsatztechniken vor. Es dient eher dazu, die Treffer aus einem ersten Vorscreening genauer auf ihre Funktion zu beleuchten. Für diesen ersten Schritt werden wiederum gerne Fluoreszenzmethoden eingesetzt. Beispielsweise kann man bei Ca^{2+}-Kanälen den Anstieg der intrazellulären Calciumkonzentration über einen Farbstoff beobachten, der sensitiv bei dem Auftreten von Calciumionen fluoresziert. Da dieser Test sehr empfindlich ist, wurde er auch auf Natriumkanäle ausgedehnt. Dies gelingt durch Koppeln an die Depolarisation des Calciumsignals. Man kann auch den negativ geladenen Fluorophor Oxonol verwenden, der sich mit der äußeren Lamelle der Plasmamembran von Zellen assoziiert, die negatives cytosolisches Potenzial aufweisen. Erfolgt eine Depolarisation über die Membran, so wandert das Oxonol ins Innere der Doppelmembran, wodurch eine Fluoreszenz der Zelle ausgelöst wird. Dieses Verfahren wurde auch auf einen in seiner Empfindlichkeit gesteigerten FRET-Assay übertragen. Dabei dient Oxonol als Akzeptor und ein Donormolekül wird an die Phospholipid-Kopfgruppen der Außenseite der Plasmamembran geheftet. Damit besteht ein FRET-Signal so lange, wie das Cytoplasma der Zelle negativ geladen ist. Verändert sich dieser Ladungszustand, beispielsweise durch das Öffnen eines Ionenkanals, so wandert Oxonol in die Zellmembran und das FRET-Signal verliert an Intensität.

Das beschriebene calciumabhängige Fluoreszenz-Detektionsverfahren kann auch auf viele Rezeptor-Assays übertragen werden. Der intrazelluläre Calciumspiegel steigt, ausgelöst über eine rezeptorvermittelte Kaskade, in der z. B. Inositoltriphosphat das Signal weitergibt. Andere Tests verwenden die Kopplung an Reportergene. Die Stimulation eines Rezeptors löst eine Signalkaskade aus, die für einige der Rezeptoren letztlich zu der Transkription der Genprodukte führt und durch entsprechende Promotoren gesteuert wird (Abb. 2.8). Ersetzt man nun die Sequenz des angesteuerten Gens durch die eines Reporters wie β-Galactosidase, Luciferase oder das grünfluoreszierende Protein (GFP), so resultiert ein einfach zu beobachtendes Signal. Die produzierte β-Galactosidase spaltet X-gal und setzt einen blauen Farbstoff frei, Luciferase ent-

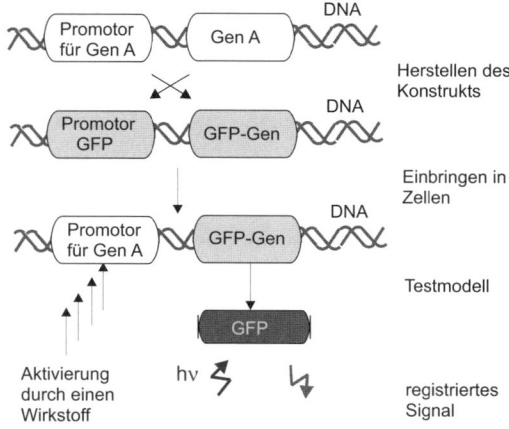

Abb. 2.8: Gene werden durch Promotoren gesteuert. Eine durch den Promotor initiierte Aktivierung des Gens führt zur Biosynthese des entsprechenden Proteins. Mit dem grünfluoreszierenden Protein (GFP) kann man nun einen einfach zu beobachtenden Test aufbauen. Dazu wird der Promotor des Gens, der durch Bindung eines Agonisten aktiviert wird, mit dem Gen für das GF-Protein verknüpft. Die Aktivierung des Promotors liefert folglich nicht mehr das ursprüngliche Genprodukt, sondern es führt zur Synthese des GF-Proteins. Die Gegenwart des GF-Proteins lässt sich leicht über eine Fluoreszenz, stimuliert durch ultraviolettes Licht, beobachten.

wickelt ATP-abhängig eine Chemilumineszenz und das grünfluoreszierende Protein fällt durch seine intrinsische Fluoreszenz auf.

2.1.3.4 Von Mäusen, Menschen und Würmern

Genau so wie Assays in Reagenzgläsern die Verhältnisse in Zellen nicht vollständig wiedergeben können, können auch Zellen nicht das Verhalten eines ganzen Organismus korrekt simulieren. Daher lässt sich die Testung an Tieren nicht vermeiden. In der Vergangenheit dienten Ratten, Mäuse, Meerschweinchen, Kaninchen, Hunde und Affen für die Primärtestung von Verbindungen. Begrüßenswerterweise hat sich die ethische Einstellung gegenüber dieser Testung verändert. Zusätzlich haben die Kosten und die nur sehr limitierte Aussagekraft von Ganztierversuchen diese Tests auf eine späte Phase der präklinischen Entwicklung verschoben. Heute sind spezielle Tests für die frühe Erfassung von **ADMET-Parametern** (Absorption, Distribution, Metabolismus, Exkretion und Toxizität) ent-

wickelt worden und werden bereits in einer sehr frühen Phase der Leitstruktursuche eingesetzt. Dennoch, viele der pharmakokinetischen Parameter können nicht durch biochemische, *in vitro* oder zelluläre Assays erfasst werden.

Daher bedient man sich eines sehr einfachen Vielzellers, des Wurms *Caenorhabditis elegans* für Ganztierversuche. An diese Nematoden werden nicht die gleichen ethischen Standards wie an Säuger angelegt. Doch als Testorganismus für die Wirkstoffprüfung hat *C. elegans* einige Vorteile: Viele der essenziellen Gene kommen auch in diesem Wurm ähnlich wie bei uns vor, sein Genom ist aufgeklärt und kann genetisch modifiziert werden, um eingebrachte Krankheitsbilder zu studieren. Er zeigt eine komplexe Differenzierung in über 100 Zelltypen, aber insgesamt umfasst er weniger als 1.000 einzelne Zellen. Sein Lebenszyklus ist kurz, sodass sein Phenotyp ausreichend schnell charakterisiert werden kann. Zusätzlich ist er transparent und kann in Mikrotiterplatten gezüchtet werden. Beispielsweise besteht ein Krankheitsmodell für die Amyloid-Plaqueablagerung in diesem Wurm, sodass ein Modell zum Screening von denkbaren Therapeutika gegen die neurodegenerative Alzheimersche Krankheit bereitsteht.

Trotzdem muss auch heute noch auf höher entwickelte Tiere für eine vertiefte Prüfung zurückgegriffen werden. Dafür wurden genetisch veränderte „Knockout"-Mäuse entwickelt, in denen das Gen zur Produktion eines Genproduktes entfernt wurde. Weiterhin kennt man transgene Tiere, denen zusätzliche fremde Gene eingesetzt werden. Die Harvard-Onkomaus, die erste patentierte transgene Maus, produziert das Onkogen c-myc, das sie besonders anfällig gegen Krebs macht. Eine große Zahl von Erbkrankheiten und einige multifaktorielle Krankheitsbilder konnten in transgene Mäuse eingebracht werden, sodass eine breite Palette von neuen relevanten Tiermodellen für die Testung von Leitstrukturen bereitstehen.

2.1.3.5 Herausforderungen und Chancen der Post-Genom-Ära: Entdeckung und Validierung neuer Targets

Zurzeit beschränkt sich die Pharmaforschung auf vielleicht 500 Targets für eine Arzneistoffentwicklung, wovon die meisten Proteine sind. Die

Sequenzierung des humanen Genoms hat insgesamt ungefähr 35.000 Gene zutage gefördert, die für Proteine codieren. Daher kann man annehmen, dass eine erheblich größere Zahl von Genprodukten als Angriffspunkte für die Arzneimitteltherapie infrage kommt. Die Herausforderung liegt nun in der Abbildung der Genominformation auf Krankheiten. Gene werden unterschiedlich reguliert, abhängig vom Entwicklungszustand und von gewebsspezifischen Faktoren eines Organismus. Man stellt sich nun vor, dass viele pathogene Vorgänge mit Veränderungen oder Unterbrechungen dieser Expressionsmuster einhergehen. Daher ist es entscheidend, die Expressionsmuster in unterschiedlichen Zellen zu unterschiedlichen Zeiten zu bestimmen. Mit diesen Fragen setzen sich die neuen Disziplinen Transkriptomik und Proteomik auseinander.

Die **Transkriptomik** bestimmt die vorliegenden Konzentrationen an Boten-RNA (mRNA) in einer Zelle. Dazu wurden Hunderte von Oligonucleotidsträngen bekannter Sequenzen auf Mikroarray-Chips verankert. Die RNA einer Zelle wird beispielsweise mit Biotin für eine spätere Detektion markiert und auf den Chip gegeben. Wertet man nun aus, wo auf dem zweidimensionalen Chip RNA gebunden wurde, so bekommt man eine Art Fingerabdruck der zellulären mRNA. Vergleicht man dieses Muster aus Zellen eines gesunden bzw. kranken Gewebes, so kann man auf Genprodukte aufmerksam gemacht werden, die im Krankheitsgeschehen eine Rolle spielen. Zusätzlich können solche Chips auch dafür verwendet werden, um die Hoch- bzw. Herunterregulation von Genen bei der Zugabe von Testmolekülen zu beobachten. Einzige Einschränkung dieser Suchmethode nach neuen Targets ist die zu Beginn auf dem Chip verankerte Vielfalt von Oligonucleotiden.

Bedingt durch die deutlich größere strukturelle Komplexität von Proteinen im Vergleich zu Oligonucleotiden stellt sich der Proteomik eine schwierigere Aufgabe. Dennoch erscheint dieser Ansatz genereller, da nicht nur die entstehenden Genprodukte erfasst, sondern auch deren posttranslationale Veränderungen registrierbar werden. Im Zentrum der Proteomforschung steht die 2D-Gelelektrophorese, die eine gleichzeitige Trennung von Tausenden von Proteinen auf der Basis ihrer Ladung und ihrer Wanderungsgeschwindigkeiten erzielt. Die einzelnen Proteine werden dann auf den Gelen kartiert und anhand einer massenspektrometrischen Sequenzierung charakterisiert. Auch hier wird die quantitative Proteinzusammensetzung einer Zelle im gesunden und im pathogenen Zustand untersucht. Veränderungen geben wichtige Hinweise auf die molekularen Akteure in einem Krankheitsgeschehen.

Mit Sicherheit wird die moderne Genomforschung einen massiven Einfluss auf die Entdeckung neuer Targets für die Arzneimitteltherapie nehmen. Neueste Ansätze versuchen sogar, die Prozesskette über die Identifizierung von Zielproteinen mit anschließendem Screening über eine Vielzahl von Testverbindungen auf den Kopf zu stellen. Stattdessen werden interessante Wirkstoffkandidaten in zellbasierten Assays vorgegeben, um über die von ihnen ausgelösten pharmakologischen Effekte in den Zellen neue, für die Therapie relevante Zielproteine zu entdecken. Weiterhin ist zu erwarten, dass in der Zukunft Verfahren zum Screening auf multifaktorielle Krankheiten entwickelt werden. Die Genomforschung wird auch ermöglichen, die Reaktion eines einzelnen Patienten aufgrund seines speziellen Genoms auf einen bestimmten Wirkstoff zu verstehen. Doch all diese Techniken werden kaum von Nutzen sein, wenn keine neuen Leitstrukturen entdeckt werden.

2.1.4 Die Suche nach neuen Leitstrukturen: Von Vorlagen aus der Natur bis zu Verbindungsbibliotheken aus der kombinatorischen Chemie

Ausgangspunkt für die Suche nach einem neuen Arzneimittel ist immer eine **Leitstruktur**. Eine solche Verbindung entwickelt bereits an dem betrachteten Zielprotein die gewünschte biologische Wirkung, für den therapeutischen Einsatz als Arzneimittel am Menschen fehlen aber noch wichtige Eigenschaften. Entscheidend für eine gute Leitstruktur ist auch, dass sie gezielt synthetisiert bzw. einfach abgewandelt werden kann, um ihre Wirkstärke, Selektivität, biologische Verfügbarkeit, Toxizität und Abbaubarkeit zu optimieren.

In Abschnitt 2.1.3 wurden ausführlich die verschiedensten Methoden beschrieben, die uns helfen, Verbindungen mit den gewünschten biologischen Eigenschaften zu entdecken. Teilweise erreichen diese Verfahren enorme Testkapazitäten. Daher stellt sich die Frage, was eigentlich getestet werden soll. Wo macht es am meisten Sinn, nach neuen Leitstrukturen zu suchen?

Das Universum denkbarer chemischer Verbindungen ist gewaltig groß – selbst wenn man eine molare Masse von weniger als 500 Dalton betrachtet, was der typischen Größe eines Arzneistoffs entspricht. Zahlen von bis zu 10^{200} Molekülen wurden vorgeschlagen. Alle Atome des Universiums würden nicht ausreichen, diese zu synthetisieren. In Anbetracht dessen erscheint die Zahl der bis heute synthetisch hergestellten Verbindungen von etwa 20 Millionen verschwindend klein. Ist der Raum denkbarer chemischer Verbindungen daher heute auch nur annähernd ausgeleuchtet und könnten überall in diesem Raum brauchbare Pharmamoleküle gefunden werden?

2.1.4.1 Abgekupfert von der Natur: Naturprodukte als Leitstrukturen

Hält man sich die Komplexität der belebten Natur vor Augen, fällt auf, dass viele Wirksubstanzen in sehr unterschiedliche biologische Abläufe eingreifen. Sie verändern die Funktionen von Rezeptoren, Enzymen, Kanälen oder Transportern. Gerade in Pflanzen wurden eine Vielzahl sehr wertvoller therapeutischer Wirkprinzipien entdeckt, die sich bei höheren Lebewesen anwenden lassen. Pflanzen setzen sich mit ihrer Umgebung auseinander, beispielsweise mit Fraßfeinden, vor denen sie nicht einfach weglaufen können. So haben sie z. B. in Form der Alkaloide eine breite Palette von Wirksubstanzen entwickelt. Angefangen von Bitterstoffen bis hin zu hochgradigen Giften entfalten sie an unterschiedlichen Rezeptoren oder Enzymen ihrer Feinde eine Wirkung. Wenn nicht letal, reicht diese, meist sehr unangenehme Wirkung in aller Regel aus, einen Lerneffekt beim Gegner zu bewirken. Aber auch Pflanzen haben einen effizienten Schutz gegen Mikroorganismen, z. B. den Pilzbefall, entwickelt. Man denke nur an das oben beschriebene Beispiel der Penicilline. Schlangen, Frösche, Fische oder Spinnen können Gifte einsetzen, mit denen sie ihre Gegner zu paralysieren verstehen. Es sei an den berühmten Fugu-Fisch erinnert, dessen Zubereitung in Japan eine legendäre Kunst darstellt. Die Wirksubstanz Tetrodotoxin blockiert bereits in geringsten Dosen die Natriumkanäle des Opfers und hemmt so die Erregbarkeit der Nerven bei der Reizleitung. Für uns geben die Wirkprinzipien solcher Substanzen wichtige Leitstrukturen im Herz-Kreislaufgeschehen ab. So darf es uns nicht verwundern, dass der größte Teil unseres Arzneischatzes direkt oder indirekt von **Naturstoffen** abstammt. Nahezu die Hälfte der sich heute am besten verkaufenden Arzneimittel entstammen dieser Gruppe.

Warum sucht man dann nicht gezielt in diesem Schatz von Naturprodukten nach neuen Leitstrukturen? Naturstoffe, z. B. die genannten Pflanzeninhaltsstoffe, wurden an biologisch relevanten Proteinen selektioniert. Sie sind im Verlauf der Evolution mit vielen Bindestellen von Rezeptoren und Enzymen in Kontakt gekommen. Somit erscheint die Wahrscheinlichkeit hoch, dass sie auch an Proteine des Menschen binden, vor allem, wenn man sich die enge Verwandtschaft der Genome aller Organismen vor Augen hält. Zusätzlich weisen Naturprodukte häufig bereits gute pharmakokinetische Eigenschaften auf. Sie wurden in einer biologischen Umgebung von Systemen synthetisiert, die Ähnlichkeiten mit den Rezeptoren besitzen, an denen die Naturprodukte anschließend ihre Funktion ausüben sollen. Obwohl Naturprodukte als ideale Leitstrukturen erscheinen, sind nur ganz wenige von ihnen selbst Arzneimittel geworden (z. B. Morphin, Codein, Digoxin, Ephedrin, Cyclosporin, Aprotinin). In aller Regel besitzen sie noch nicht die optimalen Eigenschaften, z. B. im Hinblick auf Metabolismus, Transport und Verweilzeit, sodass eine Strukturoptimierung durch synthetische Abwandlung erforderlich wird. Doch da beginnen die Probleme. In aller Regel sind Naturstoffe, mal abgesehen von ihrer teilweise nur schwierigen Isolierung und Reinigung, sehr komplexe chemische Strukturen. Übersät mit einer Vielzahl stereogener Zentren, aufgebaut aus zahlreichen komplexen Ringstrukturen stellen sie höchste Anforderungen an den synthetisierenden Naturstoffchemiker. Ohne immensen Zeit- und Kostenaufwand lassen sich Totalsynthesen nicht realisieren. Es dauert entsprechend lange, bis durch synthetische Abwandlungen einer Leitstruktur aussagekräftige Struktur/Wirkungsbeziehungen erstellt werden können.

Dennoch, Naturprodukte sind aus Bausteinen aufgebaut, die heute jeder medizinische Chemiker in seinem Repertoire zur Konzeption eines neuen Wirkstoffs verwendet. Morphin zum Beispiel enthält einen basischen Stickstoff, eine phenolische Hydroxygruppe, eine Etherbrücke und hydrophobe aliphatische und aromatische Baugruppen. Benzodiazepine können als ein Mimetikum für eine β-Schleife eines Tetrapeptidstrangs aufgefasst werden. Alle vier Seitenketten des Tetrapeptids können auf das Benzodiazepintemplat übertragen werden. Somit ist es nicht verwunderlich, dass gerade dieser Strukturbaustein sehr häufig in Leitstrukturen für teilweise sehr verschiedene Zielrezeptoren aufzufinden ist (z. B. Benzodiazepin-Rezeptor, Cholecystokinin-Rezeptor, Fibrinogen-Rezeptor). Gerade dieses Konzept, **privilegierte Strukturmuster** aus Naturstoffen in Verbindungen einzubauen, erlangt in jüngster Zeit zunehmendes Interesse.

2.1.4.2 Screening von synthetischen Verbindungen

Die letzten 25 Jahre Leitstruktursuche waren vor allem vom Durchmustern sehr großer Datenbestände an synthetisch-organischen Verbindungen geprägt. Riesige Substanzdatenbanken wurden und werden in automatisierten *in vitro*-**Test-Assays** auf Bindung an einen Zielrezeptor geprüft. Leider sind die erzielten Trefferraten ernüchternd niedrig.

Die Verbindungen für das Primärscreening entstammen praktisch allen verfügbaren Quellen. Es sind z. B. die Substanzbestände, die über die Jahre in großen Firmen angehäuft werden konnten oder Verbindungen, die weltweit für die Pharmatestung angeboten werden, die die Testroboter im Hochdurchsatz-Screening heute bedienen. Doch die enorme Testkapazität benötigt mehr Substanzen, vor allem solche, die sich nicht leicht und billig herstellen lassen. So hat sich in den vergangenen 15 Jahren eine neue Chemie, die kombinatorische Chemie entwickelt.

2.1.4.3 Kombinatorische Chemie: Synthesekapazität ohne Grenzen?

Die Natur erzeugt mit 20 Aminosäuren eine ungeheure Vielfalt an Peptidsequenzen. An ein gemeinsames Rückgrat aus Peptidbindungen werden an jedem dritten Atom entlang der Polymerkette unterschiedliche Seitenketten angefügt. In der kombinatorischen Vielfalt dieser Seitenketten liegt das Konzept zum Erzeugen einer riesigen Diversität von Molekülen. Ganz analoge Prinzipien galt es, auf eine breite Palette von Molekülgerüsten zu übertragen. Ist es bei Peptiden ausschließlich die Reaktion zur Bildung einer Amidbindung, so verwendet die kombinatorische Chemie eine stetig wachsende Bandbreite chemischer Umsetzungen. Ziel dieser Reaktionen ist es, entweder in Mischungen oder, wie es heute vermehrt durchgeführt wird, in Parallelsynthesen Moleküle mit gleichem Grundkörper aufzubauen, die aber mit einer Vielzahl unterschiedlicher Seitenketten dekoriert werden. Neben der klassischen Reaktion in Lösung ist es vor allem die **Synthese am polymeren Trägermaterial**, die den parallelen Aufbau großer Substanzbibliotheken zugänglich macht. Schon in den 60er-Jahren entwickelte Merrifield die Festphasensynthese von Peptiden an funktionalisierten Polystyrolharzen. Zunächst wird eine Aminosäure über seine Säurefunktion an das Harz gekoppelt, wobei dessen Aminoterminus chemisch geschützt eingesetzt wird. Nach Entschützen der Aminogruppe lässt sich die nächste Aminosäure über ihre Säurefunktion unter Bildung einer Amidbindung anfügen. Diese Reaktion wird nun schrittweise mit einer Aminosäure nach der anderen durchgeführt. So wächst auf dem Polymerträger die gewünschte Peptidsequenz heran und kann am Ende über eine spezielle Spaltreaktion unter stark sauren Bedingung vom Harz abgetrennt werden.

Gegenüber einer in Lösung durchgeführten Synthesestrategie bringt die Reaktion an der festen Phase eine Reihe Vorteile. Große Überschüsse an Reagenzien bewirken schnelle und nahezu vollständige Umsetzungen. Ausgangsmaterialien lassen sich einfach durch Waschen des Festkörperträgers entfernen. Mit dem *split-and-combine*-Verfahren lassen sich in wenigen Arbeitsschritten Verbindungsbibliotheken aufbauen. Die Synthese läuft auf der Oberfläche einer Menge von Harzkügelchen ab. Die Strategie wird nun so geführt, dass auf jedem Kügelchen eine gezielte Peptidsequenz entsteht. Am Ende der Reaktionssequenz liegen die Kügelchen, die zwischendurch getrennt und wieder gemischt wurden, zwar als Gemenge vor, sie lassen sich aber wegen ihrer Größe mechanisch trennen. In den letzten Jahren ist es gelungen, neben der genannten Amidbildung eine Vielzahl chemischer Reaktionen auf das Harz zu übertragen.

Hat denn nun die kombinatorische Chemie die chemische Diversität der zu testenden Verbindungen in dem Sinne zu steigern vermocht, dass heute in den aus der Kombinatorik hervorgehenden Substanzdatenbanken deutlich mehr Leitstrukturen gefunden werden? Das Ergebnis ist leider ernüchternd. Die Trefferraten sind nicht angewachsen. Zwar konnte der Heuhaufen, in dem nach neuen Nadeln gesucht wird, verdoppelt oder gar verzehnfacht werden, doch leider konnte dabei die Zahl der versteckten Nadeln nicht gesteigert werden. Offensichtlich hat man über die so konzipierten Bibliotheken zwar einen Zugriff auf deutlich mehr Testverbindungen, aber es gelang nicht, die Substanzbibliotheken mit biologisch relevanten Molekülen anzureichern.

2.1.4.4 Und in Zukunft: Datenbanken mit der richtigen Chemie?

Das *high-throughput-screening* hat vor allem dann erfreuliche Trefferraten erzielt, wenn ein biologisches System untersucht wurde, das aus einer Proteinfamilie stammte, an der eine Firma schon seit längerem arbeitete. Ein solches Beispiel ist die Familie der G-Protein-gekoppelten Rezeptoren, die durch biogene Amine angesteuert werden. Waren diese Rezeptoren Forschungsthema über eine geraume Zeit, sind die Regale einer Firma voll mit Substanzen, die ein Molekülgerüst aufweisen, das privilegiert an diese Klasse von Proteinen zu binden vermag. Man versucht heute vermehrt die Konzepte dieser Verwandtschaft auf der Ebene der Proteine auszunutzen, um Verbindungsbibliotheken, vor allem aus der kombinatorischen Chemie gezielt für eine Proteinfamilie bereitzustellen. Durch geeignete Dekoration einer privilegierten Gerüststruktur versucht man dann, die einzelnen Mitglieder der Proteinfamilie gezielt und mit hoher Selektivität zu adressieren. Kandidaten für ein Primärscreening werden zunehmend unter dem Aspekt einer Entwicklungsfähigkeit einer Leitstruktur zu einem potenten Wirkstoffmolekül vorselektiert. Typische Strukturelemente aus Naturstoffen werden in Form geeigneter Baugruppen in den Aufbau kombinatori-

scher Bibliotheken eingebracht. Es bleibt zu hoffen, dass die nach solchen Kriterien bestückten Substanzdatenbanken in der Zukunft ergiebigere Trefferraten erzielen werden. Ganz entscheidend für dieses, mehr auf die Eigenschaften des biologischen Zielmoleküls ausgerichtete Bibliotheksdesign ist die zunehmende Kenntnis der Raumstrukturen der Proteine. Hier werden die *structural genomics* in der näheren Zukunft entscheidende Beiträge leisten. Die Raumstrukturen sind auch die entscheidende Voraussetzung, dass die im nächsten Abschnitt beschriebenen rationalen Methoden der Leitstruktursuche mit zunehmendem Erfolg eingesetzt werden können.

2.1.5 Neue Leitstrukturen aus dem Computer

Es sind bereits verschiedene experimentelle Methoden zum Durchkämmen riesiger Substanzdatenbanken vorgestellt worden, die auf neue Leitstrukturen aufmerksam machen können. Die Ingenieurwissenschaften haben dazu beigetragen, dass inzwischen eine ausgefeilte Technologie für automatische Testsysteme bereitsteht. Mit ihnen können innerhalb weniger Wochen mehrere Millionen Verbindungen durchgemustert werden. Am Ende verbleibt eine vergleichsweise kleine Menge an Treffern. Erst jetzt kommen rationale Überlegungen zum Einsatz. Wirkstoffforscher beginnen, die entdeckten Substanzen untereinander auf ihre Struktur und ihr mögliches Bindeverhalten zu vergleichen. Hier stehen Vorstellungen im Vordergrund, dass ein pharmakologischer Effekt, wie Enzymhemmung oder Rezeptorbindung, ein räumlich vergleichbares Besetzen einer Bindetasche verlangt. Gleichzeitig soll der geübte Blick des medizinischen Chemikers entscheiden, ob manche der aufgefallenen Treffer als „falsch positive Hits" einen Effekt nur vortäuschen.

2.1.5.1 Die Protein-Raumstruktur als Voraussetzung für rationale Ansätze der Leitstruktursuche

Wie bereits beschrieben, gelingt es zunehmend, vor allem durch Erfolge der Röntgenstrukturanalyse und der NMR-Spektroskopie, die **Raumstrukturen der Proteine** aufzuklären, die Zielsysteme im pharmakologischen Geschehen eines Krankheitsbildes darstellen. Somit drängt sich die Frage auf, ob man nicht, komplementär oder in Ergänzung zu dem experimentellen Screening, die Proteinstruktur direkt verwenden kann, um nach passenden Liganden zu suchen. In manchen Fällen mag es sogar ausreichend sein, einen natürlichen Liganden für das Zielprotein zu kennen. Wenn dieser Ligand eine weitgehend starre Struktur aufweist, ist es möglich, die in der Bindetasche des unbekannten Proteins angenommene Geometrie abzuschätzen. Für die Leitstruktursuche stellt sich nun, im Gegensatz zum ersten Fall, wo passende Schlüssel für ein gegebenes Schloss gesucht wurden, die Aufgabe, zu einem vorgegebenen Schlüssel ähnliche Nachschlüssel zu finden.

Infolge der **Strukturaufklärung** von immer mehr neuen Proteinen ergibt sich zunehmend häufiger die Situation, dass die Struktur eines mit dem interessierenden unbekannten Protein verwandten Vertreters aufgeklärt wurde. In einer solchen Situation lässt sich anhand der Raumkoordinaten des bereits charakterisierten Biopolymers ein Modell des unbekannten Proteins konstruieren. Um schnell einen Überblick über die Datenlage an sequenziell oder strukturell aufgeklärten Proteinen zu erlangen, sind zahlreiche Datenbanksysteme entwickelt worden. Viele dieser Systeme sind einfach über das Internet verfügbar. Besonders in Hinblick auf Protein-Ligand-Komplexe und die Eigenschaften von Bindetaschen konnte die Datenbank Relibase entwickelt werden. Sie erlaubt schnelle Suchen nach Ligand- und Proteineigenschaften und ermöglicht die Überlagerung verwandter Proteinbindetaschen. So werden Wechselwirkungsmuster, die typischerweise zwischen funktionellen Gruppen von Liganden und den Aminosäuren der Bindetasche ausgebildet werden, transparent. Die Rolle von Wassermolekülen als Brückengliedern bei der Ligandenbindung werden veranschaulicht. Genauso lässt sich analysieren, welche Teile des Proteins bei der Ligandenbindung starr, welche sich flexibel verhalten. Der direkte Vergleich von Bindungsgeometrien unterschiedlicher Liganden macht darauf aufmerksam, welche Molekülbausteine in einem Ligandengerüst gegeneinander, wie man sagt bioisoster, ausgetauscht werden können.

Unter Kenntnis all dieser Kriterien, die offensichtlich die Bindung eines kleinen organischen Moleküls an ein Protein bestimmen, fragt es sich, ob man nicht mithilfe von Computermethoden neue Liganden entwickeln bzw. gezielt nach ihnen suchen kann.

2.1.5.2 Am Anfang steht die Analyse der Proteinbindetasche

Um erfolgreich an ein Protein binden zu können, muss ein Ligand eine ganze Reihe von Kriterien erfüllen. Zunächst muss er eine Gestalt annehmen können, die komplementär zu der der Bindetasche ist. Moleküle sind flexibel, durch energetisch kaum aufwendige Drehungen um Einfachbindungen können sie zahlreiche Geometrien annehmen. Doch die Passform alleine reicht nicht. Gleichzeitig müssen die Eigenschaften der funktionellen Gruppen eines Liganden komplementär zu denen der funktionellen Gruppen des Proteins in der Bindetasche sein. Wasserstoffbrücken können zwischen Ligand und Protein ausgebildet werden und den Liganden in der Tasche verankern. Dies gelingt aber nur, wenn in den Bindungspartnern eine Donorgruppe einer Akzeptorgruppe gegenüber stehen. Ähnliches gilt für hydrophobe Gruppen. Insgesamt müssen die energetischen Verhältnisse bei der Ligandenbindung so ausgelegt sein, dass die Komplexbildung energetisch begünstigt wird. Hierbei ist zu berücksichtigen, dass der Bindungsvorgang in wässriger Lösung abläuft, d. h. sowohl Ligand wie Protein sind vor der Bindung von Wassermolekülen solvatisiert. Diese lokale Umgebung von Wassermolekülen ändert sich bei der Bindung und dies geht ganz entscheidend in die Energiebilanz ein.

Um die Kriterien genauer fassen zu können, die ein geeigneter Ligand mitbringen muss, lohnt es sich, die Bindetasche eines Proteins genau zu analysieren. Wo befinden sich die Bereiche in einer Tasche, in die unbedingt bestimmte funktionelle Gruppen des Liganden platziert werden müssen?

Mehrere Verfahren konnten entwickelt werden, die es erlauben, die für eine Bindung essenziellen Bereiche hervorzuheben. Für einen bestimmten Atomtyp, beispielsweise einen Wasserstoffbrücken-Donor bzw. Akzeptor oder eine hydrophobe Gruppe tastet man systematisch die

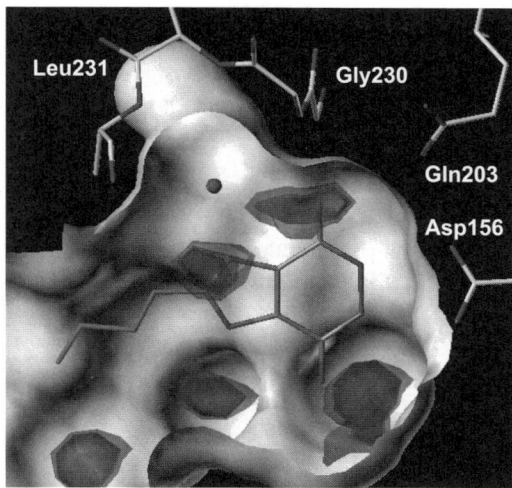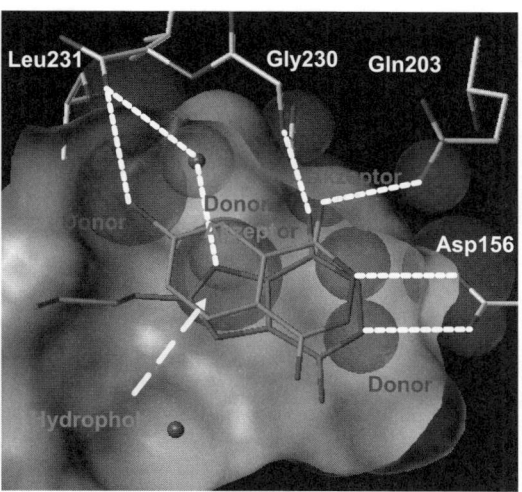

Abb. 2.9: a) Mit einem Sondenatom für einen Wasserstoffbrückenakzeptor wurde die Bindetasche des Enzyms tRNA-Guanin-Transglykosylase abgetastet. Die Regionen, die besonders günstig für eine solche wechselwirkende Gruppe sind, können auf der Computergrafik farblich hervorgehoben werden. Ganz analog kann auch mit anderen Wechselwirkungssonden die Bindetasche ausgeleuchtet werden. b) Fasst man die Schwerpunkte der so ermittelten Bereiche zusammen, ergibt sich ein räumliches Muster der Eigenschaften, die ein denkbarer Ligand unbedingt besitzen sollte. Dieses Muster nennt man Pharmakophor und es dient als Randbedingung, um Datenbanksuchen zu definieren.

Bindetasche ab. Anschließend zeigt man sich mithilfe der Computergrafik an, in welchen Regionen eine Platzierung dieses Atomtyps in einem Liganden besonders günstig ist (Abb. 2.9). Fasst man die Schwerpunkte dieser so ermittelten Bereiche zusammen, bekommt man ein räumliches Muster der Eigenschaften, die ein Ligand unbedingt aufweisen muss, um an das Protein zu binden. Ein solches Muster nennt man Pharmakophor. Weil dieser unter Verwendung der Eigenschaften des Proteins entwickelt wurde, spricht man von einem **proteinbasierten Pharmakophor**. Diesen abstrakten Pharmakophor gilt es nun, in konkrete Molekülgeometrien zu übertragen.

2.1.5.3 Vom Pharmakophormuster zum Liganden: *de novo*-Design und virtuelles Screening

Das Pharmakophormuster legt in abstrakter, generischer Weise die in einem Liganden erforderlichen Eigenschaften fest. Ansätze des *de novo*-Design versuchen, diese Eigenschaften in Moleküle zu übertragen. Dazu wird zunächst

eine brauchbare Ankergruppe in die Bindetasche platziert. Ausgehend von deren Bindungsmodus werden dann, unter Verwendung von Regeln über die Verknüpfung chemischer Bindungen, weitere Atome und Fragmente an die ursprüngliche Ankergruppe angehängt. In jedem Schritt wird die erzielte Platzierung auf die zu erwartende Bindungsaffinität überprüft. Auf diesem Weg wächst ein neues Molekül in die Bindetasche. An vielen Stellen des Aufbaus ergeben sich mehrere Möglichkeiten, entweder ein bestimmtes Fragment zu platzieren oder andere verwandte Bausteine zu verwenden. Ein Computeralgorithmus versucht die verschiedenen Varianten parallel zu verfolgen und kommt als Ergebnis eines kombinatorischen Ansatzes zu zahlreichen Lösungen. Wiederum ist es sehr wichtig, dass die einzelnen auf dem Computer entwickelten Leitstrukturen in ihrer angenommenen Bindungsgeometrie bewertet werden. Das letztendlich zählende Kriterium ist dabei die abgeschätzte Bindungsaffinität. Wichtig für diesen Ansatz ist weiterhin, dass die entwickelten Moleküle chemisch einfach darstellbar sind. Zunächst existieren sie nur als Vorschläge im Computer. Im nachfolgenden Schritt müssen sie natürlich im Syntheselabor dargestellt und experimentell auf ihre tatsächlichen Bindungseigenschaften validiert werden.

Ein alternativer Ansatz versucht pragmatischer vorzugehen. Kann man nicht zunächst in den Datenbeständen bereits synthetisierter Verbindungen nach möglichen Bindern für ein vorgegebenes Protein suchen? Dieses Vorgehen ähnelt damit dem des experimentellen Durchmusterns großer Substanzdatenbanken. Aus diesem Grunde wird es auch als Computerscreening oder **virtuelles Screening** bezeichnet. Für eine

solche Strategie ist es natürlich erforderlich, einen schnellen Computeralgorithmus zu haben, der Moleküle flexibel in eine Bindetasche einpassen kann. Zahlreiche Programme konnten inzwischen entwickelt werden, die diesen Vorgang des Dockings schnell und zuverlässig ausführen. Will man dieses Abprüfen von Strukturen mit einem **Dockingverfahren** im Rahmen des virtuellen Screenings durchführen, so muss zunächst für jeden Eintrag einer Datenbank, die die in einer Firma oder bei einem kommerziellen Anbieter

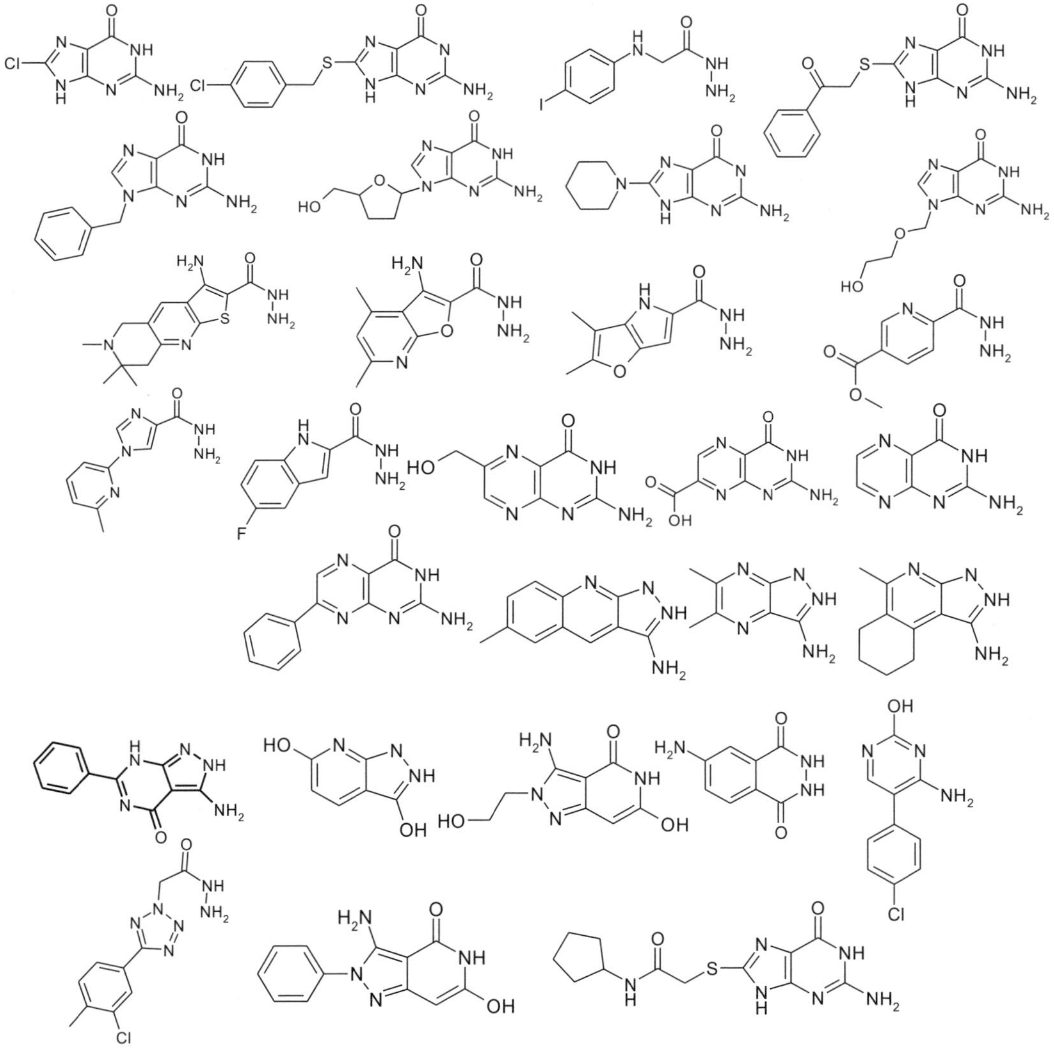

Abb. 2.10: Mit dem in Abb. 2.9b definierten Pharmakophormuster konnten die gezeigten Leitstrukturen mithilfe des Computers entdeckt werden. Viele der gezeigten Strukturen besitzen mikromolare Affinität gegen das Zielenzym und können als Leitstruktur für die weitere Arzneistoffentwicklung dienen.

verfügbaren Substanzen registriert, eine Raumstruktur erzeugt werden. Dann wird mit sehr groben Verfahren geprüft, ob die gespeicherten Moleküle prinzipiell das aus einer Proteinstruktur abgeleitete Pharmakophormuster widerspiegeln. Sukzessive wird in verschiedenen Filterschritten die Menge der potenziell interessanten Verbindungen eingekreist. Zuletzt werden die Moleküle in die Bindetasche mit einem Dockingprogramm eingepasst und die erzeugte Bindungsgeometrie wird in Hinblick auf die erwartete Bindungsaffinität bewertet. Dieser Schritt ist natürlich der entscheidende, leider aber auch der schwierigste. Es ist keinesfalls trivial aus einer vorgegebenen Bindungsgeometrie die Bindungsaffinität eines Liganden zu einem Protein abzuschätzen. Dies hängt damit zusammen, dass für eine Bindung nicht nur die von der Komplexgeometrie ablesbaren Wechselwirkungskontakte entscheidend sind, sondern ebenfalls Ordnungsphänomene eine Rolle spielen. Diese beziehen sich vor allem auf Änderungen in der Wasserstruktur bei der Bindung und auf Beweglichkeiten und Schwingungsmöglichkeiten der beiden Bindungspartner, die sich zwischen ungebundenem und gebundenem Zustand deutlich unterscheiden.

Das virtuelle Screening wird derzeit intensiv entwickelt. Es lassen sich damit erfolgreich neue Leitstrukturen einer großen chemischen Vielfalt entdecken. Für das in Abbildung 2.9 gezeigte Protein gelang es unter Verwendung des dargestellten Pharmakophors, die in Abbildung 2.10 aufgeführten Leitstrukturen zu entdecken. Viele dieser Liganden erwiesen sich bei der experimentellen Validierung als mikromolare Hemmstoffe.

2.1.5.4 Computerdesign von fokussierten Bibliotheken für die kombinatorische Chemie

Das virtuelle Screening lässt sich auch auf Substanzen ausdehnen, die noch nicht synthetisch vorliegen. Ein solcher Ansatz ist vor allem in Hinblick auf Substanzbibliotheken aus der kombinatorischen Chemie interessant. Kann man auf diesem Wege Konzepte des *de novo*-Designs mit denen des virtuellen Screenings vereinen? Die Bindetasche des Zielproteins definiert die Kriterien, die die einzelnen Kandidaten einer kom-

binatorischen Substanzbibliothek zu erfüllen haben. Unter Verwendung der für eine solche Bibliothek geeigneten Chemie kann eine riesige Menge von Mitgliedern einer solchen kombinatorischen Bibliothek im Computer erzeugt werden. Anschließend muss mithilfe der Strategien des virtuellen Screenings die ursprüngliche Datenbank auf deutlich weniger Einträge fokussiert werden. Der Computer dient also zum Vorselektieren der vermutlich besten Treffer. Dies bestimmt anschließend bei der tatsächlichen Synthese der Bibliothek die Auswahl der einzusetzenden Reagenzien. Damit wird die prinzipiell denkbare kombinatorische Vielfalt auf eine für das untersuchte Protein zugeschnittene Bibliothek eingegrenzt. Die nähere Zukunft wird erweisen, ob durch diesen integrierten Ansatz, für das Screening Erfolg versprechendere Substanzdatenbanken bereitstehen. Gleichzeitig kann ein solcher Ansatz die Erkenntnisse über die Eigenschaften von Naturstoffen und privilegierten Molekülgerüsten berücksichtigen.

2.1.5.5 Notwendig, aber nicht ausreichend: optimale und komplementäre Passform für die Bindetasche

Eine im experimentellen Screening oder im Computer entdeckte Leitstruktur muss im Weiteren auf ihre Bindungsstärke an das Zielprotein optimiert werden. Liegt die Struktur dieses Zielrezeptors vor, gelingt die Optimierung in aller Regel durch einen iterativen Designprozess (Abb. 2.11). Ausgangspunkt ist die Raumstruktur des Proteins mit der entdeckten Leitstruktur, am besten aus einer Röntgenstrukturbestimmung. Durch genaue Analyse des Bindungsmodus und den Wechselwirkungen zwischen Protein und Ligand wird versucht, die Komplementarität zu verbessern. Wasserstoffbrücken tragen besonders zur Affinität bei, wenn sie durch Ladungen auf dem Liganden oder Protein verstärkt werden. Es darf nicht vergessen werden, dass hier der Beitrag einer H-Brücke relativ zu seiner Stärke in einer wässrigen Umgebung zu sehen ist. Nur wenn sie sich in der Proteinumgebung als stärker als in Wasser erweist, trägt sie zur Bindungsaffinität bei. Für einige Beispiele wurden anhand von Struktur/Wirkungsbeziehungen belegt, dass der Übergang von einer neutralen Spe-

Abb. 2.11: Das interaktive Wirkstoffdesign beginnt mit der Strukturaufklärung des interessierenden Zielproteins (1). Nach Analyse der Bindetasche (2) wird ein Pharmakophormuster (3, 4) erstellt, das als Suchanfrage zum Durchmustern von Datenbanken dient. Durch Docking und Computerdesign (5) werden neue, verbesserte Synthesevorschläge für mögliche Liganden erarbeitet. Nach der chemischen Synthese (6) und biologischen Testung (7) erfolgt die Kristallisation der neuen Leitstruktur mit dem Protein. Dessen Strukturbestimmung dient nun zum Starten eines weiteren Designzyklus. Ziel ist es, durch Zusammentragen weiterer Informationen eine gezielte Optimierung der ursprünglichen Leitstruktur zu einem Wirkstoffkandidaten zu erreichen.

zies zu einem geladenen Molekül mit einem deutlichen Sprung in der Wirkstärke einhergeht. Eine normale Wasserstoffbrücke wurde durch einen ladungsunterstützten Kontakt ersetzt. Manchmal lässt sich dies recht einfach gezielt erreichen, z.B. durch ein geeignetes Substitutionsmuster an einem Heterozyklus kann dieser durch pK_a-Verschiebung von der Neutralform in die geladene Form übergehen. Weiterhin ist es ein wichtiges Konzept der Wirkstoffoptimierung, hydrophobe Taschen im Rezeptor optimal durch gleichartige aber strukturell komplementäre Gruppen des Liganden auszufüllen. Unbesetzte Hohlräume in Protein-Ligand-Komplexen erweisen sich als abträglich für eine hochaffine Bindung. Die günstigen Affinitätsbeträge durch Füllen hydrophober Bindungsbereiche erklärt sich aus Einflüssen, die die Änderung der Wasserstruktur betreffen. Es werden Wassermoleküle aus der Bindetasche freigesetzt. Sie erhalten

zusätzliche Bewegungsfreiheitsgrade und tragen zur Erhöhung der entropischen Bindungsbeiträge bei. In einem sehr einfachen Modell kann man diese entropischen Beiträge an der Zahl der Freiheitsgrade festmachen, die zur Unordnung eines Systems beitragen. Ähnliches gilt für die Überführung eines Liganden aus der Wasserumgebung in die Proteinbindetasche. Durch die Fixierung des Liganden im Protein verliert er interne Freiheitsgrade. Dies ist abträglich für die Entropiebilanz des Systems. Daher besitzt ein starrerer Ligand, vorausgesetzt er friert die korrekte Bindungsgeometrie im Protein ein, eine höhere Bindungsaffinität. Er kann bei der Bindung einfach nicht so viele konformative Freiheitsgrade verlieren wie ein flexibleres Molekül. Daher kann eine gezielte Rigidisierung einer Leitstruktur eine Strategie zu ihrer Optimierung darstellen. Es bleibt aber im Einzelfall zu prüfen, welches Konzept für welches System anzuwenden ist.

Bei der Optimierung der Passform eines Liganden auf das Protein wird parallel berücksichtigt, dass das erhaltene Molekül später einmal günstig in einem großtechnischen Verfahren hergestellt werden muss. So versucht man, stereogene Zentren auf ein Minimum zu reduzieren und komplizierte Ringsynthesen zu vermeiden. Die Erfahrung des Synthesechemikers, der für die technische Entwicklung verantwortlich ist, wird frühzeitig zu Rate gezogen. Allerdings bedeutet die Überführung der ursprünglichen Laborsynthese auf ein technisch durchführbares Syntheseverfahren eines Entwicklungskandidaten die völlig neue Konzeption der Herstellungsvorschrift. Meist verlangt diese Umstellung den Einsatz eines ganzen Entwicklungsteams über mehrere Jahre.

2.1.6 Aus dem Reagenzglas in den Organismus: Was eine Leitstruktur noch alles braucht, um zu einem Arzneimittel zu werden

Eine hoffnungsvolle Leitstruktur ist noch lange kein Wirkstoff, der den Weg zum Marktprodukt schafft. Dazu sind neben der Wirkung am eigentlichen Zielort noch die Eigenschaften zu optimieren, die den Weg zum Wirkort, aber auch die Prozesse zum Ausschleusen einer Verbindung aus dem Organismus betreffen. Neben Wirkstärke betrifft dies vor allem Spezifität und Wirkdauer, aber auch die Nebenwirkungen, die Aufnahme, den Transport, die Toxizität, den Metabolismus und die Ausscheidung einer Substanz. Viele hoffnungsvolle Leitstrukturentwicklungen scheiterten in einer viel zu späten und damit sehr teuren Phase, weil sich eine dieser Eigenschaften als nicht optimal erwies. Gerade in den letzten fünf Jahren der Pharmaforschung wurde diesen **pharmakodynamischen Eigenschaften** vermehrt Aufmerksamkeit geschenkt. Man versucht heute schon in einer frühen Phase der Wirkstoffentwicklung Leitstrukturkandidaten auf ihre ADMET-Tauglichkeit zu prüfen, Keine Synthese wird mehr ins Auge gefasst, ohne dass die Verbindungen anhand Lipinsikis „Rule-of-Five" vorgemustert werden. Empirischen

Überlegungen zufolge sollte die molare Masse 500 D nicht überschreiten, die Struktur nicht mehr als 5 H-Brückendonor- und 10 (= 2 × 5) Akzeptorgruppen aufweisen, die Lipophilie in ein Fenster fallen, das einem Verteilungkoeffizienten von logP < 5 entspricht.

2.1.6.1 Hier optimal, an anderer Stelle fatal: Optimierung der Selektivität

Bei körpereigenen Wirkstoffen leistet sich die Natur oft den Luxus, relativ einfache und an mehreren Stellen passende Liganden zu verwenden. Dennoch wird eine hohe Spezität der Wirkung erzielt und zwar durch eine sehr ausgeprägte Kompartimentierung. Die Neurotransmitter werden beispielsweise streng lokalisiert eingesetzt, wirken ganz in der Nähe ihrer Freisetzung und werden nach Erfüllen ihrer Funktion gleich wieder entfernt. So kennen wir auf Rezeptorebene eine Fülle unterschiedlicher Subtypen, die alle durch den gleichen Liganden angesteuert werden. Sie erfüllen alle verschiedenen Funktionen im lokalen pharmakologischen Geschehen. Das Umcodieren einer Aminosäuresequenz eines bestimmten Rezeptorsubtyps ist auf Genebene einfach zu realisieren. Dagegen wäre es für einen Organismus deutlich aufwendiger, den komplexen Biosyntheseweg eines nicht peptidischen Liganden durch kleine strukturelle Abwandlungen auf eine vergleichbare Vielfalt zu bringen.

Auf der Ebene der Enzyme entdecken wir immer mehr Vertreter der gleichen Proteinfamilie, die in ganz unterschiedlichen biologischen Prozessen – biochemisch gesehen – sehr ähnliche Schritte katalysieren. Durch die in aller Regel gegebene Kompartimentierung dieser Enzyme in ganz anderen Bereichen des Organismus besteht keinerlei Gefahr einer Fehlfunktion. Für die Arzneistofftherapie stellt sich nun das große Problem, dass eine gezielte Adressierung nur eines dieser Rezeptorsysteme bzw. Enzyme in einem bestimmten Kompartiment erwünscht ist. Die Substanz wird dem Organismus fast immer oral oder intravenös zugeführt. Über alle Barrieren der Kompartimentierung hinweg soll sie gezielt und spezifisch den Wirkort finden und beeinflussen. Dabei lässt sich so einfach kein Rezept definieren, wie spezifisch sie wirklich sein soll. Neuroleptika und viele Antidepressiva greifen an Neurorezeptoren im Gehirn an. Teilweise wirken sie, therapeutisch sogar gewünscht, an mehreren Subtypen mit unterschiedlicher Stärke. Sie erzielen dabei z. B. eine gewünschte neuroleptische und antidepressive Wirkung. Wegen dieses vielfältigen Angriffs auf mehreren unterschiedlichen Rezeptoren werden solche Arzneistoffe auch als *dirty drugs* bezeichnet. Ihre optimale Wirkung mag dabei gerade in diesem ausgewogenen Angriff auf mehrere Rezeptoren beruhen und optimal für eine Therapie sein. Diese Kriterien lassen sich aber leider erst sehr spät in der Entwicklung bei der klinischen Prüfung und Erfahrung beim breiten Einsatz am Patienten ermitteln.

Eine andere Erkenntnis der jüngsten Genom- und Proteomforschung verweist auf eine weitere Komplikation der strukturbezogenen Selektivität. Die Proteine gleicher Funktion der Spezies Mensch sind nicht zwingend in allen Individuen identisch aufgebaut. Es gibt einzelne Aminosäureaustausche (bedingt durch Varianten auf Genebene), die häufig keine veränderte Proteinfunktion zum Ergebnis haben. Diese Polymorphien können sich aber bei der Wechselwirkung mit Arzneimitteln bemerkbar machen, da diese Substanzen durchaus auch andere Bereiche der Bindetasche als die körpereigenen Liganden adressieren. Infolge reagieren Patienten unterschiedlich auf die Wirksubstanzen. In einzelnen Fällen wissen wir heute, dass mutierte Proteine Ursache für eine Krankheit bedeuten können. Solche Erbkrankheiten lassen sich nur heilen, wenn der entsprechende Defekt auf Genebene korrigiert wird.

Im Rahmen der Wirkstoffoptimierung konzentriert man sich in aller Regel zunächst auf eine Steigerung der Spezifität und Selektivität. Mit rationalen Konzepten kann diese Frage angegangen werden, wenn die Raumstrukturen der verschiedenen Subtypen, Isoenzyme oder Proteine einer Familie bekannt sind. Man geht dazu ganz ähnlich wie bei der Bestimmung der für eine Proteinbindung entscheidenden Wechselwirkungen in der Bindetasche vor. Mit verschiedenen Wechselwirkungssonden werden von allen Spezies der Proteinfamilie die Bindetaschen ausgeleuchtet. Es werden dann die Unterschiede in diesen so herauskristallisierten Eigenschaften aufgespürt. Sie können zusätzlich mit den Affinitätsdifferenzen bekannter Liganden gewichtet werden. So lassen sich, bezogen auf die Raumstrukturen,

Kriterien herausfiltern, wie Liganden eine erhöhte Selektivität gegen das eine oder andere Mitglied der Proteinfamilie erzielen. Anhand dieser Konzepte bringen die Synthesechemiker anschließend eine erhöhte Selektivität in seine Wirkstoffkandidaten ein.

2.1.6.2 Viele Hürden auf dem Weg zum Wirkort: Freisetzung, Löslichkeit, Verteilung, Transport, Verweildauer, Metabolismus und Toxizität

Was hilft die affinste Verbindung für ein bestimmtes Zielprotein, wenn sie aufgrund unbefriedigender Freisetzung aus der applizierten Arzneiform, mangelnder Löslichkeit, schlechter Verteilung, ungenügendem Transport oder viel zu kurzer Verweilzeit im Organismus diesen Wirkort nie erreicht? Nach oraler Gabe eines Arzneistoffs muss er zunächst freigesetzt werden. Hochentwickelte Darreichungsformen können gesteuert auf die Geschwindigkeit und räumlich lokalisierte Freisetzung (z. B. pH-Millieu) eines Wirkstoffs Einfluss nehmen. Anschließend ist der Arzneistoff für den Abbau durch Enzyme freigegeben. Ester- und Amidbindungen können durch Esterasen, Lipasen oder Proteasen gespalten werden. Diese Fähigkeit der ubiquitär im Organismus vorkommenden Enzyme kann man sich allerdings auch gezielt zunutze machen. Ist z. B. eine freie Säure wegen zu hoher Polarität nicht ausreichend membrangängig und bioverfügbar, mag dies für ihren Ester nicht gelten. Nach erfolgreichem Transport des Esters besteht die Chance, dass er an erforderlicher Stelle gespalten und der Wirkstoff aus der *pro-drug*-Form freigesetzt wird. Nach Eintritt in die Blutbahn aus dem Magen bzw. dem Darm werden zunächst alle Wirkstoffe mit dem Blut durch die Leber transportiert. Wegen ihres reichen Spektrums an spaltenden, oxidierenden, reduzierenden und konjugierenden Enzymen ist die Leber vornehmlich der Ort des Abbaus von Arzneimitteln. Viele xenobiotische Verbindungen überstehen die Leberpassage nicht. Sie werden in wasserlösliche Metaboliten überführt, die über die Niere ausgeschieden werden, teilweise auch als sog. Konjugate, die mit körpereigenen polaren Substanzen verknüpft werden. Oxidative Angriffe auf Wirkstoffe nehmen die Klasse der

Cytochrom-P450-Enzyme vor. Es handelt sich hier um eine Klasse untereinander verschiedener Isoenzyme, die ein etwas unterschiedliches Substratspektrum zu verarbeiten verstehen. Neben dem zur Ausscheidung führenden Metabolismus können diese Enzyme Wirkstoffe aber auch so verändern, dass Metabolite entstehen, die entweder erst die eigentliche Wirkform darstellen oder aber zu unterschiedlichen Nebenwirkungen führen. Diese können toxische, mutagene oder kanzerogene Wirkungen umfassen. Man kann sich natürlich fragen, warum unser Organismus nicht mit einem effizienteren, ja nahezu perfekten System ausgestattet wurde, das das Entstehen solcher toxischen Zwischenprodukte vermeidet. Dies war in der evolutionären Entwicklung bislang noch nicht erforderlich, zumal für den evolutiven Prozess nur der vergleichbare kurze Lebensabschnitt bis zur Fortpflanzungsfähigkeit entscheidend ist. Viele mutagene und kanzerogene Wirkungen erlebt der Mensch erst im erhöhten Alter, das wir inzwischen allerdings durch den erhöhten Gesundheitsstandard vermehrt erreichen dürfen. Dazu kommt, dass, wie inzwischen festgestellt werden konnte, nicht jeder Mensch über den qualitativ wie quantitativ gleichen Satz an metabolisierenden Enzymen verfügt. So ist schon aufgrund dieser Differenzen mit einer abweichenden Wirkung und Verträglichkeit von Arzneimitteln zu rechnen. Die Ermittlung des genomischen Fingerabdrucks jedes einzelnen Menschen birgt an dieser Stelle die Chance, einen Patienten aufgrund seines individuellen Metabolisierungsprofils optimal auf eine Arzneimitteltherapie einzustellen. Im Rahmen der Wirkstoffoptimierung setzt der erfahrene medizinische Chemiker häufig auf bekannte **Bioisosterieprinzipien**, um unerwünschte Metabolisierungspfade oder den Abbau zu unerwünschten Metaboliten zu vermeiden. Die Kenntnis des Bindungsmodus eines Wirkstoffs an sein Zielprotein zeigt weiterhin auf, an welchen Stellen ein Ligand mit Seitenketten dekoriert werden kann, ohne dass dabei die Rezeptorbindung signifikant verändert wird. Dies können Bereiche sein, in denen sich Teile des Liganden zum ungebundenen Lösungsmittel hin orientieren. An solchen Stellen können Gruppen angebracht werden, die die Lipophilie oder Löslichkeit erhöhen oder die einen metabolischen Angriff unterbinden.

Vor die größten Probleme einer rationalen Wirkstoffoptimierung setzt uns heute sicherlich noch immer das Abschätzen der **Toxizität** von Verbindungen. Toxizität kann an unterschiedlichsten Stellen des Organismus durch Nebenwirkungen entstehen, wobei dies nicht auf die Wirksubstanz selbst beschränkt bleiben muss. Ebenfalls deren Abbauprodukte können dafür verantwortlich sein. Abschätzen der Humantoxizität aus Daten, die an anderen Spezies gewonnen wurden, ist nicht unproblematisch. Heute ist es Routine, die akute Toxizität an mehreren Tierarten zu bestimmen. Die chronische Toxizität wird an mindestens zwei Tierarten vor Beginn der klinischen Phase I durchgeführt. Es wird versucht, Tierarten zu wählen, die bei einer bestimmten therapeutischen Anwendung in ihrer Pharmakokinetik und ihrem Metabolismus dem Menschen am nächsten stehen. Hamster und Meerschweinchen, zwei miteinander relativ nahe verwandte Spezies, weisen bezüglich des für den Menschen gefährlichen Tetrachlordibenzodioxins einen Toxizitätsunterschied von etwa drei Zehnerpotenzen auf. Dies mag die Schwierigkeit einer solchen Abschätzung unterstreichen.

Das sicherlich beste und vor allem durch langjährige Erfahrung geprägte Konzept einer Wirkstoffoptimierung berücksichtigt, neben fein abgestimmter Pharmakodynamik und Pharmakokinetik, auch den Einbau chemisch begründeter Sollbruchstellen und Konjugationsstellen, die einen einfachen Metabolismus ohne nur schwer planbare oxidative Angriffe zulassen. Je besser diese Voraussetzungen in einen Wirkstoff eingebracht werden, umso geringer ist das Risiko einzuschätzen, dass chronische Toxizität entwickelt wird.

Abschließend muss aber bemerkt werden, dass auch die umfangreichsten Untersuchungen in der präklinischen Phase nicht das Risiko eliminieren können, das erst bei einer breiten therapeutischen Anwendung erkannt werden kann. Gravierende Nebenwirkungen können am Menschen in sehr seltenen Fällen auftreten. Eine Nebenwirkungsquote von 1:10.000 bleibt in dieser Phase der klinischen Prüfung in aller Regel unentdeckt. Auch der chronische Arzneimittelmissbrauch durch lebenslange Einnahme großer Dosen einer Substanz kann zu toxischen Nebenwirkungen führen. So musste das Jahrzehnte in der Therapie verwendete Schmerzmittel Phenacetin nach vielen Jahren des teilweise unreflektierten

Einsatzes wegen Nierenschädigungen vom Markt genommen werden.

Das „Nadelöhr" von der Forschung zur Entwicklung, der Weg vom entdeckten Zielprotein zum Entwicklungskandidaten, ist langwierig und beschwerlich. Die letzten Jahre der Wirkstoffforschung haben stark dazu beigetragen, dass wir inzwischen besser verstehen, warum dieser Weg so komplex ist. In diesem besseren Verstehen liegt aber auch die Chance, dass in Zukunft dieser Weg zunehmend durch rationale Konzepte zu beschleunigen ist.

2.2 Entwicklung – Was gehört dazu?

Hat die Wirkstoffsuche zur Auswahl eines erfolgversprechenden Wirkstoffkandidaten geführt, wird bereits in frühen Phasen der Entwicklung mit einem umfangreichen pharmakologischen und toxikologischen Testprogramm begonnen, dem pharmakokinetische (Konzentrationsveränderungen von Pharmaka in Abhängigkeit von der Zeit), pharmakodynamische (Lehre von den Pharmawirkungen am Wirkort) und toxikologische (Lehre von den schädlichen Eigenschaften chemischer Substanzen) Erkenntnisse als Basis für die klinischen Untersuchungen zugrunde liegen. Dieser Prozess ist ein **interdisziplinärer Ansatz**, der verbunden mit den enormen organisatorischen und finanziellen Anstrengungen heute fast nur noch von großen Pharmafirmen erbracht werden kann. Zum Entwicklungsteam gehören u. a. Wissenschaftler aus den Gebieten der analytischen und präparativen Chemie, der Molekularbiologie und Biochemie, der Pharmazie, der Pharmakologie und Toxikologie, der medizinischen Biometrie und der klinischen Pharmakologie.

Die Aufgaben der Pharmakologie und Toxikologie fallen im Sinne eines wissenschaftlichen Querschnittfachs zu unterschiedlichen Zeiten des Entwicklungsplans an (Abb. 2.12).

Nach der Definition einer viel versprechenden neuen chemischen Entität (engl. *New Drug Entity*, NDE) werden zunächst die **Hauptwirkungen** dieser neuen Substanz beschrieben. Falls vorhanden, orientiert man sich hier u. a. an den bereits für die vorgesehene Indikation zur Verfügung stehenden Medikamenten. Im Anschluss an die *in vitro*-Testverfahren, die in Zusammenarbeit mit dem Pharmakologen ausgewählt werden, folgen die ersten *in vivo*-Untersuchungen im Tierversuch. Besonders für die Erstbeurteilung vorbildfreier neuer Wirkstoffe ist die Auswahl geeigneter Tiermodelle eine Herausforderung. Die Bedeutung des Tierversuchs, insbesondere unter Berücksichtigung intelligenter transgener Tiermodelle, wird trotz oder vielleicht gerade wegen der rasanten Erkenntnisse der molekularbiologischen Forschung wieder stärker wahrgenommen.

Nach Absicherung dieser ersten pharmakologischen Daten kann in enger Absprache mit dem Chemiker die Verfeinerung der Strukturplanung erfolgen, um die Eigenschaften des Wirkstoffs zu verbessern und unter Umständen frühzeitig die Patentierbarkeit abzusichern. Es erfolgt eine **vertiefte pharmakologische Untersuchung** der neuen Substanz, die die genaue Beschreibung des Wirkmechanismus sowie der Haupt- und Nebenwirkungen zum Ziel hat. Parallel werden in Zusammenarbeit mit dem Toxikologen die vorklinischen toxikologischen Untersuchungen geplant. Ebenfalls parallel und sehr früh im Entwicklungsplan erfolgt in Abstimmung mit dem Pharmazeuten die experimentelle Beurteilung der geplanten galenischen Zubereitung des Wirkstoffs (sowie seiner Nebenstoffe) hinsichtlich Verträglichkeit und Bioverfügbarkeit. Hierbei ist es von großer Bedeutung, dass die **Galenik** (Lehre von der Zubereitung und Herstellung von Arzneimitteln) und die Art der Applikation dem späteren therapeutischen Einsatz möglichst nahe kommen, damit der Einfluss der dadurch bedingten Störfaktoren möglichst früh eingeschätzt werden kann.

Im Rahmen der klinischen Arzneimittelprüfung besteht ein Beitrag der Pharmakologie u. a. darin, dem klinischen Pharmakologen und dem Statistiker vor Beginn der klinischen Studien Informationen über das Wirkprofil bezüglich Haupt- und Nebenwirkungen sowie über die zu erwartenden unerwünschten Wirkungen zu liefern. Der Pharmakologe wird von Anfang

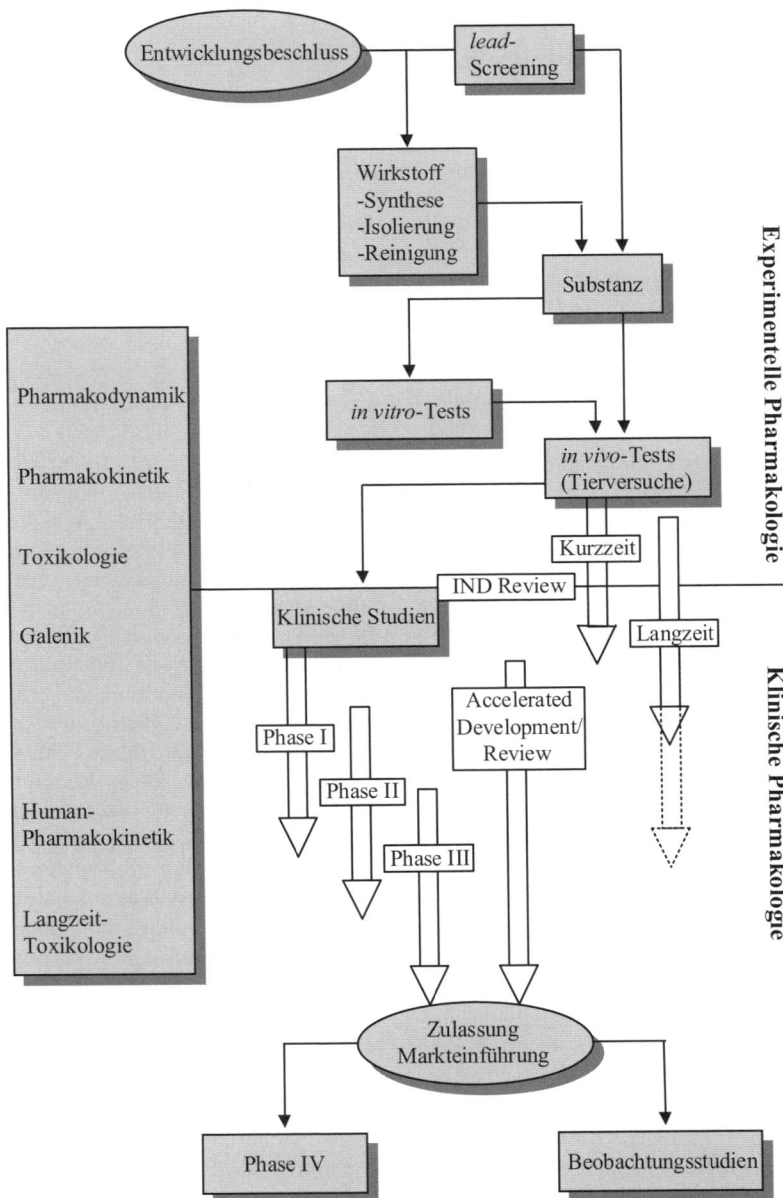

Abb 2.12: Übersicht: Stationen der Entwicklung eines Therapeutikums – Die Bedeutung von Pharmakologie, Toxikologie und klinischer Prüfung.

an in die Beurteilung der Ergebnisse der klinischen Studien eingebunden, um z. B. bei der Beobachtung überraschender Haupt- bzw. Nebenwirkungen an der Aufklärung der zugrundeliegenden Mechanismen mitzuarbeiten. Solche Rückkopplungsmechanismen können einerseits zu einer sicheren Durchführung der klinischen Studien beitragen, andererseits bei der Aufklärung neuer unbekannter Wirkmechanismen, die evtl. zur **Definition neuer Zielstrukturen** und Indikationsgebiete genutzt werden können, helfen.

2.2.1 Vorklinische Arzneimittel-prüfung – Experimentelle Pharmakologie

2.2.1.1 Die therapeutische Zielsetzung

Ausgangspunkt für die Planung der pharmakologischen und toxikologischen Untersuchungen ist die Definition der therapeutischen Zielsetzung. Dabei sind neben der molekularen Beschreibung der Zielstruktur auch Überlegungen zu Marktgröße und Entwicklungschancen sowie die Patentstrategie, die Analyse der bereits für diese Indikation zugelassenen Wirkstoffe und eventuelle therapeutische Lücken eines Indikationsgebiets von grundlegender Bedeutung. So muss beim Vergleich mit bereits zugelassenen Wirkstoffen geklärt werden, ob die Erkenntnisse zum Wirkmechanismus, der Wirkstärke und Spezifität der neuen Substanz eine echte Chance auf eine Verbesserung der bisherigen therapeutischen Situation bieten. Unabhängig davon, ob es sich hierbei um neue kausale Therapieansätze oder die Optimierung einer symptomatischen Therapie handelt, muss in jedem Fall der neue Wirkstoff für den Patienten und/oder den behandelnden Arzt nachhaltige Vorteile bieten.

Die rasante Geschwindigkeit, mit der sich heute unser Wissen über die molekularen Grundlagen bisher nicht verstandener Krankheitsprozesse erweitert, ist bei der langen Entwicklungszeit eines neuen Medikaments ein schwer einzuschätzender Risikofaktor. So werden während des Entwicklungsprozesses beinahe mit Sicherheit neue Erkenntnisse über die Pathophysiologie der für die geplante Indikation infrage kommenden Krankheit gewonnen werden. Die Bedeutung des Wirkmechanismus der neuen Substanz kann dadurch weiter steigen, aber auch generell infrage gestellt werden, was häufig zum Abbruch der Entwicklung führt. Auf der anderen Seite ist die zunehmende Hinwendung der akademischen und klinischen Medizin zu den Prinzipien der sog. *evidence based medicine* (EBM) eine für die Arzneimittelentwicklung sehr zu begrüßende Tendenz. Der Nachweis der Effizienz einer neuen Substanz in klinischen Studien im Sinne der EBM erhält dadurch einen so großen Stellenwert, dass ein Wettbewerbsvorteil auch gegenüber neuen Zielstrukturen mit theoretisch überlegenen Eigenschaften so lange bestehen bleibt, bis diese im Sinne der EBM erwiesen sind.

2.2.1.2 Der formale Ablauf einer Arzneimittelentwicklung

Die Hauptwirkungen von neuen Substanzen können heute in aller Regel durch geeignete *in vitro*-Testverfahren frühzeitig und schnell beurteilt werden. Mittels z. B. der kombinatorischen Chemie unter Zuhilfenahme des *molecular modelling* (falls gute Strukturdaten der Zielstruktur verfügbar sind) gelingt es ebenfalls, in kurzer Zeit neue Substanzen herzustellen, die verbesserte Eigenschaften bzgl. der Wirkstärke, der Spezifität und meist auch der Patentierbarkeit aufweisen. Allerdings soll an dieser Stelle vor einem häufig zu beobachtenden unkritischen Optimismus bzgl. der Beurteilung der Spezifität gewarnt werden. Beispielsweise werden bei der Entwicklung eines neuen Tyrosin-Kinase-Inhibitors zur Ermittlung der Spezifität der Hemmung eine Vielzahl bekannter und verfügbarer Kinasen (ca. 10–100) als Kontrollen verwendet. Bei der geschätzten Zahl von ca. 2.000 verschiedenen Kinasen, die von einer Zelle hergestellt werden können, wird jedoch sofort die eingeschränkte Aussagekraft bzgl. der Spezifität offensichtlich. Hieraus ergibt sich die unvermindert große **Bedeutung des Tierversuchs** sowie der klinischen Studien zur Beurteilung des gesamten Wirkprofils einer neuen Substanz bzgl. der erwünschten und unerwünschten Wirkungen, der Toxizität und der pharmakokinetischen Daten. Andererseits rechtfertigt sich diese vertiefte und aufwendige pharmakologische Untersuchung nur, wenn die neue Substanz bzgl. Wirkmechanismus, Wirkstärke, Spezifität, Pharmakokinetik und therapeutischer Breite alle Anforderungen des im Rahmen der therapeutischen Zielsetzung definierten Wirkprofils zufriedenstellend erfüllen kann. Parallel zur vertieften pharmakologischen Untersuchung erfolgt dann in mindestens zwei Tierspezies die vorklinische toxikologische Prüfung.

Die pharmakologische Untersuchung ist auch mit der erfolgreichen Erstanwendung am Menschen meistens noch nicht abgeschlossen. Indikationsausweitungen, Markt- und patentorientierte Überlegungen, unerwartete erwünschte und unerwünschte Wirkungen sowie Arzneimittelwechselwirkungen sind häufig der Anlass für erneute experimentelle pharmakologische Untersuchungen.

2.2.1.3 Die Auswahl geeigneter pharmakologischer Modelle

Unabhängig von der Quelle der zu testenden Substanzen (Zufallsbefund, gezielte Veränderung bekannter Strukturen, zielstrukturbasierte Synthesen etc.) muss in der sog. **pharmakologischen Erstbeurteilung** (*drug screen*) mit möglichst geringem materiellem und v. a. zeitlichem Aufwand die Aktivität und Spezifität vergleichend untersucht werden. Aus diesen Untersuchungen soll ein breites pharmakologisches Wirkprofil erstellt werden, aus dem sich dann gute Vorhersagen über die vermutlichen Haupt- und Nebenwirkungen machen lassen. Hierzu dienen geeignete biologische Tests auf der molekularen, zellulären, Organ- und Tierversuchsebene (s. Tab. 2.1). Obwohl der Aufwand entlang dieser

Aufzählung stark zunimmt, benötigt man trotz aller Fortschritte der *in vitro*-Testverfahren weiterhin alle Ebenen zur Erstbeurteilung. Die Bedeutung des Tierversuchs wird auch dadurch unterstrichen, dass v. a. für die Erkrankungen, für die aussagekräftige Tiermodelle zur Verfügung stehen (z. B. Hypertonie und thromboembolische Erkrankungen), wirksame Medikamente entwickelt wurden. Dabei ist es relativ unerheblich, ob die molekularen Grundlagen der Pathogenese der Erkrankungen aufgeklärt sind. Der Umkehrschluss gilt meist auch, wenn solche Tiermodelle fehlen (z. B. Morbus Alzheimer).

Die Art und Anzahl der initialen Testverfahren hängt zunächst entscheidend von der definierten therapeutischen Zielsetzung ab. So wird ein neues Antibiotikum zuerst auf seine Wirksamkeit gegen verschiedene Mikroorganismen hin untersucht werden, während bei einem neuen Antidiabetikum zunächst die Potenz der Blutzuckersenkung im Vordergrund steht. Schon bei dieser Erstbeurteilung können sich Nebenbefunde ergeben, die zu einer völlig anderen the-

Tabelle 2.1: *In vitro-* und *in vivo*-Modelle für pharmakologische und toxikologische Untersuchungen.

Modell	Vorteile	Nachteile
Mikroorganismen	Einfache Testdurchführung Rasches Ergebnis Hohe n-Zahl	Nur zum Test auf bestimmte Parameter (z. B. Mutagenität) geeignet
Kultivierte Säugerzellen	Relativ einfache und rasche Durchführung Viele pharmakodynamische Parameter vergleichbar mit Mensch	Meist Verwendung stabiler Zelllinien erforderlich Nicht alle pharmakologischen Parameter können untersucht werden
Isolierte Organe	Untersuchung der intrinsischen Aktivität ohne Beeinflussung durch die Pharmakokinetik Einsparung von Tierversuchen Vergleichsweise geringer technischer Aufwand Vergleichsweise geringer Substanzbedarf	Höherer Aufwand als Zellkultur Optimierung der chemischen Struktur allein auf der Grundlage isolierter Organe nicht möglich
Tiere – Maus/Ratte – Hund/Katze etc.	Übertragbarkeit der Ergebnisse auf den Menschen in gewissem Rahmen gewährleistet Gute Beurteilung von Effekten auf endokrine Organe und auf das ZNS sowie (Ratte) auf Gastrointestinaltrakt und renales System Notwendigkeit u. a. zur Beurteilung bestimmter Kreislaufeffekte	Teilweise nicht vernachlässigbare Speziesdifferenzen (Tier/Tier bzw. Tier/Mensch) Relativ hoher Aufwand, langer Testverlauf Bestimmte geschlechts- und stammspezifische Unterschiede (Ratte) Bestimmte Stoffwechselreaktionen zur Entgiftung können fehlen

rapeutischen Entwicklung der Substanz führen. So wurde z. B. der Wirkstoff Praziquantel zunächst von der Firma Merck als potenzielles Psychopharmakon untersucht und nicht weiter entwickelt. Die Beobachtung, dass Praziquantel eine gute Hemmwirkung auf den Erreger der menschlichen Wurmerkrankung Bilharziose (weltweit leiden v. a. in den Entwicklungsländern ca. 200 Mill. Menschen an Bilharziose) hat, wurde von der Firma Bayer weiter verfolgt und führte zur Zulassung von Praziquantel für diese Indikation.

Die **Auswahl der Testverfahren** soll beispielhaft anhand einer fiktiven neuen Substanz, die als Antagonist an vaskulären α1-Adrenozeptoren zur Therapie der arteriellen Hypertonie entwickelt werden soll, dargestellt werden. So würde auf der molekularen Ebene zunächst die Bindungsaffinität der Testsubstanz an heterolog-überexprimierten α1-Adrenozeptor-Subtypen auf Zelloberflächen (z. B. von CHO-Säuger-Zellen) bestimmt werden. Nach der Ermittlung der Spezifität und Affinität der Rezeptorbindung würde man mittels funktioneller Tests (z. B. Aktivierung von α1-Adrenozeptor-spezifischen Signaltransduktionskaskaden) auf der zellulären Ebene untersuchen, ob die Substanz als voller Agonist, partieller Agonist oder Antagonist an α1-Adrenozeptoren wirkt. Parallel dazu würde man an Leberzellpräparationen untersuchen, ob die neue Substanz ein Substrat von cytosolischen Cytochrom-P450-Isoenzymen ist und eventuell zu deren Hemmung bzw. Induktion führt. Weitere *in vitro*-Gewebeuntersuchungen, z. B. an isolierten glatten Muskelpräparaten aus den Gefäßen, des Gastrointestinaltrakts oder des Bronchialsystems würden sich anschließen, um die Effektivität im Vergleich zu Referenzsubstanzen zu untersuchen. Bei jedem *in vitro*-Verfahren würde anhand vorher festgelegter Leistungskriterien überprüft, ob weitere Untersuchungen folgen sollen oder die Entwicklung der Substanz eingestellt wird. Tierversuche würden folgen, um die blutdrucksenkende Wirkung und die Verträglichkeit in geeigneten *in vivo*-Krankheitsmodellen zu demonstrieren (z. B. in spontan-hypertensiven Ratten). Man würde z. B. die Effizienz nach oraler und parenteraler Gabe prüfen und die Dauer und Stärke des blutdrucksenkenden Effekts im Vergleich zu Referenzsubstanzen bestimmen. Bei viel versprechenden Ergebnissen würden sich weitere Untersuchungen zur Analyse der zu erwartenden unerwünschten Wirkungen an wichtigen Organsystemen wie z. B. ZNS, Gastrointestinaltrakt, Lunge und endokrine Organe, anschließen. Diese Untersuchungen könnten dazu führen, dass gezielte chemische Modifikationen an der Substanz durchgeführt werden müssen, um Substanzen mit optimierten pharmakodynamischen und pharmakokinetischen Eigenschaften zu erhalten. Wenn sich z. B. eine schlechte orale Resorption oder eine zu kurze Halbwertszeit durch rasche hepatische Metabolisierung zeigen, müsste durch gezielte chemische Veränderungen die Bioverfügbarkeit verbessert werden. Für Medikamente, die in der geplanten therapeutischen Situation am Menschen (z. B. in der Therapie der arteriellen Hypertonie) dauerhaft eingenommen werden, müssten Untersuchungen zur Toleranzentwicklung und Langzeitverträglichkeit durchgeführt werden. Das Ergebnis dieses Vorgehens, das u. U. mehrere Male mit modifizierten Substanzen durchlaufen werden muss, wäre die Definition einer sog. **Leitsubstanz** (*lead compound*) für die weitere klinische und toxikologische Prüfung. Diese Leitsubstanz muss zu diesem Zeitpunkt gegenüber Referenzsubstanzen verbesserte Eigenschaften in der vertieften pharmakologischen Untersuchung demonstriert haben und auch bzgl. der zu erwartenden unerwünschten Wirkungen die Anforderungen der Sicherheitspharmakologie erfüllt haben.

Zusammenfassend ist es also die **Hauptaufgabe der Pharmakologie**, die im Folgenden näher beschriebenen pharmakodynamischen und phar-

Tabelle 2.2: Vorklinische Arzneimittelprüfung – pharmakologische Parameter.

Pharmakodynamik	Pharmakokinetik
Rezeptoraffinität	Resorption
Rezeptorspezifität	Verteilungsräume
Wirkungsstärke	Verteilungsvolumen
Intrinsische Aktivität	Plasmahalbwertszeit
Wirkungsmechanismus	Plasmaeiweißbindung
Wirkungsspezifität	Speicherung
Therapeutische Breite	Biotransformation/
Therapeutischer Index	Metabolisierung
Wechselwirkungen	Bioverfügbarkeit
	First pass-Effekt
	Clearance
	Eliminationskinetik

makokinetischen Schlüsselparameter (s. Tab. 2.2) verbindlich zu definieren, um die weitere Fortsetzung der toxikologischen und klinischen Prüfung zu rechtfertigen.

2.2.1.4 Wirkmechanismus und Wirkspezifität

Das heute allgemein akzeptierte Arbeitsmodell ist, dass die therapeutischen und toxischen Wirkungen eines Arzneimittels auf seinen Wechselwirkungen mit speziellen Molekülen im Organismus beruhen. Hierbei unterscheidet man generell die **rezeptorvermittelten von den nichtrezeptorvermittelten Arzneimittelwirkungen**, wobei Erstere überwiegen. Unter einem Rezeptor, einem Begriff, der vor mehr als 100 Jahren vor allem von Paul Ehrlich und John Langley geprägt wurde, wird dabei ganz allgemein eine Komponente einer Zelle oder eines Organismus verstanden, die mit einer Substanz durch Bindung interagiert und dadurch eine charakteristische Reihenfolge biochemischer Ereignisse auslöst, die für die Effekte des Arzneimittels typisch sind. Streng genommen wird der Begriff Rezeptor eingeschränkt auf zellmembranständige und lösliche Strukturen, die den Informationsaustausch zwischen Zellen vermitteln, verwendet. Unter Arzneimittelrezeptoren werden im weitesten pharmakologischen Sinne Enzyme, Hormon-, Neurotransmitter- und Cytokinrezeptoren, Ionenkanäle, Transporter, Strukturproteine, Lipide und Nucleinsäuren zusammengefasst.

Lange Zeit wurde die **Existenz der Rezeptoren** nur aufgrund der Analyse von pharmakologischen Wirkungen postuliert, ohne dass sie direkt nachgewiesen werden konnten. Man sprach deshalb auch nicht von dem Wirkmechanismus, sondern nur von der Wirkweise eines Arzneimittels. Heute hingegen lassen sich Rezeptoren auf der Gen- und Proteinebene biochemisch und molekularbiologisch charakterisieren und es sollte eigentlich für jedes neue Arzneimittel gefordert werden, dass der Wirkmechanismus eines Medikaments auf der Rezeptorebene aufgeklärt ist, bevor eine weitere Arzneimittelentwicklung beginnen kann. Aus dem modernen Rezeptorkonzept können im Wesentlichen drei wichtige Voraussagen abgeleitet werden:

1. Rezeptoren bestimmen die quantitativen Beziehungen zwischen der Dosis (bzw. der Konzentration) eines Medikaments und seinem pharmakologischen Effekt. Die Assoziations- und Dissoziationskonstanten der Rezeptor-Liganden-Bindung bestimmen die Konzentration des Liganden, die benötigt wird, damit sich die notwendige Anzahl von Rezeptor-Liganden-Komplexen ausbilden, um einen Effekt auszulösen.

2. Rezeptoren sind verantwortlich für die Selektivität der Arzneimittelwirkung. Vor allem die Größe, dreidimensionale Struktur und elektrische Ladung eines Wirkstoffs definieren, ob und mit welcher Avidität er im Kontext der großen Vielfalt verschiedener Bindungsstellen innerhalb einer Zelle, eines Organismus oder eines Patienten an einen bestimmten Rezeptor bindet. Daraus folgt, dass Veränderungen in der chemischen Struktur einer Substanz die Bindungsaffinität eines neuen Wirkstoffs für verschiedene Rezeptorklassen dramatisch verändern kann, mit dem Resultat eines veränderten pharmakologischen und toxikologischen Wirkprofils.

3. Rezeptoren vermitteln auch die Wirkung pharmakologischer Antagonisten. Viele Medikamente und endogene Substanzen (z. B. Neurotransmitter und Hormone) wirken am Rezeptor als Agonisten, d. h. sie lösen eine spezifische intrinsische Aktivität aus. Reine pharmakologische Antagonisten hingegen binden an Rezeptoren, ohne diese intrinsische Aktivität hervorzurufen. Der Effekt eines Antagonisten beruht daher ausschließlich auf seiner Fähigkeit, die Bindung endogener oder exogener Agonisten zu verhindern und damit die Aktivierung des spezifischen Rezeptoreffekts zu blockieren. Eine Vielzahl der am häufigsten eingesetzten Medikamente wirken als **pharmakologische Antagonisten**. Sonderfälle sind in diesem Zusammenhang partielle sowie inverse Agonisten. Theoretische Überlegungen der Rezeptor-Pharmakologie gehen davon aus, dass es mindestens zwei Konformationen eines Rezeptors (aktive und inaktive Konformation) geben muss, um die Wirkung eines partiellen bzw. inversen Agonisten zu erklären.

Von **rezeptorunabhängigen Arzneimittelwirkungen** spricht man in der Pharmakologie, wenn Medikamente mit anderen Molekülen oder Einheiten im Organismus in Wechselwirkung treten. Dazu gehört z. B. die große Gruppe der Antibiotika, die zur Behandlung von Infektionskrankheiten verwendet werden. Im Prinzip wirken diese Stoffe zwar auch auf makromolekulare Bestandteile, allerdings nicht im Wirtsorganismus, sondern auf bakterielle und andere mikrobielle Systeme. Andere Arzneimittel wirken auf relativ kleine Moleküle im Körper über einfache chemische Reaktionen (z. B. Antazida oder Chelatbildner). Ein weiteres Beispiel sind Wirkstoffe, die sich aufgrund ihrer Lipidlöslichkeit in den Lipidschichten von Zellmembranen anreichern und zu einer unspezifischen Membranstabilisierung führen (z. B. Inhalationsnarkotika).

Die klassische Unterscheidung der Arzneimittelwirkungen in rezeptorvermittelt und nicht-rezeptorvermittelt lässt sich bei neueren Medikamenten häufig nicht mehr ohne weiteres anwenden. So lassen sich etwa Virustatika, Ribozyme oder humanisierte Antikörper nur schwer einer der beiden Kategorien zuordnen, da diese Substanzen nach Aufnahme in den Organismus zwar an spezifische Makromoleküle binden, aber dadurch im Gegensatz zum klassischen Modell der rezeptorvermittelten Arzneimittelwirkung keine direkte Wirkung ausgelöst wird.

Generell gilt in den meisten Fällen, dass sich spezifische Wirkstoffe wesentlich leichter entwickeln lassen, wenn rezeptorvermittelte Prozesse der Wirkung zugrunde liegen. Eine **Erhöhung der Strukturselektivität** von Substanzen an Rezeptoren lässt sich neben der gezielten chemischen Modifikation auch durch Trennung von stereoisomeren Verbindungen, insbesondere von optischen Isomeren (Enantiomeren) erzielen. So wird z. B. Methadon ausschließlich in der Form des (–)-Isomeren Levomethadon eingesetzt, das ca. 58fach wirksamer als das (+)-Isomere ist. Eine weitere Möglichkeit, die Selektivität von Arzneimitteln zu erhöhen, ist die Art der Applikation. Dieser Weg wird schon seit langem z. B. in der Asthmatherapie angewandt, bei der β_2-Sympathomimetika wie z. B. Salbutamol, aber auch Glucocorticoide wie Budesonid primär als Dosieraerosole zur Inhalation eingesetzt werden. Diese lokale Applikation erlaubt hohe Wirkstoffspiegel an der Zielzelle bei vergleichsweise niedriger systemischer Konzentration mit entsprechend gering ausgeprägten unerwünschten Wirkungen.

2.2.1.5 Wirkstärke und therapeutische Breite

Der Bestimmung der Wirkstärke einer neuen Substanz im Vergleich zu bekannten Wirkstoffen kommt besondere Bedeutung zu. Letztlich müssen auf der Grundlage dieser Daten (zusammen mit den pharmakokinetischen Kenngrößen) begründete Dosisvorschläge für die Erstanwendung am Menschen formuliert werden. Der deutsche Ausdruck Wirkstärke umfasst zwei verschiedene englische Begriffe: die dosisbezogene Wirkstärke (*potency*) und die effektbezogene Wirkstärke (*efficacy*). Ein Maß für die dosisbezogene Wirkstärke eines Arzneimittels ist die Dosis, bei der ein halbmaximaler Effekt erzielt wird. Diese Dosis wird effektive Dosis 50 % (ED50) oder bei der Verwendung von Konzentrationen unter *in vitro*-Bedingungen effektive Konzentration 50 % (EC50) genannt. Diese Werte sind gut geeignet, um verschiedene Arzneimittel, die mit dem gleichen Rezeptor interagieren, bzgl. ihrer wirksamen Konzentrationen bzw. Dosierungen zu vergleichen. Dabei muss jedoch berücksichtigt werden, dass eine größere konzentrationsbezogene Wirkstärke noch kein Beweis für eine therapeutische Überlegenheit darstellt. So macht es bei gleichem Maximaleffekt und einer unveränderten therapeutischen Breite keinen Unterschied, ob man von einem Arzneimittel 100 mg oder 1 mg einnehmen muss. Beispielsweise wirken bei gleichem Wirkmechanismus 40 mg des Schleifendiuretikums Furosemid genauso stark wie 1mg Bumetanid. Falsch ist die daraus oft abgeleitete Behauptung, dass Furosemid 40fach stärker wirksam sei als Bumetanid, denn der einzige Unterschied besteht darin, dass Bumetanid in 40fach geringerer Dosis gleich wirksam ist. Eine geringere Dosis ist jedoch allein kein therapeutischer Vorteil, solange nicht weitere Eigenschaften, wie z. B. ein günstigeres Nebenwirkungsspektrum, eine größere therapeutische Breite oder eine vorteilhafte Pharmakokinetik, hinzukommen.

Der **Begriff des Maximaleffekts** (effektbezogene Wirkstärke) entspricht dem Ausdruck *intrinsic activity* oder der häufiger gebrauchten englischen Bezeichnung *efficacy*. Ein Arzneimittel hat seinen Maximaleffekt erreicht, wenn seine Wirkung durch weitere Dosiserhöhungen nicht mehr gesteigert werden kann (Plateau der Dosis-Wirkungs-Kurve). Die maximal wirksame Konzentration eines Arzneimittels liegt unter *in vi-*

tro-Bedingungen etwa 100fach höher als die halbmaximal wirksame Konzentration, wenn sich eine reine bimolekulare Reaktion zwischen Arzneimittel und Rezeptor ohne zusätzliche Einflüsse auf die Wechselwirkung der Rezeptoren untereinander (Kooperativität) abspielt. Unter den praktischen Bedingungen der Arzneitherapie werden jedoch so starke Dosissteigerungen selten möglich sein, sodass der theoretisch mögliche Maximaleffekt *in vivo* nur sehr selten erreicht wird. Trotz dieser Einschränkung ist der Maximaleffekt ein wichtiger Parameter, denn auch *in vivo* erreicht beispielsweise die maximale diuretische Wirkung von Furosemid ein Ausmaß am Patienten, das durch die schwächeren Benzothiazid-Diuretika selbst mit höchsten Dosen nicht erzielbar ist. Unterschiede in der maximalen Wirkstärke von Arzneimitteln für die gleiche Indikation beruhen immer auf den Unterschieden der beteiligten Wirkmechanismen und/oder der beeinflussten funktionellen Systeme. Die vergleichende Bestimmung der relativen Wirksamkeit und der maximalen Wirkstärke zweier Medikamente ist *in vitro* im Falle parallel verlaufender Dosis-Wirkungs-Kurven meist relativ schnell und einfach möglich.

Als Maß für den Sicherheitsabstand zwischen toxischen und therapeutischen Dosen wird für ein Arzneimittel die sog. **therapeutische Breite** angegeben. Hierbei wird aus Tierversuchen der Quotient aus der Letaldosis 50 % (LD50) der Letalitätskurve und der Effektivdosis 50 % (ED50) der Dosis-Wirkungskurve für die erwünschte Hauptwirkung gebildet (s. Abb. 2.13). Ein großer Nachteil dieser Definition ist, dass sie parallel verlaufende Letalitäts- und Effektivitäts-Dosis-Wirkungskurven voraussetzt. Bei unterschiedlicher Steilheit der Kurvenverläufe (s. Kurven A und C in Abb. 2.13) besitzen die Medikamente trotz rechnerisch gleicher therapeutischer Breite eine grundlegend unterschiedliche therapeutische Sicherheit. Aus diesem Grund ist der Begriff „therapeutischer Index" (LD5/ED95) eingeführt worden, der den flach verlaufenden Anfangsteil der Letalitätskurve mit dem Endteil der Effektivitätskurve in Verbindung setzt und damit eine größere Sicherheit gibt als die therapeutische Breite.

Die Beurteilung der therapeutischen Sicherheit allein auf der Basis von am Tier beobachteten akuten Toxizitätswerten ist für eine sichere Anwendung beim Menschen nicht ausreichend.

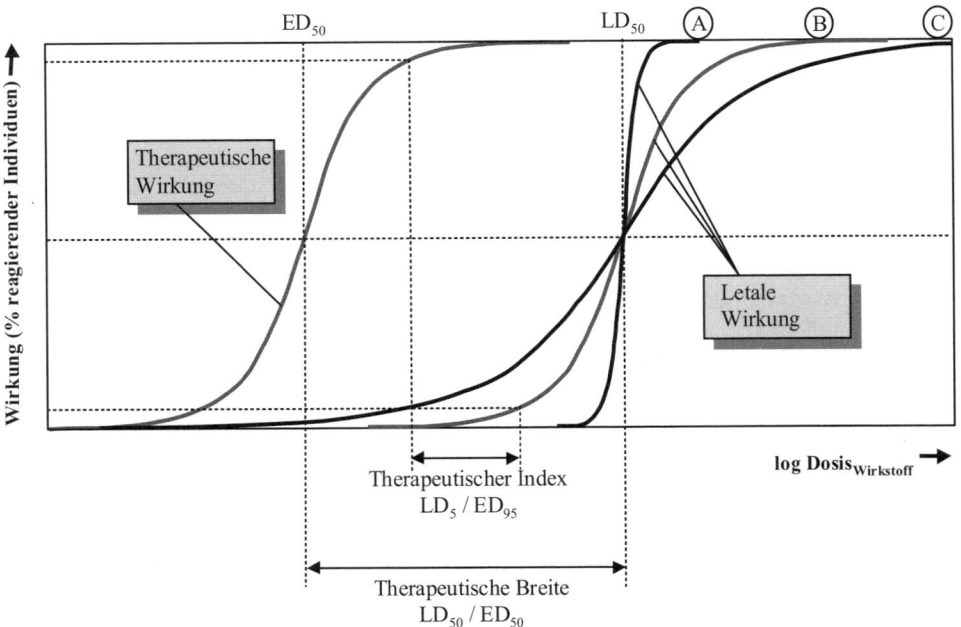

Abb. 2.13: Therapeutische Breite/therapeutischer Index: Fallunterscheidung verschiedener Dosis-Wirkungskurven eines Pharmakons.

In der Regel wirkt sich nicht die akute Toxizität dosislimitierend aus, sondern typische Nebenwirkungen, die sich erst bei längerer Anwendung an Patienten beobachten lassen. Ein Quotient aus der Dosis, die in der Praxis eine gravierende unerwünschte Wirkung auslöst, und der Dosis für die erwünschte Wirkung bietet einen besseren Anhaltspunkt zur Beurteilung der therapeutischen Sicherheit am Menschen.

2.2.1.6 Pharmakokinetische Untersuchungen

Eine ähnlich große Bedeutung wie das pharmakodynamische Profil eines Stoffes mit Art und Ort der Wirkung, Wirkstärke und Wirkmechanismus besitzt das **pharmakokinetische Profil**, da ohne Kenntnisse zur Pharmakokinetik einer zu prüfenden Substanz selbst nur die Abschätzung der Übertragbarkeit der tierexperimentellen Befunde auf die Situation am Menschen wegen der bekannten Speziesdifferenzen nicht möglich ist. Das gewünschte pharmakokinetische Profil

wird im Rahmen der therapeutischen Zielsetzung definiert, und der ständige Abgleich der erhobenen experimentellen Befunde mit diesem Wunschprofil ist Voraussetzung für eine erfolgreiche Arzneimittelprüfung.

Für die Beurteilung der pharmakokinetischen Parameter eines neuen Wirkstoffs und seiner Metaboliten stehen heute zahlreiche empfindliche und spezifische analytische Verfahren zur Verfügung. Damit werden die verschiedenen Phasen der Pharmakokinetik (Resorption, Verteilung, Metabolisierung und Ausscheidung; im Englischen *ADME = absorption, distribution, metabolism, excretion*; vgl. Abb. 2.14) quantitativ erfassbar.

Die Stärke eines Wirkstoffs hängt von der Konzentration am Wirkort ab, wobei dieser aber nur in Ausnahmefällen direkt dort appliziert wird und in der Regel vielmehr erst nach der Verteilungsphase an den Ort der gewünschten Wirkung gelangt. Häufig ist am Wirkort eine Messung des Verlaufs der Wirkstoffkonzentration in Abhängigkeit von der Zeit nicht möglich und in solchen Fällen eine indirekte Beurteilung

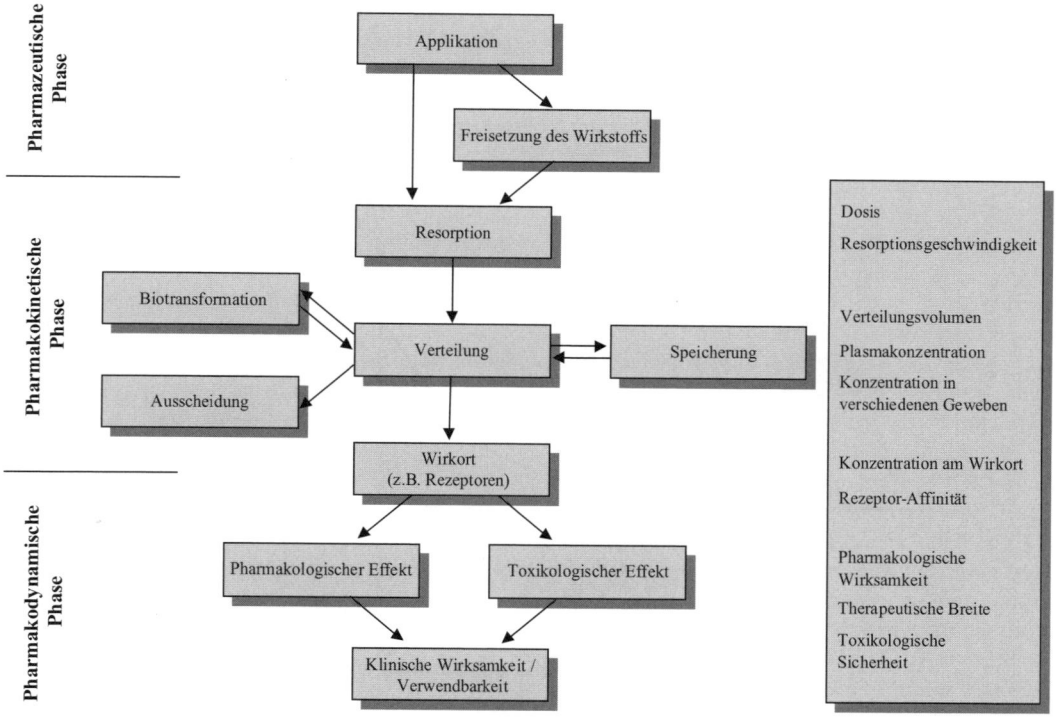

Abb. 2.14: Die pharmazeutische, die pharmakokinetische und die pharmakodynamische Phase: Einflussgrößen auf die Wirkung von Pharmaka im Körper.

über pharmakodynamische Messgrößen notwendig. Unterschiede zwischen direkt und indirekt gewonnenen Aussagen zur Pharmakokinetik sind gelegentlich bereits dadurch zu erklären, dass die Nachweisgrenzen für den biologischen Effekt wesentlich enger sind als die der analytischen Bestimmungsmethoden.

Die für die Praxis wichtigsten Parameter zur Beschreibung der pharmakokinetischen Vorgänge sind u. a. Bioverfügbarkeit, Verteilungsvolumen, Clearance und Halbwertszeit (s. Tab. 2.2). Grundsätzlich ist dabei zu berücksichtigen, dass diese Größen nicht nur von den Eigenschaften eines Pharmakons abhängen; so können sie bereits bei Gesunden erheblichen Schwankungen unterworfen sein und durch eine Vielzahl von Faktoren wie z. B. Lebensalter, Krankheiten oder Wechselwirkungen mit anderen Pharmaka beeinflusst werden.

Unter der **Bioverfügbarkeit** versteht man die Verfügbarkeit eines Wirkstoffs für systemische Wirkungen. Nach dieser Definition ist ein Wirkstoff theoretisch bei intravenöser Gabe zu 100 % bioverfügbar. Zur Bestimmung der absoluten Bioverfügbarkeit bestimmt man daher für eine Substanz im Serum die Fläche unter der Konzentrations-Zeit-Kurve (*area under the curve* = AUC) nach oraler und intravenöser Gabe und bildet den Quotienten. Ebenso kann verfahren werden, um die relative Bioverfügbarkeit zweier Arzneimittelzubereitungen zu bestimmen, wenn keine intravenös applizierbare Arzneiform zur Verfügung steht und als Vergleich ein Standardarzneimittel herangezogen wird. Neben der Resorption im Magen-Darm-Trakt hängt die Bioverfügbarkeit stark vom sog. hepatischen *first-pass*-**Effekt** ab. Bei Pharmaka mit einem ausgeprägten *first-pass*-Effekt, die also bereits bei der ersten Leberpassage in erheblichem Ausmaß aus dem Pfortaderblut extrahiert werden, führen bereits kleine Veränderungen der Extraktion (z. B. bei Lebererkrankungen oder im Alter) zu markanten Änderungen der Bioverfügbarkeit.

Nach seiner Definition ist das **Verteilungsvolumen** ein Proportionalitätsfaktor zwischen der im Organismus vorhandenen Menge eines Wirkstoffs und seiner Plasmakonzentration. Bei Kenntnis des Verteilungsvolumens kann man berechnen, welche Dosis eines Pharmakons nötig ist, um eine bestimmte therapeutisch wirksame Plasmakonzentration zu erzielen. Es ist zu berücksichtigen, dass das Verteilungsvolumen nicht nur von der Größe der realen Verteilungsräume eines Wirkstoffs abhängt, sondern auch vom Ausmaß der Bindung eines Pharmakons an Plasmaproteine, Zellen und Gewebe bestimmt wird. Man bezeichnet daher dieses errechnete pharmakologische Verteilungsvolumen auch als scheinbares oder apparentes Verteilungsvolumen, weil ihm oft kein realer Raum entspricht.

Die **Clearance** ist ein Maß für die Fähigkeit des Organismus, ein Pharmakon zu eliminieren, und wird als Kenngröße schon seit langem in der Nierenphysiologie verwendet. Die totale Clearance eines Wirkstoffs ist die Summe aus renaler und extrarenaler Clearance, wobei die extrarenale Clearance alle nicht-renalen Eliminationsvorgänge (z. B. pulmonale, hepatische) umfasst und die metabolische Elimination in der Leber dabei am wichtigsten ist. Die Clearance stellt somit ein Maß für die Eliminationsgeschwindigkeit dar und gestattet es, die Eliminationshalbwertszeit eines Wirkstoffs zu berechnen.

Die **Halbwertszeit** ist der sicherlich populärste pharmakokinetische Parameter, obwohl es immer wieder zu Missverständnissen bei der Interpretation kommt. So hängt die Größe der Halbwertszeit nämlich nicht nur von der Eliminationsleistung des Organismus, sondern auch von der Verteilung des Wirkstoffs ab. Die Halbwertszeit ist also umso länger, je größer das Verteilungsvolumen ist, und umso kürzer, je größer die Clearance ist. Weiterhin ist es wichtig, die Begriffe der Serumhalbwertszeit im eigentlichen Sinn von der biologischen oder Wirkhalbwertszeit sauber zu unterscheiden. Nach der Definition ist die Halbwertszeit diejenige Zeitspanne, in der die Konzentration eines Wirkstoffs um die Hälfte abgenommen hat. Nach etwa 4–5 Halbwertszeiten ist die Elimination eines Wirkstoffs weitgehend abgeschlossen. Die Halbwertszeit erlaubt also, die Verweildauer eines Wirkstoffs im Organismus abzuschätzen, sie erlaubt aber keine Aussagen zur Wirkdauer.

2.2.1.7 Probleme der Übertragbarkeit tierexperimenteller Befunde auf den Menschen

Speziesdifferenzen

Die Übertragbarkeit pharmakologischer Befunde von einer Tierart auf die andere oder vom Tier auf den Menschen wird durch die genetisch bedingten physiologischen und biochemischen Differenzen zwischen den Spezies limitiert. Der größte Teil der Speziesdifferenzen in Bezug auf Arzneimittelwirkungen ist durch qualitative und quantitative Unterschiede in der Biotransformation bedingt. Betroffen sind hiervon sowohl Phase-I- (oxidative, reduktive und hydrolytische Transformationen) als auch Phase-II-Reaktionen (z. B. Konjugation von Metaboliten an körpereigene Substanzen). Ein typisches Beispiel für die Variation von Enzymaktivitäten ist der Abbau von Hexobarbital: Die Maus zeigt eine etwa 16mal höhere Enzymaktivität als z. B. der Hund. Entsprechend verhalten sich die Schlafzeiten nach einer Standarddosis und die biologischen Halbwertszeiten.

Neben der unterschiedlichen Biotransformation gibt es auch Speziesdifferenzen, die durch die Physiologie begründet sind. Der Hund reagiert auf β_2-Mimetika und andere peripher angreifende blutdrucksenkende Stoffe besonders empfindlich und beantwortet das Absinken des peripheren Blutdrucks mit einer starken reflektorischen Herzfrequenzerhöhung, die zur Ursache für eine an anderen Tierarten nicht nachweisbaren Kardiotoxizität werden kann. Auch die endokrine und immunologische Situation ist bei den verschiedenen Säugern häufig sehr unterschiedlich.

Variabilität bei Tieren des gleichen Stammes

Gelegentlich werden bei Ratten deutliche Unterschiede der pharmakologischen Wirkung bzw. der Toxizität in Abhängigkeit vom Geschlecht gefunden. Weibliche Ratten schlafen nach der gleichen Hexobarbital-Dosis länger als Männchen. Die Reproduzierbarkeit pharmakologischer Daten ist auch bei Tieren gleichen Stammes und gleichen Geschlechts häufig nur innerhalb gewisser Alters- und Gewichtsklassen möglich. Da sich der Fütterungszustand der Versuchstiere auf die enterale Resorption von Wirkstoffen und auf die Biotransformation auswirken kann, haben sich heute allgemein bestimmte Standarddiäten als Futter für Versuchstiere durchgesetzt. Ein guter Gesundheitszustand der Versuchstiere ist heute durch die modernen Tierzuchtanlagen gewährleistet. Problematisch ist es allerdings, wenn spezifisch–pathogenfrei (SPF) gezüchtete Tiere in einem völlig offenen System subakuten Toxizitätsversuchen, die mit einer durch die

Wirkstoffbelastung bedingten Resistenzminderung einhergehen, unterworfen werden.

Abhängigkeit von Umweltfaktoren

Der Einfluss der Umgebungstemperatur ist besonders bei Versuchstieren mit einer besonders großen relativen Oberfläche (z. B. Mäuse) deutlich ausgeprägt. Da zahlreiche Schritte von der Aufnahme des Wirkstoffs bis hin zum Wirkeintritt temperaturkontrolliert sind (z. B. Bindung an Rezeptoren, Enzymaktivitäten), ist es verständlich, dass die Geschwindigkeit des Eintretens eines Effekts sowie dessen Maximum stark von der Körpertemperatur abhängen können. Ein weiterer Einflussfaktor ist die ebenfalls von der Temperatur beeinflusste relative Luftfeuchtigkeit. Eine zu hohe Luftfeuchtigkeit kann z. B. einen Wärmestau beim Versuchstier auslösen und dadurch dessen Belastbarkeit gegenüber toxischen Dosen eines Wirkstoffes vermindern.

Grenzen der Übertragbarkeit

Obwohl sich in den letzten Jahren das Spektrum der pharmakologischen *in vitro*-Testverfahren enorm vergrößert hat, reichen sie bei weitem nicht aus, um ein umfassendes Wirkungsprofil einer neuen Substanz zu erstellen, geschweige denn allein über die Eignung einer Substanz als Arzneimittel zu befinden. Jeder unter *in vitro*-Bedingungen beobachtete Effekt, der nicht wenigstens zum Teil auch *in vivo* nachgewiesen werden kann, muss mit größter Vorsicht interpretiert werden.

Der Einsatz **isolierter Organpräparationen** ist bei der pharmakologischen Erstbeurteilung neuer Wirkstoffe u. a. zur Aufklärung von Wirkungsmechanismen auch heute noch unentbehrlich. Andererseits garantiert selbst das *in vivo*-Tierexperiment noch keine Übertragbarkeit der Erkenntnisse. Die **Einschränkung der Übertragbarkeit** im Tierversuch erhobener Befunde auf die Verhältnisse am Patienten ist v. a. dadurch begründet, dass im pharmakologischen Experiment die experimentell erzeugten Krankheitszustände bestenfalls nur Ähnlichkeit mit der Symptomatik des Patienten aufweisen und somit kein echtes Krankheitsmodell darstellen.

In dem Bemühen, den Aufwand möglichst klein zu halten, bevorzugt der Pharmakologe in der Regel akute Versuche oder Modelle mit einer relativ kurzen Laufzeit, selbst wenn es beim Menschen darum geht, chronische Krankheitszustände zu bessern. Ein weiterer Fehler wird häufig dadurch begangen, dass aus Gründen der Versuchstechnik keine kurativen Effekte am Tier beurteilt werden.

Weitgehend unbefriedigend ist auch die Situation in der experimentellen Tumorforschung. Die molekularen Grundlagen der Tumorentstehung sind zwischen den verschiedenen Tierspezies und dem Menschen in aller Regel so unterschiedlich, dass durch einfache Tumormodelle nur sehr beschränkte Aussagen möglich sind. Auch der Einsatz verschiedener menschlicher Tumorzelllinien in immundefizienten Mäusen besitzt nur eine beschränkte Vorhersagekraft.

2.2.2 Vorklinische Arzneimittelprüfung – Toxikologie

2.2.2.1 Ziele und rechtliche Grundlagen

Neben der pharmazeutischen Qualität sind Wirksamkeit und Unbedenklichkeit die Säulen der Arzneimittelzulassung. Zur Beurteilung der Unbedenklichkeit (engl. *safety*) eines Arzneimittels muss das Risiko des Auftretens unerwünschter Arzneimittelwirkungen (UAW) bestimmt werden, die während oder in zeitlicher Beziehung zu der Arzneimitteleinnahme vorkommen. Der Gesetzgeber schreibt vor, dass die Unbedenklichkeit bereits während der klinischen Entwicklungsphase nachzuweisen ist. Toxikologische Basisdaten aus präklinischen *in vitro*-Untersuchungen und Tierversuchen liefern wichtige Informationen zur Vorhersage von potenziellen UAWs beim Menschen. Ohne diese toxikologischen Basisdaten kann die klinische Prüfung nicht begonnen werden. Nach dem Beginn der klinischen Entwicklungsphase gewonnene Erkenntnisse können zur Modifikation des weiteren Verlaufs der klinischen Prüfung führen oder sogar zum Abbruch der Entwicklung zwingen bzw. die Versagung der Zulassung herbeiführen.

Das Hauptziel der **toxikologischen Verträglichkeitsprüfung** ist das Erkennen, Beschreiben und Quantifizieren toxischer Effekte, die poten-

zielle UAWs beim Menschen hervorrufen könnten. Dabei sind einmalige, kurzfristig wiederholte und wiederholte dauerhafte Wirkstoffapplikationen zu berücksichtigen. Aus der kritischen Analyse dieser Ergebnisse wird in Analogie zum pharmakologischen Wirkprofil ein toxikologisches Risikoprofil erstellt, das Voraussagen über die Gefährdung behandelter Patienten und Probanden ermöglicht und zur Risiko/Nutzen-Abwägung bei der Definition von Therapiestrategien beiträgt. Ein weiteres Teilziel der toxikologischen Prüfung stellt die Aufstellung einer Strategie zur Therapie akuter und chronischer Arzneimittelvergiftungen dar. Ebenso wie die Pharmakologie versteht sich die Toxikologie als Querschnittswissenschaft, die über den gesamten Entwicklungsprozess eines neuen Medikaments sowie für die Zeit nach der Zulassung die anderen Disziplinen beratend unterstützt. Werden z. B. erst nach langjähriger Anwendung am Menschen unerwartete toxische Effekte aufgedeckt, beteiligt sich die Toxikologie erneut an der Aufklärung der molekularen Wirkmechanismen. Die große Erfahrung des Toxikologen mit verschiedenen Tierspezies erlaubt ihm dabei die Wahl methodischer Zugänge, die dem klinischen Untersucher aus praktischen und ethischen Überlegungen versagt sind.

Bis 1977 wurden in Deutschland neue Arzneimittel lediglich bei der zuständigen Bundesbehörde registriert, und eine systematische Überprüfung fand nur im Hinblick auf die pharmazeutische Qualität, die dem Arzneibuch zu entsprechen hatte, statt. Ausgelöst v. a. durch die Thalidomid-Katastrophe (Contergan) wurde nach langem Anlauf ein neues **Arzneimittelgesetz (AMG)** verabschiedet, das seit dem 1.1.1978 in Kraft ist und mit seinen insgesamt 14 Novellierungen (Stand 2005) u. a. die nationale Zulassung von Medikamenten regelt und die europäische pharmazeutische Gesetzgebung (Stand 2004) in deutsches Recht umsetzt. Erst nachdem die zuständige Zulassungsbehörde (damals das Bundesgesundheitsamt (BGA), heute das Bundesinstitut für Arzneimittel und Medizinprodukte (BfArM) sowie das Paul-Ehrlich-Institut (PEI) nach genau definierten Kriterien zu einer positiven Beurteilung der Wirksamkeit und Verträglichkeit kommt, darf ein neues Arzneimittel in den Handel gebracht werden. Der zunehmenden Globalisierung des Arzneimittelmarkts wurde v. a. im Rahmen der *International Confe-*

rence on Harmonisation (ICH) Rechnung getragen. Es ist heute immer das Ziel, eine Arzneimittelentwicklung von Beginn an so zu planen, dass sie allen Anforderungen der nationalen Zulassungsbehörden genügt. Die internationalen Leitlinien für *Good Clinical Practice* (*GCP*) und *ICH-GCP* kommen diesem Ziel schon recht nahe und die dort sehr detailliert festgelegten Anforderungen, nach denen Arzneimittelstudien durchzuführen sind, gehen in einigen Teilen über die Anforderungen des deutschen AMGs hinaus. Durch striktes, ohne große Interpretationsschwierigkeiten mögliches Befolgen der ICH-GCP Richtlinien werden somit die nationalen Vorschriften mit abgedeckt.

Der gesetzlich geforderte Nachweis der Unbedenklichkeit wird im Wesentlichen durch toxikologische Untersuchungen erbracht, wobei die Gesetze nur einen groben Rahmen mit der Beschreibung von Zielvorgaben ausführen. Formal bedient sich das AMG bei Neuzulassungen des wissenschaftlichen Gutachtens zur Ausweisung der Unbedenklichkeit. Es ist darin u. a. die gesamte Versuchsplanung exakt zu dokumentieren, nach welchen Kriterien z. B. bestimmte Versuche durchgeführt oder bewertet worden sind sowie welche Überlegungen etwa zur Auswahl einer Tierspezies geführt haben. Die toxikologischen Ergebnisse sind v. a. im Hinblick auf den vorgesehenen therapeutischen Einsatz, die Dosierung sowie die Häufigkeit und Dauer der Anwendung zu bewerten.

2.2.2.2 Grundschema des toxikologischen Prüfablaufes

Je nach den spezifischen Fragestellungen der jeweiligen Arzneimittelentwicklung unterscheidet man einzelne Stufen bzw. Testparameter der Toxizitätsprüfung, die in einem gewissen regelhaften, aber immer flexibel angepassten, zeitlichen Ablauf angeordnet sind (s. Tab. 2.3). Die akute Toxizitätsprüfung stellt in jedem Fall die Eingangsstufe dar, da daraus toxikologische Grundmuster sowie Dosierungen für die nachfolgenden und zeitaufwendigeren Untersuchungen hergeleitet werden können. In zunehmendem Maße werden pharmakokinetische Untersuchungen frühzeitig eingesetzt, um Voraussagen z. B. über die Wirkstoffakkumulation bei chronischer Einnahme machen zu können. Bei der Planung

des Versuchsablaufes ist generell zu beachten, dass das jeweilige Minimum an Erfordernissen für die Stufen der klinischen Arzneimittelentwicklung am Menschen zeitlich so erbracht wird, dass sich dadurch keine Verzögerungen der gesamten Entwicklungsstrategie ergeben.

Es gibt eine Vielzahl allgemeiner **Einfluss- bzw. Störgrößen**, die bei den Prüfplänen berücksichtigt werden müssen. Die Dosis, Applikationsart und galenische Zubereitung (Wirkstoff und Zusatzstoffe) der Prüfsubstanz sollten wenn immer möglich die spätere geplante Therapiesituation imitieren. Die Gefahr einer zu großen interindividuellen Streuung kann durch den Einsatz von genetisch homogeneren Inzuchtstämmen oder transgenen Tieren minimiert werden, wobei dieser reduktionistische Ansatz natürlich nicht das große Maß an genetischer Variabilität in menschlichen Kollektiven berücksichtigt. Die Auswahl der Haltungsbedingungen, der Diäten sowie des Alters und Geschlechts der Tiere müssen hingegen immer individuell angepasst werden, wobei wenn möglich fest definierte Standardprotokolle (SOP's) verwendet werden sollten.

2.2.2.3 Akute Toxizitätsprüfung

Die Ermittlung toxischer (einschließlich tödlicher) Effekte bei einmaliger Zufuhr des Wirkstoffs schließt die Feststellung der Zielzellen bzw. -organe, der Todesursache und der Dosisbereiche für das Auftreten der Schäden ein. Ziel der **akuten Toxizitätsprüfung** ist u. a. die Bestimmung der mittleren Dosis, die für 50 % der Versuchstiere letal ist (LD50). Hierbei gilt, dass die LD50 umso präziser bestimmt werden kann, je größer die Versuchsgruppe, je feiner abgestuft die eingesetzten Dosierungen und je steiler die Letalitäts-Dosis-Wirkungs-Kurve ist. Eine große Präzision täuscht allerdings darüber hinweg, dass die Reproduzierbarkeit in aller Regel trotz großer Tierzahlen nicht befriedigend ist. Zum anderen sagt der LD50-Wert selbst für den Fall der akuten, bedrohlichen Arzneimittelvergiftung nur sehr wenig über gesundheitliche Risiken aus. Einen größeren Stellenwert für die Risikobewertung haben daher u. a. die Möglichkeiten der Vergiftungsbehandlung sowie die Art der Zell- und Organschäden und das Auftreten von Spät- und Dauerschäden.

Tabelle 2.3: Vorklinische Arzneimittelprüfung – toxikologische Parameter.

Testparameter	Definition, Beschreibung und Zielsetzung	Art und Umfang
Akute Toxizität	Dosis, die für 50 % der Versuchstiere letal ist. Ermittlung der maximal tolerierbaren Dosis und Vergleich mit der therapeutischen Dosis	Tierversuch, ca. 2 Spezies
Subakute Toxizität	Identifizierung von toxikologisch relevanten Zielorganen, d. h. Nachweis, welche Organe anfällig sind für evtl. toxikologische Wirkungen. Parameter und Methoden: Physiologische Veränderungen, makroskopische sowie licht- und elektronenmikroskopische Untersuchungen, hämatologische Studien, Beobachtung anderer klinischer Parameter	Tierversuch, ca. 2 Spezies
Chronische Toxizität	Zeitdauer abhängig von der erwarteten Dauer der klinischen Anwendung. Erforderlich, wenn das Therapeutikum über einen längeren Zeitraum verwendet werden soll. Zeitraum ca. 1–2 Jahre, meist parallel zu klinischen Studien. Parameter und Methoden: s. subakute Toxizität	Wie subakute Toxizität
Mutagenität	Untersuchung von Gen- und Chromosomenmutationen/Effekt auf genetische Stabilität in pro- und eukaryotischen Zellen. Methoden u. a. Ames-, HG-PRT- und Mikronukleus-Test, DNA-Reparaturtest, Schwesterchromatidenaustausch	Bakterien- und Säugerzellen, *in vitro*-Methoden (z. B. DNA-Adduktbildung), Tierversuch
Karzinogenität	Untersuchung des karzinogenen Potenzials vor allem erforderlich, wenn das Therapeutikum über einen längeren Zeitraum verwendet werden soll. Zeitraum ca. 2 Jahre. Analyse über Hämatologie, Autopsie und Histologie.	Tierversuch, ca. 2 Spezies
Teratogenität/Effekte auf Fruchtbarkeit	Untersuchung von Paarungs- und Reproduktionsaktivität, Gebärfähigkeit, Stillen sowie Frucht- und Embryonaldefekten	Tierversuch
Toxikologische Forschung	Untersuchung des Mechanismus/Bestimmung der Zielmoleküle eines beobachteten toxischen Effekts. Entwicklung neuer Methoden zur toxikologischen Evaluierung	*In vitro*-Tests, Zellkultur

Ein Alternativkonzept sieht die Bestimmung einer mittleren tödlichen Dosis an relativ wenigen Tieren in Verbindung mit der Abschätzung des Bereichs minimal tödlicher Dosen vor. An diesen Tieren sollen dann toxische Organ- und Funktionsveränderungen untersucht werden, sodass eine Risikobeurteilung akuter Vergiftungen möglich wird. Präzise LD50-Bestimmungen sind allerdings immer notwendig, wenn eine neue Substanz mit einem für die zu prüfende Indikation bereits zugelassenen Wirkstoff verglichen werden soll.

Obwohl in der akuten Toxizitätsprüfung in der Regel eine Beobachtungszeit von lediglich 14 Tagen vorgeschrieben ist, ist es ratsam, zumindest einen Teil der überlebenden Tiere über längere Zeiträume (z. B. sechs Monate) zu beobachten und anschließend gründlich auf Spät- und Dauerschäden zu untersuchen.

2.2.2.4 Chronische Toxizitätsprüfung

Darunter wird die Prüfung toxischer Wirkungen bei wiederholter Applikation eines Wirkstoffs in verschiedenen Dosierungen über einen längeren Zeitraum (Tage bis Monate) verstanden. Die Dauer der Prüfung hängt dabei ganz wesentlich von den im Entwicklungsplan festgelegten klinischen Untersuchungen der Phasen I–III beim Menschen ab. Soll etwa der zu prüfende Wirkstoff nur für kurze Zeiträume (wenige Tage) beim Patienten eingesetzt werden (z. B. Diagnostika oder Medikamente der Notfall- bzw. Intensivmedizin), kann auch die Toxizitätsprüfung beim Versuchtier entsprechend kurz sein. Im Allgemeinen gilt, dass sie in etwa doppelt so lang sein sollte wie die Dauer der geplanten klinischen Prüfung.

Da schwerwiegende toxische Wirkungen häufig nicht von der applizierten Substanz selbst, sondern von **reaktionsfähigeren Stoffwechselmetaboliten** erzeugt werden, sollte bei der Wahl der Tierarten berücksichtigt werden, dass sich die wesentlichen pharmakokinetischen Daten (insbesondere zum Metabolismus) möglichst wenig vom Menschen unterscheiden. Wegen des günstigen Preises und der umfangreichen Vorerfahrungen werden überwiegend Mäuse oder Ratten eingesetzt, was aber nicht immer der oben beschriebenen Idealsituation Rechnung trägt. Zusätzlich wird von den meisten Zulassungsorganen eine weitere Nicht-Nagetierart vorgeschrieben. Die Applikationsart und -häufigkeit sollte den therapeutischen Einsatz beim Menschen möglichst gut imitieren, wobei sich die häufigste Zufuhrart beim Menschen, die mehrmals tägliche orale Aufnahme in Form von z.B. Tabletten, bei kleinen Nagetieren nicht nachahmen lässt. Eine dem am nächsten kommende Sondierung des Magens kann wiederum bestenfalls einmal täglich durchgeführt werden und setzt die Tiere enormem Stress aus, während die Zufuhr mit dem Trinkwasser oder der Nahrung zwar einfach und stressfrei ist, aber ein sehr flaches und konstantes Wirkprofil erzeugt, das die Therapiesituation am Menschen nur sehr unvollkommen repräsentiert (mit der Ausnahme von Tabletten mit stark retardierter Wirkstofffreisetzung). Probleme ergeben sich somit vor allem dann, wenn die toxischen Wirkungen der Testsubstanz stärker von Spitzenkonzentrationen als von der Gesamtdosis abhängen.

Die Anzahl der Versuchsgruppen und der Dosierungen sollte so erfolgen, dass
1) Todesfälle vermieden werden,
2) im hohen Dosisbereich eindeutige toxische Wirkung eintreten und
3) eine niedrige Grenzdosis ermittelt werden kann, bei der keine bzw. nur sehr geringe Effekte zu beobachten sind.

Aus diesen Erwägungen werden mindestens drei Dosierungen sowie eine Negativ-Kontrolle für jedes Geschlecht ausgewählt (insgesamt acht Gruppen). Die **minimale Gruppengröße** sollte in den initialen Studien mindestens 10–20 Nage-

tiere und/oder 3–6 Nicht-Nagetiere pro Gruppe betragen, wobei die genaue Zahl individuell festgelegt werden muss. So ist es evtl. notwendig, die Tierzahl pro Gruppe zu vergrößern, wenn statistische Erwägungen dies verlangen oder wenn geplant ist, Tiere zu bestimmten Zeitintervallen vorzeitig aus dem Versuch zu entfernen und zu töten, um z.B. eine zeitliche Entwicklung toxischer Schäden zu dokumentieren.

Auch die Anzahl und Art der zu untersuchenden Parameter muss je nach Anforderungen individuell festgelegt werden. Einige der sehr generellen und im Allgemeinen üblichen Untersuchungen sind die wöchentliche Bestimmung des Körpergewichts und der Nahrungsaufnahme sowie die Analyse der wichtigsten hämatologischen und chemischen Blutlaborwerte. Nach Ende des Versuchs folgt eine komplette makroskopische und histologische Aufarbeitung der Organe. Bei Nagetieren kann man dies zunächst auf die Tiere der höchsten Dosisgruppe und der Negativ-Kontrolle beschränken. Um mögliche toxische Effekte mit realen Konzentrationen im Organismus oder Zielorgan korrelieren zu können, ist die Bestimmung der Serumwerte des Wirkstoffs zu verschiedenen Zeiten notwendig. Diese **toxikokinetischen Untersuchungen**, deren Durchführung z.B. in ICH-Richtlinien genau spezifiziert sind, sind heute häufig die wichtigsten Parameter, um Aussagen über die Übertragbarkeit der Ergebnisse auf den Menschen im Sinne eines sog. *educated guess* machen zu können.

2.2.2.5 Reproduktionstoxiziät

Der Schwerpunkt dieser Prüfungen, die nach der Thalidomid-Katastrophe zwingend vorgeschrieben wurden, liegt auf der Analyse der Teratogenität (Erzeugung von Missbildungen) und umfasst Untersuchungen zur Reifung und Funktion von Keimzellen, der Fertilität sowie zur Embryotoxizität und peri- und postnatalen Toxizität.

In der Durchführung unterscheidet man im Allgemeinen drei Phasen. In der **Phase A** nach ICH-Kriterien (früher Segment I) werden zumeist an Ratten und Kaninchen die Fertilität und die frühen Phasen der Embryoentwicklung bis kurz nach der Implantation untersucht. Die Arzneimittelgabe beginnt bei Männchen und Weibchen typischerweise ca. zwei Wochen vor der

Kreuzung und endet bei den Weibchen sechs Tage nach der Befruchtung. In der **Phase B** (Segment II) werden in den gleichen Spezies die eigentlichen teratologischen Untersuchungen, im Sinne von Störungen der Organentwicklung, durchgeführt. Die **Phase C** untersucht Arzneimittelwirkungen während der Spät-Schwangerschaft, der Geburt und der Stillphase sowie Verhaltens- und neurologische Entwicklungsauffälligkeiten der Jungtiere. Freilich sind die hier nicht im Einzelnen erläuterten Probleme der eingeschränkten Vorhersagekraft dieser Untersuchungen bereits offensichtlich, wenn man sich nur die großen biologischen Unterschiede der Plazentation (z. B. Uterus bicornis mit mehr als 20 Feten) und der Organogenese (Tragezeit bei Ratten 22 Tage) zwischen Nagern und Menschen vor Augen führt.

2.2.2.6 Mutagenitätsprüfung

Der anfängliche, etwas naive Glaube, dass die Untersuchung der Mutagenität von Arzneimitteln, d. h. ihres Potenzials zur Schädigung genetischen Materials, die zeitaufwendigere Karzinogenitätsprüfung überflüssig machen würden, hat sich bisher nicht bestätigt. Die Mutagenitätsprüfung liefert jedoch trotz ihres vergleichsweise geringen Aufwands frühe Hinweise, ob sich Verdachtsmomente auf die Auslösung teratogener und/oder karzinogener Effekte für einen Wirkstoff ergeben. Die Zahl der Mutagenitätstests ist sehr groß und steigt ständig weiter. Während diese vor allem auf den enormen Fortschritten der Molekularbiologie und Genetik beruhende Tendenz wissenschaftlich zu begrüßen ist, erweist sie sich gleichzeitig für die statistische Verlässlichkeit der Tests bzgl. ihres prädiktiven Werts (Validierung) als eher hinderlich. Ausgewählte Testverfahren müssen deshalb einen guten Kompromiss zwischen der Berücksichtigung moderner wissenschaftlicher Erkenntnisse, der breiten Erfassung verschiedener Mutationstypen, der Praktikabilität und der Verlässlichkeit der Risikobeurteilung bieten. Positive Ergebnisse in einer Mutagenitätsuntersuchung bedeuten dabei nicht automatisch, dass ein entsprechendes Risiko für den Menschen existiert. So können mechanistische Untersuchungen z. B. ergeben, dass bestimmte Wirkungen in menschlichen Zellen gar nicht oder nur in einem beim Menschen nicht zu erwartenden Konzentrationsbereich auftreten können. Die Bewertung der Testergebnisse muss unter qualitativen und quantitativen Gesichtspunkten erfolgen, wobei bzgl. der Vorhersage der karzinogenen Wirkung falsch-positive Ergebnisse insbesondere für den Arzneimittelentwickler und falsch-negative Resultate vor allem für die Zulassungsbehörde problematisch sind. Für einzelne quantitative Testergebnisse gilt generell, dass sie nicht unmittelbar zur rechnerischen Risikoabschätzung verwendet werden dürfen. Tatsächlich sind heute viele Medikamente im klinischen Einsatz, von denen zwar bekannt ist, dass sie unter bestimmten Bedingungen genetisches Material schädigen können (z. B. Chromosomenbrüche durch Aspirin), die aber dennoch als unbedenklich eingestuft wurden.

2.2.2.7 Karzinogenitätsprüfung

In Karzinogenitätsprüfungen wird üblicherweise in Nagetieren untersucht, ob die chronische Einnahme eines Wirkstoffs über lange Zeiträume (je nach Lebenserwartung z. B. 24 Monate bei Mäusen) Tumoren erzeugen (Tumorinitiation) bzw. das Tumorwachstum beschleunigen kann (Tumorpromotion). Obwohl der wissenschaftliche Wert dieser Untersuchungen unter Berücksichtigung der Erkenntnisse der modernen Tumorbiologie anzuzweifeln ist, sind diese Studien bei allen Medikamenten, die für einen längeren, d. h. sechs Monate überschreitenden Einsatz am Menschen vorgesehen sind, weiterhin zwingend vorgeschrieben. Weiterhin müssen diese Untersuchungen durchgeführt werden, wenn sich verdächtige Befunde in den o.g. Voruntersuchungen zur Mutagenität ergeben haben, prä-neoplastische Gewebeveränderungen in Tierversuchen aufgetreten sind, oder wenn der Wirkstoff mechanistische oder strukturelle Ähnlichkeiten zu bekannten karzinogenen Substanzen aufweist. Bezüglich der Dosiswahl empfehlen ICH-Richtlinien eine Höchstdosis, die geeignet ist, eine 25fach höhere Plasma-AUC in Mäusen verglichen mit der AUC in Menschen zu erzeugen. Obwohl sich die Prüfprotokolle in den letzten 30 Jahren nicht wesentlich geändert haben, werden heute doch zunehmend **transgene Tiermodelle** sowie Untersuchungen mit einer kürzeren Dauer zugelassen. Die Auswahl von besser geeigneten *in vitro*-Modellen sowie von transgenen Tiermodellen (z. B. p53-Modell für genotoxische Wirkstoffe) sollten zusammen mit metabolischen und pharmakokinetischen Daten aus den toxikokinetischen Untersuchungen, die eine dem Menschen besser angepasste Dosiswahl ermöglichen, die Vorhersagekraft dieser Studien in Zukunft verbessern.

2.2.2.8 Spezielle Untersuchung und formale Aspekte

Es ist nicht selten, dass sich während der nicht-klinischen Entwicklungsphase Hinweise auf ungewöhnliche toxische Effekte ergeben, deren zugrunde liegender Mechanismus dann vertieft untersucht werden muss. Ein Beispiel sind unspezifische neurologische Auffälligkeiten (z. B. Tremor oder Krampfanfälle), die ausgedehnte Studien der neurotoxischen Wirkung auf das periphere und zentrale Nervensystem erfordern. Zum einen können sich dabei Hinweise auf neue, potenziell interessante Wirkmechanismen ergeben, und zum anderen kann sich zeigen, dass ein Arzneimittel-Metabolit, der nur beim Tier und nicht beim Menschen gebildet wird, für bestimmte Effekte verantwortlich ist.

Die formalen Aspekte einer Arzneimittelzulassung sind in den USA durch die *Food and Drug Administration* (FDA) in den Richtlinien des *New Drug Application* (NDA) Prozesses in Inhalt und Form genau festgelegt. Der Ablauf ist im Fließdiagramm (Abb. 2.15) wiedergegeben. Ein Teil des zu erstellenden Berichts enthält die Zusammenfassung der pharmakologischen und toxikologischen nicht-klinischen Prüfungsergebnisse. Entscheidend ist u. a. die kritische Zusammenfassung, die die Ergebnisse im Hinblick auf ihre Bedeutung für die sichere Anwendung am Menschen beurteilt. Diese Bewertung der Übertragbarkeit der im Tierversuch beobachteten Effekte auf den Menschen muss in qualitativer und quantitativer (auf Körpergewicht und Oberfläche bezogen) Art und Weise erfolgen. In der EU muss zur Zulassung ein sog. **Expertenbericht** vorgelegt werden, der die gleichen Inhalte umfasst, aber in der Form nicht so exakt definiert ist wie in der NDA. Der oder die Experten werden hierbei nicht als Berichterstatter des Sponsors der Arzneimittelstudie, sondern als unabhängige Reviewer verstanden. Obwohl Experten unter bestimmten Bedingungen aus dem direkten Umkreis des Sponsors kommen können, erscheint es aus Gründen der Glaubwürdigkeit ratsam, etwaige Interessensüberschneidungen möglichst zu minimieren.

2.2.3 Statistik und Biometrie

Die Probleme, die der praktisch tätige Arzt mit statistischen Erkenntnissen hat, beruhen wohl v. a. auf der Tatsache, dass statistische Methoden Aussagen über das durchschnittliche Verhalten eines Prüfkollektivs, nicht aber über das Verhalten eines individuellen Patienten erlauben. Umgekehrt muss auch das häufig zu beobachtende Verhalten von Ärzten, aus ihren eigenen Einzelbeobachtungen vorschnell generell gültige Schlussfolgerungen abzuleiten, kritisiert werden. So kann das Nichtansprechen eines Patienten auf eine neue Therapie nicht sogleich einen generellen Zweifel an deren therapeutischer Wirksamkeit begründen; ebenso wenig darf die Beobachtung eines dramatischen Therapieerfolgs bei einzelnen Patienten zu einer unkritischen Befürwortung dieser Therapie führen.

Unter der vereinfachten Annahme, dass Messungen immer mit einem Messfehler behaftet sind und die biologische Variabilität die Kontrolle aller Einflussgrößen nahezu ausschließt, ist es prinzipiell unmöglich, sichere Aussagen für ein Individuum zu treffen. Nur unter Verwendung statistischer Methoden kann somit eine mittlere therapeutische Wirksamkeit an einer Versuchsgruppe nachgewiesen werden und dann als wesentliches Kriterium für eine Therapieentscheidung am einzelnen Patienten herangezogen werden.

Während der statistische Nachweis bei gut messbaren Funktionsveränderungen (z. B. Herzfrequenz oder Blutdruck) relativ einfach ist, erweist sich die Beurteilung einer generellen therapeutischen Wirksamkeit (z. B. die Überlebenszeit nach einem Herzinfarkt) meist als methodisch sehr aufwendig und zeitintensiv. Hier ist es oft sehr hilfreich, wenn der Wirkmechanismus des Medikaments bekannt ist und ein kausaler Zusammenhang mit der Pathobiochemie und Pathophysiologie der Grunderkrankung besteht. Die Glaubwürdigkeit der aus dem reinen statistischen Nachweis der Wirksamkeit abgeleiteten therapeutischen Relevanz wird durch diesen Analogieschluss deutlich verstärkt. Auf der anderen Seite ist allein aus ethischer und rechtlicher Sicht die einwandfreie biometrische Planung einer Arzneimittelstudie nach nationalen und internationalen Kriterien Voraussetzung für die Erlaubnis zu deren Durchführung.

2.2.3.1 Studientypen und Prüfprotokolle

Als Standard für eine klinische Studie zum Nachweis der therapeutischen Wirksamkeit einer Substanz gilt die prospektive, randomisierte, placebokontrollierte, doppel- (oder dreifach-)blinde Versuchsanordnung, die allerdings nicht für jede Fragestellung geeignet bzw. vertretbar ist. **Retrospektive Studien**, bei denen die Kontrolle von Störgrößen generell nicht möglich ist, können zwar bei der Aufstellung einer Hypothese helfen, sind jedoch zu deren Überprüfung weitgehend ungeeignet. Ein Sonderfall der retrospektiven Studie ist der Vergleich eines prospektiv nachgewiesenen Effekts mit früheren Behandlungsergebnissen anderer Medikamente im Sinne eines historischen Vergleichs. Allerdings ist auch dies mit allen Fehlerquellen der retrospektiven Analyse behaftet und so hat sich z. B. gezeigt, dass bei einem historischen Vergleich die Ergebnisse für die neue Therapieform fast immer günstiger ausfallen als bei einem Vergleich in prospektiver Art mit randomisierter Zuteilung.

Bei der Beurteilung einer klinischen Studie ist es wichtig, ob sie als **exploratorische** (meist Phase II) oder **konfirmatorische** (meist Phase III) **Untersuchung** geplant war. Exploratorische Studien dienen oft als kleinere Pilotstudien vor der eigentlich beweisenden konfirmatorischen Studie, helfen bei Generierung der Prüfhypothese und der Definition von späteren Prüfparametern (z. B. Verfügbarkeit von Patienten, Standardabweichung der Zielkriterien, Abschätzung der Fallzahl) bzw. liefern Hinweise auf den Wirkmechanismus der Prüfsubstanz. Diese Studien sind deshalb auch wesentlich flexibler zu handhaben, die Fallzahl kann pragmatisch gewählt werden und die Statistik ist häufig nur deskriptiv.

Konfirmatorische Studien hingegen sollen eine vorher festgelegte Hypothese eindeutig beweisen oder widerlegen. Die Versuchsplanung muss hier

sehr stringent erfolgen (u. a. eine korrekte Fallzahlschätzung und eine Definition des Signifikanzniveaus) und es dürfen dann nur die vorher definierten Hypothesen und Zielkriterien untersucht werden.

2.2.3.2 Durchführung der Prüfung und Auswertungsmethoden

Nur durch eine randomisierte, d. h. zufallsweise Zuordnung der Patienten in Kontroll- bzw. Prüfgruppen lässt sich eine weitgehende Struktur- und Beobachtungsgleichheit der Behandlungsgruppen herstellen. Durch die sog. Schichtung oder Stratifizierung kann man die Patienten bzgl. der bekannten Störfaktoren (z. B. Alter, Alkoholkonsum, Vorerkrankungen) in Untergruppen einteilen (schichten). Diese Einteilung in Subgruppen, in denen dann wieder randomisiert werden kann, bewirkt eine Verringerung der Variabilität und somit eine erhöhte Präzision bereits bei kleineren Fallzahlen (sog. Minimierung).

Ein weiterer, nicht unbedeutender und vor allem in offenen Studien auftretender Störfaktor ist der Suggestiveffekt, wenn behandelnder Arzt und/oder Patient über die Zuordnung in Kontroll- bzw. Prüfgruppen informiert sind. In einfachblinden Studien ist nur der Arzt informiert, in doppelblinden Studien keiner der beiden. Wenn immer möglich, sollten zusätzlich auch die an der Datenerhebung, und -auswertung beteiligten Personen verblindet sein (sog. dreifachblinde Studien). Die Einschaltung eines die wesentlichen Laborparameter erst zur Datenauswertung am Ende der Studie weitergebenden Zentrallabors sowie die Verwendung identisch aussehender Prüf- und Kontrollmedikamente (Verpackung und Tablette, sog. *double dummy design*) helfen bei der Verblindung, auch wenn diese in den meisten Fällen nicht vollständig erreicht werden kann. Wenn eine Verblindung hinsichtlich der Zuordnung zu den Therapiegruppen nicht möglich ist, sollte zumindest versucht werden, eine Verblindung hinsichtlich der therapeutischen Wirksamkeit oder des entsprechenden Zielkriteriums zu erzielen (sog. PROBE-Design = *prospective, randomized, open, blinded endpoint*).

Die meisten prospektiven Studien werden im Parallel-Design durchgeführt, bei dem die therapeutische Wirksamkeit einer Prüfsubstanz mit mehreren parallelen Kontrollgruppen verglichen wird. Als Kontrollen dienen wirkstofffreie Scheinmedikamente (Placebos) oder bereits zugelassene Standardmedikamente. Nur die allerdings nicht immer vertretbare Placebokontrolle ermöglicht die exakte Abgrenzung einer „echten" Arneimittelwirkung von einem v. a. auf Suggestion beruhenden Effekts.

Eine Alternative ist das sog. *cross-over-design*, bei dem jeder Studienteilnehmer nacheinander Kontroll- und Prüfsubstanz in randomisierter Reihenfolge erhält und somit als seine eigene Kontrolle dient. Dieses Design ist aufgrund seiner geringeren Variabilität und somit der kleineren benötigten Fallzahlen v. a. für pharmakologische Untersuchungen der Phase I an gesunden Probanden geeignet.

Bei der Auswahl der geeigneten Zielkriterien ist sicherzustellen, dass diese zur Beurteilung des Effekts geeignet und allgemein anerkannt sind. Hierbei können auch sog. Surrogatparameter herangezogen werden wie z. B. bei der Behandlung der Hypertonie die Messung des Blutdrucks anstatt klinischer Endpunkte wie Schlaganfälle oder Mortalität. Die meisten Surrogatparameter werden als kontinuierliche Zahlenwerte mit statistischen Testverfahren überprüft, die sich von der Analyse klinischer Endpunkte unterscheiden. So handelt es sich bei Letzteren in der Regel um dichotome Variablen im Sinne einer ja/ nein-Entscheidung (Patient überlebt, ja oder nein), bei denen dann höhere Fallzahlen zum Nachweis der statistischen Signifikanz erforderlich sind. Da im Sinne der *evidence based medicine* lediglich die harten klinischen Endpunkte die therapeutische Wirksamkeit beweisen können, sollte die ausschließliche Verwendung von Surrogatmarkern als Zielkriterien nur in der frühen Phase der Arzneimittelprüfung vorgesehen werden.

2.2.3.3 Typische Auswertungsfehler

Einige der möglichen Fehlerquellen statistischer Tests sollen im folgenden Beispiel erläutert werden. Bei chirurgischen Eingriffen kommt es bei etwa 30 % der operierten Patienten zu einer Wundheilungsstörung. Es soll nun geprüft werden, ob eine Prophylaxe mittels einer i.v. Antibiotikagabe unmittelbar vor dem Eingriff diese Komplikationsrate verringern kann. Die **Prüf-**

hypothese (Nullhypothese) lautet dann, dass kein Unterschied zwischen Placebo und Antibiotikum besteht, während die **Alternativhypothese** ist, dass es unter Antibiotikumgabe seltener zu Wundheilungsstörungen kommt. Einen Fehler der ersten Art begeht man, wenn man die Alternativhypothese annimmt, obwohl es tatsächlich keinen Unterschied zwischen Placebo und Antibiotikum gibt. Die Wahrscheinlichkeit für einen solchen Fehler bezeichnet man als Signifikanzniveau α. Das minimale Signifikanzniveau, das erreicht werden muss, um statistische Signifikanz zu erreichen, wird nach allgemein üblicher Konvention mit 0,05 angenommen, d. h. man begeht einen Fehler der ersten Art mit weniger als 5 % Wahrscheinlichkeit. Einen Fehler zweiter Art begeht man, wenn man sich für die Annahme der Nullhypothese entscheidet, obwohl tatsächlich ein Unterschied zwischen Antibiotikum und Placebo besteht. Dieser Fehler wird mit β bezeichnet und $(1-\beta)$ gibt die Wahrscheinlichkeit an, mit der ein tatsächlicher Wirkunterschied auch erkannt wird. Die notwendige Sensitivität oder Trennschärfe des Testverfahrens wird meist bei 90 % angesetzt, obwohl dies im Unterschied zum Signifikanzniveau kein fester Wert ist und u. a. vom tatsächlichen und nicht bekannten Wirkunterschied und der Inzidenz einer Wundheilungsstörung unter Placebo abhängt. Ohne die Festlegung auf einen anzunehmenden klinisch-relevanten Wirkunterschied kann der Stichprobenumfang, der nötig ist, um eine bestimmte Sensitivität zu erreichen, nicht festgelegt werden. Ist der tatsächliche Wirkunterschied jedoch deutlich größer als der angenommene, werden mehr Patienten als notwendig in die Studie aufgenommen. Um dies rechtzeitig zu erkennen (v. a. bei Langzeitstudien über mehrere Jahre), können Methoden wie z. B. Versuchspläne mit Zwischenauswertungen zu festgelegten Zeiträumen verwendet werden.

Weitere häufige Fehlerquellen sind unzureichende Fallzahlen bei ungenauer Schätzung der *drop-out-rate*, eine fehlende Vergleichbarkeit der Versuchsgruppen und die Tendenz, Korrelation mit Kausalität gleichzusetzen. Neben diesen typischen Planungsfehlern gibt es auch eine Reihe häufig zu beobachtender **Auswertungsfehler**, die meistens auf einer nachträglichen und nicht-zulässigen Veränderung des Prüfprotokolls beruhen. Dazu gehören u. a. nicht-geplante Zwischenauswertungen und Stratifizierungen sowie eine künstliche Vergrößerung des Stichprobenumfangs. So werden z. B. häufig bei der Prüfung sog. „Venenmittel" die Beindurchmesser an beiden Beinen der Patienten bestimmt und in der Auswertung unzulässigerweise als unabhängige Messungen verwendet, wodurch der Stichprobenumfang ohne zusätzliche Information verdoppelt wird und eine geringere Schwankungsbreite erzielt wird.

Eine weitere Fehlerquelle ist die gezielte Suche nach signifikanten Ergebnissen. Definiert man nur genügend Zielkriterien, wird man irgendwann auch einen signifikanten Testparameter finden. Durch die nachträgliche und nicht-zufällige Einteilung in geeignete Untergruppen (z. B. *responder* versus *non-responder*) lassen sich unschwer Patientengruppen definieren, in denen doch noch eine signifikante therapeutische Wirksamkeit nachweisbar ist. Eine weitere Möglichkeit ist schließlich die allseits bekannte Tatsache, dass man nur lange genug testen muss, bis man den „geeigneten" statistischen Test für die Auswertung gefunden hat.

Bei der Bewertung einer klinischen Studie ist also auf jeden Fall auf die exakte prospektive Definition der Studienbedingungen und deren konsequente Einhaltung bzw. auf die Stichhaltigkeit der Begründungen für das Abweichen davon zu achten.

2.2.4 Klinische Arzneimittelprüfung vor der Zulassung – Phasen I–III

2.2.4.1 Allgemeine Aspekte der Zulassung von Arzneimitteln

Früher wurden Zulassung, Anwendung und kontinuierliche Überwachung von Arzneimitteln ausschließlich durch nationale Behörden geregelt (z. B. BfArM). Seit 1995 ist für die Zulassung in der EU die *European Agency for the Evaluation of Medicinal Products* (EMEA) zuständig (vgl. Kap. 4). Die Zulassung eines Arzneimittels ist dabei sowohl der formale Endpunkt der klinischen Prüfung als auch der Beginn der Markteinführung und der Überwachungsphase. Dazu gehören u. a. Herstellungskontrolle, Änderungen von Indikation und therapeutischer Anwendung, Erfassung von Nebenwirkungen und ein kontinuierliches Anpassen der Nutzen-Risiko-Bewertung an den Stand der wissenschaftlichen

Kenntnis. In Europa können Arzneimittel wahlweise nach dem zentralen oder dezentralen Verfahren zugelassen werden, lediglich für biologische/biotechnologische Produkte ist das zentrale Verfahren obligatorisch.

Ein Antrag auf Zulassung muss alle notwendigen Daten zur pharmazeutischen Qualität, Wirksamkeit und Unbedenklichkeit enthalten. Ein Hauptkriterium der Wirksamkeit ist die Reduktion von Mortalität oder Morbidität einer typischen, im vorgesehenen Indikationsbereich liegenden Krankheit. Der statistisch signifikante Nachweis der Wirksamkeit sowie die therapeutische Relevanz müssen in kontrollierten klinischen Studien erbracht sein. Ferner ist selbstverständlich bereits vor Beginn der Anwendung am Menschen in klinischen Studien u. a. durch die Erhebung der toxikologischen Basisdaten die Unbedenklichkeit zu zeigen. Hierbei muss die Wahrscheinlichkeit des Auftretens unerwünschter Arzneimittelwirkungen (UAWs) beim Patienten bestimmt werden, wobei wegen der relativ geringen Zahl der an den klinischen Prüfungen beteiligten Patienten nur die häufig vorkommenden UAWs sicher erfasst und seltene UAWs (Risiko des Auftretens < 1:1.000) meist erst durch die breite Anwendung und kontrollierte Anwendungsbeobachtungen nach der Zulassung erkannt werden. Aus den Erkenntnissen der präklinischen und klinischen Untersuchungen wird eine abschließende Nutzen-Risiko-Bilanz erstellt, in die zusätzliche Faktoren wie etwa die Verfügbarkeit anderer Behandlungsoptionen mit einfließen und die letztlich die Entscheidung über die Zulassungsfähigkeit bestimmen. Erfolgen müssen solche Nutzen-Risiko-Bilanzierungen jedoch auch bereits vor Aufnahme der ersten Anwendung am Menschen, vor jedem Eintreten in eine bestimmte Phase der klinischen Prüfung sowie nach der Zulassung, wenn Hinweise auf Veränderungen vorliegen (z. B. das Auftreten seltener UAWs).

In Europa müssen diese sehr umfangreichen Unterlagen alle zusammen in einem aufeinander abgestimmten integrierten Antrag eingereicht werden, wobei der Hersteller hierfür die alleinige Verantwortung trägt. Dagegen hat sich in den USA zunehmend die sog. **rollierende Einreichung** durchgesetzt, bei der die FDA das Zulassungsverfahren mitbetreut und damit einen Teil der Verantwortung übernimmt. Das Verfahren des *Investigational New Drug Review Process*

(IND) des *Center for Drug Evaluation and Research* (CDER) der FDA ist im Fließdiagramm in Abbildung 2.15 gezeigt (vgl. auch Abb. 2.12).

In der EU wird beim **zentralen Verfahren**, das auf die Zulassung primär für alle Mitgliedsstaaten abzielt, der Antrag bei der EMEA gestellt. Für die wissenschaftliche Bearbeitung und Entscheidung ist das von je zwei nicht weisungs-

gebundenen Vertretern pro Mitgliedsstaat besetzte *Committee for Proprietary Medicinal Products* (CPMP) zuständig. Der Antagsteller kann sich vor der Einreichung des Antrags von der EMEA wissenschaftlich beraten lassen und Hinweise zum weiteren administrativen Ablauf erhalten. Nach Antragstellung bestimmt das CPMP zwei Berichterstatter, die innerhalb von

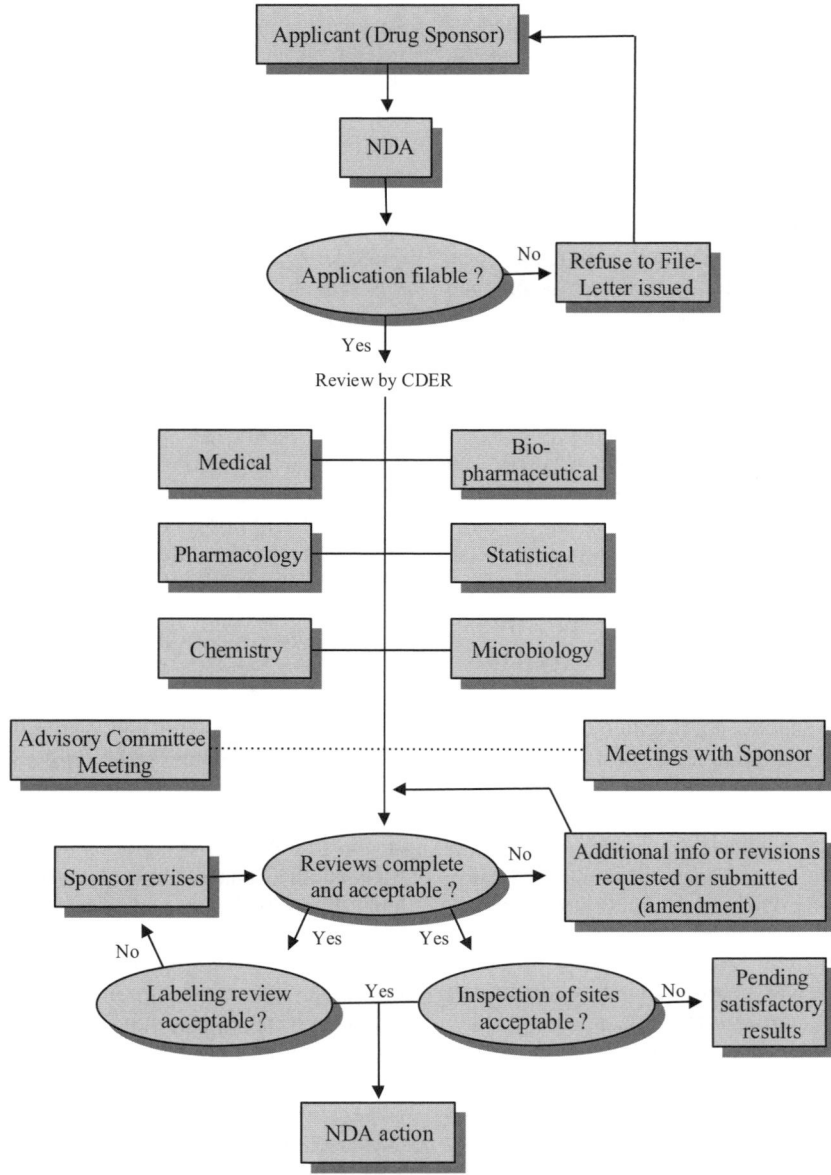

Abb. 2.15: Der „New Drug Application (NDA) Review Process" der US-amerikanischen Food and Drug Administration (FDA).

120 Tagen einen ersten Bericht verfassen und dem Antragsteller die sich daraus ergebenden offenen Fragen übermitteln, die dieser dann innerhalb von 180 Tagen beantworten muss. Anschließend legen die Berichterstatter dem CPMP ein abschließendes Gutachten vor, das von der CPMP bewertet wird und innerhalb von 30 Tagen einem sog. *Standing Committee* der EU zur Entscheidung vorgelegt wird. Die Erteilung der Zulassung mitsamt eventueller spezieller Auflagen erfolgt dann rechtsverbindlich für alle EU-Staaten und muss generell nach fünf Jahren neu bewertet und erneuert werden.

Beim **dezentralen Verfahren** erfolgt die Antragstellung primär bei einer nationalen Behörde, wobei die Wahl des Landes dem Antragsteller freigestellt ist. Nach der nationalen Zulassung, die im Verfahrensablauf dem zentralen Verfahren angeglichen ist, erfolgt die Umsetzung der Zulassung in den anderen Mitgliedsstaaten innerhalb der festgelegten Fristen durch gegenseitige Anerkennung (engl. *mutual recognition*), wobei die EMEA bei nationalen Unstimmigkeiten als übergeordnetes Schiedsgericht verfahren kann.

Die nationalen und europäischen Zulassungsbehörden sind verpflichtet, ihre Verfahren und Entscheidungen möglichst transparent zu gestalten, und der Antragsteller kann selbstverständlich rechtliche Schritte gegen die Entscheidungen einleiten (nationale Verwaltungsgerichte bzw. der Europäische Gerichtshof). Die wissenschaftliche Fachinformation *(Summary of Product Characteristics*, SPC) sowie die Patienteninformation (Packungsbeilage) sind nach einem festgelegten Schema zu gestalten sowie einheitlich in allen EU-Staaten zu veröffentlichen und verfügbar zu machen (z. B. im Internet).

Im Sinne einer erhöhten Transparenz ist es das erklärte Ziel, möglichst schnell frei zugängliche Datenbanken einzurichten, in denen alle europäischen Studien registriert sein sollen.

2.2.4.2 Klinische Prüfungen vor der Zulassung

Die klinische Prüfung im eigentlichen Sinn ist abzugrenzen von der individuellen Therapiebeobachtung bzw. der **systematischen Anwendungsbeobachtung** bereits zugelassener Medikamente. Letzteren ist gemeinsam, dass lediglich Daten gesammelt werden dürfen, die bei der therapeutischen Anwendung ohnehin anfallen wür-

den. Um eine **klinische Prüfung** handelt es sich hingegen, wenn die Gabe eines Arzneimittels überwiegend zur Gewinnung wissenschaftlicher Erkenntnisse (pharmakokinetische und pharmakodynamische Wirkungen, UAWs) erfolgt und das individuelle Wohl des Patienten nachrangig betrachtet werden kann. Zu den Voraussetzungen, die die Durchführung einer klinischen Prüfung rechtfertigen, ohne dass sie als Körperverletzung anzusehen ist, gehören die begründeten Annahmen, dass das neue Medikament einen therapeutischen Fortschritt bedeuten könnte und die Anwendung aus ärztlicher Sicht unbedenklich erscheint. Die Prüfung kann dabei an gesunden Probanden (in der Regel Phase I) oder kranken Menschen (Phasen II–IV) durchgeführt werden. Spezielle Patientenpopulationen wie Frauen im gebärfähigen Alter oder Kinder werden aber auch heute noch aus Sicherheitsgründen oder primär rechtlichen Erwägungen wenn überhaupt erst zu einem späten Zeitpunkt der Entwicklungsphase in die Prüfungen eingeschlossen, wobei diese Praxis von verschiedenen Seiten heftig kritisiert wird und es erste Ansätze zu einer rechtlichen Abhilfe gibt. Ein erster Schritt war die Einrichtung einer Kommission „Arzneimittel für Kinder und Jugendliche" beim BfArM. Ein weiteres Problem ist, dass v. a. finanzielle Überlegungen die Entwicklung von Medikamenten gegen seltene Erkrankungen (< 5 Erkrankungen pro 100 000 Einwohner; sog. *orphan drugs*) weitgehend verhindern. Ende 2000 ist deshalb in der EU eine Richtlinie verabschiedet worden, die durch finanzielle Anreize wie etwa die Gewährung zeitlich begrenzter Marktexklusivität die Entwicklung sonst unrentabler Medikamente fördern soll. Schließlich ist es problematisch, dass es gesetzlich nicht möglich ist, nicht zugelassene Präparate außerhalb klinischer Prüfungen anzuwenden. Vor allem Patienten mit lebensbedrohlichen, sonst nicht therapierbaren Erkrankungen und/oder Patienten, die aufgrund von Ausschlusskriterien nicht an klinischen Prüfungen teilnehmen können, werden hierdurch potenzielle Therapieoptionen vorenthalten. Es werden deshalb vorwiegend nationale Modelle entwickelt, die es unter bestimmten Bedingungen erlauben, straffrei vom sonstigen ärztlichen und rechtlichen Standard abzuweichen (sog. *compassionate use*). In den USA besteht ferner die Möglichkeit des sog. *accelerated development/review* zur Beschleunigung der Entwicklung von Medikamenten, die einen herausragenden Vorteil gegenüber existierenden Therapieoptionen für schwerwiegende oder lebensbedrohliche Krankheiten versprechen oder überhaupt erstmals deren Therapie gestatten (vgl. Abb. 2.16). Zu berücksichtigen ist hier, dass der Hersteller auch nach der Zulassung zum Ausgleich für den beschleunigten Prozess umfangreiche Tests weiterführen muss, da die FDA andernfalls leichter als sonst die Zulassung widerrufen kann.

Auf die zunehmende Bedeutung der Durchführung klinischer Prüfungen nach den ICH-GCP-Richtlinien, die auf den ethischen Prinzipien der Deklaration des Weltärztebunds von Helsinki (1964; letzte Revision 1996) beruhen, wurde bereits hingewiesen. Diese Richtlinien beschreiben im Wesentlichen die Definition und die Pflichten des Sponsors, Monitors, leitenden Prüfarztes und der Ethik-Kommission. Weiterhin finden sich dort detaillierte Anleitungen zum Aufbau des Prüfplans sowie der korrekten Durchführung und Dokumentation der Studien.

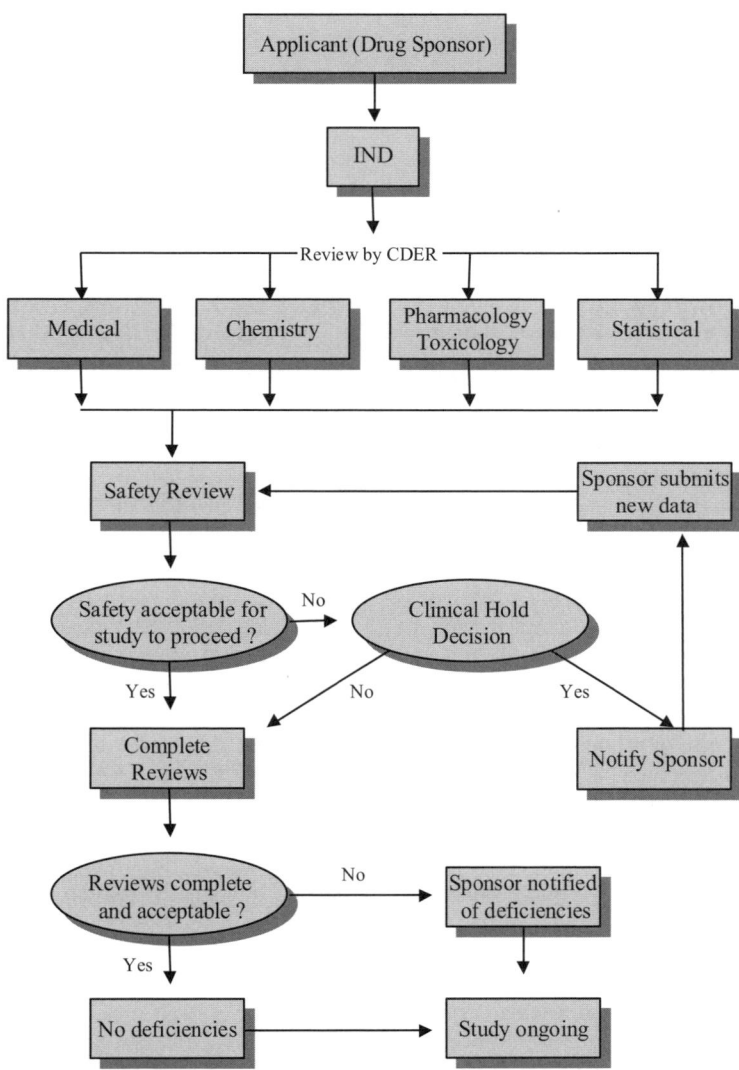

Abb. 2.16: Der „Investigational New Drug (IND) Review Process" der US-amerikanischen Food and Drug Administration (FDA).

Geregelt sind u. a. Aufklärung und Einverständniserklärung (engl. *informed consent*), die Durchführung des Monitorings und Audits mit Kontrolle der Ursprungs-(Quell-)Daten, die Meldung von UAWs, Anwendung von SOPs sowie die Archivierung von Daten und Prüfmaterialien. Der Sponsor (in der Regel eine Pharmafirma) beauftragt heute häufig sog. *Contract Research Organisations* (CROs) mit der Durchführung der Arzneimittelprüfungen, die dann an geeigneten Prüfzentren in Zusammenarbeit mit dem Leiter der klinischen Prüfung (LKP) durchgeführt werden. Zusätzlich gibt es in Deutschland Bestrebungen, etwa durch die Etablierung sog. klinischer Kompetenzzentren (KKS), die durch öffentliche Mittel (BMBF und Landesmittel) gefördert werden, die akademische Medizin wieder verstärkt zur Durchführung eigenständiger klinischer Arzneimittelstudien zu bewegen. Es existieren zurzeit bereits acht KKS (Düsseldorf, Freiburg, Heidelberg, Leipzig, Magdeburg, Mainz, Marburg und Tübingen) und fünf weitere befinden sich im Aufbau (Berlin, Dresden, Halle, Köln und Münster). Die KKS sind an den jeweiligen Medizinischen Fakultäten bzw. Universitätskliniken angesiedelt und verstehen sich als Bindeglied zwischen der pharmazeutischen und medizintechnischen Industrie einerseits und der akademischen Medizin andererseits, mit dem Ziel der beschleunigten Umsetzung von Entwicklungen der medizinischen Grundlagenforschung in die klinische Praxis. Die initiale Förderung durch öffentliche Mittel wird primär als Anschubfinanzierung verstanden, mit dem Ziel, dass sich die KKS in Zukunft v. a. durch die Übernahme von Forschungsaufträgen aus der Industrie selbst tragen können.

Vor Beginn einer klinischen Studie müssen gemeinsam vom Sponsor (Monitor) und LKP die notwendigen organisatorischen, administrativen und rechtlichen Voraussetzungen am Prüfzentrum geschaffen bzw. überprüft werden. Zu ersteren zählen u. a. die Patientenverfügbarkeit (z. B. durch Diagnosestatistiken bzw. Testläufe, *dummy runs*), quantitativ und qualitativ ausreichende personelle und technische Kapazitäten, die Organisation der Laboruntersuchungen (lokal oder zentral, Lagerung, Probenversand, etc.),

Tabelle 2.4: Klinische Pharmakologie – Voraussetzungen für die Durchführung klinischer Arzneimittelprüfungen.

Modell	Erläuterung	
Formale/rechtliche Grundlagen	Deutschland:	Arzneimittelgesetz
		Grundsätze zur Durchführung klinischer Prüfungen
		Good Clinical Practices (GCP)
	EU:	EU-Guidelines
	USA:	Good Clinical Practices (GCP)
	Weltärztebund:	Deklaration von Helsinki
Weitere formale Schritte	Benennung eines Leiters der klinischen Prüfung (LKP)	
	Positive Begutachtung durch unabhängige, zuständige Ethikkommission	
	Anmeldung aller klinischen Prüfungen bei der zuständigen regionalen Überwachungsbehörde (Anzeige)	
	Evtl. Vorlage beim Bundesinstitut für Arzneimittel und Medizinprodukte (BfArM) bzw. beim Paul-Ehrlich-Institut (PEI)	
	Ggf. Genehmigung nach Röntgenverordnung	
	Angemessene Ergebnissicherung gewährleistet	
Versuchspersonen	Angemessenes Risiko/Nutzen (Erkenntnisgewinn)-Verhältnis	
	Schutz der Studienteilnehmer	
	Körperliche Untersuchung	
	Aufklärung	
	Einverständniserklärung	
	Rücktrittsrecht	
	Probandenversicherung in ausreichender Höhe abgeschlossen	
Notfalleinrichtungen	Klinische Notfallausrüstung und Notfallmedikamente vorhanden	

die Sicherung der Durchführung des externen Monitorings (Akteneinsicht, Zeitplanung, etc.) sowie die Regelung der Honorar- (z. B. nach der Gebührenordnung für Ärzte) und Vertragssituation (Einverständnis der Krankenhausverwaltung bzw. des Dienstherrn). Zu den rechtlichen Anforderungen, die in der 12.–14. Novelle des AMG deutlich modifiziert wurden, gehören die Benennung eines LKP mit mindestens zwei Jahren Erfahrung in der Durchführung von Arzneimittelprüfungen, die Zustimmung der Ethik-Kommission des LKP sowie der lokalen Ethik-Kommission nach Dienst- oder Berufsrecht, der Abschluss einer Patienten-/Probandenversicherung, die Meldung bei der zuständigen regionalen Überwachungsbehörde, die Vorlage der Unterlagen beim BfArM bzw. PEI sowie ggf. weitere Genehmigungen beispielsweise nach der Röntgenverordnung, falls Strahlenbelastung aus Studiengründen vorliegt. Eine Aufstellung von Voraussetzungen zur Durchführung klinischer Arzneimittelprüfungen gibt Tabelle 2.4.

2.2.4.3 Elemente und Ablauf der klinischen Prüfung

Beim Ablauf der klinischen Prüfung wird weiterhin zwischen den Phasen I–IV unterschieden (Tab. 2.5; s. hierzu auch Abb. 2.12), obwohl diese starre Einteilung zu unflexibel ist und längst nicht mehr den Gegebenheiten der modernen Arzneimittelentwicklung genügt. So existiert die anachronistische Situation, dass diese geforderte

Tabelle 2.5: Klinische Arzneimittelprüfung – Unterscheidung der Phasen I–III.

Phase	Beschreibung	Zielsetzung	Größe und Zusammensetzung der Stichprobe	Zeitraum und durchführende Personen
Phase I	Erstanwendung an gesunden Probanden Untersuchung von pharmakologischen Wirkungen, der Verträglichkeit und des Arzneimittel-Stoffwechsels Stationäre Durchführung	Untersuchung u. a. von – Pharmakokinetik – Wirksamkeit – Dosis/Zeit-Wirkungs-kurven – Nebenwirkungen (UAWs) Erarbeitung von – Nutzen/Risiko-Analyse – geeigneter Dosierung	ca. 10–50 gesunde Probanden	ca. 15–20 Monate Klinische Pharmakologie
Phase II	(A) Erste Kurzanwendung an Patienten (B) Langzeittherapie Orientierende Versuchsreihen zur therapeutischen Wirksamkeit, toxikologischen Unbedenklichkeit und Dosisfindung Galenische Entwicklungen	Ermittlung von – Wirksamkeit – Dosis/Wirkungs-beziehungen – Klinischer Relevanz – Kumulation bei Mehrfachgabe – Interaktionen – Toleranzentwicklungen Entwicklung verschiedener Darreichungsformen	ca. 100–500 Patienten, homogene Stichprobe	ca. 18–24 Monate Klin. Pharmakologen, Ärzte mit Erfahrung in der Arzneimittelprüfung
Phase III	Konfirmatorische Studien zum Nachweis der Wirksamkeit und der toxikologischen Unbedenklichkeit; Vegleichsprüfung Wirkstoff/Placebo	Bestimmung u. a. von – tox. Sicherheit – klin. Wirksamkeit – Gleichweirtigkeit/Überlegenheit gegenüber Standardtherapie	meist > 1.000 Patienten, heterogene Stichprobe, multizentrisch	ca. 24–40 Monate In der Klinik tätige Ärzte

Terminologie einerseits offiziell weiter beibehalten wird, während sie andererseits keiner der erfolgreichen Arzneimittelhersteller als Grundlage der Entwicklungspläne verwendet. Die wesentlichen Gründe dafür liegen vor allem in zeitlichen, finanziellen und regulatorischen Überlegungen, doch auch aus wissenschaftlichen und klinischen Erwägungen gibt es schon seit langem akzeptierte Situationen, die zur begründeten **Abweichung von der Phaseneinteilung** führen können. So wäre es z. B. nicht zu verantworten, die Pharmakokinetik eines sehr toxischen neuen Medikaments in geplanter therapeutischer Dosierung an gesunden Probanden zu prüfen (Phase I), weil UAWs nahezu mit Sicherheit erwartet werden müssen. Die ersten Studien am Menschen würden in diesem Fall an Patienten mit Erkrankungen, die wahrscheinlich auf die Prüfsubstanz positiv ansprechen, durchgeführt (Phase II). Cytotoxische und antivirale Medikamente sind hier typische Beispiele. Weiterhin wäre es nicht sinnvoll, die Verträglichkeit von Prüfsubstanzen zuerst an gesunden Probanden zu testen, wenn relevante pharmakodynamische Effekte bekanntermaßen nur an bestimmten Patienten zu erheben sind. Problematisch sind auch Erkrankungen, für die kein anerkanntes präklinisches Modell existiert oder bei denen die Erkrankung selbst die Pharmakokinetik der Substanzen signifikant ändern kann. Es existieren z. B. keine Tiermodelle für die klassische Migräne des Menschen, und an gesunden Probanden lässt sich kein antimigränöser Effekt nachweisen. Gleichzeitig kann aber erwartet werden, dass das häufig zu beobachtende Erbrechen und die Magen-Entleerungsstörung während des Migräneanfalls die Pharmakokinetik und Wirksamkeit der Prüfsubstanz wesentlich beeinflusst.

2.2.4.4 Phase I: Erstanwendung an gesunden Probanden (Humanpharmakologie)

Nach kritischer und positiver Beurteilung der Verträglichkeit der Prüfsubstanz im Tierversuch folgt im Rahmen der Phase I der klinischen Prüfung in der Regel die orientierende Bestimmung des pharmakokinetischen und pharmakologischen Wirkprofils am gesunden Probanden, die Beurteilung der Verträglichkeit der Prüfsubstanz sowie die Definition eines Dosisbereichs für die folgenden Phase-II-Studien. Da die Phase-I-Studien im Allgemeinen nicht das Ziel des Nachweises einer therapeutischen Wirksamkeit haben, werden sie im Regelfall an gesunden, bezahlten Probanden durchgeführt, deren Rekrutierung üblicherweise einfach und deren Bezahlung ethisch gerechtfertigt ist. Die Zahl der Phase-I-Studien, an denen sich ein Proband pro Jahr beteiligen darf, sollte allerdings beschränkt werden (3–4/Jahr) und der finanzielle Anreiz darf auf keinen Fall so gestaltet sein, dass er den Probanden zur unkritischen Teilnahme veranlasst.

Der Frage der **Kinetik** und der Dosis-Wirkungs-Relation wird dabei besondere Aufmerksamkeit gegeben. Die Konzentration der Prüfsubstanz sowie eventueller Metabolite wird nach einfacher bzw. wiederholter Gabe in vorher festgelegten Zeiträumen im Blut und Urin bestimmt, und daraus werden wichtige kinetische Parameter wie Serumhalbwertszeit, AUC, c_{max} (maximale Plasmakonzentration), t_{max} (Zeitpunkt, zu dem c_{max} erreicht wird), Bioverfügbarkeit und renale Clearance berechnet. Pharmakodynamische Ziele sind der Nachweis von möglichst dosisabhängigen Wirkungen und deren Dauer, die Registrierung von UAWs sowie die Bestimmung der höchsten verträglichen und der kleinsten wirksamen Dosis.

Der Versuchsplan für die **pharmakodynamischen Untersuchungen** hängt vom erwarteten Wirkspektrum des Arzneimittels und von den ausgewählten Kriterien zur Überwachung wichtiger physiologischer Funktionen ab. Relativ leicht zu messende Parameter wie z. B. Herzfrequenz, systolischer und diastolischer Blutdruck, Elektrokardiogramm oder Körpergewicht sollten auf jeden Fall bestimmt werden. Diese pharmakodynamischen Messungen sollten nach Einzeldosen mehrfach am Tag der Applikation durchgeführt werden. Bei wiederholter Anwendung und Dauer der Studie über mehrere Wochen sollten die Parameter routinemäßig mindestens einmal wöchentlich bestimmt werden. Zumindest orientierend sollten auch grobe Funktionsänderungen des kardiovaskulären, gastrointestinalen, pulmonalen sowie des peripheren und zentralen Nervensystems erfasst werden. Häufig lassen sich während Phase-I-Studien an gesunden Probanden pharmakologische Wirkungen nur durch das Auftreten und Erfassen unerwünschter Arzneimittelwirkungen nachweisen. Um UAWs zu erfassen, können regelmäßige systematische Befragungen und eine engmaschige Kontrolle der wichtigsten Laborparameter verwendet werden. Standardprogramme für Blutlaborwerte sind z. B. von der Deutschen Gesellschaft für Klinische Chemie oder von der Sektion Klinische Pharmakologie der Deutschen Pharmakologischen und Toxikologischen Gesellschaft aufgestellt worden.

Bei der Versuchsplanung sollte unter Beteiligung der Biometrie wann immer möglich ein randomisierter, **Placebo-kontrollierter-Doppelblindversuch** angestrebt werden. Die erforderliche Anzahl der Probanden in Phase-I-Studien liegt im Allgemeinen zwischen zehn und 50. In der Regel dient jeder Proband im Sinne eines Vorher-Nachher-Vergleichs der Wirkungen der Prüfsubstanz als seine eigene Kontrolle. Aufgrund der geringeren intra-individuellen Variabilität erhält man so im Zusammenhang mit einem sog. *cross-over*-Versuchsdesign (eine Gruppe erhält erst Placebo, dann die Prüfsubstanz und in einer zweiten Gruppe erfolgt die Gabe in umgekehrter Reihenfolge) eine geringere Schwankungsbreite bereits bei kleinen Versuchsgruppen. Man muss allerdings durch angemessen lange Pausen (sog. *washout*-Phasen) zwischen der Applikation des Wirkstoffs und des Placebos (bzw. umgekehrt) sicherstellen, dass die Gefahr eines sog. *carry-overs* von Effekten in die nächste Phase minimiert wird. Ist dieses Design und die damit verbundene Wiederholung von aufwendigen Untersuchungen am Individuum z. B. aus ethischen Gründen nicht vertretbar (z. B. mehrfache invasive Untersuchungen), muss mit einem Gruppenvergleich an zwei oder mehreren parallelen Kontroll- und Prüfgruppen mit entsprechend größerer Zahl von Probanden gearbeitet werden.

2.2.4.5 Phasen II und III: Therapeutisch-exploratorische und konfirmatorische klinische Prüfungen

Die weiterführenden klinischen Arzneimittelprüfungen (vgl. Tab. 2.5) dienen in der Phase II dem Nachweis der therapeutischen Wirksamkeit im Hinblick auf die für die Zulassung vorgesehenen Indikationen. Zudem soll hier an einer begrenzten, möglichst homogenen Stichprobe von 50 bis 300 Patienten parallel die Unbedenklichkeit der Anwendung nachgewiesen sowie der wirksame Dosisbereich und die endgültige Applikationsform festgelegt werden. In dieser frühen Phase werden häufig Surrogatmarker (s. o.) zum indirekten Nachweis der therapeutischen Wirksamkeit eingesetzt, weil die Zeitdauer der Studie dadurch entscheidend verkürzt werden kann. So kann z. B. zur Beurteilung der Wirksamkeit eines Zytostatikums statt der Verlängerung der tumorfreien Überlebenszeit die Reduktion der Tumormasse als Ersatzkriterium herangezogen werden. Im Sinne der *evidence-based medicine* kann dies allerdings nicht als einwandfreier Nachweis der therapeutischen Wirksamkeit gelten und somit auch nicht für die endgültige Zulassung ausreichen. Ein typisches Vorgehen zur Definition des Dosisbereiches mit dem günstigsten Nutzen-Risiko-Verhältnis ist die sog. **Dosiseskalation**. Man beginnt dabei mit der geringsten effektiven Dosis und steigert sie dann, bis die gewünschte maximale Wirksamkeit erreicht wird oder limitierende UAWs auftreten. Am Ende dieser Untersuchungen sollen somit neben der Festsetzung des optimalen Dosisbereichs auch besondere Empfehlungen und Vorsichtsmaßnahmen für die klinische Anwendung gegeben werden können. So ist es beispielsweise wichtig zu wissen, ob eine Beeinträchtigung der Teilnahme am Straßenverkehr zu erwarten ist, die Alkoholtoleranz verändert wird oder relevante Arzneimittelinteraktionen auftreten können.

Um möglichst klare und von anderen Störfaktoren (z. B. Begleiterkrankungen) unbeeinflusste Daten zu erhalten, wird durch eine sehr enge Definition der Ein- und Ausschlusskriterien im Prüfplan eine möglichst homogene Patientengruppe angestrebt. Da jedoch eine zu homogene Gruppe der realen therapeutischen Situation nicht mehr entspricht, muss ein Kompromiss gefunden werden, der einerseits signifikante wissenschaftliche Aussagen ermöglicht und andererseits eine noch ausreichende Ähnlichkeit mit der wesentlich inhomogeneren Gruppe aller möglichen späteren Patienten gewährleistet. Zudem kann ein zu homogenes Prüfkollektiv die Zulassung gefährden, weil die Daten als nicht ausreichend repräsentativ beurteilt werden und somit keine hinreichende therapeutische Sicherheit garantieren.

Am Ende der klinischen Arzneimittelstudien der Phase II muss die Datenlage ausreichen, um einen Eintritt in die zeitlich und finanziell wesentlich aufwändigere Phase III zu rechtfertigen.

2.2.4.6 Phase III-Studien

In den konfirmatorischen Phase-III-Studien sollen die Ergebnisse der Phase II bestätigt und der therapeutische Nutzen der Prüfsubstanz eindeutig nachgewiesen werden (vgl. Tab. 2.5). Um ausreichend Daten für die Zulassung zu erheben, wird die Substanz jetzt meist in großen multizentrischen Studien an mehreren hundert bis tausend Patienten über längere Zeiträume (je nach Indikation bis zu mehreren Jahren) geprüft. Es müssen hierbei auch Erfahrungen mit den für die Erkrankung typischen Nebendiagnosen berücksichtigt und darüber hinaus Interaktionen mit dabei häufig eingesetzten anderen Medikamenten untersucht werden. Wenn für die zu prüfende Indikation eine Standardtherapie existiert, wird diese als ein Kontrollarm der Studien ebenso mitgeführt wie, wenn immer möglich, eine Placebokontrolle. Diese Kontrollgruppen sind zwingend auch notwendig, um das zweite Ziel der Phase III, die möglichst genaue Beschreibung der Art und Häufigkeit von UAWs, wissenschaftlich einwandfrei zu erreichen. Da UAWs möglicherweise erst sehr lange nach dem Therapiebeginn beobachtet werden, muss die Studiendauer v. a. bei Medikamenten für den chronischen Einsatz ausreichend lang sein (im Einzelfall bis zu mehreren Jahren). Trotz des enormen Aufwands ist es methodisch bedingt, dass seltene UAWs (Risiko ca. < 1:1.000) auch in Phase III und damit vor der Zulassung in der Regel nicht erfasst werden können.

Eine große Herausforderung bei der Planung dieser Langzeitstudien hat neben der Biometrie auch die Einschätzung von Störfaktoren und der potenziellen *drop-out-rate* der Patienten, was wiederum die Dimensionierung der Prüfgruppen beeinflusst. Die Prüfung der therapeutischen Wirksamkeit etwa bei der chronischen rheumatischen Polyarthritis dauert mehrere Jahre und erfordert häufig zusätzliche Arzneimittel, Medikamentenwechsel, Dosisänderungen oder weitere ambulante und stationäre Behandlungen; es gehen damit eine Vielzahl von Parametern ein, die vor Beginn der Studie mit berücksichtigt werden müssen.

Mit dem Ende der Phase-III-Studien werden die vorliegenden Ergebnisse in einem Zulassungsantrag nach klar definierten Regeln zusammengefasst. Die eingereichten Unterlagen müssen eine eindeutige Beurteilung des Wirkmechanismus, der pharmakodynamischen und -kinetischen Daten, der therapeutischen Wirksamkeit im Vergleich zu bisherigen Standardtherapien, des Dosisbereichs, der Applikationsarten sowie der Verträglichkeit und der zu erwartenden Art und Häufigkeit von UAWs gestatten.

2.2.5 Phase IV: Therapeutische Anwendung nach der Zulassung

Nachdem die Zulassung erteilt wurde, darf das Arzneimittel unter den im Zulassungsbescheid festgelegten Auflagen vertrieben werden. Für eine umfassendere Beurteilung des neuen Medikaments unter therapeutischen Bedingungen werden Phase-IV-Studien durchgeführt, für die prinzipiell die gleichen Vorschriften wie für die Phasen II und III gelten. Dieser hohe formale Aufwand zusammen mit dem Verbot, bei Phase-IV-Studien den Handelsnamen zu verwenden, soll u. a. verhindern, dass diese Studien lediglich Marketingzwecken dienen. Die Ziele der Phase-IV-Studien sind u. a. die **Beurteilung der Langzeitverträglichkeit** einschließlich des Auftretens seltener UAWs (Risiko < 1:1.000) sowie der Vergleich des Nutzen-Risiko-Verhältnisses mit den für die Indikation zugelassenen Standardmedikamenten. Zu den weiteren Zielkriterien gehört in zunehmendem Maße die Beurteilung der therapeutischen Wirksamkeit in Relation zu den dadurch verursachten Kosten für das Gesundheitssystem.

Im Gegensatz zum Arzneimittelhersteller darf der behandelnde Arzt im Rahmen der ärztlichen Therapiefreiheit neue Medikamente unter seiner Verantwortung auch für andere nicht zugelassene Indikationen einsetzen, so genannter *off-lable-use*. Werden solche Indikationsausweitungen in klinischen Studien überprüft, würde man per definitionem eigentlich wieder in die Phasen II und III eintreten müssen. Aufgrund des fortgeschrittenen Entwicklungsstands und der reduzierten formalen Anforderungen werden solche klinischen Prüfungen häufig als Phase V-Studien bezeichnet.

Vor allem aus Sicherheitsgründen ist die **kontinuierliche Überwachung** (Pharmakovigilanz) von Arzneimitteln nach der Zulassung unabdingbar. Hierzu sind die gesetzlichen Vorschriften vor allem bezüglich der Vorlage von periodischen Unbedenklichkeitsberichten (PSURs) in der 14. Novelle des AMG festgelegt worden. Zur Aufdeckung von UAWs im Rahmen der Pharmakovigilanz dienen im Wesentlichen epidemiologische Methoden wie Einzelfallmeldungen, Kasuistiken, Kohorten-Studien und Fall-Kontrollstudien. Die ersten beiden Methoden liefern aufgrund ihrer Zufälligkeit eher Verdachtsmomente auf seltene UAWs und sind, u. a. weil nur wenige Ärzte UAWs routinemäßig melden, für den gesicherten Nachweis in der Praxis eher ungeeignet. **Kohorten-Studien** und Fall-Kontrollstudien sind, v. a. wenn sie unter den oben beschriebenen strikten methodischen Maßgaben von kontrollierten klinischen Prüfungen durchgeführt werden, zur Erfassung unbekannter und seltener UAWs besser geeignet. In den Mitgliedsstaaten der EU gibt es sowohl auf nationaler Ebene (Zulassungsbehörden) als auch auf europäischer Ebene (EMEA und CPMP) entsprechende Meldesysteme, in denen auch der Datenaustausch zwischen den Behörden entsprechend organisiert ist. Weltweit übernimmt das *Collaborating Center for International Drug Monitoring* der Weltgesundheitsorganisation (WHO) mit Sitz in Uppsala (Schweden) eine führende Rolle bei der internationalen Erfassung von schwerwiegenden UAWs und der Weitergabe der Informationen.

3 Dem Arzneistoff eine Chance – die Arzneiform

3.1 Galenik oder Pharmazeutische Entwicklung

Die pharmazeutische Entwicklung hat ihren Ursprung in der galenischen Pharmazie, worunter man die überwiegend in der Apotheke vorgenommene **Arzneianfertigung** nach ärztlichen Rezepten und nach Vorschriften der Arzneibücher versteht. Eines der wichtigsten Anliegen der Pharmazie war es schon immer, **Arzneistoffe** zu geeigneten, gebrauchsfertigen **Arzneizubereitungen**, nämlich **Darreichungsformen**, zu verarbeiten und damit **Applikationsformen** zu schaffen, die der Patient seiner Erkrankung entsprechend anwenden kann.

Der Begriff **Galenik** leitet sich von dem griechischen Arzt Claudius Galenus ab, der um 129 in Pergamon (Kleinasien) geboren wurde und um 199 in Rom starb.

Galenus ist nach Hippokrates (um 460–370 v. Chr.) der bedeutendste Arzt der Antike. Mit seinen anatomischen Untersuchungen an Tieren und Beobachtungen der Körperfunktionen des Menschen schuf er ein umfassendes System der Medizin ("Galenismus"), das mehrere Jahrhunderte die Heilkunde und das medizinische Denken und Handeln der Menschen bestimmte. Galenus war der erste Naturwissenschaftler, der die Bedeutung der Arzneizubereitung erkannte und sie gezielt zur Optimierung der Arzneimittelwirkung in der Therapie einsetzte.

Unter den Disziplinen der Arzneimittelwissenschaften hat sich die Galenik in den letzten Jahrzehnten stark entwickelt. Die Herstellung der **Arzneiformen** hat sich kontinuierlich aus der Apotheke in den industriellen Maßstab verlagert. Dadurch verließ diese Disziplin ihr stark von Empirie und persönlicher Erfahrung geprägtes Umfeld. Gleichzeitig entwickelte sich eine breite Palette von industriellen Verfahrenstechniken, die eine moderne, industrielle Herstellung unterschiedlichster Arzneiformen erlauben. Der ständige Fortschritt im Bereich Apparate-, Maschinen- und Automatisierungstechnik sowie die kontinuierliche Weiterentwicklung moderner Prüf- und Analysenmethoden zur Beurteilung der **Arzneimittel** Qualität führten die Galenik zu einer eigenen Wissenschaft. Neue Hilfsstoffe, bzw. neuartige Hilfsstoffkombinationen und Applikationssysteme, gepaart mit neuen Verfahrenstechniken, führten in den letzten Jahren zu einer Reihe spezifischer, auf die Bedürfnisse der jeweiligen Therapie abgestimmter Arzneiformen.

Neben dem historischen Begriff **Galenik** haben sich insbesondere die Bezeichnungen **pharmazeutische Entwicklung** und **pharmazeutische Technologie** durchgesetzt. Der Begriff *drug delivery* beschreibt dagegen das maßgeschneiderte Zurverfügungstellen eines Arzneistoffs für einen bestimmten Therapiezweck bzw. die zielgerichtete Anwendung des Arzneistoffs am jeweiligen Wirkort.

Das zentrale Element der **pharmazeutischen Entwicklung** ist die Findung einer geeigneten **Rezeptur**. Die Rezeptur bestimmt neben den intrinsischen Eigenschaften des Moleküls auch die Eigenschaften der Arzneiform. Die Rezeptur wird im weitesten Sinne definiert durch eine Mischung des Arzneistoffes mit Hilfsstoffen. Auf dieser Grundlage lassen sich im Prinzip alle Arzneiformen ableiten. Neben der Rezeptur spielt die Herstellungstechnologie eine entscheidende Rolle. Sie beeinflusst einerseits die Rezeptureigenschaften, andererseits gewährleistet sie die reproduzierbare Herstellung des Arzneimittels unter besonderer Berücksichtigung von Qualität und Kosten.

Die Rezeptur ist also eine Art Verpackung des Arzneistoffs mit funktionalen Eigenschaften, die die Herstellbarkeit, Applizierbarkeit, Dosierungsgenauigkeit, Lagerstabilität und Bioverfügbarkeit gewährleisten.

3.2 Der Entwicklungsprozess – Chance und Risiko

Der Weg von der Arzneistoffidentifikation bis zur fertigen Arzneiform lässt sich in die drei Phasen *target discovery* (Identifikation und Validierung eines biologischen Targets), *drug discovery* (Identifikation biologisch wirksamer Moleküle) und *drug development* unterteilen:

Am Übergang von *drug discovery* zu *drug development* besitzt eine biologisch wirksame Sub-

stanz, die ab dieser Stufe als Arzneistoff oder Wirkstoff bezeichnet wird, eine durchschnittliche Erfolgswahrscheinlichkeit von 10 %. Der Arzneistoff muss also eine ganze Reihe von Hürden überwinden, um erfolgreich im Markt eingeführt zu werden.

Die Hauptgründe, die zu einem Abbruch führen, sind in Abbildung 3.1 dargestellt.

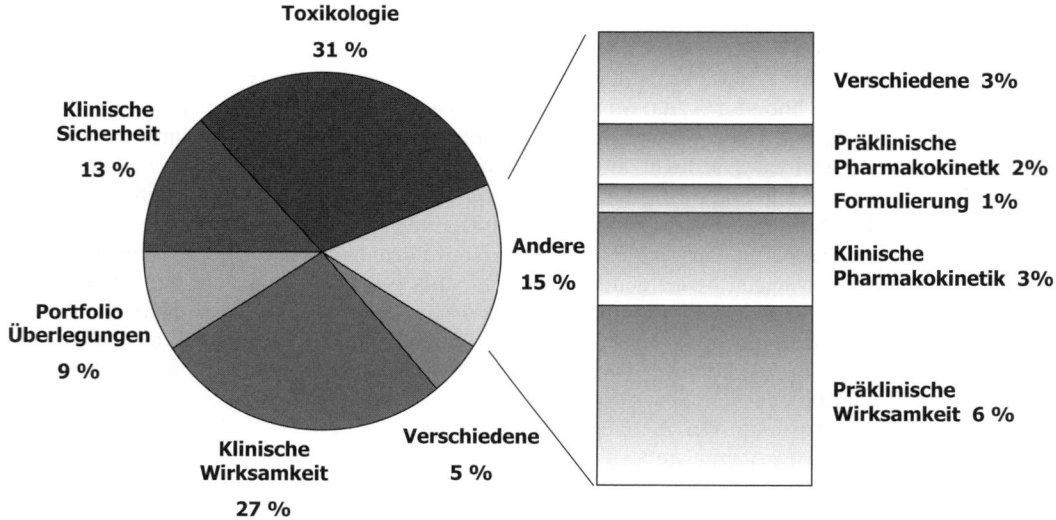

Abb. 3.1: Hauptgründe für die Einstellung einer Arzneimittelentwicklung.

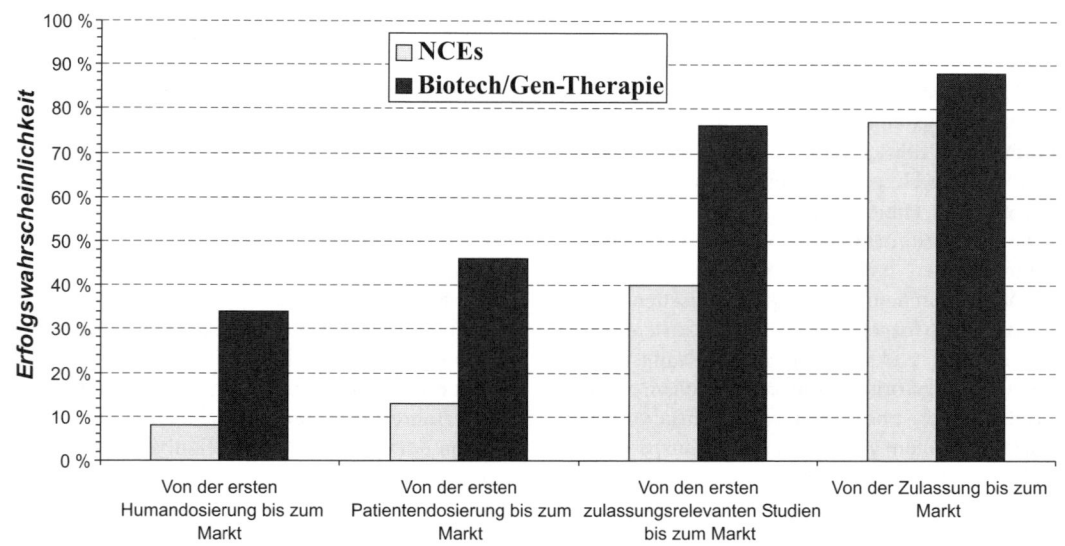

Abb. 3.2: Erfolgswahrscheinlichkeit für einen neuen Arzneistoff.

Interessanterweise ist der Anteil der Arzneistoffe, die aus pharmazeutischen Gründen nicht mehr weitergeführt werden können, sehr gering.

Intensive physikalisch-chemische Untersuchungen beim Eintritt eines Arzneistoffs in die Entwicklung führen dazu, dass kritische Arzneistoffe nicht in die Entwicklung genommen werden und sich für die pharmazeutische Entwicklung die Erfolgswahrscheinlichkeit erhöht. Letztendlich entscheidet die klinische Prüfung am Patienten über den therapeutischen Nutzen des Arzneimittels und seine Chancen als künftiges Marktpräparat (Abb. 3.2).

3.3 Die Arzneizubereitung – die Arzneiform als Applikationssystem

Damit der Arzneistoff im Körper seine bestimmungsgemäße Wirkung entfalten kann, muss er zu einer geeigneten, gebrauchsfertigen **Arzneizubereitung** verarbeitet werden. Das heißt, er wird in eine physikalische Form gebracht, die die Verhältnisse des Applikationsortes und die physikalisch-chemischen Eigenschaften des Arzneistoffs berücksichtigen. In nur wenigen Ausnahmefällen wird der Arzneistoff ohne Arzneizubereitung als abgewogene Einzeldosis appliziert. Die Arzneizubereitung hat also die Aufgabe, die Wirkung des Arzneistoffs in Abhängigkeit des Applikationsortes sicherzustellen und ggfs. zu optimieren. Beispielsweise wird ein Arzneistoff, der für die Behandlung von Hauterkrankungen eingesetzt werden soll, seine Wirkung erst in einer geeigneten Salben- oder Creme-Zubereitung entfalten. Das Aufbringen des reinen Wirkstoffpulvers auf die Haut wäre sicher wirkungslos.

Durch Verwendung geeigneter Hilfsstoffe, in der Regel pharmakologisch unwirksame und physikalisch-chemisch indifferente Substanzen, wird der Arzneistoff in eine dem jeweiligen Anwendungszweck angepasste Arzneizubereitung übergeführt. Hierfür werden auch die Bezeichnungen Arzneiform oder Darreichungsform gebraucht.

Man unterscheidet prinzipiell zwischen oralen **Darreichungsformen** (Tabletten, Kapseln, Dragees, Säfte), parenteralen Darreichungsformen (Darreichungsformen zur intravenösen, intraarteriellen oder subcutanen Applikation von Arzneistofflösungen oder Arzneistoffsuspensionen mittels Injektion), dermalen Darreichungsformen (Cremes, Salben, Gele) und inhalativen Darreichungsformen (Aerosole, Lösungen). Hinzu kommen Sonderformen im Rahmen der nasalen, rektalen, vaginalen, transdermalen und implantierbaren Applikation. Die Augenheilkunde und die Zahnmedizin erfordern ebenfalls spezielle Darreichungsformen.

Zu jeder der genannten Darreichungsformen gibt es noch eine Reihe von Subtypen, die für den jeweiligen Anwendungszweck maßgeschneidert sind. So kann durch spezielle Hilfsstoffe oder Verwendung besonderer Herstellungsverfahren die Wirkstofffreisetzung bezüglich Geschwindigkeit, Ausmaß und Ort der Arzneistoffabgabe modifiziert werden. Beispielsweise können Tabletten mit einem Polymerfilm überzogen werden, um säurelabile Arzneistoffe bei Zutritt von Magensäure zu schützen. Die Tablette kann dann unbeschadet in tiefere Darmabschnitte gelangen. Die dort herrschenden pH-Verhältnisse führen zu einer Auflösung des Polymerfilms, wobei der Arzneistoff aus der Tablette freigesetzt werden kann. Diese Art der Arzneistofffreisetzung wird als magensaftresistente Arzneistofffreisetzung bezeichnet. Arzneimittel mit Depoteffekt für Langzeitanwendungen, mit zeitlich gestaffelter, verzögerter oder an den Bedarf des Patienten angepasster Freigabe des Arzneistoffs werden in Zukunft eine immer größere Rolle spielen.

Die **Eigenschaften der Arzneiform** (Abb. 3.3) werden definiert durch die Eigenschaften des Arzneistoffs, die Eigenschaften der Hilfsstoffe und durch das verwendete pharmazeutische Herstellverfahren. Bereits bei der Suche und Identifikation der geeigneten Arzneizubereitung kommen spezifische Verfahrenstechnologien im Labormaßstab zum Einsatz. Dabei muss sichergestellt werden, dass eine Maßstabsvergrößerung bis in den Produktionsmaßstab möglich ist.

Arzneiformen mit identischer Zusammensetzung können nach Herstellung mit unterschiedlichen Verfahrenstechnologien unterschiedliche Eigenschaften aufweisen. Dies kann zu Unterschieden von Wirkungseintritt, -dauer und -intensität führen, ein Aspekt, der vor allem bei der Diskussion über die Äquivalenz von Generikaprodukten mit dem Originalprodukt berücksichtigt werden muss.

Wesentliches Merkmal einer einzeldosierten Darreichungsform ist die Gewährleistung einer genauen Dosierung. Abweichungen von der in klinischen Prüfungen festgelegten Dosis führen zum Therapieversagen oder können den Patienten schädigen.

Beispielsweise muss jede einzelne Tablette die gleiche Menge des deklarierten Arzneistoffgehaltes enthalten. Die als Gleichförmigkeit des Gehalts (*content uniformity*) bezeichnete Kennzahl einer einzeldosierten Darreichungsform wird durch die Bestimmungen der einschlägigen Arzneibücher definiert (USP, Ph. Eur).

Die wichtigste physikalische Kenngröße einer Darreichungsform ist die chemische und physikalische Stabilität des Arzneistoffs in der Zubereitung. Hilfsstoffe können sowohl eine stabilisierende als auch eine destabilisierende Wirkung auf den Arzneistoff ausüben. Wichtiges Entwicklungsziel ist es daher, diejenigen Hilfsstoffe zu identifizieren, bei denen der stabilisierende Einfluss überwiegt. Die maximal zulässige Gehaltsabnahme aufgrund von Arzneistoffzersetzung ist hier ebenfalls durch die entsprechenden Arzneibücher definiert. Um die zulässigen Grenzwerte für die Gehaltsabnahme auszuschöpfen, müssen die entstehenden Zersetzungsprodukte toxikologisch charakterisiert und für unbedenklich erklärt werden.

Außer den medizinischen und pharmazeutischen Anforderungen sind Marketingaspekte, die hauptsächlich auf das Äußere der Darreichungsform abzielen, entscheidend. Formgebung und Farbe stehen dabei im Vordergrund.

Neben den rein ästhetischen Gesichtspunkten sind auch Merkmale zur Unterscheidung von Dosierungen, Arzneistoffen oder Arzneistoffgruppen von Bedeutung.

Zu guter Letzt müssen technische und wirtschaftliche Aspekte berücksichtigt werden, die eine zuverlässige und kostengünstige Herstellung des Arzneimittels gewährleisten.

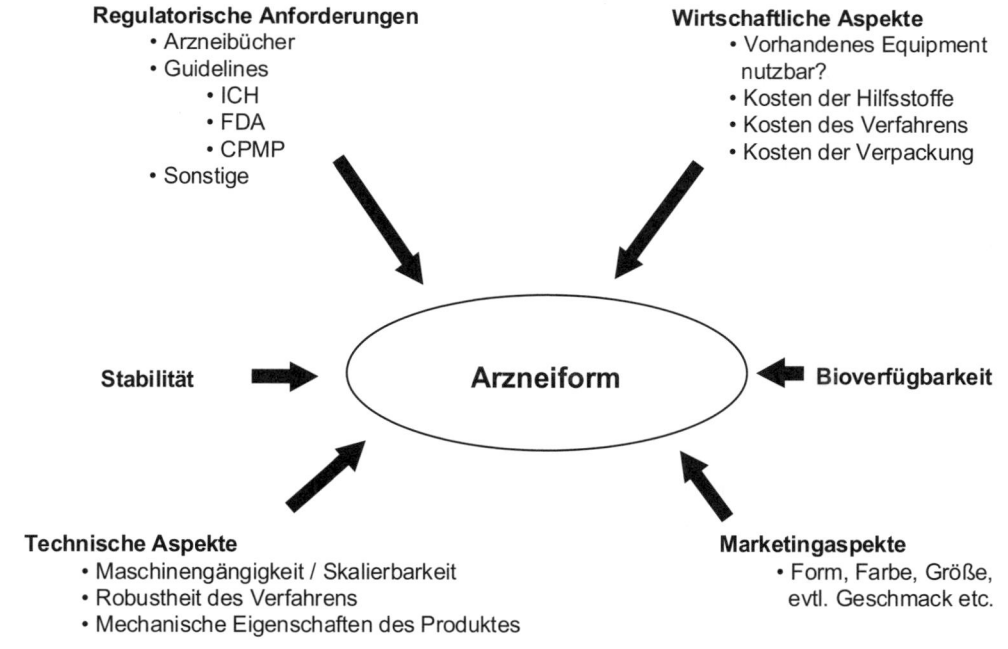

Abb. 3.3: Anforderungen an die Arzneiform.

3.4 Galenik für den Tierversuch – Applikation von Forschungssubstanzen

Die Suche nach geeigneten Arzneiformen für einen neuen Arzneistoff beginnt bereits zu einem Zeitpunkt, der dem eigentlichen Entwicklungsprozess noch nicht zugerechnet werden kann. In der späten Phase des Forschungsprozesses (*lead optimisation, target validation*) werden verstärkt pharmakologische Studien am Versuchstier zur **Profilierung neuer Arzneistoffe** durchgeführt. In der Regel werden hierfür einfache wässrige Lösungen oder Suspensionen für die orale und parenterale Applikation eingesetzt.

Das gelingt allerdings nur dann, wenn der Arzneistoff eine ausreichende Wasserlöslichkeit besitzt. Ist dies nicht der Fall, müssen spezielle Formulierungstechniken zur Verbesserung der Löslichkeit angewendet werden.

Um die Applikation im Rahmen des pharmakologischen Experiments möglichst einfach zu gestalten, werden in der Regel anwendungsfertige, flüssige Zubereitungen für die orale und parenterale Applikation zur Verfügung gestellt.

Die orale Applikation erfolgt in der Regel mithilfe einer Schlundsonde, durch die die Arzneistofflösung direkt in den Magen des Versuchstieres appliziert wird.

Bei tierexperimentellen Untersuchungen werden wesentlich höhere Arzneistoffmengen, d. h. Dosierungen appliziert, als später bei der Anwendung am Menschen üblich. Dies ist insbesondere bei toxikologischen Untersuchungen der Fall, da toxische Effekte bei kurzer Anwendungsdauer (4 Wochen, 13 Wochen) nur in Dosierungen, die ein Vielfaches der therapeutischen Dosis betragen, erkannt werden können.

Um hohe Arzneistoffmengen – mehrere hundert Milligramm – in möglichst geringen Flüssigkeitsvolumina lösen zu können, müssen spezielle Lösungsvermittler mit einem hohen Solubilisierungsvermögen eingesetzt werden. Dabei können durchaus Hilfsstoffe eingesetzt werden, die für die Humananwendung nur begrenzt zulässig sind. Entscheidend ist, dass diese Hilfsstoffe eine möglichst geringe pharmakologische Eigenwirkung besitzen, um die Interpretation

der Ergebnisse des Tierexperiments nicht zu gefährden.

Bei der parenteralen Applikation muss darauf geachtet werden, dass die eingesetzten Hilfsstoffe die Verträglichkeit der Arzneizubereitung an der Einstichstelle gewährleisten. Insbesondere bei wiederholter Anwendung ist dies von entscheidender Bedeutung

Da oftmals aus diesen **Tierexperimenten** Rückschlüsse für die spätere Entwicklungsstrategie der Arzneiform gezogen werden können, ist der Einsatz völlig artifizieller, biologisch nicht relevanter Lösungsmittelsysteme wie z. B. DMSO nicht zu empfehlen. Der Einsatz von derartigen Arzneistofflösungen führt in der Regel zu falsch positiven Befunden, die später im Rahmen der Formulierungsentwicklung des Marktproduktes nicht mehr reproduziert werden können.

Somit bieten sich Solubilisierungsprinzipien an, die auch bei der Entwicklung der künftigen Darreichungsformen zum Einsatz kommen können (Tab. 3.1).

Tabelle 3.1: Solubilisierungsprinzipien für Arzneistoffe.

Prinzip	Beispiel
pH-Effekte, Salzbildung	Säuren/Basen
Kosolventien	Nichtwässrige organische Lösungsmittel
Lösungsvermittler	Tenside
Komplexbildner	Cyclodextrine
Emulsionen	Öl/Tensidmischungen
Wasserfreie Systeme	Ölige Lösungen
Veränderung der Kristallstruktur	Feste Lösungen
Verkleinerung der Partikelgröße	Vermahlung

3.5 Die Vorschulzeit des Arzneistoffs – physikalisch-chemische und biopharmazeutische Effekte

Am Beginn der Entwicklung einer Arzneiform steht ein intensives physikalisch-chemisches Untersuchungsprogramm des Arzneistoffs. Zusätzlich wird untersucht, wie gut der Arzneistoff Zellmembranen menschlicher Darmwandzellen durchdringen kann. Dieses wird in der Regel von speziellen Labors durchgeführt, die mit der entsprechenden Expertise und den hierfür notwendigen Messtechniken ausgestattet sind.

Diese Daten erlauben eine Abschätzung über das künftige Verhalten des Arzneistoffs nach Applikation in seiner biologischen Umgebung (z. B. im Gastrointestinaltrakt nach oraler Applikation) und über die Machbarkeit der jeweiligen Arzneiform (z. B. Tablette, Kapsel, Inhalationspräparat).

Üblicherweise werden folgende Substanzeigenschaften untersucht:

Tabelle 3.2: Physikalisch-chemische Eigenschaften des Arzneistoffs.

Löslichkeit, pH-abhängig	Kristallinität, Kristallformen
Löslichkeit, lösungsmittelabhängig	Wasseraufnahme, Feuchtempfindlichkeit
Stabilität der Festsubstanz	Vermahlbarkeit
Stabilität in Lösung	Reinheit
Verteilungskoeffizient	Säure/Base Konstante (pKa-Wert)

3.5.1 Löslichkeit

Die **Bioverfügbarkeit** ist das Ausmaß und die Geschwindigkeit, mit der ein Arzneistoff am Wirkort erscheint. Der Wirkort befindet sich je nach zu therapierender Erkrankung in unterschiedlichen Organen des Körpers. Um seine Wirkung entfalten zu können, muss der Arzneistoff möglichst ungehindert und rasch an den Wirkort gelangen können.

Als universelles Transportmedium hierfür dient das Blut, das den Arzneistoff in gelöster Form an den Wirkort befördert. Dabei muss allerdings berücksichtigt werden, dass der Arzneistofftransport nicht selektiv an den Wirkort erfolgt. Andere, nicht für die spezifische Wirkung des Arzneistoffs verantwortliche Organe werden ebenfalls mit dem Arzneistoff „versorgt", was dann zu unerwünschten Arzneimittelwirkungen führen kann.

Nach Einnahme einer oralen Arzneiform, z. B. einer Tablette, muss als Voraussetzung für einen reibungslosen Übergang des Arzneistoffs aus dem Magen-Darm-Trakt in die Blutbahn eine schnelle und möglichst vollständige Auflösung des Arzneistoffs im Magen-Darm-Trakt erfolgen.

Einer der wichtigsten arzneistoffspezifischen Eigenschaften ist daher seine Löslichkeit in wässrigen Lösungsmitteln. Eine unzureichende Löslichkeit kann dazu führen, dass ein Arzneistoff nicht für die Arzneimittelentwicklung vorgeschlagen wird und im Rahmen der *lead*-Optimierung nach besser löslichen Molekülen gesucht werden muss.

Bei den meisten Darreichungsformen wird die Verfügbarkeit des Arzneistoffs im Organismus (Bioverfügbarkeit) maßgeblich durch die Löslichkeit des Arzneistoffs bestimmt. Für parenterale Darreichungsformen gilt, dass in der Regel klare Lösungen appliziert werden müssen. Allerdings gibt es im Falle der Applikation von ungelöstem Arzneistoff in Form von Kristallsuspensionen eine Ausnahme von dieser Regel, wenn gewährleistet ist, dass eine bestimmte Teilchengröße eingehalten wird und der Arzneistoff sich nach der Injektion in der Blutbahn auflöst.

Die vollständige Auflösung der applizierten Dosis ist daher ein notwendiges Kriterium für eine ausreichende Bioverfügbarkeit. Allerdings sollte an dieser Stelle darauf hingewiesen werden, dass selbst Arzneistoffe mit einer ausreichenden Löslichkeit unter den Bedingungen des Magen-Darm-Traktes nach oraler Gabe keine ausreichende Bioverfügbarkeit besitzen. Die Bioverfügbarkeit wird neben der Löslichkeit auch durch die Permeabilität des Arzneistoffs durch biologische Membranen, in diesem Fall durch die Epithelzellen des Magen-Darm-Traktes definiert.

Damit haben schwerlösliche und schlecht permeable Arzneistoffe ein inhärentes Bioverfügbarkeitsproblem.

Ein Arzneistoff gilt als löslich, wenn die erforderliche Dosis in einem Volumen von 250 ml über den gesamten physiologischen pH-Bereich (pH 1–7) in Lösung gebracht werden kann.

Alle anderen Arzneistoffe gelten als schwerlöslich; hier kann durch die Auswahl bestimmter Hilfsstoffe und Verfahrenstechnologien eine Verbesserung der Löslichkeit und damit der Bioverfügbarkeit erreicht werden. Das Ausmaß der Beeinflussung der Bioverfügbarkeit durch die Arzneiform hängt vom Grad der Schwerlöslichkeit ab. Die Bioverfügbarkeit sehr schwer löslicher Arzneistoffe wird in vielen Fällen von der Arzneiform stärker abhängen als die Bioverfügbarkeit moderat schwerlöslicher Verbindungen.

Wie bereits erwähnt, hängt die Bioverfügbarkeit mit der Geschwindigkeit, mit der ein Arzneistoff in Lösung geht, zusammen. Qualitativ lässt sich diese Tatsache wie folgt beschreiben:

> Lösungsgeschwindigkeit ≈ Sättigungslöslichkeit
>
> Lösungsgeschwindigkeit ≈ spezifische Oberfläche des Arzneistoffs

Relevante Größen für die Lösungsgeschwindigkeit sind demnach die Sättigungslöslichkeit und die spezifische Oberfläche des Arzneistoffs.

Die **Sättigungslöslichkeit** ist die Menge an gelöstem Stoff in einem Lösemittel, die sich einstellt, wenn soviel Stoff dem Lösemittel zugegeben wird, dass sich kein weiterer Stoff mehr auflösen kann und ungelöster Stoff im Lösemittel zurück bleibt.

Die Sättigungslöslichkeit ist abhängig von einer Reihe von Faktoren, wie Temperatur, Art des Lösemittels, pH-Wert und dem Einsatz spezifischer Lösungsvermittler.

Besonders ausgeprägt ist der Einfluss der Temperatur auf die Sättigungslöslichkeit, was beispielsweise bei der Auflösung von Zucker in Wasser gut beobachtet werden kann. In warmem Wasser wird sich mehr Zucker lösen als in kaltem.

Für die Arzneiform sind Temperatur und Art des Lösemittels unveränderbare Größen, da sich die Zusammensetzung der Flüssigkeit des Magen-Darm-Traktes als auch die Körpertemperatur nicht beeinflussen lassen.

Dagegen kann durch Zusatz spezifischer löslichkeitsfördernder Hilfsstoffe in der Arzneiform die Sättigungslöslichkeit signifikant verbessert werden.

Die **spezifische Oberfläche** des Arzneistoffs wird bestimmt durch den Grad seiner Vermahlung. Sie kann bis zu 100 Quadratmeter pro Gramm Arzneistoff betragen.

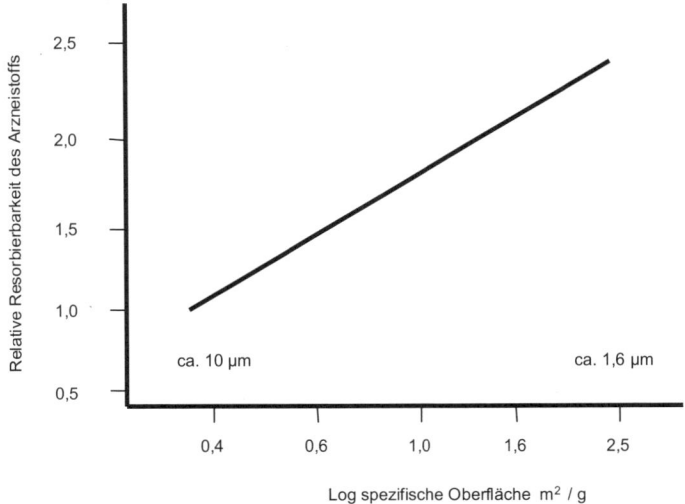

Abb. 3.4: Abhängigkeit der Resorbierbarkeit von der spezifischen Oberfläche des Arzneistoffs.

Eine Vergrößerung der Oberfläche lässt sich durch verschiedene Vermahlungstechniken erzielen, wobei Oberflächenvergrößerungen um den Faktor 10 gegenüber der ursprünglichen Oberfläche des Arzneistoffs erreicht werden können (Abb. 3.4).

Arzneistoffmoleküle verhalten sich oftmals in wässrigem Milieu wie klassische Säuren oder Basen, die entweder Protonen abgeben (Säure) oder Protonen aufnehmen (Base). Allerdings ist die jeweilige Säure- oder Basenstärke niedrig. In Abhängigkeit des pH-Wertes des Lösemittels kann das Molekül mehr oder weniger stark Protonen aufnehmen oder abgeben, was entweder zu einem positiv oder negativ geladenen Molekül führt. Je stärker geladen das Molekül ist umso höher ist die Löslichkeit. Damit ist ein funktionaler Zusammenhang zwischen pH-Wert und Löslichkeit hergestellt (Abb. 3.5). Dies ist um so mehr von Bedeutung, da im Magen eines Patienten ein saurer pH-Wert vorherrscht, im Dünndarm ein neutraler und in tieferen Darmabschnitten ein eher basischer. Somit kann die Löslichkeit des Arzneistoffs in den unterschiedlichen Abschnitten des Magen-Darm-Trakts durchaus sehr unterschiedlich sein.

Die Löslichkeitsuntersuchungen werden mit geringen Arzneistoffmengen (wenige mg) unter Gleichgewichtsbedingungen durchgeführt. Untersucht werden die Löslichkeit in reinem Wasser, in Puffersystemen unterschiedlicher pH-Werte bei Raumtemperatur und bei 37 °C.

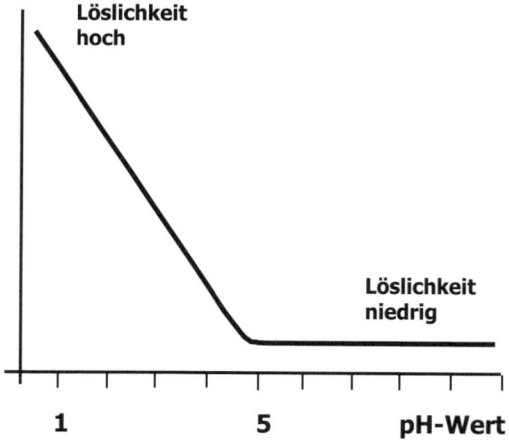

Abb.3.5: Abhängigkeit der Löslichkeit einer schwachen Base vom pH-Wert

3.5.2 Stabilität

Die Lagerstabilität des Arzneistoffs, sowohl als Reinsubstanz als auch in der Arzneiform ist von entscheidender Bedeutung für die Realisierung eines Arzneimittels. Lagerstabilitäten unter zwei Jahren gelten allgemein als nicht akzeptabel. Üblicherweise besitzen Handelspräparate eine Laufzeit von drei bis fünf Jahren.

Zur Ermittlung des Stabilitätsrisikos werden mit dem Arzneistoff Stabilitätsuntersuchungen unter definierten Lagerbedingungen durchgeführt. Diese Lagerbedingungen sind zwischen den Zulassungsbehörden der meisten Länder weltweit abgestimmt und akzeptiert.

Man unterscheidet prinzipiell zwischen Stabilitätsuntersuchungen der Festsubstanz und der Substanz in Lösung. Aussagen über das Verhalten des Arzneistoffes in der späteren Zubereitung lassen sich nur bedingt aus diesen Untersuchungen ableiten. Die in der Zubereitung eingesetzten Hilfsstoffe können das Stabilitätsverhalten sowohl verbessern als auch verschlechtern. Diese Daten werden gezielt während der Entwicklung der Arzneiform entweder im Rahmen von Kompatibilitätsstudien zwischen Hilfsstoff und Arzneistoff oder während der regulären Stabilitätsprüfung der fertigen Zubereitung erarbeitet.

Die **Stabilität des festen Arzneistoffs** wird untersucht, indem dieser über einen kurzen Zeitraum (24 h oder 72 h) bei erhöhter Temperatur (70–100 °C) und Luftfeuchte (100 % rel. Feuchte) gelagert wird und anschließend die Zersetzungsprodukte analytisch erfasst werden. Der gelöste oder suspendierte Arzneistoff wird als 1 %ige Lösung bei unterschiedlichen pH-Werten bei erhöhter Temperatur (50 °C) gelagert und anschließend analytisch untersucht. Gleichzeitig wird der Einfluss von Licht und Sauerstoff auf die Stabilität des Arzneistoffs überprüft.

3.5.3 Verteilungskoeffizient

Eine Aussage darüber, ob der Arzneistoff eine ausreichende Fettlöslichkeit (Lipophilie) besitzt, um Zellmembranen durchdringen zu können, vorzugsweise die Zellmembranen der Darmwandzellen des Magen-Darm-Traktes, liefert der **Verteilungskoeffizient**.

Er beschreibt die Verteilung eines Arzneistoffs in zwei nicht miteinander mischbaren Flüssigkeiten unter Gleichgewichtsbedingungen.

Er wird bestimmt durch den Logarithmus der Konzentrationsverteilung zwischen einer wässrigen Phase und einer organischen Phase entsprechend der folgenden Beziehung (Nernstscher Verteilungssatz):

$$C_1 / C_2 = k$$

C_1 = Konzentration des Arzneistoffs in Phase 1 (lipophile Phase)
C_2 = Konzentration des Arzneistoffs in Phase 1 (hydrophile Phase)
k = Verteilungskoeffizient (Konstante)

Zusammen mit den Daten von Permeabilitätsstudien an Zellen in Zellkultur lassen sich Aussagen über das Resorptionsverhalten nach oraler Gabe treffen (Tab. 3.3).

Anhand von Resorptionsstudien in der Ratte konnte gezeigt werden, dass mit Zunahme des Verteilungskoeffizienten die Resorption zunimmt.

Somit ist neben der Löslichkeit des Arzneistoffs seine Fähigkeit, die Zellen der Darmwand des Magen-Darm-Traktes zu durchdringen und über diesen Weg in die Blutbahn zu gelangen, der zweite entscheidende Parameter zur Erreichung einer ausreichenden Bioverfügbarkeit.

Tabelle 3.3: Resorption von Arzneistoffen im Rattendarm im Vergleich zum Verteilungskoeffizienten.

Arzneistoff	Resorption (%)	Verteilungs-koeffizient (Heptan)
Thiopental	67	3,30
Acetylsalicylsäure	21	0,03
Theophyllin	30	0,02
Sulfanilamid	24	< 0,002
Barbitursäure	5	< 0,002
Mannitol	< 2	< 0,002

3.5.4 Permeabilität

Das Ausmaß der **Permeabilität** des Arzneistoffs durch die Zellmembran ist direkt proportional zum nicht ionisierten Anteil des Arzneistoffmoleküls. Da der überwiegende Anteil der Arzneistoffmoleküle entweder Säure- oder Basencharakter besitzt, ist der nicht ionisierte Anteil des Moleküls direkt abhängig vom pH-Wert des Mediums in dem er sich befindet. Saure Arzneistoffe sind daher in einer sauren Lösung nicht

Permeationskoeffizient [cm/s]	Resorption (korreliert)
>1E-5	100 %
5E-6 - 1E-5	> 70 %
1E-6 - 5E-6	20 - 70 %
1E-7 - 1E-6	< 20 %
< 1E-7	< 1 - 5 %

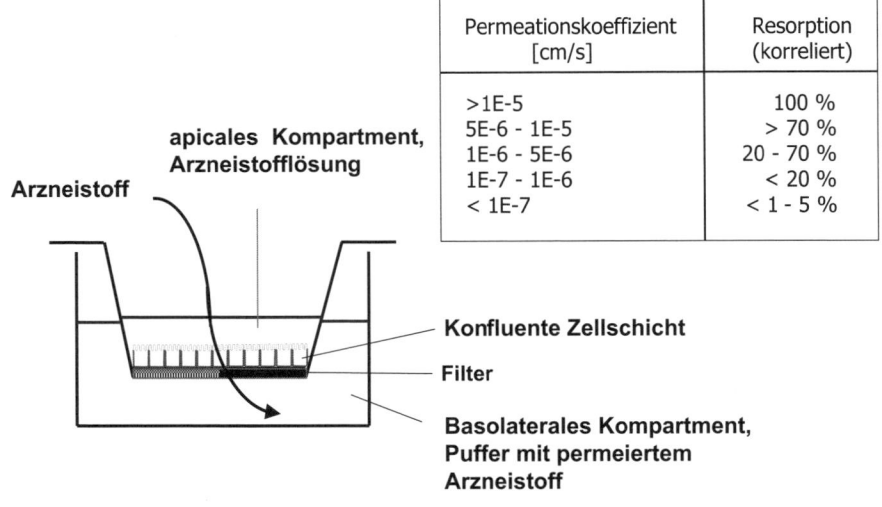

Arzneistoff

apicales Kompartment, Arzneistofflösung

Konfluente Zellschicht

Filter

Basolaterales Kompartment, Puffer mit permeiertem Arzneistoff

Abb. 3.6: Modell zur Durchführung von Permeabilitätsmessungen an menschlichen Karzinomzellen.

Tabelle 3.4: Physikalisch-chemische und biopharmazeutische Parameter zur Abschätzung des Schwierigkeitsgrades einer Arzneiformentwicklung.

Parameter	Schwierigkeitsgrad		
	Gering	Moderat	Hoch
• Stabilität des festen Arzneistoffs	Keine Veränderungen bei 40 °C/75% rel. Feuchte nach 3 Monaten Lagerung	Veränderungen bei 40 °C/75% rel. Feuchte nach 3 Monaten Lagerung, keine Veränderungen bei 25 °C/60% rel. Feuchte	Veränderungen bei 25 °C/60% rel. Feuchte nach 3 Monaten Lagerung (<5-10%)
• Stabilität des Arznei- stoffs in Lösung (pH 2, 1 h, 37 °C)	Stabil für 1 h bei pH 2 bei 37 °C (< 5% Zersetzung)	Nicht stabil für 1 h bei pH 2 bei 37 °C (> 5% Zersetzung)	Nicht messbar
• Voraussichtliche Dosis	< 10 mg		> 750 mg
• Löslichkeit bei pH 2, pH 5.5, pH 7.4	$Cs \gg D/V^1$	$Cs \cong D/V^1$	$Cs \ll D/V^1$
• Verteilungskoeffizient	0-3	3-4	>4
• Permeabilität in Zellkultur	Hoch $> 1 \times 10^{-5}$ cm/s	Mittel $1-10 \times 10^{-6}$ cm/s	Niedrig $<1 \times 10^{-6}$ cm/s
• Bioverfügbarkeit im Versuchstier	>50 %	20-50 %	<20 %

1) Cs = Löslichkeit, D = Dosis, V = Flüssigkeitsvolumen (250 ml)

geladen, bei basischen Arzneistoffen ist es umgekehrt. Daraus lässt sich die Faustregel ableiten, dass saure Arzneistoffe schlecht und basische Arzneistoffe gut aus dem Darm resorbiert werden, da dort pH-Werte zwischen pH 6,5 und 8,5, je nach Lage des Darmabschnitts, herrschen. Zur quantitativen Bestimmung dieses Parameters unter *in vitro*-Bedingungen werden Zellkultur-Modelle herangezogen (Abb. 3.6). Für Permeabilitätsstudien werden z. B. Karzinomzellen des menschlichen Magen-Darm-Traktes verwendet. In speziell dafür angefertigten Zwei-Kammer-Gefäßen wird ein konfluenter Zellrasen angelegt. Die jeweilige Kammer, die mit einer Pufferlösung gefüllt ist, kann nun sowohl auf der Vorder- und Rückseite der Zelle (apikal oder basolateral) mit der Arzneistofflösung beaufschlagt werden. Über die Konzentrationsänderung in Abhängigkeit von der Zeit kann der Stofftransport durch die Zelle gemessen werden.

Zusammen mit einer Reihe weiterer substanzspezifischer Eigenschaften kann eine Klassifizierung bzgl. des zu erwartenden **Schwierigkeitsgrades einer Arzneimittelentwicklung** vorgenommen werden.

3.6 Die Tablette – Mädchen für alles

Unter den Darreichungsformen besitzen die Tabletten und die sich daraus ableitenden Subtypen zweifelsfrei die größte Bedeutung.

Sie sind für den Patienten die angenehmste und gebräuchlichste Applikationsform. Zusammen mit den Kapselpräparaten decken sie ca. 80 % der gesamten Arzneimitteltherapie ab.

Tabletten sind einzeldosierte, feste Darreichungsformen. Sie entstehen bei der Verpressung von trockenen Pulvern, die sich aus dem Arzneistoff und den Hilfsstoffen zusammensetzen unter Anwendung eines hohen Druckes. Tabletten besitzen in der Regel eine Diskusform mit Durchmessern von 5–15mm. Das Tablettengewicht beträgt 0,1–1g.

3.6.1 Kompatibilitätsprüfung

Vor Beginn der Entwicklungsarbeiten wird die Kompatibilität des Arzneistoffs mit Hilfsstoffen oder mit Mischungen von Hilfsstoffen, die in der Darreichungsform eingesetzt werden sollen, untersucht. Als **Inkompatibilität** wird die chemische oder physikalische Unverträglichkeit zwischen Hilfsstoff und Arzneistoff in Abhängigkeit bestimmter Lagerbedingungen (Temperatur, Luftfeuchte) bezeichnet. Diese drückt sich in der Regel durch eine Gehaltsabnahme in Form einer chemischen Zersetzung des Arzneistoffs aus. Auch physikalische Veränderungen, wie erhöhte Wasseraufnahme, Veränderung der Kristallstruktur oder Farbveränderungen spielen eine wichtige Rolle.

Die Ergebnisse geben Hinweise auf die bevorzugte Verwendung bestimmter Hilfsstoffe, die Realisierung geeigneter Darreichungsformen und den Einsatz geeigneter Herstellungstechnologien.

Die für die Entwicklung einer Tabletten- oder Kapselformulierung relevanten Hilfsstoffe werden mit dem Arzneistoff gemischt, in Flaschen abgefüllt und unter verschiedenen Temperatur- und Feuchte-Bedingungen gelagert.

Nach Ablauf einer Lagerzeit von vier bis acht Wochen wird der Arzneistoff hinsichtlich seiner physikalischen und chemischen Veränderungen untersucht. Hilfsstoffe, die nach Ablauf der La-

gerzeit in diesen Mischungen eine Gehaltsabnahme von mehreren Prozent Arzneistoff verursachen, werden von der künftigen Entwicklung ausgeschlossen.

3.6.2 Verpressbarkeitsuntersuchungen

Die Ermittlung der Verpressbarkeit des Arzneistoffes gibt wichtige Hinweise auf die Tablettiereigenschaften der künftigen Rezeptur.

Die Verpressbarkeitsuntersuchungen liefern Erkenntnisse über die Bindefähigkeit der Arzneistoffkristalle untereinander, die Klebeneigung der Arzneistoffkristalle an festen Oberflächen unter Druckbelastung, die plastische Verformbarkeit bzw. die Sprödigkeit des Arzneistoffes und die Veränderung des Kristallgitters des Arzneistoffs unter Druck. Die letztgenannten Veränderungen drücken sich in einer Modifikationsänderung des Arzneistoffes aus. Gerade diese Veränderungen können einen erheblichen Einfluss auf das Löslichkeits- und Stabilitätsverhalten des Arzneistoffes haben.

3.6.3 Hilfsstoffauswahl

Die Hilfsstoffe sind neben dem Arzneistoff der wichtigste Bestandteil einer Arzneiform. Ihnen kommt die Aufgabe zu, der Arzneiform einen bestimmten Aufbau, ein bestimmtes Aussehen und bestimmte Eigenschaften zu verleihen. Eine der wichtigsten Aufgaben der Hilfsstoffe ist die Sicherstellung einer optimalen Verfügbarkeit des Arzneistoffs aus der Arzneiform, zur Gewährleistung der beabsichtigten therapeutischen Wirkung, einer ausreichenden Stabilität des Arzneistoffs in der Arzneiform, einer einfachen und sicheren Handhabung durch den Patienten und nicht zuletzt einer einfachen, sicheren und wirtschaftliche Herstellung des Arzneimittels unter Produktionsbedingungen.

Hilfsstoffe können aus den unterschiedlichsten chemischen Klassen und Bezugsquellen kommen. Sie können tierischen, pflanzlichen als auch synthetischen Ursprungs sein.

Die bei der Tablettenentwicklung eingesetzten Hilfsstoffe müssen eine ganze Reihe funktionaler und technologischer Eigenschaften besitzen. Neben der adäquaten Verpackung des Arzneistoffs in der Tablettenmatrix zur Sicherstellung einer exakten und von Tablette zu Tablette einheitliche Dosis und der stabilen Aufbewahrung des Arzneistoffs, spielen die Fließeigenschaften und das plastische Verhalten der aus dem Arzneistoff und den Hilfsstoffen bestehenden Pulvermischung zur Herstellung von Tabletten eine wichtige Rolle.

Es gibt eine Vielzahl von Hilfsstoffen mit unterschiedlichen Funktionalitäten, deren Eigenschaften sich teilweise überlappen. Die wichtigsten Hilfsstoffzusätze erfüllen die Funktion von Füllmittel, Bindemittel, Gleitmittel und Zerfallsmittel.

Füllmittel

Füllmittel sorgen dafür, dass der Arzneistoff in geeigneter Weise verpackt wird und dass die Tablette, insbesondere bei niedrig dosierten Arzneistoffen, die notwendige Masse erhält. Neben der physikalisch-chemischen Kompatibilität müssen diese Hilfsstoffe biologisch verträglich sein. Die am häufigsten eingesetzten Füllstoffe sind Stärke, Cellulosederivate und Lactose.

Bindemittel

Diese Hilfsstoffe verleihen Tabletten die nötige mechanische Festigkeit. Darüber hinaus sorgen sie für den nötigen Zusammenhalt der Pulverpartikel. Dabei beeinflussen sowohl Pressdruck als auch Bindemittelmenge die mechanische Festigkeit. Es gilt allerdings zu bedenken, dass eine erhöhte Tablettenfestigkeit den Zerfall der Tablette negativ beeinflussen kann. Zum Einsatz kommen unter anderem Stärke, Gelatine, und Celluloseether.

Zerfallhilfsmittel

Diese Hilfsstoffgruppe ermöglicht einen möglichst schnellen Zerfall der Tablette bei Zutritt von Wasser oder Flüssigkeiten des Magen-Darm-Traktes. Als Mechanismen der Zerfallsbeschleunigung sind die Erhöhung der Kapillarität und

damit der Erhöhung der Wasserabsorption (Quellstoffe, z. B. Stärke und ihre Derivate), die Verbesserung der Benetzbarkeit (Hydrophilisierungsmittel wie z. B. Tenside) und die Bildung von Gasen beim Kontakt mit Feuchtigkeit (Gasbildner, z. B. Carbonat/Hydrogencarbonat) zu nennen.

3.6.4 Granulierung

Vor der Tablettierung ist es in der Regel notwendig, den Arzneistoff und die ausgewählten Hilfsstoffe zu granulieren. Durch die Überführung der Pulverteilchen des Arzneistoffs und der Hilfsstoffe in größere Granulatkörner werden die Fließeigenschaften der Pulvermischung verbessert. Gleichzeitig werden mögliche Entmischungstendenzen zurückgedrängt, die zu einer Inhomogenität der Pulvermischung und damit zu einer Uneinheitlichkeit des Arzneistoffgehalts in der fertigen Tablette führen würden. Letztendlich resultieren daraus eine konstante Tablettenmasse und eine hohe Dosiergenauigkeit.

Bei der Granulierung werden durch Zugabe der Granulierflüssigkeit – im einfachsten Fall Wasser – die Pulverpartikel zu Granulatkörnern verklebt. Diese werden anschließend zum Erhalt einer einheitlichen Korngrößenverteilung gesiebt und getrocknet.

3.6.5 Tablettierung

Die Verpressung des Granulats erfolgt in automatischen Maschinen, die sich in Excenterpressen und Rundläuferpressen unterteilen lassen.

Beide arbeiten nach dem gleichen Prinzip. Sie besitzen zwei bewegliche Stempel, zwischen denen das Füllgut verpresst wird. Der Pressdruck bestimmt die Dicke, die Härte und die Oberflächenbeschaffenheit der Tablette. Der Unterschied zwischen den beiden Maschinen besteht im Wesentlichen in der Art des Antriebs der beweglichen Teile und der Art der Verdichtung des zu verpressenden Materials.

Unter Produktionsbedingungen können mehrere hunderttausend Tabletten pro Stunde hergestellt werden.

3.7 Arzneistofffreisetzung – was drin ist muss auch wieder raus

Grundvoraussetzung für einen schnellen Wirkungseintritt nach oraler Applikation ist eine schnelle und quantitative Freisetzung des Arzneistoffs aus der Tablette. Dabei kehren sich die bei der Herstellung vorgenommenen Aggregationsprozesse um. Bei Zutritt von Wasser oder von Flüssigkeiten des Magen-Darm-Traktes kommt es zu einem Zerfall der Granulatkörner. Noch während des Zerfallvorgangs beginnen sich die Arzneistoffkristalle aufzulösen. Der gelöste Arzneistoff steht dann für die Resorption im Verdauungstrakt zur Verfügung (vgl. Abb 3.7).

Komplexbildung und Adsorptionseffekte zwischen Arzneistoff und Hilfsstoffen, unzureichender Zerfall der Darreichungsform sowie die Agglomeration der Arzneistoffpartikel während des Zerfalls können zu geringeren Auflösungsgeschwindigkeiten und damit zu einer verringerten Resorption führen.

3.7.1 Auflösung (Dissolution)

Wie bereits ausgeführt, bestimmt die Auflösungsgeschwindigkeit und die Löslichkeit das Ausmaß der Resorption. Der Auflösungstest (*dissolution test*) ist daher das elementare Werkzeug zur Beurteilung der Qualität einer Tablette oder jeder anderen oralen Arzneiform. In geeigneten Lösemodellen wird das Verhalten der Tablette untersucht.

Die am häufigsten eingesetzte Methode ist die Blattrührermethode (*paddle method*).

Diese Methode ist in den einschlägigen Arzneibüchern präzise beschrieben.

Die zu prüfende Tablette wird in einem Rundbodengefäß, das mit 900ml des Prüfmediums befüllt ist (Wasser, Pufferlösung), durch einen Rührflügel in eine gleichförmige Kreisbewegung versetzt. Die Umdrehungsgeschwindigkeit des Rührflügels beträgt 25–200U/min. Die Temperatur des Prüfmediums ist geregelt und wird meistens auf 37 °C eingestellt.

Es werden sechs Prüfmuster gleichzeitig untersucht und aus den erhaltenen Messwerten eine Mittelwertsbetrachtung vorgenommen.

Die Messwerte werden in Prozent der deklarierten Dosis gegen die Zeit aufgetragen. Der Verlauf der Kurve gibt einen Hinweis auf die zu erwartende Bioverfügbarkeit unter bestimmten Bedingungen des Magen-Darm-Traktes.

In diesem Modell erfolgt vorrangig eine Charakterisierung des Auflösungs- und Freisetzungsverhaltens des Arzneistoffs aus der Arzneiform. Neben der Lösungsgeschwindigkeit wird die Re-

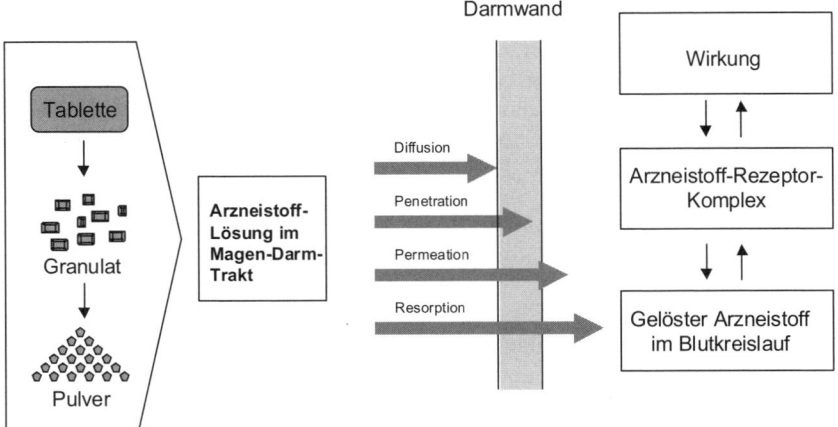

Abb. 3.7: Zerfall, Freisetzung und Resorption am Beispiel einer Tablette.

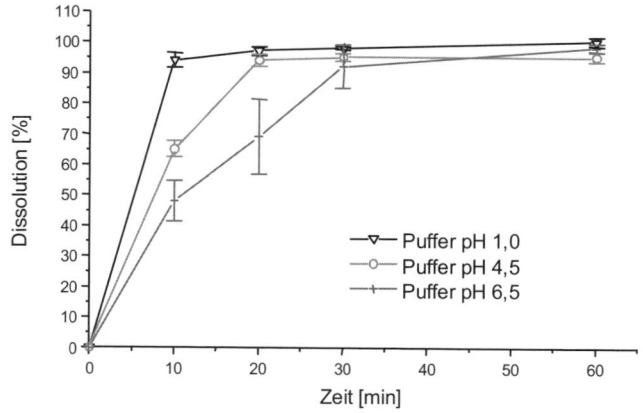

Abb. 3.8: Wirkstofffreisetzung eines Arzneistoffs aus einer Tablette in Abhängigkeit vom pH-Wert.

sorption von der Fähigkeit des Arzneistoffs, die Zellen des Magen-Darm-Traktes zu durchdringen, bestimmt. Hierfür wird, wie bereits beschrieben, die Bestimmung des Verteilungskoeffizienten und entsprechender Zellpermeationsmodelle herangezogen.

3.8 Die Stabilitätsprüfung – haltbar unter allen Bedingungen?

Die Stabilität der Arzneiform und die Stabilisierung des Arzneistoffes sind von entscheidender Bedeutung insbesondere vor dem Hintergrund moderner, hochwirksamer, leider oft instabiler Arzneistoffe. Moderne Analysenmethoden tragen dazu bei, die Haltbarkeitsanforderungen genau festzulegen und die Haltbarkeitskriterien zu definieren.

Die Stabilitätsuntersuchung ist ein wesentlicher Bestandteil der Entwicklung einer Arzneiform. Erste orientierende Untersuchungen werden bereits während der physikalisch-chemischen Charakterisierung mit dem festen Arzneistoff und mit dem Arzneistoff in Lösung durchgeführt. In den Kompatibilitätsuntersuchungen werden erste Hinweise auf den stabilisierenden und destabilisierenden Einfluss der Hilfsstoffe auf den Arzneistoff erhalten.

Die sich anschließende Entwicklung der Arzneizubereitung wird parallel von Stabilitätsuntersuchungen begleitet. Das Auffinden einer möglichst optimalen Rezeptur wird daher maßgeblich von den während der Rezepturfindungsphase ermittelten Stabilitätsdaten beeinflusst. Im Rahmen eines Rezepturscreenings wird die Stabilität des Arzneistoffs in Anwesenheit von Hilfsstoffen und unter Berücksichtigung der Herstelltechnologie abgeklärt und geeignete Stabilisierungsmaßnahmen in Form von Rezeptur- und Verfahrensänderungen durchgeführt. Dies alles muss im Einklang mit den Anforderungen an eine ausreichende Bioverfügbarkeit einerseits und technologische Machbarkeit andererseits erfolgen.

Die begleitenden Stabilitätsuntersuchungen sind meist kurzzeitiger Natur (vier bis sechs Wochen) und werden bei erhöhter Temperatur (30 °C und 40 °C) und höherer Luftfeuchte (70 % rel. Feuchte und 75 % rel. Feuchte) durchgeführt. Diese beschleunigten Bedingungen erlauben zumindest tendenziell Aussagen über das Stabilitätsverhalten der Rezeptur unter normalen Bedingungen. Nach Auswahl der vorläufig endgültigen Rezeptur wird die Arzneizubereitung einer abschließenden Stabilitätsprüfung unterzogen. Dabei wird die Arzneizubereitung unter definierten Klimabedingungen in ihrer für die Lagerung und den Verkehr bestimmten Verpackung aufbewahrt und in regelmäßigen Abständen analytisch untersucht. Dabei darf sich die Arzneizubereitung in ihren wesentlichen Qualitätsmerkmalen nicht oder nur in einem zulässigen Ausmaß verändern. Die Arzneizubereitung muss den an sie gestellten Anforderungen hinsichtlich des deklarierten Arzneistoffgehalts und der definierten physikalischen und der davon abgeleiteten biologischen Eigenschaften (z. B. Bioverfügbarkeit) gerecht werden. Diese Anforderungen müssen während einer längeren Lagerzeit, die üblicherweise etwa drei bis fünf Jahre beträgt, unter Umständen auch unter extremen Klimabedingungen erfüllt werden. Die Qualität ist damit die Summe aller Faktoren, die direkt oder indirekt die Sicherheit, Wirksamkeit und Akzeptanz des Arzneimittels über die gesamte Laufzeit gewährleisten.

Die Anforderungen an die Produktqualität wird durch gesetzliche Vorgaben definiert.

Im Rahmen der Stabilitätsuntersuchungen werden daher folgende Veränderungen untersucht:
– organoleptische Veränderungen
– physikalische Veränderungen
– chemische Veränderungen
– mikrobiologische Veränderungen.

Während die chemischen Veränderungen maßgeblich den deklarierten Arzneistoffgehalt und damit die Sicherheit und Wirksamkeit des Arzneimittels negativ beeinflussen, können physikalische Veränderungen Auswirkungen auf die Freisetzung des Arzneistoffs aus der Arzneistoffzubereitung und damit einen negativen Einfluss auf die Bioverfügbarkeit und therapeutische Wirkung haben.

Die **organoleptische Prüfung** stellt Veränderungen im Aussehen, im Geruch oder in der Handhabung der Arzneiform fest und stellt somit ein Beurteilungskriterium dar, welches der Patient unmittelbar selbst bei der Anwendung des Arzneimittels heranzieht.

Das verbreitete Vorkommen von Mikroorganismen stellt während der Herstellung, Verpackung, Lagerung und Anwendung des Arzneimittels ein grundsätzliches Kontaminationsrisiko dar. Sowohl der Mensch als auch die Umgebung, der Arzneistoff selbst, die verwendeten Hilfsstoffe, die Arbeitsgeräte und die Packmittel dienen als Kontaminationsquellen.

Die mikrobiologische Stabilität ist von essenzieller Bedeutung bei allen Arzneizubereitungen, die Wasser enthalten. Dazu zählen vorrangig alle parenteralen Arzneiformen, aber auch

Lösungen, Suspensionen, Salben, Cremes und alle Augenpräparate. Ein inhärentes Infektionsrisiko für den Patienten besteht durch die Übertragung pathogener Mikroorganismen und ihrer toxischer Stoffwechselprodukte. Entscheidende Maßnahmen zur Verminderung des Keimgehaltes bestehen im Fernhalten (Hygienemaßnahmen), Beseitigen (Filtration) und Inaktivieren (Sterilisation, Desinfektion) im Verlauf des Herstellprozesses. Zur Erhaltung der mikrobiologischen Reinheit, insb. bei Mehrdosenarzneimitteln, werden antimikrobielle Stoffe (Konservierungsmittel) zugesetzt.

Die Stabilitätsprüfung muss den verschiedenen **Klimazonen der Erde** Rechnung tragen. Die vier Weltklimazonen sind wie folgt charakterisiert:

Tabelle 3.5: Klimazonen der Erde.

Klimazone	Definition	Lagerbedingung
I	Gemäßigtes Klima	21 °C / 45 % RF
II	Subtropisches Klima	25 °C / 60 % RF
III	Heißes und trockenes Klima	30 °C / 35 % RF
IV	Heißes und feuchtes Klima	30 °C / 70 % RF

Im Rahmen der Einführung international gültiger Standards zur Durchführung von Stabilitätsprüfungen wurde die ICH-Stabilitätsleitlinie ICH Q1AR2 2001 in Kraft gesetzt. Sie definiert den Umfang der Stabilitätsdaten, die für die Zulassung eines neuen Arzneistoffs und den damit hergestellten Fertigarzneimitteln in den Regionen EU, Japan und Nordamerika erarbeitet werden müssen. Diese drei Regionen werden den Klimazonen I und II zugerechnet. Die ICH Stabilitätskriterien werden mittlerweile von vielen Ländern außerhalb der drei Regionen anerkannt und angewendet.

Auf Grundlage einer eingehenden Analyse der Klimabedingungen wurden die entsprechenden Lagerbedingungen abgeleitet. Die Lagerbedingungen und die Dauer der Lagerung sollen eine Aussage über Stabilität des Arzneistoffs oder der Arzneistoffzubereitung während der Lagerung, des Transports und der Anwendung zulassen. Man unterscheidet zwischen Langzeit-Prüfungen (Dauer 12–60 Monate), intermediate Prüfungen (6–12 Monate) und Kurzzeitprüfungen unter so genannten Stress-Bedingungen (bis zu 6 Monate).

Tabelle 3.6: Lagerbedingungen zur Ermittlung des Stabilitätsverhaltens einer Arzneiform in Abhängigkeit von Temperatur und relativer Luftfeuchte.

Studie	Lagerbedingung	Mind.-Lagerdauer bis zur Einreichung	Lagerdauer nach der Einreichung
Langzeit	25 °C ± 2 °C 60 % RF ± 5 % RF	12 Mon.	Bis max. 60 Monate
Intermediate	30 °C ± 2 °C 65 % RF ± 5 % RF	6 Mon.	Bis 12 Monate
Beschleunigung	40 °C ± 2 °C 75 % RF ± 5 % RF	6 Mon.	–

3.9 Verfahrensentwicklung – vom Labormuster zur Tonnage

Im Verlauf der Entwicklung wird aufgrund des Wirkungsmechanismus des Arzneistoffs und dem daraus resultierenden Applikationsweg die Auswahl für die geeignete Arzneiform getroffen. Im Rahmen der Formulierungsentwicklung werden die elementaren Eigenschaften des künftigen Arzneimittels definiert. Alle relevanten physikalischen, pharmazeutischen und biologischen Qualitätsmerkmale werden festgelegt. Das Herstellverfahren und die Herstelltechnologie werden im Labormaßstab erarbeitet. Klinische Prüfungen mit einer begrenzten Anzahl von Patienten können mit Prüfmustern, die gemäß dieser Herstellverfahren hergestellt werden, versorgt werden.

Um ausreichend große Mengen der Arzneiform zur Durchführung größerer klinischer Prüfungen und für die Marktversorgung zur Verfügung stellen zu können, muss das Herstellverfahren vom Labor auf den Produktionsmaßstab übertragen werden.

Dabei dürfen die Eigenschaften und Qualitätsmerkmale, die während der Entwicklung der Arzneiform festgelegt wurden, nicht signifikant verändert werden.

Dies betrifft insbesondere die Stabilität und die Bioverfügbarkeit und damit die therapeutische Wirksamkeit des Arzneimittels.

Da der Unterschied zwischen dem Laborverfahren und dem Produktionsverfahren meist mehrere Größenordnungen beträgt (Labormaßstab 3 kg, Produktionsmaßstab 500 kg) erfolgt die Überbrückung selten in einem Schritt.

3.9.1 Physikalische Eigenschaften

Entscheidend für eine erfolgreiche Verfahrensentwicklung ist die genaue Kenntnis der physikalischen Eigenschaften des Arzneistoffs und der Hilfsstoffe. Sie sind von Ansatz zu Ansatz zu kontrollieren und einzuhalten. Hierfür müssen detaillierte Prüfvorschriften für den Arzneistoff und die Hilfsstoffe mit den zugehörigen Toleranzgrenzen ausgearbeitet werden. Die geschickte Wahl der Toleranzgrenzen ermöglicht einen ausreichenden Spielraum bei der Beschaffung der Ausgangsstoffe bei gleichzeitigem Qualitätserhalt des Endproduktes. Wie streng die Qualitätsmerkmale und Toleranzen gefasst werden müssen ist abhängig davon, ob es sich um einen kritischen Parameter im Herstellverfahren handelt.

So wie die Ausgangsstoffe müssen Zwischenprodukte, die im Verlauf des Herstellprozesses entstehen, charakterisiert und spezifiziert werden. Beispielsweise wird die Trocknung eines Feuchtgranulats maßgeblich von der Temperatur und der Menge der Trocknungsluft bestimmt. Allerdings kann die Luftfeuchtigkeit das fertige Trocknungsprodukt so verändern, dass ein problemloses Verpressen von Tabletten nicht mehr möglich ist.

3.9.2 Einfluss der Prozesstechnologie

Die Verwendung unterschiedlicher Prozesstechnologien zur Herstellung des gleichen Zwischen- oder Endproduktes kann einen großen Einfluss auf die Qualität des Produktes ausüben. So kann die Änderung des Maschinentyps während der Verfahrensentwicklung die Eigenschaften des Endproduktes so dramatisch verändern, dass die ursprünglich während der Entwicklung der Arzneiform festgelegten Produkteigenschaften und Qualitätsmerkmale sich nicht mehr reproduzieren lassen. Idealerweise sollte daher die für jede Arzneiform spezifische Prozesstechnologie vom Kleinstmaßstab (wenige hundert Gramm) bis zum Großmaßstab (mehrere hundert Kilogramm) zur Verfügung stehen, um die Einflüsse der Prozesstechnologie auf die Produktqualität zu minimieren.

3.9.3 Festlegen der Prozessparameter und In-Prozess-Kontrolle

Für jede Arzneiform lassen sich die für das jeweilige Herstellverfahren wichtigsten Grundoperationen beschreiben und daraus die wichtigsten Prozessparameter festlegen. Jeder Prozessparameter für sich hat einen entscheidenden Einfluss auf die spätere Qualität des Endprodukts. Zu Beginn der Entwicklung der Arzneiform werden die verschiedenen Prozessparameter erfasst und gezielt verändert, um deren Einflüsse auf die Qualität des Produktes zu untersuchen. Im Rahmen der Verfahrensentwicklung müssen diese Prozessparameter definiert und eine detaillierte Datenerfassung dieser Parameter vorgenommen werden. Als Ergebnis dieser Datenerfassung werden die Parameter und deren Bandbreiten für eine routinemäßige In-Prozess-Kontrolle festgelegt.

Am Beispiel einer Tablettenherstellung sind die wichtigsten Prozessschritte beschrieben:

Tabelle 3.7: Kritische Prozessparameter bei der Herstellung einer Tablette.

Prozessschritt	Kritischer Prozessparameter
Nassgranulieren	Wassermenge, Granulierzeit
Trocknen in der Wirbelschicht	Zuluftmenge, Zulufttemperatur Ablufttemperatur Produkttemperatur
Sieben	Siebart, Siebgröße, Siebeinsatz
Tablettieren	Art der Granulatzufuhr Tablettiergeschwindigkeit

Die In-Prozess-Kontrolle erlaubt es, bei Überschreiten der Regelgrenzen in den Produktionsablauf einzugreifen und Korrekturen vorzunehmen. Beispielsweise kann bei einem Über- oder Unterschreiten der festgelegten Prozesslufttemperatur während des Prozesses eine entsprechende Temperaturanpassung vorgenommen werden.

3.9.4 Risikoanalyse

Die Identifikation der kritischen Prozessparameter erlaubt die Durchführung einer Risikoanalyse. Sie untersucht und beschreibt die Auswirkungen einer gezielten Überschreitung der Toleranzgrenzen bzw. gezielter Veränderung der Prozessparameter auf die Qualitätsmerkmale des Endproduktes. Die Kenntnis dieser Auswirkungen ist für den späteren Routineproduktionsbetrieb von großer Bedeutung. Vorraussetzung ist allerdings, dass alle kritischen Prozessparameter während der Verfahrensentwicklung erkannt und deren Relevanz auf die Qualität des Endproduktes untersucht wurden.

3.9.5 Technologietransfer und Prozessvalidierung

Nach Abschluss der Entwicklungsarbeiten wird das Herstellverfahren in den Produktionsbetrieb übertragen. Vor der Durchführung der ersten Produktionschargen im Produktionsmaßstab

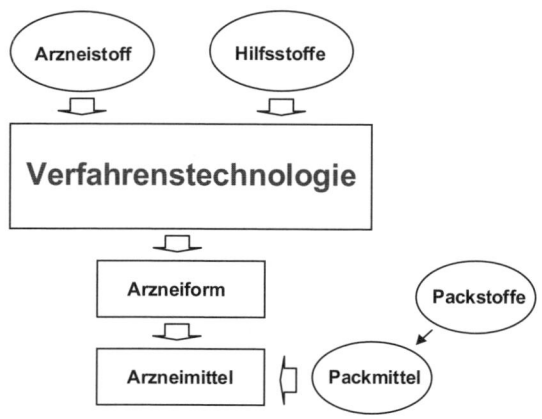

Abb. 3.9: Einfluss der Verfahrenstechnologie auf die Qualitätsmerkmale der Arzneiform und des Arzneimittels.

müssen die dafür vorgesehen Räume und Einrichtungen sowie die erforderlichen Maschinen und Geräte qualifiziert und zertifiziert sein.

Zielsetzung des Transfers ist es, die in der Verfahrensentwicklung festgelegten Qualitätsmerkmale des Endproduktes in den Produktionsmaßstab zu übertragen und die reproduzierbare Herstellbarkeit innerhalb der vorgegebenen Spezifikationen sicherzustellen. Von entscheidender Bedeutung ist dabei die biologische Äquivalenz zwischen dem in der Verfahrensentwicklung hergestellten und in klinischen Prüfungen eingesetzten Produkt und dem künftigen Marktprodukt. Andernfalls sind die Ergebnisse der bislang durchgeführten klinischen Prüfung gefährdet, da sie nicht die Eigenschaften des endgültigen Marktproduktes repräsentieren.

Die während der Rezepturfindung, Rezepturoptimierung und Verfahrensentwicklung festgelegten Spezifikationen, Herstellverfahren und Prüfverfahren sind wesentlicher Bestandteil der unter Produktionsbedingungen durchzuführenden Prozessvalidierung. Es muss der Beweis erbracht werden, dass die entsprechende Arzneiform in dem dafür ausgearbeiteten Verfahren über alle Prozessstufen hinweg so hergestellt werden kann, dass die in der Entwicklung definierten Qualitätsmerkmale reproduzierbar eingehalten werden können. Zur Überprüfung dieser Anforderung werden im Anschluss an den Technologietransfer mindestens drei Chargen im Produktionsmaßstab durchgeführt und die Reproduzierbarkeit der Qualitätsmerkmale überprüft.

Zusammenfassend lässt sich festhalten, dass das Herstellverfahren einen erheblichen Einfluss auf die Qualitätsmerkmale des künftigen Marktproduktes hat.

Veränderungen am Herstellverfahren, z. B. durch einen Technologiewechsel oder durch Verkürzung von Prozesslaufzeiten aus wirtschaftlichen Gründen, können ganz erhebliche Auswirkungen auf die Produktqualität haben. Diese als *major changes* bezeichneten Änderungen sind bei der Behörde meldepflichtig und müssen im Rahmen von Bioäquivalenzstudien abgesichert werden.

3.10 Therapeutische Systeme – ohne Umwege ins Zielgebiet

Seit Jahrzehnten werden sowohl akute als auch chronische Erkrankungen mit den unterschiedlichsten Arzneiformen behandelt. Dazu zählen Tabletten, Kapseln, Dragees, Zäpfchen, Cremes, Salben, Lösungen, Aerosole und Injektionspräparate. Im Allgemeinen beschränkt sich ihre Wirkungsdauer auf einige Stunden, in wenigen Ausnahmefällen auf einige Tage. Die Mehrzahl der Arzneiformen, die entweder als verschreibungspflichtige oder freiverkäufliche Arzneimittel über die Apotheke vertrieben werden, zählen zu dieser pharmazeutischen Produktfamilie.

Diese Arzneiformen sind in der Regel so konzipiert, dass sie den Arzneistoff möglichst rasch und vollständig freisetzen. Um eine ausreichende Konzentration des Arzneistoffs innerhalb des therapeutisch wirksamen Bereichs über den Behandlungszeitraum hinweg aufrecht zu erhalten, müssen diese Arzneiformen meist mehrmals täglich eingenommen werden. Dies führt zu ausgeprägten Schwankungen der Arzneistoffkonzentration im Körper.

Ausgehend von dieser Erkenntnis wurden in jüngster Zeit neuartige Applikationssysteme entwickelt, die den Arzneistoffs in kontrollierter Weise freisetzen oder den Arzneistoff gezielt in bestimmten Organen abgeben. Dadurch werden nicht nur eine Reduzierung der zu applizierenden Arzneistoffmenge, sondern auch eine Erhöhung der Therapiesicherheit und die Vermeidung unerwünschter Arzneimittelwirkungen erreicht. Mit dem Begriff „**Depot- oder Retardpräparat**" werden Zubereitungen charakterisiert, die den Wirkstoff über einen längeren Zeitraum freisetzen. In der Regel werden diese beiden Begriffe gleichbedeutend verwendet, im engeren Sinne werden allerdings vorzugsweise parenteral verabreichte Formen als Depotformen, orale als Retardsysteme definiert. Man unterscheidet je nach Freigabecharakteristik die verzögerte (*extended, delayed release*), zeitlich gestaffelte (*repeat action release*), hinhaltende (*prolonged release*) oder gleichmäßig hinhaltende (*sustained release*) Freisetzung des Wirkstoffs.

Therapeutische Systeme stellen die Weiterführung dieses Prinzips dar. Sie bezeichneten Applikationsformen, die den Arzneistoff kontrolliert mit einer definierten, vorausberechenbaren konstanten Freisetzungsgeschwindigkeit über einen festgelegten Zeitraum an einem festgelegten Anwendungsort abgeben. Traditionelle Arzneistoffe, z. B. Cytostatika können so in bisher aufgrund der starken Nebenwirkungen nicht einsetzbaren Dosen angewendet werden, neue, gentechnologisch maßgeschneiderte, aber mit starken Nebenwirkungen verbundene Arzneistoffe werden durch die entsprechende Arzneiform erst einsetzbar.

Systeme mit kontrollierter Arzneistofffreisetzung lassen sich in folgende vier Klassen einteilen:
- passive, geschwindigkeitskontrollierte Arzneistofffreisetzung
- aktive Arzneistofffreisetzung
- Arzneistofffreisetzung durch Rückkopplung
- gewebespezifische Arzneistofffreisetzung (*drug targeting*).

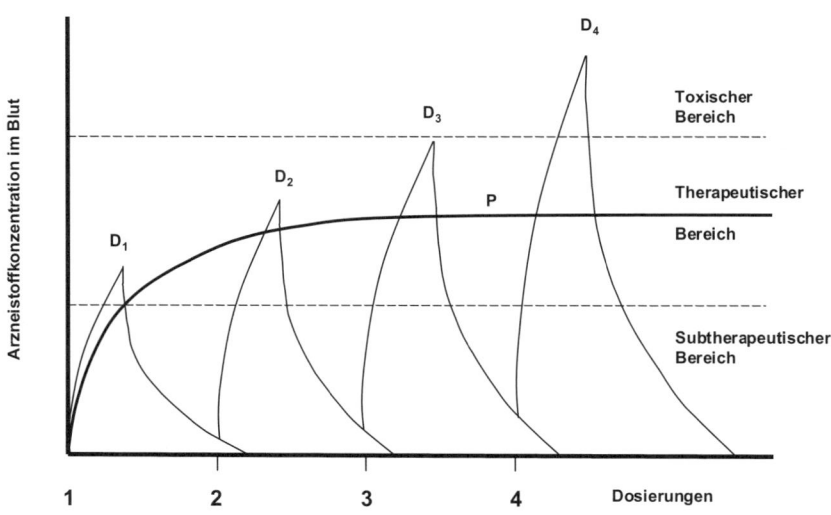

Abb. 3.10: Hypothetische Arzneistoffkonzentrationsprofile nach Gabe von mehrfachen Dosen D_1–D_4 im Vergleich zu einem idealen Profil P.

3.10.1 Passive, geschwindigkeits-kontrollierte Arzneistoff-freisetzung

Zu dieser Gruppe von Arzneiformen mit gesteuerter Wirkstofffreisetzung gehören Systeme, aus denen der Arzneistoff durch molekulare Diffusion durch eine Grenzschicht, die die Arzneiform umgibt und die die Geschwindigkeit des Substanz-Durchtritts steuert, freigesetzt wird. Üblicherweise werden Polymerschichten mit einer unterschiedlich stark ausgeprägten Permeabilität oder mit definierten Poren eingesetzt. Der Arzneistoff ist üblicherweise von einer Polymerschicht ummantelt und verkapselt. Das Arzneistoffreservoir kann als Feststoff, als Suspension oder als Lösung vorliegen.

Alternativ wird der Arzneistoff in einer Polymermatrix als homogene Lösung oder Dispersion eingebettet, aus der er ebenfalls mittels Diffusion austreten kann. Es gibt auch Systeme, die quellungskontrolliert den Arzneistoff aus der Matrix freisetzen.

Derartige Systeme existieren als orale Applikationsformen in Form von Pellets und Tabletten, als Implantate in Form von injizierbaren Mikropartikeln oder implantierbaren Stäbchen, als transdermale Systeme in Form von arzneistoffhaltigen Pflastern, als intrauterinäre Einsätze im Rahmen der Hormonbehandlung und als kontaktlinsenähnliche Einsätze zur Behandlung von Augenerkrankungen.

3.10.2 Aktive Wirkstofffreisetzung

In dieser Gruppe von Systemen mit gesteuerter Wirkstofffreisetzung wird der Arzneistoff durch einen chemischen, physikalischen oder biochemischen Prozess aktiviert und freigesetzt. Abhängig von der Natur des angewandten Prozesses kann man diese Systeme in drei Klassen von Therapeutischen Systemen (TS) unterteilen:
1. physikalische Aktivierung
2. chemische Aktivierung
3. biochemische Aktivierung.

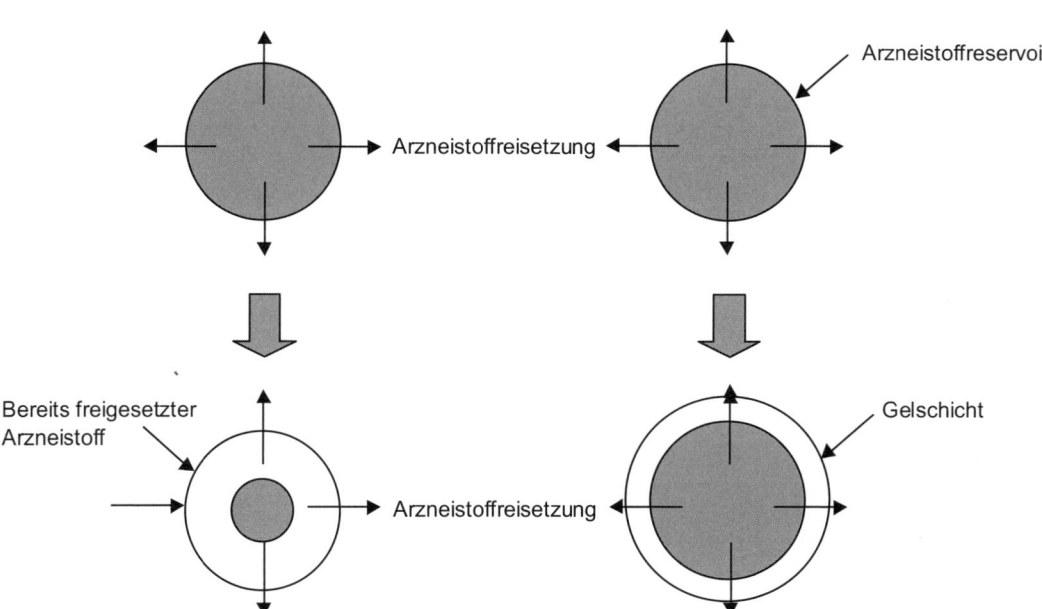

Abb. 3.11: Quellbare und nicht quellbare Matrixsysteme zur kontrollierten Freisetzung eines Arzneistoffs.

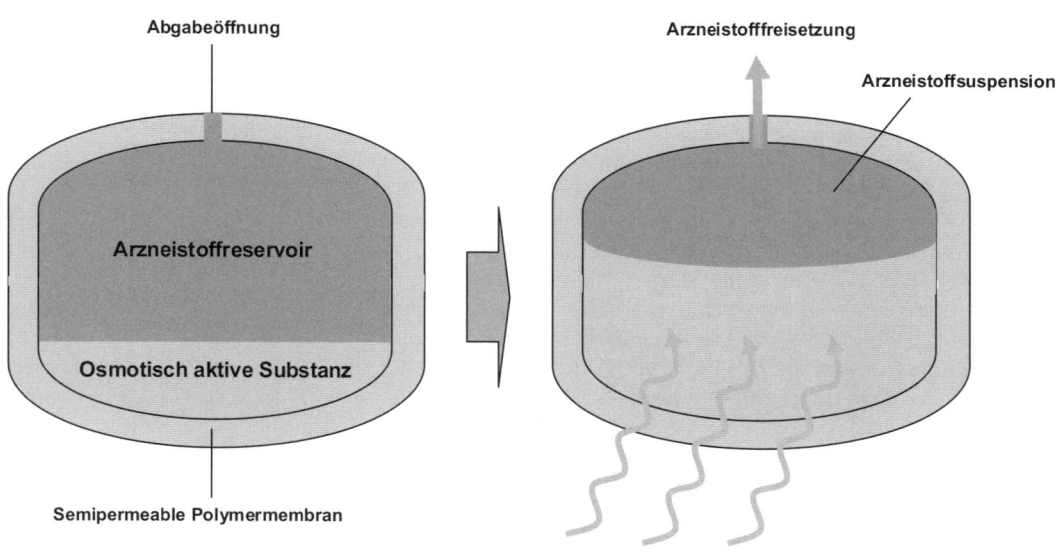

Abb. 3.12: Tablette mit osmotischem Zweikammersystem zur kontrollierten Freisetzung einer Arzneistoffsuspension.

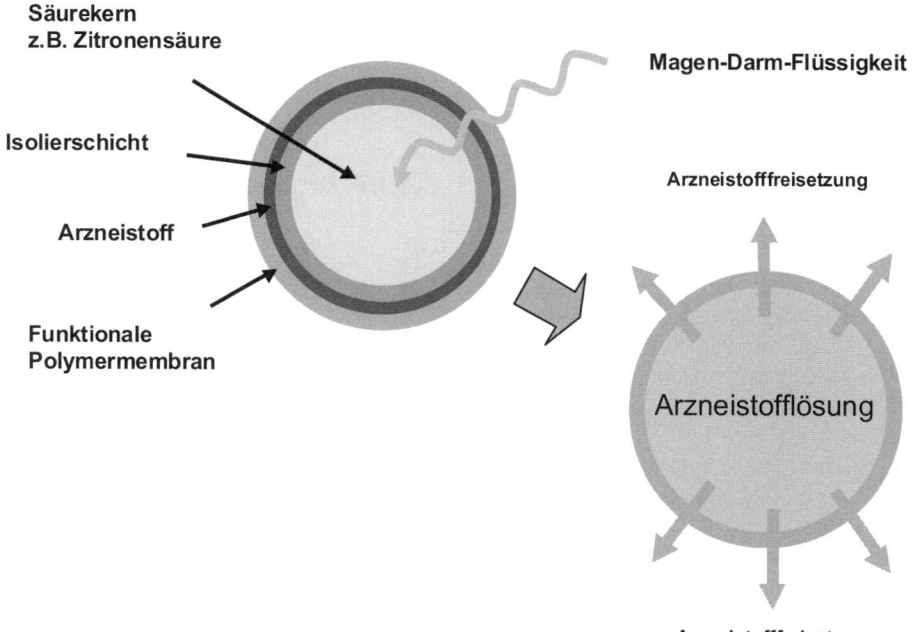

Abb. 3.13: Funktionales Pellet mit säurevermittelter und kontrollierter Arzneistofffreisetzung für die orale Applikation Pelletdurchmesser ca. 0,8 mm.

Als Beispiel für eine **physikalische Aktivierung** dienen Systeme, bei denen der Arzneistoff nach dem Prinzip des osmotischen Drucks freigesetzt wird. In diesen Systemen wird das Arzneistoffreservoir, welches aus einer Lösung oder einem Feststoff bestehen kann, von einer halbdurchlässigen Membran umgeben. Diese steuert den Zutritt von Wasser oder von Darmflüssigkeit – im Falle eines oral zu applizierenden Systems in Form einer Tablette – in kontrollierter Weise. Durch Beimengung von osmotisch aktiven Hilfsstoffen wird nach Zutritt von Wasser innerhalb des Arzneistoffreservoirs ein osmotischer Druck aufgebaut, der den Arzneistoff entweder als Lösung oder Suspension über eine Öffnung oder Poren aus dem System freisetzt. Derartige Systeme können in Form von Tabletten, Implantaten oder Injektionssystemen Anwendung finden.

Im Falle der **chemischen Aktivierung** werden unterschiedliche pH-Verhältnisse im Magen-Darm-Trakt ausgenutzt. Spezifische Polymere, die das Arzneistoffreservoir umgeben, können pH-abhängig ihre Eigenschaften verändern. So lassen sich mit Polymeren unterschiedlicher pH-abhängiger Löslichkeit gezielt Arzneistofffreisetzungen in unterschiedlichen Abschnitten des Magen-Darm-Traktes erreichen. Dadurch kann das Anfluten des Arzneistoffs im Körper zeitlich gesteuert werden, für den Fall, dass der Arzneistoff in einem bestimmten Zeitraum, z. B. nachts, zur Verfügung stehen muss. Arzneistoffe, die nur in bestimmten Abschnitten des Darms resorbiert werden, können durch diese Systeme gezielt zur Resorption gebracht werden.

In der Gruppe der durch **biochemische Prozesse** aktivierten Arzneistofffreisetzung wird der Arzneistoff mithilfe einer vom Körper synthetisierten biochemischen Substanz aus dem therapeutischen System freigesetzt. Die Freisetzung dieser biochemischen Substanz ist gekoppelt mit einer krankhaften Veränderung im Körper. Dies geschieht aber nur dann, wenn die biochemische Substanz eine bestimmte Konzentration überschreitet. Diese Systeme arbeiten nach dem Prinzip der biologischen Rückkopplung. Ein typisches Beispiel ist die glucosegesteuerte Insulinfreisetzung. Insulin wird in einem Polymer verkapselt, das abhängig von der Glucosekonzentration seinen Quellungszustand und damit seine Durchlässigkeit verändert. Diese Polymere können als Implantate in das Fettgewebe des Patienten appliziert werden. Je höher die Glucosekon-

zentration im Blut ist, desto mehr Insulin wird aus dem System freigesetzt. Mit sinkender Glucosekonzentration nimmt die Quellung wieder ab, das System wird wieder dicht und setzt entsprechend weniger Insulin frei.

Einschränkend muss gesagt werden, dass sich derartige Systeme noch nicht am Markt durchsetzen konnten. Die Risiken bestehen in einer unpräzise verlaufenden, manchmal spontan verlaufenden Arzneistofffreisetzung, was ein erhebliches Sicherheitsrisiko für den Patienten bedeuten würde.

Die bisher am Markt etablierten **implantierbaren** Systeme beruhen daher auf einer diffusionskontrollierten gesteuerten Freisetzung des Arzneistoffs aus bioabbaubaren Polymeren. Diese Polymere werden aus Milchsäure und Milchsäurederivaten aufgebaut und in Form von zylindrischen Formkörpern in die Unterhaut oder das Muskelgewebe injiziert. Durch Hydrolyse wird das Polymer wieder in seine Ausgangsmaterialen gespalten und vom Körper vollständig abgebaut. Nicht bioabbaubare Polymere müssen nach erfolgter Wirkstofffreisetzung wieder chirurgisch entfernt werden. Es sind hauptsächlich Hormone und Antibiotika, die auf diesem Weg appliziert werden. Im Extremfall kann die Arzneistofffreisetzung über Wochen und Monate erfolgen, was bei der Applikation von Ovulationshemmern zur Schwangerschaftsverhütung erfolgreich angewendet wird.

3.10.3 Drug Targeting

Völlig neue Wege werden bei dem aktiven *drug targeting* beschritten. Hier wird der Wirkstoff gezielt an den Wirkort im Körper gebracht. Damit können unerwünschte Wirkungen des Arzneistoffs zurückgedrängt, die Wirksamkeit verbessert und die Sicherheit für den Patienten erhöht werden

Insbesondere bei der Applikation hochwirksamer Peptidarzneistoffe und Arzneistoffe, die in der Tumortherapie eingesetzt werden (Cytostatika), ist die Dosierung und der Anwendungszeitraum durch das Auftreten starker Nebenwirkungen begrenzt. Lösungsansätze für eine gewebespezifische Arzneistoffapplikation sind die Kopplung von Antikörpern an den Arzneistoff oder die Herstellung kolloidaler Arzneistoffträ-

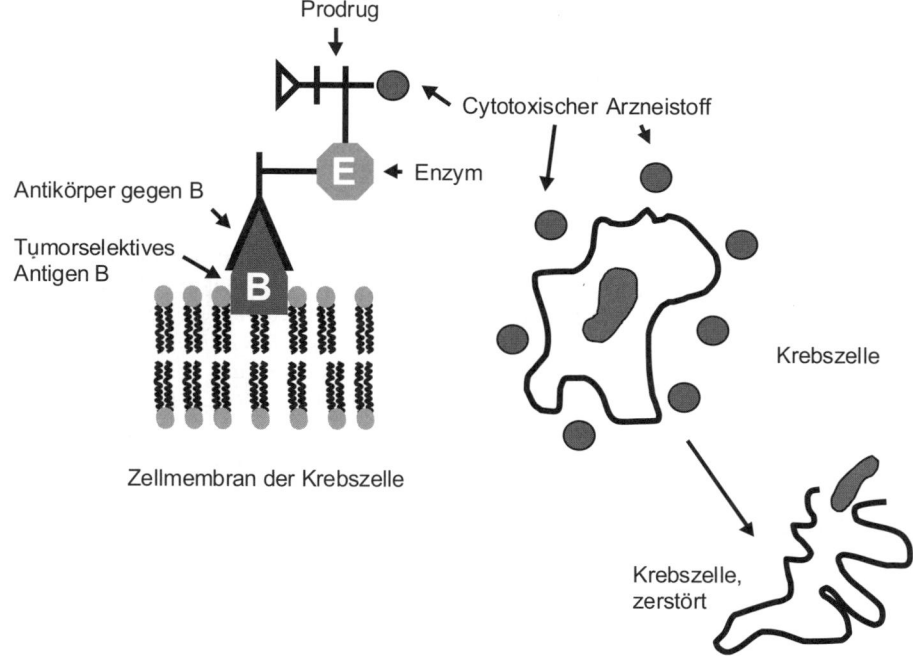

Abb. 3.14: Mechanismus der zielgerichteten Tumoransteuerung über einen Antikörper-Enzym-Prodrug-Komplex unter Freisetzung eines cytotoxischen Arzneistoffs in unmittelbarer Nähe der Krebszelle.

ger, die mit einem Antikörper konjugiert sind. Mögliche Arzneistoffträger sind Polymerpartikel (Nano- und Mikropartikel), Fettemulsionen (Öl in Wasser) und Liposomen. Alle diese Systeme werden als partikuläre Suspensionen intravenös oder subkutan appliziert.

Antikörpervermittelte *drug targeting*-**Ansätze** gewinnen zunehmend an Attraktivität.

Die oben erwähnten partikulären Systeme werden mit Oberflächeneigenschaften ausgestattet, die zur Anreicherung in bestimmten Geweben führen. In hohem Maße eignen sich hierfür monoklonale Antikörper zur Lenkung der Arzneistoffträger in das Zielgewebe. Nach erfolgter Akkumulation wird der Arzneistoff im Zielgewebe freigesetzt. Wie in der nächsten Abbildung dargestellt, kann der cytotoxische Arzneistoff nach enzymatischer Spaltung aus einer chemischen Verbindung (*prodrug*) die Krebszelle zerstören. Das in den Antikörper-Enzym-Prodrug-Komplex integrierte Enzym wird erst nach Bindung des Antikörpers an das Antigen aktiviert. Mit dieser Technik wird das Vorhandensein krebszellenspezifischer Antigene benutzt um den Arzneistoff in das Tumorgewebe zu lenken.

Diese Ansätze erlauben vielversprechende diagnostische und therapeutische Möglichkeiten bei der Behandlung von Tumorerkrankungen. Insbesondere das den Tumor versorgende Gewebe sind ein attraktives Ziel von Forschung und Entwicklung. Monoklonale Antikörper mit einer hohen Affinität zu spezifischen Oberflächenproteinen im Stützgewebe des Tumors erlauben die selektive Zerstörung der nährstoffversorgenden Umgebung des Tumors und als Folge dessen, die Zerstörung des Tumors selbst.

Eine Reihe dieser Ansätze befindet sich in der Entwicklung, erste therapeutische Erfolge konnten in klinischen Studien gezeigt werden. Allerdings sind noch eine Vielzahl von Problemen zu lösen, bevor diese Systeme eine breite Anwendung am Menschen finden. Neben der Identifizierung geeigneter monoklonaler Antikörper müssen auch die klassischen Fragen der Arzneimittelentwicklung gelöst werden. Hierzu zählen die Identifikation geeigneter Trägerpartikel, die Identifikation geeigneter Herstellverfahren und die Gewährleistung einer ausreichenden Stabilität.

Neben den klassischen Arzneiformen werden maßgeschneiderte und gewebespezifische therapeutische Systeme einen wichtigen Platz in der künftigen Arzneimitteltherapie einnehmen.

3.11 Zusammenfassung

Die Galenik oder pharmazeutische Entwicklung hat sich über die Jahrhunderte hinweg von ihren alchimistischen Wurzeln befreit und sich zu einer der wichtigsten pharmazeutischen Wissenschaften entwickelt. Für nahezu jede Erkrankung existieren spezifische Arzneiformen mit den unterschiedlichsten Funktionen. Erst durch die Identifikation einer geeigneten Arzneiform kann der Arzneistoff seine ihm zugedachte therapeutische Wirkung entfalten. Orale Darreichungsformen werden auch in Zukunft die am häufigsten angewendete Klasse von Arzneimitteln repräsentieren. Die pharmazeutische Industrie hat spezifische Technologien etabliert, um Arzneiformen zu entwickeln und qualitativ hochwertig, reproduzierbar und kostengünstig herzustellen. Die Einhaltung einschlägiger GMP-Regeln, die Anwendung geeigneter Validierungskonzepte und die Durchführung einer schlüssigen Stabilitätsprüfung sichern die geforderte Arzneimittelqualität und Therapie- und Anwendungssicherheit für den Patienten. Zunehmend gewinnen therapeutische Systeme und Arzneiformen mit gezielter Arzneistofffreisetzung (*drug targeting*) an Bedeutung und sind Gegenstand einer intensiven Forschung und Entwicklung. Therapiegebiete wie Onkologie und ZNS (Zentrales Nervensystem) werden künftig in verstärktem Maße derartige Systeme erfordern.

4 The proof of the pudding – die Zulassung

4.1 Zulassung

Die Einreichung der Zulassungsunterlagen ist ein entscheidender Meilenstein in der Entwicklung eines neuen Arzneimittels. Bedeutsamer als die eigentliche Einreichung ist aber grundsätzlich die „Zulassbarkeit", d. h. die Qualität der eingereichten Unterlagen, und damit sollte als eigentliche Zielsetzung für den Entwicklungsprozess natürlich das *approval*, also die Zulassung selbst stehen. Zweifelsohne kann sich der Prozess deutlich in die Länge ziehen, wenn die Unterlagen unvollständig, im falschen Format oder missverständlich sind. Dies gilt für alle Zulassungsprozesse, egal bei welcher Behörde.

Die **Zulassung von Arzneimitteln**, d. h. die Erlaubnis, ein Arzneimittel in den Verkehr bringen zu können, wird von der zuständigen Zulassungsbehörde erteilt. Bei dieser Beurteilung stützt sich die jeweilige Behörde vor allem auf die Qualität, Wirksamkeit und Unbedenklichkeit des Arzneimittels. Die Zulassung wird ausgesprochen, wenn das Nutzen-Risiko-Verhältnis positiv ist, d. h., wenn der erwartete Nutzen die Risiken überwiegt. Dies sei an einem Beispiel deutlich gemacht: Wenn ein Arzneimittel gegen Schmerzen als Nebenwirkung Haarausfall verursachen sollte, würde in diesem Fall keine Zulassung erteilt; verursacht jedoch ein Antitumormittel Haarausfall, so wäre dies kein Versagungsgrund.

Wann liegt ein neuer Wirkstoff oder ein neues Arzneimittel vor? Die FDA sieht dazu folgende vier Fälle vor:

– Es liegt ein neues Molekül (*new molecular entity*, NME) vor, das zur Anwendung gebracht werden soll.
– Ein Wirkstoff, der zwar bekannt, aber bislang noch nicht durch die FDA zugelassen wurde, soll zur Anwendung gebracht werden.
– Neue chemische Modifikationen, wie Salze oder Ester, eines bekannten Wirkstoffs sollen zur Anwendung gebracht werden.

– Wirkstoffe, die durch die FDA schon zugelassen wurden, sollen auf unterschiedliche Weise appliziert oder durch neue Darreichungsformen verabreicht werden.

4.1.1 Gesetzliche Grundlagen

4.1.1.1 Europa

Mit der Gründung der Europäischen Wirtschaftsgemeinschaft (*European Economic Community*, EEC) im Vertrag von Rom 1957 findet das **Binnenmarktprinzip** des freien Warenverkehrs auch Anwendung auf Arzneimittel. Zum Schutz der Gesundheit und des Lebens von Mensch und Tier sind jedoch Verbote und Beschränkungen nach Artikel 30 des EG-Vertrags zulässig. In den Kapiteln 1.2.1.2 und 1.3.3 wurde bereits auf den Zulassungsprozess und die Entstehung der Europäischen Behörde eingegangen, deshalb sollen hier nun vertiefende Aspekte dargelegt werden.

Unter dem Eindruck der Thalidomid-Katastrophe 1962, der Gewährleistung eines hohen Maßes an öffentlichem Gesundheitsschutz und nicht zuletzt der Beseitigung von Handelshemmnissen auf dem Binnenmarkt hat die EG einen gesetzlichen Rahmen für Arzneimittel entwickelt. Auch wenn das Regelwerk auf den ersten Blick erschrecken mag, hilft die Kenntnis über einige der Direktiven, die daraus resultierenden Begriffe und ihre Herkunft nachzuvollziehen. Sie seien deshalb hier kurz erläutert:

Mit der **Richtlinie 65/65/EEC** von 1965 wurde verfügt, dass ein Arzneimittel in einem Mitgliedstaat nur dann in Verkehr gebracht werden darf, wenn eine Genehmigung dafür erteilt wurde. Eine EG-Richtlinie ist an die Mitgliedsstaaten gerichtet und entfaltet keine unmittelbare rechtliche Wirkung. Sie muss erst in nationales Recht transformiert werden. Eine fundamentale Ergänzung erfuhr diese Richtlinie erst durch die **Richtlinie 75/319/EEC**, mit der wichtige Grundsatz- und Verfahrensvorschriften eingeführt wurden. Gleichzeitig wurde die **Richtlinie 75/318/EEC** verabschiedet, die den Umfang der Angaben und Unterlagen festlegte, die dem Antrag auf Genehmigung beizufügen sind.

Diese drei Richtlinien sind die pharmazeutischen Basisrichtlinien und bildeten die Grundlage für die nationalen Gesetzgebungsverfahren.

Die **Richtlinie 75/319/EEC** aus dem Jahr 1975 legt die Bildung des *European Committee for Proprietary Medicinal Products* (CPMP) fest, einem der Komitees der EMEA, das für die Zulassung der Produkte zuständig ist.

Später, in der Richtlinie 83/570/EEC wird festgelegt, dass der Antragsteller als Teil seiner Einreichung eine Art Kurzfassung zu erstellen hat, die sog. *Summary of Product Characteristics* (SPC). Sie soll den Namen des Produktes, die Zusammensetzung, die Darreichungsform, pharmakologische und pharmakokinetische Einzelheiten, eine klinische Beschreibung sowie pharmazeutische Gesichtspunkte wie Lagerbedingungen und Haltbarkeit abdecken. Eine weitere wichtige Richtlinie ist die *abridged application* Richtlinie 87/21/EEC. Sie ergänzt den Artikel 4(8) der schon oben genannten Richtlinie 65/65 EEC und beschreibt, wann pharmakologische und toxikologische Untersuchungen sowie klinische Studien nicht zur Verfügung gestellt werden müssen. Für *abridged applications* werden drei Gründe zugelassen:

– Wenn der Antragsteller auf die erteilte Zulassung des Originators Bezug nehmen kann (bezugnehmende Zulassung), oder
– wenn ausführliche veröffentlichte Daten und Literatur angeführt werden können, die den pharmakologischen, toxikologischen und klinischen Teil abdecken (bibliographische Zulassung), oder
– wenn das Produkt *essentially similar* zum Produkt des Originators ist (generische Zulassung).

Die nationale Umsetzung dieser Vorschriften erfolgte z. B. in Deutschland durch die Verabschiedung des Arzneimittelgesetzes (AMG) vom 24. August 1976, das dann am 1. Januar 1978 in Kraft trat.

Für bereits am Markt befindliche Arzneimittel wurden Übergangsregelungen geschaffen, um auch diese einer nachträglichen Überprüfung zu unterziehen. Detaillierte Vorschriften gab es nicht, und so führte jedes Land ein eigenes „Nachzulassungsverfahren" durch. Durch die 75er-Richtlinie wurde festgelegt, dass die Nachzulassungsverfahren bis Ende 1990 abgeschlossen sein sollten. Deutschland hatte bis zum 30.6.2004 mit dem Abschluss der ersten Bearbeitungsphasen ein wichtiges Etappenziel erreicht.

Da der Regelungsbedarf vor allem auf europäischer Ebene sehr hoch ist, wurde die Basisrichtlinie mehrfach geändert und durch andere Richtlinien und Verordnungen ergänzt. Einige finden sich in der Fußnote[1]. Schließlich wurde im November 2001 in der Richtlinie 2001/83/EC eine Konsolidierung erreicht. Diese wurde erst kürzlich im so genannten „Review" überarbeitet und am 30.4.2004 durch die Richtlinie 2004/27/EC erweitert. In Deutschland wurden diese Änderungen als 14. AMG-Novelle am 5.9.2005 umgesetzt. Unter anderem wurde die unbegrenzte Gültigkeit einer Zulassung nach der ersten Verlängerung fünf Jahre nach Zulassung eingeführt. Zudem besteht nun ein Vermarktungszwang, die so genannte *sunset-clause*.

Das Richtlinien- und Verordnungsgeflecht führte jedoch nicht zu der gewünschten Vollendung des Binnenmarkts. Jedes EG-Mitgliedsland erteilte zwar Zulassungen nach intensiver Prüfung der Antragsunterlagen, jedoch war die ausgesprochene Zulassung nur national gültig.

Durch die **Verordnung (EWG) Nr. 2309/93** zur Festlegung von Gemeinschaftsverfahren für die Genehmigung und Überwachung von Human- und Tierarzneimitteln und zur Schaffung einer Europäischen Agentur für die Beurteilung von Arzneimitteln und weiterer Änderungsrichtlinien, wurde ein neues System geschaffen, das 1995 in Kraft trat, das Zentralisierte Verfahren. Auch diese Verordnung wurde im „Review" überarbeitet und am 30.4.2004 durch die Verordnung 726/2004 ersetzt. Änderungen waren unter anderem die Ausweitung des zentralisierten Verfahrens auf weitere Arzneimittel sowie die Einführung eines beschleunigten Zulassungsverfahrens. Wie auch in der geänderten Richtlinie 2001/83/EC gibt es nun auch für zentral zugelassene Arzneimittel einen Vermarktungszwang.

Einer Ausnahmeregelung, was ihre Zulassung betrifft, unterliegen **homöopathische** und anthroposophische **Arzneimittel**, da die Grundlagen ihrer Wirkung naturwissenschaftlich kaum oder gar nicht nachweisbar sind und sie daher nicht nach den für Arzneimittel geforderten Kriterien beurteilt werden können. Diese Sonderformen erhalten eine Registrierung, für die lediglich die Qualität und die Inhaltsstoffe, soweit bekannt, angegeben werden müssen. Auf der Verpackung dürfen daher keine Angaben zu den Anwendungsgebieten gemacht werden.

Pflanzliche Arzneimittel (Phytopharmaka) dagegen müssen zur Zulassung alle Kriterien erfüllen wie andere Arzneimittel auch. Allerdings ist bei ihnen die Identifikation der wirksamen Bestandteile schwieriger, da häufig die Effekte auf Wirkstoffgemische und weniger auf einzelne Komponenten zurückzuführen sind. Dies wiederum erschwert die Beurteilung der Qualität, da definiert werden muss, welche Leitsubstanzen in welchen Konzentrationen vorhanden sein müssen, um einer Zulassung zu genügen. Durch die Richtlinie 2004/24/EC, die ebenfalls die Richtlinie 2001/83/EC erweitert, werden seit dem 30.4.2004 traditionelle pflanzliche Arzneimittel definiert und ihnen ein vereinfachtes Zulassungsverfahren ermöglicht.

Phytotherapeutika, Homöopathika und die anthroposophischen Mittel, zusammengefasst unter dem Begriff der „Arzneimittel der besonderen Therapierichtungen" werden von der Kommission E, einer Gruppe von Fachleuten, beurteilt, die sich mit diesen speziellen Fragestellungen zur Zulassung auseinandersetzt. Die Kommission erstellt dazu sog. Monographien, die Anwendungen, Dosierungen und Nebenwirkungen zusammenfassen. Lässt sich kein therapeutischer Nutzen erkennen oder treten zu hohe Risiken bei der Anwendung auf, so wird eine sog. „Negativmonographie" erstellt und einer Zulassung kann nicht zugestimmt werden.

4.1.1.2 USA

Im Gegensatz zu Europa mit seiner „Gemeinschaftsstruktur" gibt es in den USA einen Staat mit zentraler Gesetzgebung für den Arzneimittelzulassungs- und Überwachungsbereich. Hier die wichtigsten Gesetze der USA, die die Entwicklung für die heutige Gesetzgebung im pharmazeutischen Bereich aufzeigen:

– *Biologics Control Act* (1902): behandelt die Reinheit und Sicherheit von Impfstoffen,
– *Food and Drugs Act* (1906): setzt Standards für Reinheit und Dosisstärken,
– *Federal Food, Drug and Cosmetic Act* (1938): verpflichtet als Folge des Sulfanilamidfalles den Hersteller, die Sicherheit des Produktes darzulegen (NDA),
– *Public Health Service Act* (1944): gibt der FDA weitreichende Befugnis in der Interpretation der rechtlichen Anforderungen für die Arzneimittelzulassung,
– *Durham-Humphrey Amendment* (1951): legt die Unterscheidung verschreibungspflichtiger Arzneimittel fest.

---

[1] Richtlinie 89/105/EWG über Preise und Erstattungen
Richtlinie 89/342/EWG über immunologische Arzneimittel
Richtlinie 89/343/EWG über radioaktive Arzneimittel
Richtlinie 89/381/EWG über Arzneimittel aus menschlichem Blut oder Blutplasma
Richtlinie 91/356/EWG über die gute Herstellungspraxis
Richtlinie 92/25/EWG über den Großhandelsvertrieb
Richtlinie 92/26/EWG über die Einstufung bei der Abgabe von Humanarzneimitteln
Richtlinie 92/27/EWG über die Etikettierung und die Packungsbeilage von Humanarzneimitteln
Richtlinie 92/28/EWG über die Werbung für Humanarzneimittel
Richtlinie 92/73/EWG über homöopathische Arzneimittel
Richtlinie 81/851/EWG über Tierarzneimittel
Richtlinie 81/852/EWG über die Angaben und Unterlagen, die dem Antrag auf Genehmigung von Tierarzneimitteln beizufügen sind
Richtlinie 90/677/EWG über die Erweiterung der Gemeinschaftsvorschriften zu Tierarzneimitteln auf immunologische Erzeugnisse
Richtlinie 91/412/EWG über die Gute Herstellungspraxis für Tierarzneimittel
Richtlinie 92/74/EWG über homöopathische Tierarzneimittel
Verordnung (EWG) Nr. 2377/90 über Höchstmengen für Tierarzneimittelrückstände in Nahrungsmitteln tierischen Ursprungs

- *Kefauver-Harris Drug Amendment* (1962): führt den *informed consent* – die Zustimmung – bei Studienteilnehmern ein und fordert nicht nur den Beweis der Sicherheit, sondern auch Wirksamkeit in der angestrebten Verwendung. *Grandfather drugs* werden definiert als Wirkstoffe, vor 1938 auf dem Markt befindlich, für die die Hersteller nicht retrospektiv die Wirksamkeit nachweisen müssen.
- *Orphan Drug Act* (1983): 1983 wurde in den USA der *Orphan Drug Act* verabschiedet, gefolgt 1993 von Japan und 1998 von Australien, um die Forschung und Entwicklung von sog. *orphan drugs*, d. h. Arzneimitteln zur Diagnose, Prophylaxe oder Behandlung seltener Erkrankungen, zu fördern. In Europa wurde die „Verordnung über Arzneimittel für seltene Krankheiten" im Jahr 1999 verabschiedet. Während in den USA Krankheiten als selten gelten, wenn sie bei weniger als 200.000 Amerikanern auftreten, dürfen in der EU höchstens fünf von 10.000 Menschen betroffen sein. Ungefähr 5.000, d. h. ca. ein Sechstel aller bekannten Krankheiten werden derzeit in diese Kategorie eingestuft. Zusätzlich fallen auch Arzneimittel unter diese Regelung, die keine seltenen Krankheiten im eigentlichen Sinne sind, aber bisher noch nicht vom Fortschritt der Medizin profitiert haben und wenig rentabel sind. Die Gründe für das geringe Interesse seitens der pharmazeutischen Industrie liegen auf der Hand: die geringe Zahl betroffener Patienten, fehlende Forschungsanreize, hohe Entwicklungskosten und der zu kurze patentrechtliche Schutz, um rentabel zu sein. Ökonomisch betrachtet rechnet sich daher häufig die Entwicklung eines solchen Medikaments kaum. Um einen Anreiz zur Entwicklung von *orphan drugs* zu schaffen, lässt die **Orphan Drug-Verordnung** der EU ganz oder teilweise die Befreiung der Unternehmen von den Zulassungsgebühren zu und garantiert ein Alleinvertriebsrecht für zehn Jahre. In den USA wird zusätzlich eine Steuergutschrift von 50% der klinischen Kosten gewährt. Bis Mitte 2005 wurden in den USA mehr als 1400 Arzneimittel als *orphan drugs* klassifiziert. Zusätzlich wurden von der EU Förderprogramme zur Erforschung seltener Krankheiten und die Errichtung von Datenbanken ins Leben gerufen. Die Entwicklung von *orphan drugs* haben viele kleine und mittelständische Unternehmen als Chance genutzt, um sich in einer Nische auf dem Pharmamarkt zu etablieren. Der BPI hat ein Partnerschaftsforum errichtet, um Kooperationen zwischen diesen *start-ups* mit erfahrenen großen Unternehmen zur deren Unterstützung in allen Bereichen bis zur Marktreife zu fördern. Bekannte Beispiele für *orphan drugs*, die in den letzten Jahren auf den Markt kamen sind Alglucerase für Morbus Gaucher-Patienten, Cladribin gegen Haarzell-Leukämie und Anagrelid zur Therapie der essenziellen Thrombozytämie.

- *Drug Price Competition and Patent Term Restoration Act* (1984, *Waxman-Hatch Act*): Weitet die Anzahl der durch generische Zulassung (ANDA, *Abbreviated New Drug Application*) zulassbaren Wirkstoffe aus und fordert für Produkte nach 1962 nur den Beweis der chemischen Identität und des gleichen pharmakokinetischen Profils.
- *Generic Drug Enforcement Act* (1992): als Maßnahme, dem wachsenden Generika-Boom durch strengere Auflagen die zunehmend mangelnde Qualität aufzuerlegen.
- *Prescription Drug User Fee Act* (PDUFA, 1992): Setzt feste Gebühren für die Einreichung der NDAs und jährliche Gebühren fest, mit denen die FDA ihr *review*-System weiter ausbauen soll und die *review*-Zeiten verkürzen soll.
- *FDA Modernization Act* (1997): Bestätigt u. a. den PDUFA für weitere fünf Jahre. Im Jahr 2002 wurde der PDUFA (III) für weitere fünf Jahre bestätigt. Es sollen dabei die Interaktionen zwischen Arzneimittelentwicklung und Bewertung der Zulassungsunterlagen verbessert werden.

Der „*Code of Federal Regulations* (CFR)" enthält alle Regularien, die im „Federal Register" durch die *executive departments and agencies* der Bundesregierung publiziert werden. „*Title 21*" des CFR ist für die Regularien der *Food and Drug Administration* reserviert. Jeder *title* wird einmal pro Kalenderjahr revidiert. Der Publikationstermin für „*Title 21*" ist ungefähr der 1. April eines jeden Jahres.

Zuständig für den Arzneimittelbereich ist die *Food and Drug Administration* (FDA). Ihre Geschichte ist im Kapitel 1.2.1.2 dargelegt. Sie gliedert sich in das *Department for Health and Human Services*, das *Center for Drug Evaluation and Research* (CDER) mit den NDA *review*-Abteilungen und das *Center for Biologics Evaluation and Research* (CBER) mit der BLA (*biologics licensing application*) *review*-Abteilung für biologische Produkte für bestimmte Indikationen. Seit Ende Juni 2003 fallen neue biologische Arzneimittel, außer Vakzinen (Impfstoffe), Blut-, Gewebe- und Gentherapieprodukten, auch in den Verantwortungsbereich des CDER.

4.1.1.3 Die Rolle der International Conference on Harmonisation (ICH)

Die *International Conference on Harmonisation of Technical Requirements for Registration of Pharmaceuticals for Human Use* ist eine gemeinsame Initiative, die sowohl Vertreter der Zulassungsbehörden aus Europa, Japan und den USA, als auch Experten der pharmazeutischen Industrie als gleichberechtigte Partner zusammenbringen soll, um wissenschaftliche und technische Aspekte der Arzneimittelzulassung zu diskutieren. Die Empfehlungen dieser Arbeitsgruppe soll größere Harmonisierungen in der Interpretation und Anwendung von technischen Richtlinien für die Arzneimittelzulassung bringen, um Doppeltestung während der Entwicklung von neuen Arzneimitteln zu verhindern oder zu reduzieren. Das Ziel einer solchen Harmonisierung ist eine ökonomischere Ausnutzung der humanen, tierischen und Materialressourcen, um unnötige Verzögerungen bei der globalen Entwicklung zu vermeiden. Ziel dieser Entwicklung ist höchstmöglicher Schutz der öffentlichen Gesundheit.

Zu den Mitgliedern der ICH gehören als Vertreter der Zulassungsbehörden an:
- *European Commission*
- *Ministry of Health, Labor and Welfare, Japan* (MHLW)
- *US Food and Drug Administration* (FDA)

Von Seiten der Industrie sind in diesem Gremium vertreten:
- *European Federation of Pharmaceutical Industries and Associations* (EFPIA)
- *Japan Pharmaceutical Manufacturers Association* (JPMA)
- *Pharmaceutical Research and Manufacturers of America* (PhRMA)

Beobachterstatus haben:
- *The World Health Organisation* (WHO)
- *The European Free Trade Area* (EFTA)
- Kanada

4.1.2 Die Zulassungsunterlagen

4.1.2.1 Bisher verwendetes Format

Das bisher verwendete Zulassungsformat bestand aus fünf Teilen (*parts*) und ist im Anhang detailliert aufgelistet, um den Vergleich zum neuen Modul-Konzept zu ermöglichen (vgl. Anhang).

4.1.2.2 Common Technical Document (CTD)

Im November 2000 verabschiedete die ICH ein Update des Antragsformats unter der Bezeichnung *Common Technical Document* (CTD, vgl. Anhang). Das CTD ist ein international akzeptierter Standard für eine gut strukturierte Antragspräsentation in den ICH-Regionen Europa, USA und Japan. Durch diese Struktur sollen Zeit und Ressourcen geschont, sowie die Antragsbearbeitung und die Kommunikation verbessert und erleichtert werden. Das CTD macht jedoch keine Vorgaben, welche Studien und Daten für eine erfolgreiche Zulassung notwendig sind.

Am 1. Juli 2003 wurde dieses Format in allen Regionen bindend, unabhängig vom gewählten Verfahren (zentralisiert, *mutual recognition*, also gemeinschaftlich oder national) und vom Antragsumfang (kompletter Antrag oder abgekürzter Antrag). Ebenso muss das CTD-Format für alle Antragstypen (*new chemical entities*, Radiopharmazeutika, Impfstoffe, pflanzliche Arzneimittel u. a.) verwendet werden. Die ICH-Richtlinie M4, die den Aufbau des CTD beschreibt, wurde Ende Juni 2003 durch die Richtlinie 2003/62/EC in europäisches Recht transportiert.

Das CTD ist in fünf Module gegliedert (Abb. 4.1 in englischer Fassung):

Modul 1:
Modul 1 enthält die länderspezifischen Antragsformulare, die Zusammenfassung der Merkmale des Arzneimittels, die Entwürfe der Etikettierung, den Entwurf der Packungsbeilage sowie Informationen über die Gutachter, über den Antragstyp und je nach Wirkstoff, ein *environmental risk assessment*.

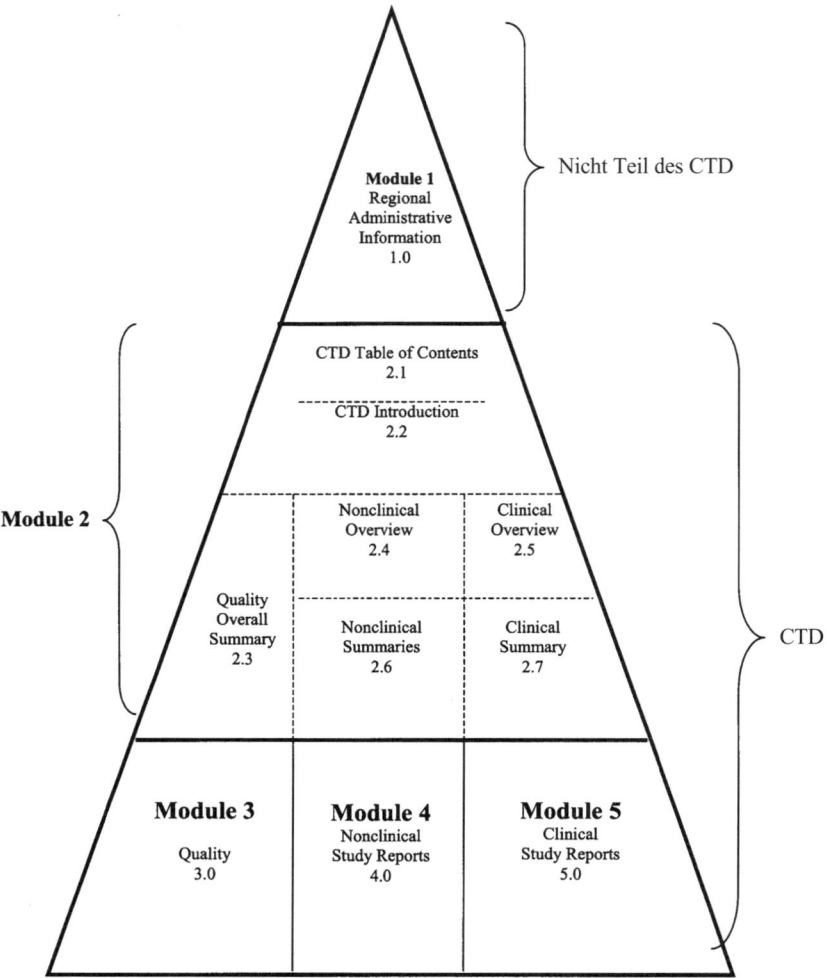

Abb. 4.1: Schema des Modul-Aufbaus des Common Technical Documents (CTD).

Modul 2:

Modul 2 enthält Zusammenfassungen zu Qualität, nicht-klinischen Studien und klinischen Studien, die von qualifizierten und erfahrenen Wissenschaftlern (Experten) angefertigt werden müssen.

Modul 3:

Modul 3 enthält die chemische, pharmazeutische und biologische Dokumentation. Die Strukturierung erfolgt entsprechend ICH-Richtlinie M4Q.

Modul 4:

Modul 4 enthält die toxikologischen und pharmakologischen Studienberichte. Die Strukturierung erfolgt entsprechend ICH-Richtlinie M4S.

Modul 5:

Modul 5 enthält die klinischen Studienberichte. Die Strukturierung erfolgt entsprechend ICH-Richtlinie M4E.

Im Anhang ist die Struktur des CTD detaillierter dargestellt. Ein CTD wird generell in englischer Sprache erstellt.

4.1.2.3 Elektronisches CTD

Die ICH M4 *Expert Working Group* hat das *Common Technical Document* definiert. Die ICH M2 *Expert Working Group* hat die Spezifikation für das *Electronic Common Technical*

Document (eCTD) definiert. Das eCTD ist definiert als ein Interface der Industrie zur Datenübermittlung an Zulassungsbehörden. Die eCTD Spezifikation listet die Kriterien für einen validen Datentransfer.

Die Spezifikation für das eCTD basiert auf dem Inhalt des CTD. Das CTD (siehe vorhergehenden Abschnitt) beschreibt die Organisation der Module, Abschnitte und Dokumente. Die Struktur des CTDs bildet die Basis für die eCTD Struktur.

Die Philosophie des eCTD ist es, offene Standards zu benutzen. Im Gegensatz zum CTD, das nur die Module 2–5 beschreibt, die in allen Regionen gleich sind, beschreibt das eCTD auch Modul 1.

Nachfolgend sind die Ordnerhierarchien für die Module 2, 3, 4 und 5 dargestellt (Abb. 4.2–4.5). Die Ordnerbezeichnungen sind wie vorgegeben zu übernehmen.

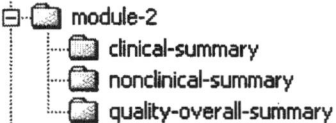

Abb. 4.2: „Screenshot" der Organisation der Dokumente für Modul 2.

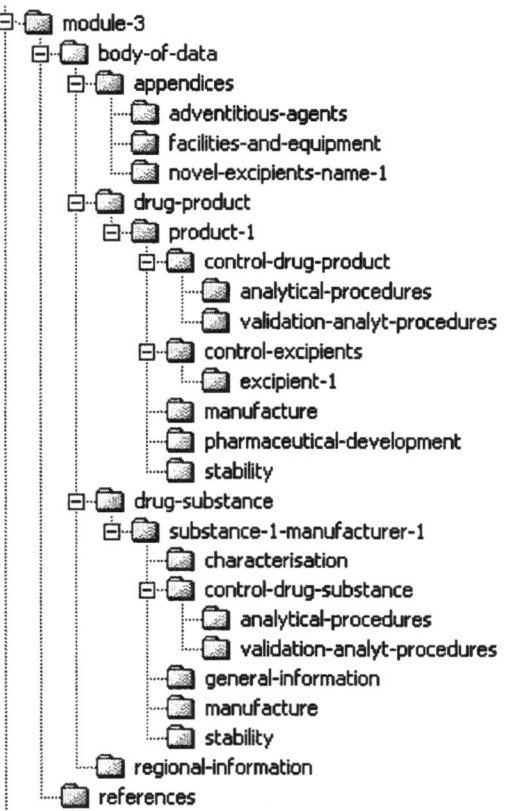

Abb. 4.3: „Screenshot" der Organisation der Dokumente für Modul 3.

4.1.3 Antragsverfahren (EU)

Innerhalb der EU gibt es vier verschiedene Antragsverfahren (vgl. Kap. 2.2.4.1):
– die nationalen Verfahren
– das zentralisierte Verfahren
– und die beiden gemeinschaftlichen Verfahren: das Verfahren der gegenseitigen Anerkennung (*mutual recognition procedure*, MRP) und das dezentralisierte Verfahren (*decentralized procedure*, DCP).

Bis 1995 gab es nur die **nationalen Zulassungsverfahren**, die zur Zulassung und damit zu Verkehrsfähigkeit im betreffenden Land führten.

Unter dem Gesichtspunkt der Vollendung des Binnenmarkts war diese beschränkte Verkehrsfähigkeit natürlich unerwünscht. Deshalb wurde eine grundlegende Verbesserung der Zulassungsverfahren beschlossen. Mit der Annahme der Verordnung (EWG) Nr. 2309/93 und einer Reihe von Richtlinien (93/93 EWG, 93/40 EWG, 93/41 EWG) zur Änderung bestehender Vorschriften

wurde ein neues System geschaffen, das 1995 in Kraft trat und 2004 nach ersten Erfahrungen bereits überarbeitet wurde. Es basiert auf **zwei getrennten Verfahren** zur Erteilung einer Genehmigung für das Inverkehrbringen eines Arzneimittels:

Das **zentralisierte Verfahren** (*centralised procedure*, Abb. 4.6) führt zu einer in der ganzen Gemeinschaft gültigen Arzneimittelzulassung. Diese ergeht in Form einer Entscheidung der Kommission, die sich auf eine wissenschaftliche Beurteilung durch die Ausschüsse im Rahmen der Europäischen Agentur für die Beurteilung von Arzneimitteln (EMEA) stützt (vgl. Kap. 2.2.4.1).

Obligatorisch ist das Verfahren für Arzneimittel, die im Annex der Verordnung 726/2004 aufgeführt sind. Dies betrifft z. B. alle gentechnologisch hergestellten Arzneimittel sowie Arzneimittel, die einen in der EU bisher nicht zugelassenen Wirkstoff enthalten für die Indikationen:

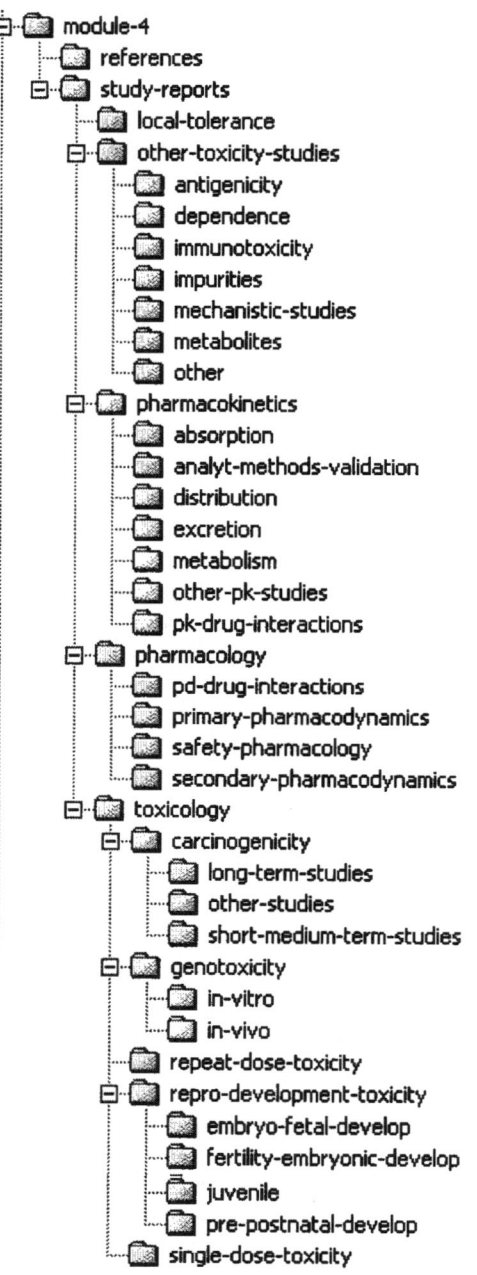

Abb. 4.4: „Screenshot" der Organisation der Dokumente für Modul 4.

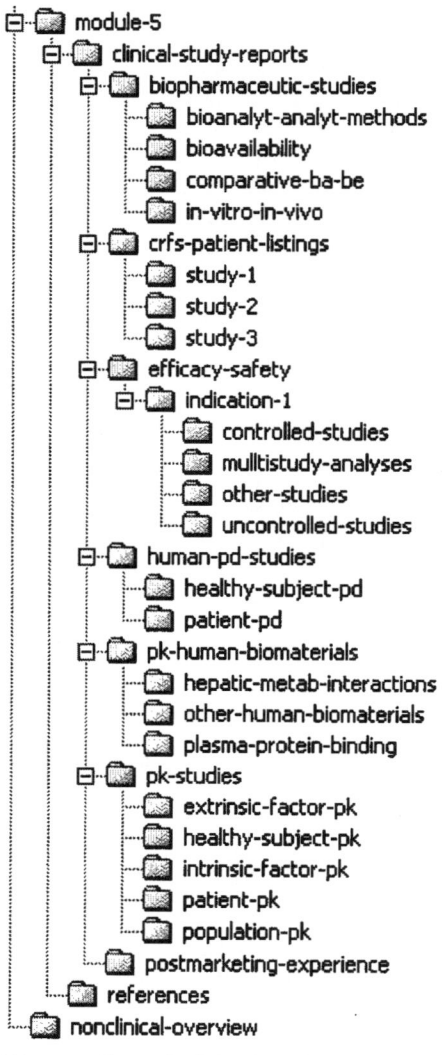

Abb. 4.5: „Screenshot" der Organisation der Dokumente für Modul 5.

AIDS, Krebs, neurodegenerative Erkrankungen, Diabetes und Arzneimittel für seltene Erkrankungen (*orphan drugs*). Im Jahr 2008 werden diese Indikationen noch ausgeweitet auf Auto-immunkrankheiten, andere Immunschwächen und Viruserkrankungen. Für Arzneimittel, die in Artikel 3 Nr. 2 und Nr. 3 der Verordnung 726/2004 aufgeführt sind, z.B. neue Indikationen, wesentliche Innovationen oder neue Wirkstoffe, sowie für Generika zentral zugelassener Arzneimittel, kann das Verfahren freiwillig angewandt werden.

Wenn das zentralisierte Verfahren für die Zulassung eines Arzneimittels nicht in Frage kommt oder vom Antragsteller nicht gewünscht wird, sieht das System ein gemeinschaftliches Verfah-

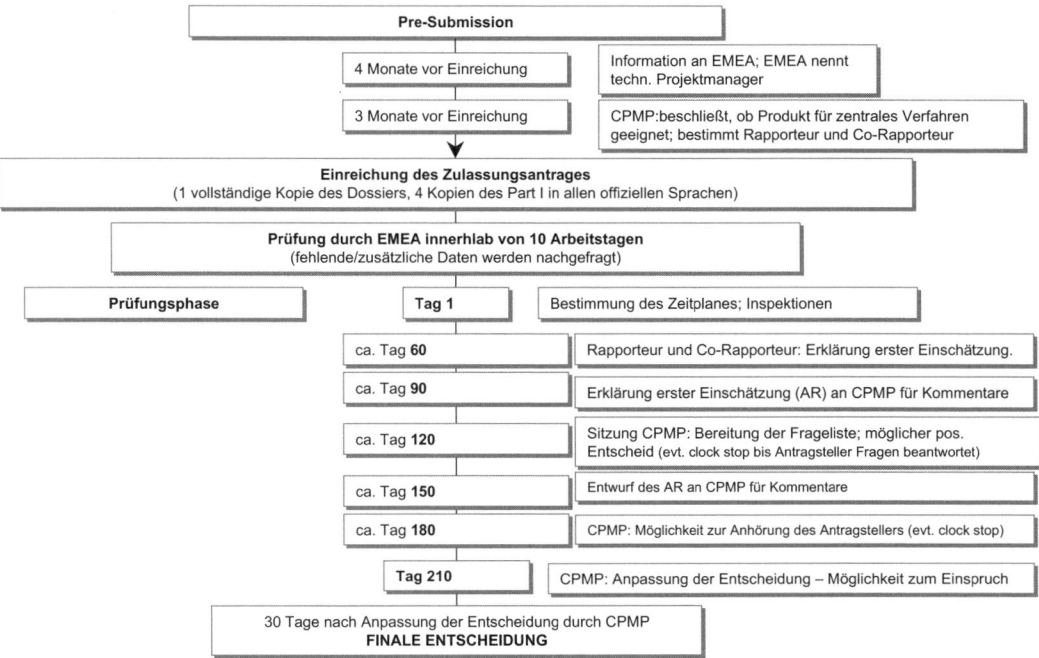

Abb. 4.6: Das zentralisierte Verfahren (*centralised procedure*). Das Verfahren kann Anwendung finden für alle Wirkstoffe die vor dem 1.1.1995 noch in keinem auf dem EU-Markt zugelassenen Arzneimittel enthalten waren oder für als besonders innovativ eingestufte Arzneimittel. Es ist verpflichtend für alle biotechnologisch hergestellten Arzneimittel. Nach Zulassung eines Arzneimittels durch die Europäische Kommission veröffentlicht die EMEA einen European Public Assessment Report (EPAR; AR = Assessment Report).

ren vor. Hier wird unterschieden zwischen dem **Verfahren der gegenseitigen Anerkennung** (*mutual recognition procedure*, MRP, Abb. 4.7) und dem dezentralisierten Verfahren (*decentralized procedure*, DCP). Beim ersten Verfahren liegt schon eine EU-Zulassung vor, beim zweiten noch nicht. Beide sind anzuwenden, wenn ein Arzneimittel in zwei oder mehr Mitgliedstaaten zugelassen werden soll. Im Rahmen dieses Verfahrens nimmt die zuständige Behörde des sog. Referenzmitgliedstaates (*Reference Member State*, RMS) die wissenschaftliche Beurteilung vor. Die anderen Mitgliedstaaten, in denen die Zulassung des Arzneimittels ebenfalls gelten soll, erkennen diese Beurteilung an. Ein betroffener Mitgliedstaat kann aber Einwände erheben, wenn es seiner Meinung nach Gründe zu der Annahme gibt, dass die Zulassung des Arzneimittels eine Gefahr für die öffentliche Gesundheit darstellen kann. In diesem Fall bemühen sich alle betroffenen Mitgliedstaaten nach Kräften um eine Einigung. Die durch Art. 29 der Verordnung 726/2004 eingeführte Koordinierungsgruppe soll im sog.

Schlichtungsverfahren ebenfalls zur Einigung beitragen. Gelingt ihnen dies nicht, wird die Sache an die EMEA übergeben, die ein Schiedsverfahren einleitet. Am Ende steht eine Entscheidung der Kommission an die betroffenen Mitgliedstaaten, die die notwendigen Regelungen umsetzen müssen (vgl. Kap. 2.2.4.1).

4.1.4 Antragstypen (EU)

4.1.4.1 Full application

Dem Zulassungsantrag müssen die Angaben und Unterlagen nach Artikel 8 der geänderten Richtlinie 2001/83/EC beigefügt werden:

1. der Name oder die Firma und die Anschrift des Antragstellers und des Herstellers,
2. die Bezeichnung des Arzneimittels,
3. die Bestandteile des Arzneimittels nach Art und Menge,
4. die Darreichungsform,
5. die Wirkungen,
6. die Anwendungsgebiete,

7. die Gegenanzeigen,

8. die Nebenwirkungen,

9. die Wechselwirkungen mit anderen Mitteln,

10. die Dosierung,

11. kurzgefasste Angaben über die Herstellung des Arzneimittels,

12. die Art der Anwendung und bei Arzneimitteln, die nur begrenzte Zeit angewendet werden sollen, die Dauer der Anwendung,

13. die Packungsgrößen,

14. die Art der Haltbarmachung, die Dauer der Haltbarkeit, die Art der Aufbewahrung, die Ergebnisse von Haltbarkeitsversuchen, die Methoden zur Kontrolle der Qualität (Kontrollmethoden).

Dem Antrag ist ebenso der Wortlaut der vorgesehenen Angaben für das Behältnis, die äußere Umhüllung und die Packungsbeilage sowie der Entwurf einer Fachinformation (Zusammenfassung der Merkmale des Arzneimittels) beizufügen. Die Zulassungsbehörde kann verlangen, dass ihr ein oder mehrere Muster oder Verkaufsmodelle des Arzneimittels einschließlich der Packungsbeilagen sowie Ausgangsstoffe, Zwischenprodukte und Stoffe, die zur Herstellung oder Prüfung des Arzneimittels verwendet werden, in einer für die Untersuchung ausreichenden Menge und in einem für die Untersuchung geeigneten Zustand vorgelegt werden.

Es sind ferner vorzulegen:

1. die Ergebnisse physikalischer, chemischer, biologischer oder mikrobiologischer Versuche und die zu ihrer Ermittlung angewandten Methoden (analytische Prüfung),

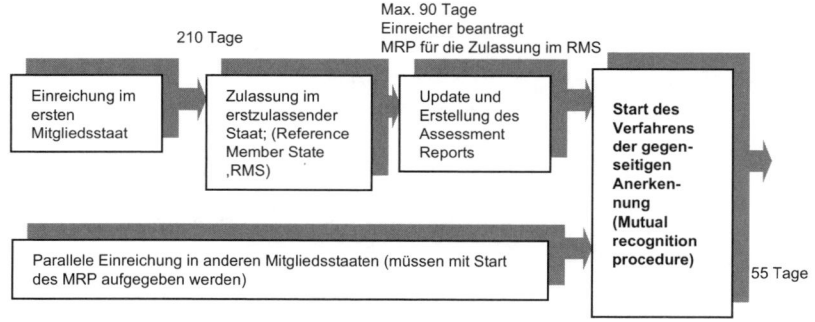

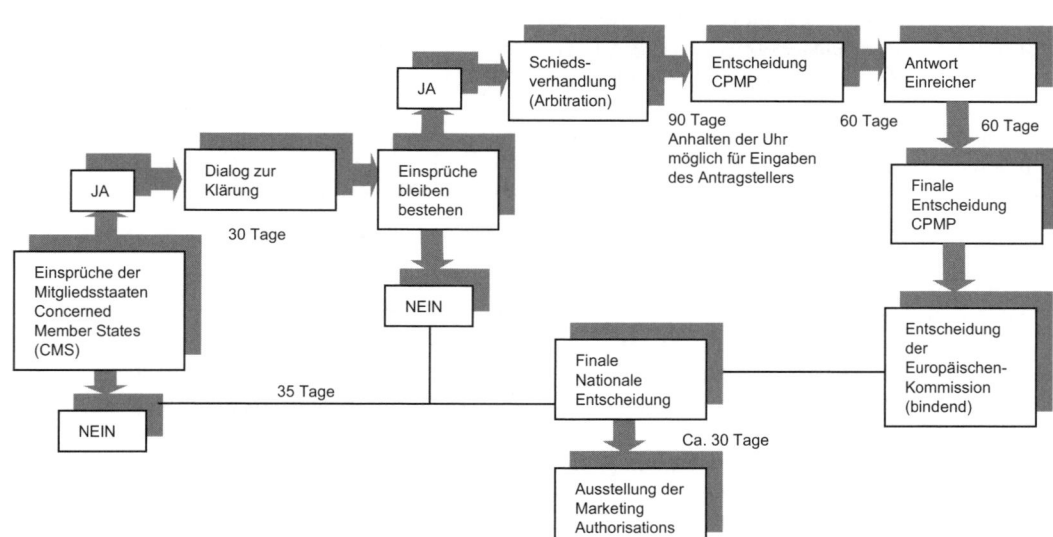

Abb. 4.7: Flussdiagramm Verfahren der gegenseitigen Anerkennung (*mutual recognition procedure*, MRP).

2. die Ergebnisse der pharmakologischen und toxikologischen Versuche (pharmakologisch-toxikologische Prüfung),
3. die Ergebnisse der klinischen oder sonstigen ärztlichen, zahnärztlichen oder tierärztlichen Erprobung (klinische Prüfung).

Die Ergebnisse sind durch Unterlagen so zu belegen, dass aus diesen Art, Umfang und Zeitpunkt der Prüfungen hervorgehen. Dem Antrag sind alle für die Bewertung des Arzneimittels zweckdienlichen Angaben und Unterlagen, ob günstig oder ungünstig, beizufügen. Dies gilt auch für unvollständige oder abgebrochene toxikologische oder pharmakologische Versuche oder klinische Prüfungen zu den Arzneimitteln.

Weiterhin sind Gutachten von Sachverständigen (im CTD als *expert summaries* bezeichnet) beizufügen, in denen die Kontrollmethoden, und Prüfungsergebnisse zusammengefasst und bewertet werden. Im Einzelnen muss aus den Gutachten insbesondere hervorgehen:
1. Aus dem analytischen Gutachten, ob das Arzneimittel die nach den anerkannten pharmazeutischen Regeln angemessene Qualität aufweist, ob die vorgeschlagenen Kontrollmethoden dem jeweiligen Stand der wissenschaftlichen Erkenntnisse entsprechen und zur Beurteilung der Qualität geeignet sind;
2. aus dem pharmakologisch-toxikologischen Gutachten, welche toxischen Wirkungen und welche pharmakologischen Eigenschaften das Arzneimittel hat;
3. aus dem klinischen Gutachten, ob das Arzneimittel bei den angegebenen Anwendungsgebieten angemessen wirksam ist, ob es verträglich ist, ob die vorgesehene Dosierung zweckmäßig ist und welche Gegenanzeigen und Nebenwirkungen bestehen.

4.1.4.2 Abriged applications

4.1.4.2.1 Bibliographic application

Eine *bibliographic application* fällt in den Bereich der sog. *abridged applications*, entsprechend Artikel 10a und 10b der geänderten Richtlinie 2001/83/EC.

Anstelle der Ergebnisse der pharmakologisch-toxikologischen Prüfung und klinischen Prüfung kann bei der bibliographischen Einreichung anderes wissenschaftliches Erkenntnismaterial (publizierte Literatur) vorgelegt werden, und zwar

1. bei einem Arzneimittel, dessen Wirkungen und Nebenwirkungen bereits bekannt und aus dem wissenschaftlichen Erkenntnismaterial ersichtlich sind;
2. bei einem Arzneimittel, das in seiner Zusammensetzung bereits einem Arzneimittel nach Nummer 1 vergleichbar ist;
3. bei einem Arzneimittel, das eine neue Kombination bekannter Bestandteile ist, für diese Bestandteile; es kann jedoch auch für die Kombination als solche anderes wissenschaftliches Erkenntnismaterial vorgelegt werden, wenn die Wirksamkeit und Unbedenklichkeit des Arzneimittels nach Zusammensetzung, Dosierung, Darreichungsform und Anwendungsgebieten aufgrund dieser Unterlagen bestimmbar sind.

Zu berücksichtigen sind ferner die medizinischen Erfahrungen der jeweiligen Therapierichtungen.

4.1.4.2.2 Generic application

Eine *generic application* fällt ebenfalls in den Bereich der *abridged applications*, entsprechend Artikel 10 (1) der geänderten Richtlinie 2001/83/EC.

Voraussetzung für dieses Verfahren ist die *essential similarity* zu dem Bezugsprodukt, das in einem Mitgliedsland der Gemeinschaft für mindestens zehn Jahre zugelassen sein muss. Mit der Einreichung des Generikums kann allerdings bereits acht Jahre nach Zulassung des Orginators begonnen werden (Rode-Bolar-Klausel). *Essential similarity* ist definiert durch die qualitative und quantitative Identität des wirksamen Bestandteils, eine vergleichbare Darreichungsform, sowie der Nachweis der Bioäquivalenz.

4.1.5 Antragstypen (USA)

Auch in den USA gibt es grundsätzlich zwei unterschiedliche Antragstypen (vgl. Kap. 2.2.4.1).

Was in Europa als *full application* bezeichnet wird, heißt in den USA *New Drug Application* (NDA, Abb. 2.15); die *abridged application* bezeichnet man in den USA als *Abbreviated New Drug Application* (ANDA). Die Unterschiede lassen sich grundsätzlich wie folgt darstellen:

Während die NDA dazu dient, eine neue chemische Struktur, eine neue klinische Anwendung eines bekannten Wirkstoffes oder eine neue Darreichungsform eines bekannten Wirkstoffes zur Zulassung zu bringen, wird die ANDA zur Anwendung kommen, eine generische Form eines bereits auf dem Markt befindlichen Produktes zur Zulassung zu bringen.

Die Daten für die NDA erstrecken sich auf das komplette Entwicklungspaket, um Sicherheit und Wirksamkeit des neuen Produktes zu zeigen, während bei der ANDA i.d.R. die Äquivalenz zum bestehenden Produkt gezeigt werden muss.

Eine Ausnahmeform ist die *supplemental* NDA (sNDA), die als Anzeige von Änderungen zu einem zugelassenen NDA Produkt vom Originator verwendet wird. Dazu kann die Änderung der Spezifikationen, der Wechsel der Herstellstätte oder die Änderung der Darreichungsform gehören.

Das Zulassungsverfahren für die NDA gliedert sich in zwei Phasen: die IND (*investigational new drug*) Einreichung und die eigentliche NDA-Einreichung.

Mit der IND-Einreichung (Abb. 2.16) findet keine Zulassung des Produktes statt, aber die FDA prüft, ob der vorgeschlagene Wirkstoff für die Probanden und Patienten sicher ist. Erst 30 Tage nach Einreichung des IND kann dann die Studie am Menschen starten, falls die FDA sich nicht mit Bedenken gemeldet hat. Der IND ist ein dynamisches Dokument, das ständig mit den neuen Daten der fortlaufenden Studien ergänzt wird. Auch Studien, die im ursprünglichen IND nicht enthalten waren, müssen ergänzt werden. Hier gilt aber keine 30-Tage Wartefrist. Nach den Phase II Studien wird der IND mit dem gesamten Studienmaterial überarbeitet und für die sog. *end-of-Phase II meetings* der FDA vorgelegt, um eine Entscheidung für das Fortschreiten in die klinische Phase III zu erhalten. Auch die *pre-NDA meetings* 9–12 Monate vor der Einreichung der NDA dienen dazu, Probleme zu klären und die Meinung der FDA zu erhalten.

5 Menschen, Technologien, Material, Kapital – die Produktion

Während Arzneimittel seit dem späten Mittelalter in Form von Rezepturarzneien traditionell in Apotheken hergestellt wurden, änderte sich dies gegen Ende des 19. Jahrhunderts zusehends, als einige Apotheker dazu übergingen, ihre Produkte abgabefertig unter eigenem Namen in den Handel zu bringen. So wurde der Grundstein für die industrielle Arzneimittelfertigung gelegt.

5.1 Einleitung

Unter Produktion im betriebswirtschaftlichen Sinne versteht man die Herstellung (Fertigung) von Gütern durch die Kombination von verschiedenen Produktionsfaktoren. Produktionsfaktoren, also materielle und immaterielle ökonomische Leistungselemente, auf denen jeder Produktionsprozess aufbaut, sind Arbeitsleistung, Maschinen, Anlagen, Material, Kapital und Know-how. Obwohl diese Definition natürlich ebenso für die Herstellung von Arzneimitteln gilt wie für die Fertigung von Computern oder das Drucken von Büchern, nimmt, wie so oft, auch hier das Arzneimittel eine Sonderstellung ein.

Die **Sonderstellung der „Ware" Arzneimittel** wird bereits in der Definition sichtbar. Arzneimittel im Sinne des Arzneimittelgesetzes (AMG § 2, Absatz 2 Nr. 1) sind »Stoffe und Zubereitungen aus Stoffen, die dazu bestimmt sind, durch Anwendung am oder im menschlichen … Körper Krankheiten, Leiden, Körperschäden oder krankhafte Beschwerden zu heilen, zu lindern, zu verhüten oder zu erkennen …«. Mit anderen Worten, Arzneimittel werden für kranke Menschen hergestellt, deren Gesundheit und Leben unter Umständen davon abhängt, dass die Arzneimittelhersteller ihr Bestes gegeben haben, um hochwertige Arzneimittel mit konstanter Qualität zu produzieren.

Die Produktion von Arzneimitteln ist daher im Vergleich zu anderen Gütern sehr stark durch nationale und internationale Gesetze, Verordnungen, Richtlinien, Empfehlungen und nicht zuletzt der Selbstverpflichtung der Hersteller zur Produktion qualitativ hochwertiger Arzneimittel reglementiert. Noch viel stärker als bei allen anderen Gütern steht folglich bei der Arzneimittelproduktion der Qualitätsbegriff im Mittelpunkt des Interesses.

Eine weitere Besonderheit ist die Tatsache, dass ein Arzneimittel erst produziert werden darf, wenn es zugelassen ist. Zu den bei den Behörden einzureichenden Zulassungsunterlagen gehören Angaben zur Zusammensetzung, zum Herstellungsverfahren und zu den eingesetzten Prüfverfahren des Arzneimittels. Die Herstellung und Prüfung muss dann auch streng nach den in den Zulassungsunterlagen beschriebenen Verfahren erfolgen, da nur diese Verfahren von der Behörde genehmigt sind.

Was wird nun alles unter der **Arzneimittelherstellung** subsummiert? Der Produktionsprozess eines Arzneimittels umfasst nicht nur die Herstellung des fertigen Arzneimittels selbst, also etwa die Herstellung einer Tablette, sondern auch deren Verpackung und Prüfung sowie die Zulieferung und Prüfung aller Ausgangsmaterialien einschließlich der Wirkstoffe, Hilfsstoffe, Packmaterialien, Maschinen und Geräte.

5.2 Gesetzlicher Rahmen und GMP–Bestimmungen

Bevor wir versuchen wollen, uns einen Überblick über die unterschiedlichen nationalen und internationalen Regelwerke zu verschaffen, welche die rechtliche Basis für die Verpflichtung zur Produktion qualitativ hochwertiger Arzneimittel darstellen, müssen wir uns mit einem Begriff beschäftigen, der sich wie ein roter Faden durch die Arzneimittelherstellung zieht.

5.2.1 Der GMP-Begriff

Das Kürzel GMP für „Good Manufacturing Practice", also zu Deutsch „Gute Herstellungspraxis" steht für einen Gedanken, der heute das zentrale Element bei der Arzneimittelherstellung ist. Generell ist damit eine Verpflichtung des Arzneimittelherstellers zur ordnungsgemäßen, hygienischen, gut dokumentierten und streng kontrollierten Arzneimittelproduktion gemeint.

Der Begriff wurde ursprünglich 1968 von der Weltgesundheitsorganisation (WHO) aufgrund der Tatsache eingeführt, dass häufiger Infektionen durch mikrobiell kontaminierte Arzneimittel auftraten. Diese Vorkommnisse nahm man zum Anlass, strengere Qualitätsmaßstäbe bei der Arzneimittelherstellung zu fordern. Im *„Draft Requirements for Good Manufacturing Practice the Manufacture and Quality Control of Drugs and Pharmaceutical Specialities"* wurden Grundregeln festgelegt, die einen einheitlichen Standard bei der Arzneimittelherstellung und -qualitätsprüfung in allen Mitgliedsstaaten sicherstellen sollten. Dieses WHO-Dokument wurde im Laufe der Zeit immer wieder durch Leitlinien ergänzt und revidiert und seine Kernaussage ist heute weltweit unter dem Kürzel GMP bekannt.

Unter dem **GMP-Begriff** im engeren Sinne wird also eine Sammlung von Regeln zur Herstellung von Arzneimitteln subsummiert. Diese GMP-Regeln, die sowohl in national als auch international gültigen Regelwerken mehr oder weniger genau festgeschrieben sind, haben den Zweck und das Ziel, eine Gesundheitsgefährdung der Bevölkerung durch mangelhafte – weil schlecht hergestellte – Arzneimittel zu verhindern und somit den Patienten vor zweifelhaften Produkten zu schützen.

Die Schwerpunkte von GMP liegen auf Anforderungen an die Hygiene, die Eignung von Räumlichkeiten und Ausrüstung, die Qualifikation von Mitarbeitern, die Vollständigkeit und Nachvollziehbarkeit von Dokumentation sowie die ständige Durchführung von Kontrollen und Inspektionen der Arzneimittelhersteller.

GMP-Forderungen, die ursprünglich auf die reine Arzneimittelherstellung beschränkt waren, haben sich rasch auf die Herstellung von pharmazeutischen Wirk- und Hilfsstoffen ausgeweitet und werden mittlerweile auch an Lieferanten für Packmittel und an Hersteller von Maschinen und Geräten für die Pharmaproduktion gestellt.

5.2.2 GMP-Regeln

Da die Forderung nach der Einführung strenger Qualitätsmaßstäbe von der WHO initiiert wurde, diese aber eine staatenübergreifende Organisation ist, hatten die dort formulierten GMP-Regeln in Europa zunächst keinerlei Rechtsverbindlichkeit im Rahmen der nationalen Gesetzgebungen. Sie waren lediglich als dringende Empfehlung zur Erreichung des angestrebten Qualitätszieles und zur Erfüllung grundlegender Qualitätsanforderungen zu verstehen.

5.2.2.1 Strategie der GMP-Regeln

Die GMP-Regeln sind ein zentrales Element eines komplexen Qualitätssicherungssystems in der Arzneimittelherstellung. Sie sind aber keine detaillierten Verhaltens- und Vorgehensvorschriften, sondern setzen lediglich Rahmenbedingungen und lassen bewusst Spielraum für unterschiedliche Umsetzungsvarianten.

Die Strategie hinter dieser Struktur besteht darin, dass die Verantwortung für die Arzneimittelqualität immer beim pharmazeutischen Unternehmer und nicht etwa beim Gesetzgeber liegen soll. Die Basis stellen daher sog. Kernforderungen dar, also essenzielle Bedingungen für das Erreichen der geforderten Arzneimittelqualität. Wesentliche GMP-Kernforderungen sind:

- Herstellung durch gut ausgebildetes und mit den GMP-Regeln vertrautes Personal
- Sicherstellung einer hohen Qualität aller verwendeten Ausgangsstoffe, Maschinen und Herstellungsräumlichkeiten
- Ausschließen von Verwechslungen, Untermischungen oder Verunreinigungen des Arzneimittels durch Fremdstoffe oder andere Produkte (*cross*-Kontaminationen) während der Herstellung
- Minimierung von mikrobiellen Verunreinigungen während der Herstellung
- Arbeiten nach definierten und detaillierten Arbeitsanweisung (sog. *standard operation procedure* = SOP)
- Sicherstellen einer detaillierten Prozessüberwachung und Erstellen einer jederzeit nachvollziehbaren und vollständigen Herstelldokumentation
- Durchführen von regelmäßigen Kontrollen während (In-Prozess-Kontrolle = IPK) und nach (Qualitätskontrolle) der Herstellung

5.2.2.2 PIC/S Leitfaden und EU-GMP-Leitfaden

Da einerseits die Durchführung von Inspektionen der Arzneimittelhersteller durch eine Überwachungsbehörde ein wesentlicher Aspekt der WHO GMP-Richtlinien darstellt, andererseits aber gerade innerhalb Europas viele Arzneimittel in einem anderen Land hergestellt, als dann tatsächlich in Verkehr gebracht wurden, legten 1970 viele nationale Arzneimittelüberwachungsbehörden zusätzlich zu den GMP-Richtlinien der WHO ein Übereinkommen zur gegenseitigen Anerkennung von Inspektionen pharmazeutischer Betriebe, die sog. PIC/*S* (*Pharmaceutical Inspection Convention Scheme*) vor. In diesem Dokument werden konkrete Regeln für einen einheitlichen Standard bei der Arzneimittelherstellung, insbesondere zur Herstellung von sterilen Produkten, zum Umgang mit Ausgangsstoffen und für das Verpacken von pharmazeutischen Produkten, festgelegt (PIC GMP-Regeln). Eine aktuelle Liste der PIC/S-Mitgliedsstaaten ist unter **www.picscheme.org** verfügbar.

Anfang der Neunzigerjahre erstellte die Europäische Gemeinschaft einen eigenen Satz von GMP-Regeln (EG GMP-Regeln), die allerdings inhaltlich fast vollständig von denen der PIC übernommen wurden. Auch das heutige EG GMP-Regelwerk ist fast gänzlich wortgleich mit der gültigen Fassung der PIC GMP-Regeln. Lediglich bzgl. der Ausbildungsanforderungen an pharmazeutisches Personal bestehen geringfügige Unterschiede.

Auch wenn die in diesen Werken formulierten Regeln heute allgemein hin als „*lege artis*" anerkannt werden, haben weder PIC/S noch EG GMP-Leitfaden Gesetzescharakter und stellen somit lediglich Empfehlungen dar. Eine Überwachung der dort formulierten Regeln durch eine Behörde im Sinne einer Inspektion findet nicht statt.

5.2.2.3 PharmBetrV und AMG

Das wichtigste nationale GMP-Regelwerk in Deutschland ist die Betriebsverordnung für pharmazeutische Unternehmer (PharmBetrV), deren Ermächtigungsgrundlage der § 54 des Arzneimittelgesetzes ist. Das Bundesministerium für Gesundheit (BMG) wird dort ermächtigt, durch Rechtsverordnung Betriebsverordnungen zu erlassen, die für alle Betriebe gelten, die „Arzneimittel oder Wirkstoffe nach Deutschland verbringen oder in denen Arzneimittel oder Wirkstoffe entwickelt, hergestellt, geprüft, gelagert, verpackt oder in den Verkehr gebracht werden." Die PharmBetrV ist somit verbindlich für alle Betriebe, die Arzneimittel für den deutschen Markt herstellen, prüfen, lagern, verpacken oder in Verkehr bringen.

Die PharmBetrV ist, verglichen mit den oben diskutierten PIC/S- und EU GMP-Regeln, wesentlich weniger ausführlich gehalten. Sie macht generelle Aussagen zu allen wesentlichen Schritten der Arzneimittelherstellung: Qualitätssicherungssystem, Qualifikation des Personals, Beschaffenheit, Größe und Einrichtung der Betriebsräume, Anforderungen an die Hygiene, Herstellung, Prüfung, Freigabe, Lagerung, Behältnisse und Kennzeichnung, Lohnherstellung, Vertrieb und Einfuhr, Dokumentation, Selbstinspektion. Die Einhaltung der in der PharmBetrV aufgestellten Forderungen wird gemäß § 64 des AMG durch die zuständige Behörde, also die Regierungspräsidien der Länder, überwacht.

5.2.2.4 USA cGMP-Regeln

Auch die USA haben die WHO GMP-Richt-linien aufgegriffen und darauf basierend eigene GMP-Regeln erstellt. Da diese GMP-Regeln laufend aktualisiert und weiterentwickelt wer-den, spricht man in den USA von cGMP (*current GMP*). Die cGMP-Regeln, die im CFR (*Code of Federal Regulations*) publiziert werden, haben Gesetzescharakter und lassen, verglichen mit den Europäischen Richtlinien, weniger Raum für Interpretationen. Sie werden durch Inspek-toren der zuständigen Behörde FDA (*Food and Drug Administration*) überwacht und sind verbindlich für alle Arzneimittelhersteller in USA und alle arzneimittelimportierenden Be-triebe (Import nach USA).

5.2.2.5 Vergleich der GMP-Regelwerke und -Strategien

Als Arzneimittelhersteller mit Firmensitz in Deutschland, der sowohl Ware für den europäi-schen als auch für den US-amerikanischen Markt produziert, sieht man sich also mit einer Vielzahl unterschiedlicher Regularien konfrontiert.

Obwohl der allen GMP-Regelwerken inne-wohnende Gedanke, nämlich die Vermeidung ei-ner Gesundheitsgefährdung der Bevölkerung durch qualitativ minderwertige Arzneimittel, derselbe ist, gibt es doch Unterschiede, was den Grad an Details und die Schwerpunkte der ver-schiedenen Bestimmungen angeht (Tab. 5.1).

So stellt die aktuelle WHO GMP-Guideline, verglichen mit den europäischen Regelwerken,

Tabelle 5.1: Übersicht über GMP-Regelwerke und deren Rechtssystematik.

Bezeichnung	Gültigkeit
	International
WHO GMP-Guideline	Weltweite Empfehlung
PIC/S-Guideline	Empfehlung für alle PIC/S-Mitgliedsstaaten
ICH /Q7	Weltweite Empfehlung
	Europa
EU Verordnung (= Regulation)	Unmittelbare Gültigkeit in jedem EG-Mitgliedsstaat
Richtlinie (= Directive)	Mittelbare Gültigkeit in jedem EG-Mitgliedsstaat (nationale Verordnungen müssen entsprechend angepasst werden)
Empfehlungen (= Recommandation, Guidelines, Note for Applicants, Annex, Notice to Applicants)	Umsetzung ist nicht zwingend. Die Empfehlungen haben den Charakter eines präformulierten Gutachtens
	Deutschland
Gesetz	Höchstes Regelwerk in Deutschland. Ist die Ermächtigungsgrundlage für die Erstellung von Rechtsverordnungen
Nationale Verordnung	Unmittelbare Gültigkeit in Deutschland
	USA
Public law	Durch Kongress erstelltes Gesetz. Ist somit das höchste Regelwerk in den USA
Regulation	Der Code of Federal Regulation (CFR) enthält im Part 21 die Ausführungsbestim-mungen cGMP. Die CFR wird durch Veröffentlichungen der FDA ergänzt und er-weitert
Advisory Opinions	Guides und Guidelines haben zwar nur empfehlenden Charakter, werden aber bei Inspektionen als „State of the Art" betrachtet

die umfassendste und detaillierteste Sammlung dar. Sie beinhaltet nicht nur alle im PIC GMP-Leitfaden und den EG GMP-Regeln enthaltenen Prinzipien, Standards und Verfahren, sondern geht noch darüber hinaus. Folglich ist eine PIC/S- bzw. EG GMP-Guideline konforme Qualitätssicherung immer auch WHO-konform, nicht aber umgekehrt.

Dem GMP-Regelwerk der USA liegt hingegen eine etwas andere Philosophie zugrunde. Zunächst fällt in den USA die cGMP in den Part 21 des CFR und somit in die Zuständigkeit der FDA. Im Unterschied zu Deutschland hat die US-Gesundheitsbehörde also neben der Bewilligung von Zulassungsanträgen für neue Arzneimittel auch die Verantwortung für Erstellung, Aktualisierung und Überwachung der cGMP-Regeln.

Auch ist die **Inspektionskultur** in den USA eine völlig andere als in Europa. Welchen Stellenwert Inspektionen in den USA haben, lässt sich schon an der Tatsache ablesen, dass die Behörde zurzeit etwa 3.000 Mitarbeiter beschäftigt, wovon alleine 1/3 Inspektoren sind. Diese FDA-Inspektoren sind mit sehr umfangreichen Rechtsbefugnissen ausgestattet, welche bis zur sofortigen Schließung des inspizierten Betriebes reichen.

Während sich z. B. in Deutschland ein Inspektor des Regierungspräsidiums im Regelfall einige Wochen vor seinem Besuch ankündigt, erfolgen in den USA die Inspektionen überraschend. (Besuche von FDA-Inspektoren außerhalb der USA werden hingegen im Regelfall vier Wochen vorab angekündigt.)

Die Inspektion selbst konzentriert sich in Europa auf die Prüfung der individuellen Konzepte der einzelnen Betriebe. In den USA hingegen werden Inspektionen in der Pharmaindustrie sehr strikt an den cGMP-Regeln ausgerichtet. Diese Diskrepanz kommt in erster Linie durch die Unterschiedlichkeit der Regelwerke zustande, die als Basis für die Prüfung herangezogen werden. Da die cGMP-Regeln wesentlich detaillierter und konkreter als z. B. die deutsche PharmBetrV sind, bleibt kaum Spielraum für Interpretationen, ob oder wie eine Anforderung zu realisieren ist. Sogar sog. *advisory opinions*, also „Ratschläge" mit rein empfehlendem Charakter, werden bei Inspektionen als „*state of the art*" herangezogen, und oft wird eine hundertprozentige Umsetzung verlangt.

5.3 Organisation, Struktur, Verantwortlichkeiten

So wie die gute Herstellungspraxis ist auch die Organisationsstruktur eines arzneimittelherstellenden Betriebes ein elementarer Bestandteil des gesetzlich vorgeschriebenen Qualitätssicherungssystems.

5.3.1 Verantwortungsträger nach AMG

Die §§ 14–15 AMG regeln eindeutig die prinzipielle Organisationsstruktur der Arzneimittelproduktion und die damit verbundene Aufteilung der Verantwortungsbereiche durch Delegation des pharmazeutischen Unternehmers an sog. Rechtsfiguren. Für den Bereich Arzneimittelproduktion ist die Benennung einer „sachkundigen Person" (*qualified person* gemäß EG-GMP-Leitfaden), eines Herstellungsleiters und eines Kontrollleiters vorgeschrieben. Bei **Her**-**stellungsleiter** und **Kontrollleiter** muss es sich um zwei unterschiedliche und voneinander unabhängige Personen handeln (§ 14), die sich beide durch die erforderliche Sachkenntnis und Zuverlässigkeit (polizeiliches Führungszeugnis) auszeichnen (§ 15). Die Position der „sachkundigen Person" kann auch vom Herstellungs- oder Kontrollleiter besetzt werden. Im Gegensatz dazu fordert der EG-GMP-Leitfaden die sog. „*qualified person*" (sachkundige Person). Die Aufgaben entsprechen im Wesentlichen denen des Kontrollleiters, erweitert um eine Gesamtverantwortung für das Produkt. Die Position der „sachkundigen Person" kann prinzipiell vom Herstellungs- oder Kontrollleiter besetzt werden. Im Rahmen der Harmonisierung des EU-Rechts ist hier eine Angleichung des AMG erforderlich.

Diese Delegation an verschiedene Rechtsfiguren entbindet den pharmazeutischen Unternehmer jedoch nicht von der Gesamtverantwortung. Dies gilt insbesondere vor dem Hintergrund der Haftung bei Arzneimittelschäden. Die „sachkundige Person" hingegen trägt die Verantwortung für die ihr anvertrauten Aufgabenbereiche und ist daher persönlich strafrechtlich belangbar.

Natürlich kann die „sachkundige Person" nicht allein für den gesamten Produktionsprozess und die komplette Prüfung von Ausgangsstoffen,

Bulkprodukten und Fertigarzneimitteln verantwortlich gemacht werden. Deshalb delegiert sie wiederum die ihr übertragenen Aufgaben an geeignete Mitarbeiter, denen somit auch ein Teil der Verantwortung übertragen wird.

Eine Übersicht über die nach GMP-Leitfaden festgelegten Verantwortlichkeiten der zentralen Positionen der Arzneimittelherstellung gibt Tabelle 5.2.

Tabelle 5.2: Verantwortlichkeiten der sachkundigen Person der Arzneimittelherstellung nach GMP- Leitfaden.

Herstellungsleiter	Kontrollleiter
Sicherstellung der vorschriftsmäßigen Produktion und Lagerung der Arzneimittel, um erforderliche Qualität zu erhalten	Auswertung der Chargenprotokolle und Billigung oder, falls für erforderlich erachtet, Zurückweisung von Ausgangsstoffen, Verpackungsmaterial, Zwischenprodukten, Bulkware und Fertigprodukten
Genehmigung der Anweisungen für die Produktionsvorgänge und Sicherstellung, dass diese genau eingehalten werden	Sicherstellung, dass alle erforderlichen Prüfungen durchgeführt werden
Sicherstellung, dass die Produktionsprotokolle von einer befugten Person überprüft und unterschrieben werden, bevor sie an die Abteilung für Qualitätskontrolle weitergegeben werden	Genehmigung von Spezifikationen, von Anweisungen zur Probenahme, von Prüfmethoden und anderen Verfahren zur Qualitätskontrolle
Kontrolle der Wartung, der Räumlichkeiten und der Ausrüstung der Abteilung Produktion	Kontrolle der Wartung der Räumlichkeiten und der Ausrüstung der Abteilung Qualitätskontrolle
Sicherstellung, dass die notwendigen Validierungen der Herstellverfahren durchgeführt werden	Sicherstellung, dass die notwendigen Validierungen der Prüfverfahren durchgeführt werden
Sicherstellung, dass die erforderliche anfängliche und fortlaufende Schulung des Personals der Abteilung entsprechend den jeweiligen Erfordernissen durchgeführt wird	Sicherstellung, dass die erforderliche anfängliche und fortlaufende Schulung des Personals entsprechend den jeweiligen Erfordernissen durchgeführt wird
Herstellungs- und Kontrollleiter	

- Genehmigung schriftlicher Verfahrensbeschreibungen und anderer Dokumente einschl. Ergänzungen
- Überwachung und Kontrolle der Umgebungsbedingungen
- Betriebshygiene
- Validierung von Verfahren
- Schulung
- Genehmigung und Überwachung von Lieferanten
- Zustimmung zur Beauftragung sowie Überwachung der Hersteller, die im Lohnauftrag arbeiten
- Festlegung und Überwachung der Lagerungsbedingungen für Material und Produkte
- Überwachung der Einhaltung der Anforderungen der Guten Herstellungspraxis für Arzneimittel
- Überprüfungen, Untersuchungen und Entnahme von Proben zur Überwachung von Faktoren, die die Produktqualität beeinflussen können

5.3.2 Mitarbeiter in der Pharmaproduktion

Natürlich werden in der Pharmaproduktion nicht nur an die Leitungsebene Ansprüche gestellt. Wie wichtig der Einsatz von qualifiziertem und verantwortungsbewusstem Personal bei der Arzneimittelherstellung ist, zeigt ein Zitat aus einem historischen „Leitfaden für Arzneibereiter" aus dem Jahre 1450:

»Der Arzneibereiter sollte weder zu jung, stolz oder aufgeblasen, noch den Frauen oder der Eitelkeit ergeben sein, nicht zu Spiel und Wein neigen, auch sonst jede Art von Exzessen unterlassen. Habgier und Geiz seien ihm fremd und er nehme für seine Waren nicht mehr als den angemessenen Preis.«

Schon damals hatte man offenbar erkannt, dass den Arzneimitteln eine Sonderstellung zukommt und eine einwandfreie Herstellung wesentlich vom Personal abhängt. Es ist also für einen guten Produktionsbetrieb essenziell, qualifiziertes Personal in ausreichender Zahl zur Verfügung zu haben.

Auch der EG GMP-Leitfaden legt in einem eigenen Kapitel grundlegende Personalanforderungen fest. Neben der Forderung nach „ausreichender Zahl an Mitarbeitern" wird hier auch die Delegation der Verantwortlichkeiten angesprochen. Jedem einzelnen Mitarbeiter wird ein individueller Bereich zugewiesen, für den er verantwortlich ist. Hierbei sollen die zugewiesenen Verantwortungsbereiche nicht so umfangreich sein, dass sich daraus irgendwelche Qualitätsrisiken ergeben. Die Verantwortungsbereiche der Mitarbeiter sollten in Arbeitsplatzbeschreibungen schriftlich niedergelegt sein.

Damit der Produktionsbetrieb immer nach den aktuell gültigen GMP-Bestimmungen ablaufen kann, ist es nötig, die Mitarbeiter mit den entsprechenden GMP-Grundsätzen vertraut zu machen und laufend zu schulen. Dies gilt gemäß Leitfaden ausdrücklich für alle Personen, deren Tätigkeit die Produktqualität beeinflussen könnte; also z. B. auch für technisches Wartungs- und Reinigungspersonal. Schulungsprogramme, je nach Inhalt vom Produktionsleiter oder vom Leiter der Qualitätskontrolle genehmigt, sind deshalb unverzichtbar.

5.3.3 Produktionsabläufe am Beispiel einer Kapselherstellung

Um sich die Organisationsstrukturen einer Pharmaproduktion vor Augen zu führen, ist es sinnvoll, zunächst einen generellen Überblick über die existierenden Aufgabenfelder und Tätigkeitsbereiche zu geben (vgl. Schema in Abbildung 5.1).

Exemplarisch betrachten wir die Produktionsabläufe bei der Fertigung einer einfachen, schnell freisetzenden Hartgelatinekapsel, z. B. eines Herz-Kreislaufmedikamentes. Bevor eine solche Kapsel produziert werden kann, müssen zunächst eine entsprechende **galenische Formulierung**, ein geeignetes Herstellverfahren und auch entsprechende Maschinen definiert werden. Dies erfolgt durch die Pharmazeutische Entwicklung (vgl. Kap. 3) in enger Absprache mit der Produktion. Eine gute Zusammenarbeit ist hier besonders wichtig, damit einerseits evtl. Besonderheiten der Formulierung (z. B. hohe Lichtsensibilität eines Wirkstoffs) oder Verfahrens (z. B. die sehr akkurate Einhaltung eines bestimmten Prozessparameters) kommuniziert werden können, und andererseits, damit im Großmaßstab ggf. auftauchende Probleme, die vorher nicht sichtbar waren (z. B. können schlechte Fließeigenschaften einer Pulvermischung sich in 50 kg nicht, wohl aber in 500-1.000 kg Chargengröße auswirken), zurückgemeldet und entsprechend bearbeitet werden.

In dem betrachteten Fall enthält die Kapsel neben einem neuen Wirkstoff, der 49 % ihrer Füllmasse ausmacht, und der Hartgelatinekapsel-Hülle noch mikrokristalline Cellulose als Füllstoff und ein 1+1-Schmiermittelgemisch aus Magnesiumstearat und hochdispersem Siliciumdioxid. Über diese Rohstoffe hinaus werden zur Produktion der Kapseln auch die Maschinen (Waagen, Containermischer, Kapselfüllmaschine, Verpackungsmaschinen) und entsprechend geschultes Personal benötigt.

Bevor nun der Wirkstoff und die Hilfsstoffe für die Kapselproduktion eingesetzt werden können, muss getestet werden, ob sie die erforderliche Qualität aufweisen. Um dies zu überprüfen, muss neben entsprechend validierten Untersuchungsmethoden eine Spezifikation für die Ausgangsstoffe, d. h. eine Definition der jeweiligen Qualitätsmerkmale des betreffenden Stoffes,

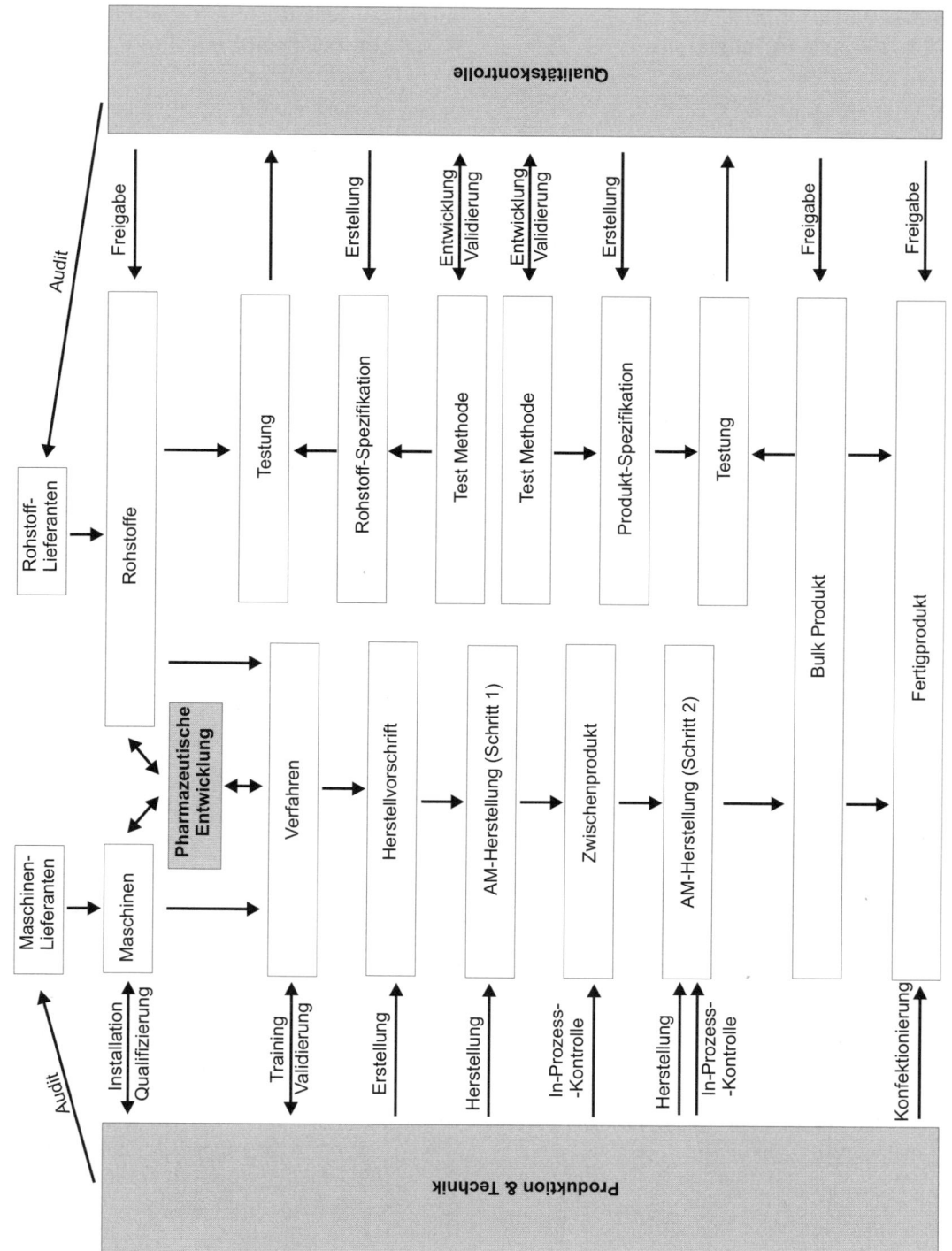

Abb. 5.1: Aufgaben und Tätigkeitsbereiche der Pharmaproduktion am Beispiel einer Hartgelatinekapselherstellung. Sowohl Verfahren (links) als auch Methoden (rechts) unterliegen dem Qualitätssystem. In-Prozess-Kontrollen (IPK) überprüfen die Einhaltung gesetzter Spezifikationen.

vorhanden sein. Sind die Bestandteile, wie in unserem Falle die Hilfsstoffe, pharmakopöal, d. h. sind sie in einer Arzneibuchmonographie aufgeführt, so können die dort angegebenen Spezifikationen (z. B. über Reinheit, Gehalt, Restlösemittel etc.) direkt übernommen werden. Sind hingegen Bestandteile ohne Arzneibuchmonographien enthalten, wie in unserem Fall der neue Wirkstoff, so muss eine eigene Spezifikation vor dem Hintergrund des eingesetzten Syntheseverfahrens erstellt werden. Nur wenn ein Bestandteil der späteren Kapsel getestet wurde und die erhaltenen Testergebnisse innerhalb der vorab spezifizierten Grenzen liegen, wird er vom Kontrollleiter oder einem von ihm beauftragten Vertreter freigegeben und darf in der Produktion eingesetzt werden. Die Freigabe ist immer chargenbezogen, d. h. sie gilt nur für eine bestimmte Charge eines Wirk- bzw. Hilfsstoffes und muss beim Einsatz einer neuen Charge erneut erfolgen.

Für den **Einsatz von Maschinen** und sonstigem Equipment (z. B. Geräte für die IPK) in der Arzneimittelherstellung gibt es ein etwas anders organisiertes, aber prinzipiell äquivalentes Prozedere. Auch hier muss gewährleistet sein, dass die Maschine das tut, was man von ihr erwartet, und dass alle ihre Komponenten die Qualität haben, die ursprünglich gefordert wurde. Um dies sicherzustellen, muss jedes zum Einsatz kommende Gerät einem sog. Qualifizierungsprozess unterzogen werden. Nur qualifizierte Geräte dürfen zur Produktion von Arzneimitteln eingesetzt werden. Den Qualifizierungsabschlussbericht, also eine Art Freigabe der Maschine für den Einsatz in der Pharmaproduktion, unterschreibt der Herstellungsleiter oder ein von ihm beauftragter Vertreter. Dieser Status gilt nur solange keinerlei Veränderungen an dem Gerät vorgenommen werden. Werden z. B. größere Reparaturen oder Wartungsarbeiten durchgeführt, muss eine Requalifizierung durchgeführt werden, in der bewiesen wird, dass das Gerät weiterhin in den ursprünglich definierten Grenzen arbeitet. Diese Vorgehensweise der Qualifizierung gilt nicht nur für eingesetzte Maschinen, sondern genauso für alle anderen Anlagen, die die Arzneimittelqualität beeinflussen können, also auch für die Herstellungsräume und haustechnische Anlagen (z. B. Klimaanlage).

Eine zusätzliche Art, die Qualität von Ausgangsstoffen und auch Geräten zu überprüfen, ist die Durchführung sog. **Lieferanten-Audits**. Audit ist ein aus dem englischen entliehener Begriff, der ursprünglich eine Rechnungsprüfung bezeichnete. Inzwischen steht er für ein Verfahren der systematischen, unabhängigen und dokumentierten Prüfung eines Lieferanten durch einen Kunden nach vorher definierten Audit-Kriterien. Die Idee des Auditing-Konzeptes, die ursprünglich aus der Automobilindustrie kommt, ist also eine Bewertung des Qualitätssicherungssystems eines Lieferanten, um auch auf diese Weise Rückschlüsse über die Qualität der gelieferten Komponente und, was genauso wichtig ist, die Konstanz dieser Qualität zu ziehen.

Neben der Qualität der eingesetzten Rohstoffe und Maschinen ist die **Validität des angewandten Herstellverfahrens** ein wichtiger Aspekt. Es genügt also nicht, um auf unser vorliegendes Beispiel der Herz-Kreislauf-Kapseln zurückzukommen, zu zeigen, dass z. B. der eingesetzte Containermischer in der Lage ist, eine Pulvermasse in der Menge der angestrebten Chargengröße in der vorgeschriebenen Zeit mit einer definierten Geschwindigkeit zu bewegen. Es muss bewiesen werden, dass die Pulver nach Beendigung des Verfahrensschrittes tatsächlich in der angestrebten Durchmischung vorliegen. Ziel und Zweck der Validierung eines Herstellverfahrens ist der Nachweis, dass dieses Verfahren zu einem Produkt führt, dessen Qualitätsmerkmale reproduzierbar innerhalb bestimmter Grenzen liegen. Darüber hinaus werden sog. „kritische" Verfahrensschritte, z. B. die ausreichende Durchmischung des Kapselpulvers oder die gleichmäßige Füllung der Hartgelatinekapseln mit dem Kapselpulver, identifiziert und entsprechend bewertet. Diese Bewertung ist Basis für eine Risikoabschätzung, die zur Prozessvalidierung ebenfalls nötig ist. Beispielsweise könnte hier beschrieben werden, dass beide Schritte als kritisch einzustufen sind, da sie unmittelbare Auswirkungen auf die Arzneimittelqualität (Wirkstoffdosis) haben. Das Risiko einer Falschdosierung durch schlechte Durchmischung des Kapselpulvers im Containermischer wird jedoch trotz der bekannten schlechten Pulverfließfähigkeit aufgrund des relativ hohen Wirkstoffgehaltes als gering eingeschätzt. Zusätzlich wird zur Überwachung eine routinemäßige IPK zur Testung der Einheitlichkeit des Gehaltes des Kapselpulvers eingeführt. Das Risiko einer Falschdosierung durch ungleichmäßige Füllung der Kapseln wird durch ein Hundertprozent-Gewichtsmonitoring, also eine Wägung jeder einzelnen befüllten Kapsel, mittels Wäge-Sortier-Automatik der Kapselfüllmaschine minimiert.

Neben freigegebenen Rohstoffen, qualifizierten Maschinen und einem validierten Herstellverfahren ist eine Herstellvorschrift, auch als *Master-Batch-Record* (MBR) bezeichnet, nötig. In diesem Dokument werden die Formulierung, die einzelnen Verfahrensschritte sowie die als kritisch eingestuften Verfahrensparameter (z. B. bestimmte Mischzeit) festgelegt. Die chargenübergreifende MBR wird vom Herstellungsleiter freigegeben und dient als Basis für die Herstellung eines bestimmten Produktes.

Nachdem nun freigegebene Rohstoffe, qualifizierte Maschinen und ein validiertes Herstellverfahren zur Verfügung stehen, kann mit der Herstellung der Kapselcharge begonnen werden. Die komplette Herstellung, von der Einwaage der Rohstoffe, über die Einstellungen der benutzten Maschinen bis hin zu den Ergebnissen der IPK, müssen lückenlos im Herstellprotokoll dokumentiert werden. Das chargenbezogene Herstellprotokoll wird auf der Basis des MBR erstellt und protokolliert die tatsächlich eingesetzten Geräte, Einwaagen, Prozessparameter, Fertigungszeiten etc. Die fertigen Kapseln werden schließlich als Bulkware untersucht. Analog dem Vorgehen bei der Rohstoffuntersuchung wird auch hier getestet, ob sie die erforderliche Qualität aufweisen. Auch hier sind validierte Untersuchungsmethoden und eine Spezifikation für die Bulkware nötig. Neben speziellen Anforderungen an das jeweilige Produkt (z. B. Abwesenheit bestimmter Abbauprodukte) muss auch hier auf die von den Arzneibüchern gemachten Qualitätsanforderungen für die jeweiligen Arzneiformen (in unserem Fall also z. B. Anforderungen an den Gehalt, die Einheitlichkeit der Kapselmasse und die Wirkstofffreisetzung sowie als orale Arzneiform die Erfüllung bestimmter mikrobiologischer Kriterien) eingegangen werden. Die Testergebnisse werden zusammen mit dem Herstellprotokoll zur Chargendokumentation dem Kontrollleiter vorgelegt. Ist die Herstellung ohne kritische Besonderheiten verlaufen und lagen alle Testergebnisse innerhalb der spezifizierten Grenzen, wird die Charge vom Kontrollleiter freigegeben.

Die freie Bulkware kann nun in die Konfektionierung geschickt, in Blister gesiegelt und schließlich in entsprechende Sekundärpackmittel verpackt werden. Dabei muss durch organisatorische Maßnahmen jede Verwechslung ausgeschlossen werden. Es lässt sich leicht vorstellen, welche katastrophalen Folgen es z. B. hätte, wenn die im gleichen Werk hergestellten Anti-Baby-Pillen in die Schachteln mit dem Herz-Kreislaufmedikament gelangten oder umgekehrt. Abschließend erfolgt die Freigabe des Fertigarzneimittels. Erst nach dieser Freigabe darf es in Verkehr gebracht werden.

5.4 Material: Equipment und Produktionsräume

Neben den verarbeiteten Rohstoffen haben auch die eingesetzten Maschinen und die verwendeten Herstellungsräume einen großen Einfluss auf die Qualität eines Arzneimittels. Der EG-Leitfaden für die gute Herstellungspraxis formuliert deshalb: »Räumlichkeiten und Ausrüstung müssen so angeordnet, ausgelegt, ausgeführt, nachgerüstet und instandgehalten sein, dass sie sich für die vorgesehenen Arbeitsgänge eignen. Sie müssen so ausgelegt und gestaltet sein, dass das Risiko von Fehlern minimal und eine gründliche Reinigung und Wartung möglich ist, um Kreuzkontamination, Staub- oder Schmutzansammlungen und ganz allgemein jeden die Qualität des Produktes beeinträchtigenden Effekt zu vermeiden.« Kurz gesagt, die Herstellungsräume und Maschinen müssen für den vorgesehenen Verwendungszweck, also die reproduzierbare Herstellung qualitativ hochwertiger Arzneimittel, geeignet sein.

5.4.1 Geräte, Maschinen, Anlagen

Was ist nun der Sinn dieser Forderung nach Eignung für den Herstellungsprozess? Ist es denn nicht selbstverständlich, dass man nur Maschinen und Geräte einsetzt, die für den Prozess geeignet sind? Die Forderung wird verständlich, wenn man sich vor Augen hält, dass es früher keinesfalls üblich war, ausschließlich Equipment einzusetzen, das speziell für die Pharmaindustrie konstruiert worden waren. Sehr viele Maschinen kamen aufgrund der ähnlichen Funktionalität aus verwandten Industriebereichen, wie z. B. der Lebensmittelindustrie, der Kosmetikindustrie oder der chemischen Industrie. Nun sind die Funktionen und Aufgaben der Maschinen in den unterschiedlichen Industriebereichen zwar sehr verwandt, die Ansprüche z. B. an Reinigbarkeit, Vermeidung von *cross*-kontamination oder Minimierung mikrobiologischer Kontaminationen sind aber sehr unterschiedlich. Ein Mischer ist zunächst einmal ein Mischer, egal ob er nun unterschiedliche Mehlsorten für eine Großbäckerei oder die Komponenten für eine Kapselfüllung mischt. Der Anspruch an das Reinigungsergebnis ist aber ein völlig anderes. Während es wenig störend ist, wenn z. B. 0,5 % Roggenmehl in die ansonsten roggenmehlfreien Brötchen gelangt, ist dies im Falle eines hochaktiven Wirkstoffs, der in ein Vitaminpräparat gelangt, sicher nicht akzeptabel.

5.4.2 Anforderungen

Wann ist eine Herstellungsmaschine (z. B. der Mischer für die Herstellung der Kapselfüllung) oder ein Messgerät (z. B. die Waage, mit der die Rohstoffe eingewogen wurden) geeignet? Formal gesehen, sobald sie daraufhin überprüft wurde. Dazu müssen zuerst bestimmte Anforderungen definiert werden, die man dann in einem zweiten Schritt überprüft.

Zunächst gibt es die primären, rein funktionellen Anforderungen, deren Erfüllung im unmittelbaren Interesse des Herstellers liegen. Ein Mischer, der das Herz-Kreislaufkapselpulver nicht mit der nötigen Drehzahl mischen kann, ist sicher für diesen Herstellungsprozess nicht geeignet. Weiterhin gibt es sekundäre, nicht funktionelle Anforderungen, die ebenfalls einen großen Einfluss auf die Produktqualität haben können. Der EG-GMP-Leitfaden fordert deshalb u. a., dass Equipment, welches zur Herstellung von Arzneimitteln eingesetzt wird, so konstruiert und installiert sein muss, dass es sich leicht und gründlich reinigen lässt, Reparatur- und Wartungsarbeiten die Qualität der Produkte nicht gefährden und die Maschinen selbst für die Produkte kein Risiko darstellten. Kein mit dem Produkt in Berührung kommendes Ausrüstungsteil darf z. B. mit diesem so in Wechselwirkung treten, dass die Produktqualität beeinträchtigt wird und damit ein Risiko entsteht.

5.4.3 Maschinen- und Gerätequalifizierungen

Den Überprüfungsprozess selbst bezeichnet man als Qualifizierung. Es soll also der systematische, dokumentierte Beweis geführt werden, dass Anlagen, Maschinen, Geräte etc. tatsächlich für die vorgesehenen Aufgaben geeignet sind. Für diese Beweisführung hat sich ein gewisser Formalismus bewährt.

Man unterscheidet zwischen der prospektiven und der retrospektiven Qualifizierung. Eine **prospektive Qualifizierung** liegt dann vor, wenn man schon vor dem Kauf der Maschine mit der Qualifizierung beginnt und deshalb bauseitig einzuhaltende Qualitätskriterien definieren kann (z. B. die Verwendung bestimmter Werkstoffe oder die reinigungsgerechte Ausführung bestimmter Bauteile). Die prospektive Qualifizierung sollte heute der Normalfall sein. Man unterteilt sie dann weiter in verschiedene Phasen (DQ, IQ, OQ und PQ).

Bisweilen müssen für Produkte jedoch noch ältere Maschinen und Geräte eingesetzt werden, die nicht mehr prospektiv qualifiziert werden können. In einem solchen Fall bleibt nur die retrospektive Qualifizierung, bei der man auf DQ, IQ, und OQ verzichtet und sich auf eine verkürzte PQ beschränkt.

5.4.3.1 DQ – Design Qualification

Die DQ, Design-Qualifizierung, ist der dokumentierte Nachweis, dass die erforderliche Qualität einer Maschine bereits bei ihrem Design, also ihrer Konzeption und Konstruktion, berücksichtigt wurde. Dieser Nachweis wird geführt, indem ein sog. Lastenheft (= Nutzeranforderung), also eine Liste aller bauseitig an der Maschine umzusetzenden Merkmale, an den Maschinenhersteller geschickt wird. Dieser ver-

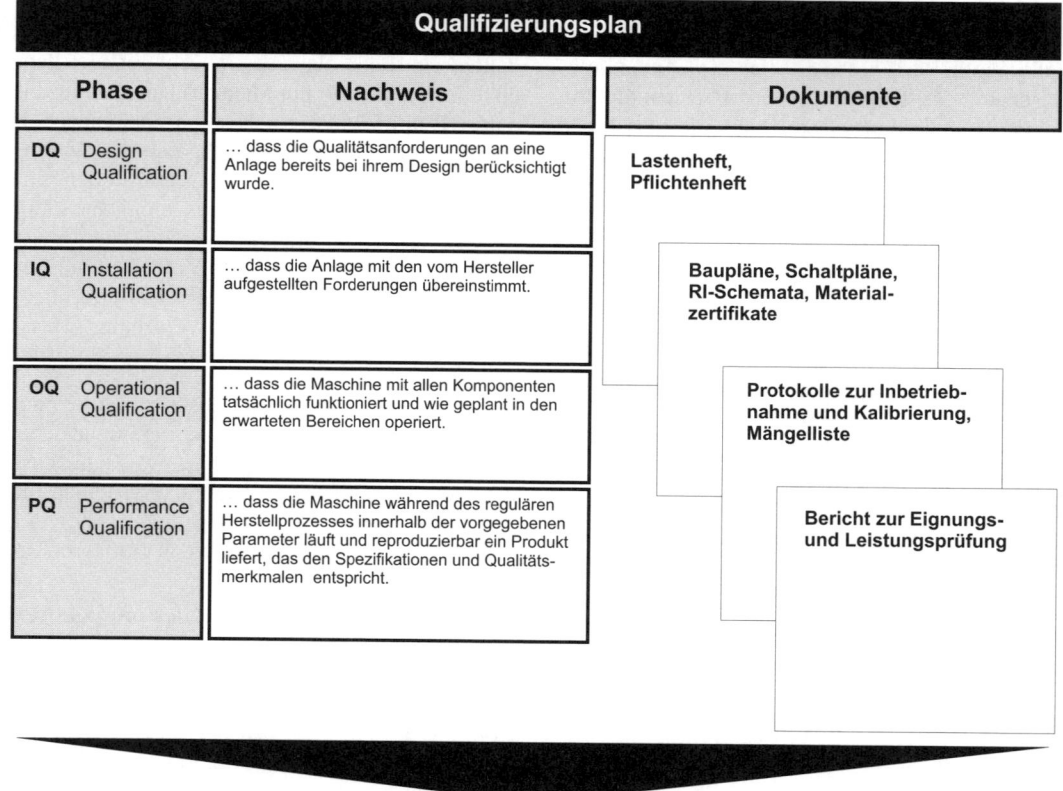

Abb. 5.2: Übersicht über den Ablauf einer Qualifizierung.

pflichtet sich in einem zweiten Dokument, dem Pflichtenheft (= Herstellerverpflichtung), durch Unterschrift zur Umsetzung dieser Merkmale. Die DQ-Dokumentation (Lastenheft und Pflichtenheft) ist die Grundlage für die nächsten Schritte (IQ, OQ) im Qualifizierungsprozess (Abb. 5.2).

5.4.3.2 IQ – Installation Qualification

Die IQ, Installations-Qualifizierung, ist der dokumentierte Nachweis, dass die Maschine mit der im Pflichtenheft festgelegten Ausführung übereinstimmt und den dort gemachten Anforderungen genügt. Bei der IQ werden also Spezifikationsgerechtheit und Vollständigkeit der Maschine überprüft. In der Praxis wird dies durchgeführt, indem anhand von Bau- und Schaltplänen, des RI-

Schemas, von Material- und Kalibrierzertifikaten und allen sonstigen verfügbaren Dokumenten Punkt für Punkt überprüft wird, ob sie mit der Maschine einerseits und mit den Forderungen im Pflichtenheft andererseits übereinstimmen. Man würde bei der Bestellung unseres Mischers z. B. überprüfen, ob der mitgelieferte Container gemäß Zertifikat tatsächlich aus der bestellten Stahlqualität gefertigt wurde.

5.4.3.3 OQ – Operational Qualification

Die OQ, Operations- oder auch Funktionsqualifizierung, ist der dokumentierte Nachweis, dass die Maschine mit allen Komponenten tatsächlich funktioniert und wie geplant in den erwarteten Bereichen operiert. Die Funktionalität der Maschine wird dabei ohne Produkt, d. h. entweder völlig produktfrei bzw., wenn dies nicht möglich ist, mit einem Placebo durchgeführt. In unserem Beispiel würde man also überprüfen, ob der Mischer sich tatsächlich mit der vorgewählten Geschwindigkeit dreht oder ob der Not-Ausschalter das Gerät wie im Pflichtenheft spezifiziert wirklich sofort abschaltet.

5.4.3.4 PQ – Performance Qualification

Die PQ, *performance*- oder Leistungs-Qualifizierung, ist der dokumentierte Nachweis, dass die Maschine während des regulären Herstellprozesses innerhalb der vorgegebenen Parameter läuft und reproduzierbar ein Produkt liefert, das den Spezifikationen und Qualitätsmerkmalen entspricht. Durch die PQ wird also eigentlich erst nachgewiesen, dass die Maschine sich tatsächlich für die vorgesehene Aufgabe eignet. Dazu werden ihre kritischen Funktionen unter Verwendung von Produkt und unter üblichen Produktionsbedingungen getestet.

5.4.3.5 Qualifizieren, Validieren, Kalibrieren, Justieren, Eichen

Um Begriffsverwirrungen zu vermeiden, seien folgende, umgangssprachlich oft synonym gebrauchte Begriffe noch einmal definiert:

Qualifizieren bedeutet die systematische, dokumentierte Beweisführung, dass ein Ausrüstungsgegenstand (Anlagen, Maschinen, Geräte etc.) einwandfrei arbeitet und tatsächlich für die vorgesehene Aufgabe geeignet ist. Qualifiziert wird also immer ein Ausrüstungsgegenstand, nicht das Verfahren.

Validieren leitet sich von *validus* (lat.) ab, *validum facere* bedeutet gültig oder rechtswirksam machen. Im Zusammenhang mit GMP versteht man darunter die dokumentierte Beweisführung, dass ein Verfahren gültig ist, also innerhalb definierter Grenzen tatsächlich immer zu dem erwarteten Ergebnis führt. Validiert wird also immer das Verfahren, nicht das Gerät.

Kalibrieren ist die Ermittlung des Fehlers eines von einem Messgerät angezeigten Messwertes, also das Ermitteln des Zusammenhangs zwischen dem wahren Wert und dem angezeigten Wert des Messgerätes. Dies erfolgt üblicherweise durch Vergleich des Wertes mit dem eines kalibrierten Referenzgerät (z. B. kalibrierte Uhren bei Zeitmessung) oder einer kalibrierten Prüfgröße (z. B. Prüfgewichte bei Waagen). Hierbei erfolgt kein technischer Eingriff am Messgerät.

Justieren bedeutet ein Messgerät so einzustellen, dass die Messabweichung, also die Abweichung zwischen dem wahren Wert und dem angezeigten Wert des Messgerätes, möglichst klein ist. Hierbei erfolgt immer ein technischer, meist bleibender Eingriff am Messgerät. Jede Justierung erfordert eine anschließende Kalibrierung.

Eichen ist das Prüfen eines einzelnen Messgerätes auf Einhaltung der gesetzlichen Anforderungen, d. h. die Prüfung der richtigen Messanzeige innerhalb der Eichfehlergrenzen. Die Eichung von Messgeräten gehört in den Aufgabenbereich der Eichbehörden und deren Eichämter. Der Gesetzgeber schreibt in der Eichordnung vor, welche Geräte eichpflichtig sind und wie geeicht (geprüft) werden muss.

5.4.4 Produktionsräume

Wie oben erwähnt, können auch die Herstellungsräume einen großen Einfluss auf die Qualität eines Arzneimittels haben. Dies ist unmittelbar einleuchtend, wenn man sich die produktionstechnischen Abläufe und den damit verbundenen Materialfluss innerhalb der Herstellungsbereiche vor Augen hält. Hauptrisiken für das Arzneimittel während Herstellung und Lagerung sind hier die Kontamination durch Mikroorganismen, *cross*-Kontaminationen und Verwechslungen von Ausgangsstoffen und Zwischenprodukten.

Allein durch die Raumaufteilung und die Installation gut zu reinigender Herstellungsbereiche ist somit eine deutliche Minimierung der Risiken der Verwechslung und *cross*-Kontaminationen möglich.

Die Verwendung moderner und leistungsfähiger Luftfiltereinheiten, die Installation spezieller Abflusssysteme sowie die Integration geeigneter Schleusen für Menschen und Material tragen wesentlich zum Schutz des Produktes vor mikrobiologischer Kontaminationen oder Ungezieferbefall bei.

5.4.4.1 Anforderungen

Wie bereits beim Thema Maschinen erörtert, müssen die Herstellungsräume gemäß GMP-Leitfaden zur Herstellung qualitativ hochwertiger Arzneimittel geeignet sein. Die Prüfung auf Eignung, also die Qualifizierung nach oben diskutiertem Schema, gilt folglich auch für Herstellungsräume.

Der EG-GMP Leitfaden stellt auch Anforderungen an die Beschaffenheit von Herstellungsräumen. Die Räumlichkeiten sollten z. B. so gelegen sein, dass das umgebungsbedingte Kontaminationsrisiko für Material oder Produkte unter Berücksichtigung der Schmutzmaßnahmen bei der Herstellung minimal ist. Beleuchtung, Temperatur, Feuchtigkeit und Belüftung sollten geeignet und so beschaffen sein, dass sie weder direkt noch indirekt die Arzneimittel während der Herstellung und Lagerung oder das einwandfreie Funktionieren der Ausrüstung nachteilig beeinflussen.

Um das Risiko einer ernsten Gesundheitsschädigung durch *cross*-Kontamination zu minimieren, müssen für die Produktion besonderer Arzneimittel, wie hochsensibilisierender Stoffe oder Zubereitungen (z. B. Penicilline) oder biologischer Präparate (z. B. aus lebenden Mikroorganismen), besondere, in sich geschlossene Räume zur Verfügung stehen. Die Produktion weiterer Produkte, wie bestimmter Antibiotika, Hormone, Cytostatika, hochwirksamer Arzneimittel sowie von Erzeugnissen, die keine Arzneimittel sind, sollten ebenfalls in besonderen Räumen erfolgen. Die Räumlichkeiten sollten möglichst so angeordnet sein, dass die Produktion in logisch aufeinander folgenden Schritten erfolgen kann, entsprechend der Reihenfolge der Arbeitsgänge und den Reinheitsklassen. Ausgangsstoffe sollten normalerweise in einem separaten, für diesen Zweck geplanten Wägeraum gewogen werden.

5.4.4.2 Planung und Raumkonzepte

Wie kann ein geeigneter Herstellungsbereich aussehen? Nach EG-Leitfaden soll schon durch die Lage eine Minimierung des umgebungsbedingten Kontaminationsrisikos für Material oder Produkte sichergestellt werden. Es macht also Sinn, den Herstellungsbereich (auch GMP-Bereich oder grauer Bereich – in Abgrenzung

zum weißen [sterilen] Bereich) baulich durch ein Schleusensystem von den übrigen Bereichen (auch NON-GMP oder schwarze Bereiche) abzutrennen. In diesem GMP-Bereich lassen sich dann die im Leitfaden formulierten Anforderungen an Beleuchtung, Temperatur, Feuchtigkeit und Belüftung sowie der Schutz gegen das Eindringen von Insekten und gegen unbefugten Zutritt realisieren.

Ein Beispiel für die **Ausführung eines Schleusensystems** zum GMP-Bereich für Oralia, etwa die oben bereits mehrfach angeführten Herz-Kreislauf Kapseln, ist in Abbildung 5.3 skizziert.

Es wird zwischen Material- und Personalschleuse unterschieden. Rohstoffe, Maschinen und Verbrauchsmaterial werden durch die Materialschleuse in den Herstellungsbereich gebracht. Es muss dabei sichergestellt werden, dass eine Kontamination des Bereichs durch verschmutzte Sekundärverpackungen (Transportkisten, Kartonagen, Holzpaletten etc.) vermieden wird. Gegebenenfalls muss eine Umverpackung außerhalb des Herstellungsbereichs durchgeführt werden, ohne dass eine Materialkontamination stattfindet.

Wie bei der Materialschleuse, wird bei der Personalschleuse über ein elektronisches Türverriegelungssystem sichergestellt, dass mindestens eine Tür des Schleusensystems immer geschlossen ist (1). Die Personalschleuse dient auch als Umkleide, in der die normale Straßenkleidung (2) gegen die saubere Herstellungskleidung getauscht wird (3). In der Praxis werden je nach Produkt üblicherweise Baumwoll- oder synthetische Einmal-Overalls und Einmal-Kopfhauben als Arbeitskleidung eingesetzt. Da das Schuhwerk eine kritischste Kontaminationsquelle darstellt, wird häufig ein doppelter Tausch durchgeführt. Die Straßenschuhe werden zunächst gegen Badelatschen getauscht (4), die dann unmittelbar vor dem Betreten des Herstellungsbereichs gegen die Reinraumschuhe, meist sterilisierbare Gummischuhe oder Clogs (5) getauscht werden. Die im Plan eingezeichnete Bank stellt eine Barriere dar, die immer an den durchzuführenden Schuhwechsel erinnert und in Verbindung mit entsprechenden SOPs (z. B. Straßenschuhe nur auf der einen Seite, Badelatschen nur auf der anderen) die Kontaminationsgefahr minimiert. Vor Betreten des Herstellungsbereichs muss immer auch eine Händedesinfektion erfolgen und es müssen ein Mundschutz und Handschuhe angelegt werden (4).

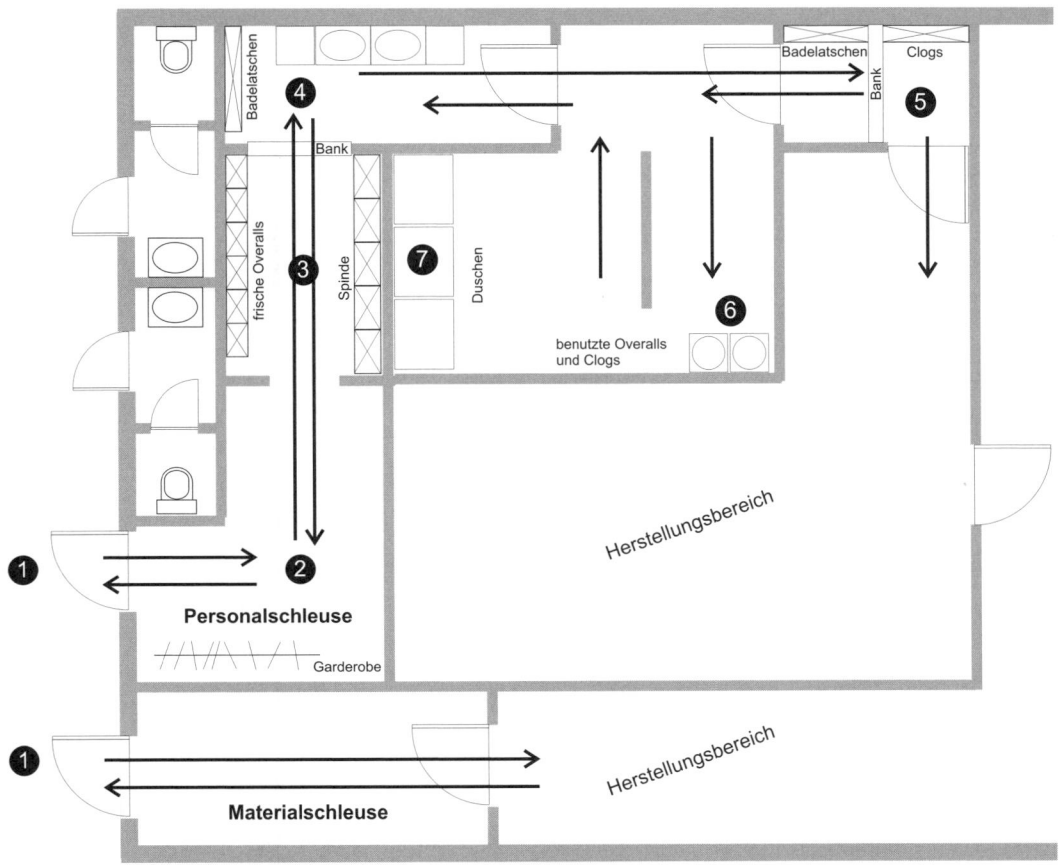

Abb. 5.3: Raumkonzept für die Herstellung fester Arzneiformen (Oralia) mittels Schleusensystem.

Beim Ausschleusen, das prinzipiell identisch, nur in umgekehrter Reihenfolge abläuft, wird die benutzte und somit kontaminierte Kleidung zur Reinigung gegeben bzw. entsorgt (6). Weil in Produktionsräumen für Solida oft hohe Belastungen von aktiven Stäuben auftreten, gibt es noch die Möglichkeit (bzw. je nach Produkt auch Pflicht) zu duschen (7).

Neben der Minimierung des mikrobiologischen Kontaminationsrisikos für das Produkt spielt die Vermeidung von *cross*-Kontaminationen und Verwechslungen eine ebenso wesentliche Rolle bei der Konzeption von Produktionsräumen. Laut Leitfaden sollen die Herstellungsbereiche so angeordnet sein, dass in logisch aufeinander folgenden Schritten produziert werden kann . Ein weiterer wichtiger Aspekt bei der Gestaltung des Herstellungsbereichs ist die produktionstechnisch sinnvolle, zweckmäßige Raumauf-

teilung. Hauptkriterien hierbei sind kurze Wege zwischen den einzelnen Stationen des Herstellungsprozesses sowie kurze Standzeiten von Zwischenprodukten und Halbfertigware bis zur Weiterverarbeitung. Lange Standzeiten verändern oft die physikochemischen Eigenschaften von Zwischenprodukten, was wiederum Schwierigkeiten im Herstellprozess verursachen kann. So kann z. B. die Bildung von sekundären Agglomeraten durch Massendruck in Großcontainern mit der Lagerzeit stark zunehmen.

Exemplarisch für eine moderne Fertigungsstätte für Solida sei hier das bei der Firma Gödecke/Parke-Davis umgesetzte Konzept erwähnt (Abb. 5.4).

Hier wurde durchgängig ein **3-Ebenen-Konzept** realisiert. Dies hat den Vorteil, dass es durch die dreidimensionale Staffelung einerseits möglich ist, den Materialfluss zu optimieren, und an-

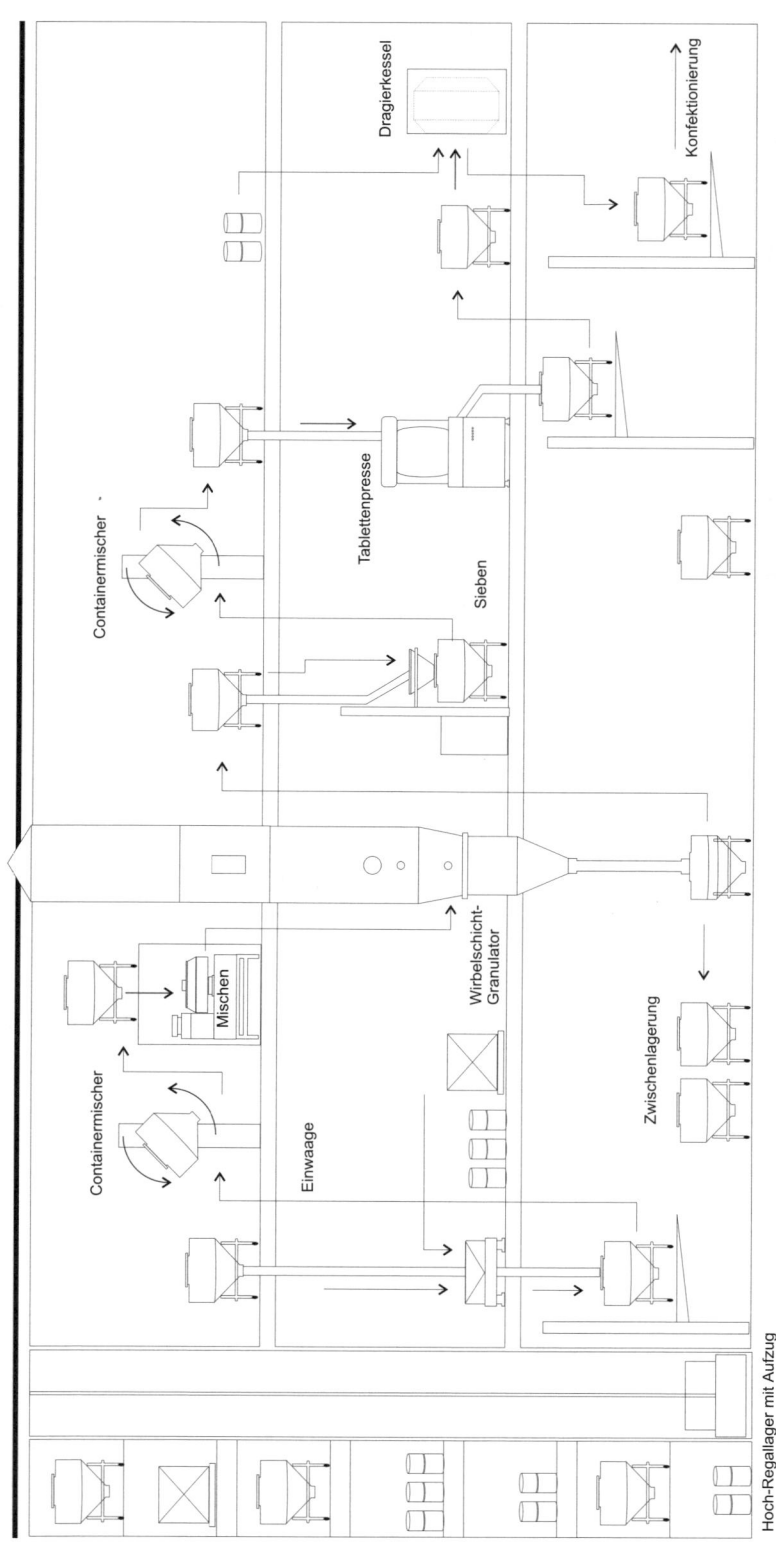

Abb. 5.4: Schematische Darstellung des Drei-Ebenen-Konzepts der Feststoff-Fabrik Gödecke/Parke–Davis (Quelle: W. A. Ritschel und A. Bauer–Brandl, Editio Cantor Verlag).

dererseits durch den geschaffenen Raum Prozess- und Haustechnik-Bereich sauber von den eigentlichen Herstellungsbereichen getrennt werden können. Generell sollte es natürlich so wenige Technikräume wie nötig in den Herstellungsbereichen geben. Ganz lässt sich dies aber natürlich nicht vermeiden. Daher sollten diese Bereiche so angeordnet sein, dass sie von außen, also vom NON-GMP-Bereich aus, zugänglich sind, und Wartungs- und Reparaturarbeiten den Herstellungsablauf nicht verzögern oder die Produktqualität gefährden.

Das **Erdgeschoss** dient quasi als Logistikebene. Hier werden die Rohstoffe aus den Lagerbereichen· bereitgestellt und Zwischenprodukte zwischengelagert und gesammelt. Die fertige Bulkware fällt ebenfalls hier an, um dann direkt der Konfektionierung zugeführt zu werden. Da Rohstoffe, Zwischenprodukte und Produkte im Erdgeschoss ausschließlich in verschlossenem Containment anfallen, handelt es sich nicht notwendigerweise um einen Herstellungsbereich. Hier und im zweiten Stockwerk ist auch der richtige Platz für die notwendigen Prozesstechnikbereiche.

Das **mittlere Stockwerk** ist die eigentliche Prozessebene. Hier finden die Fertigungsschritte unter Reinraumbedingungen statt, bei denen mit dem offenem Produkt umgegangen wird: Einwaage, Granulation, Sieben, Pressen und Dragieren. Hier sind auch die notwendigen Schutzeinrichtungen vor den aktiven Stäuben installiert.

Das **Obergeschoss**, in dem neben den Mischschritten im Container im Wesentlichen die Beschickungen der Produktionsanlagen im Mittelgeschoss ablaufen, hat einen ähnlichen Status wie das Erdgeschoss. Auch hier wird nicht mit offenem Produkt umgegangen.

Wie gezeigt, durchlaufen also Rohstoffe und Zwischenprodukte mehrfach die Produktionsstätte in einem geschlossenen System von oben nach unten. Die notwendige Logistik wird von einer Software gesteuert, die den Materialfluss von dem linksseitig gelegenen Hochregallager zu den jeweiligen Verarbeitungsplätzen kontrolliert. Zum Materialtransfer zwischen den einzelnen Stockwerken ist ein Aufzug zwischen Hochregallager und Fertigungsräumen vorhanden.

5.4.5 Dokumentation

Eine gute Dokumentation ist ein wesentlicher Aspekt der pharmazeutischen Qualitätssicherung, denn nur was ordnungsgemäß dokumentiert ist, ist jederzeit nachvollziehbar. Klar und deutlich geschriebene Unterlagen verhindern Fehler, legen Abläufe fest, helfen bei der Steuerung und Überwachung von Fertigungsprozessen und erlauben somit die Rückverfolgung der Geschichte einer Charge vom Einkauf der Rohstoffe bis zur Auslieferung der Fertigware an einen Großhändler oder die Apotheke.

Auch aus Behördensicht ist eine gute Dokumentation essenziell. Nur anhand der vorliegenden Unterlagen kann ein Inspektor Informationen über den Verlauf von Herstellungsprozessen und über generelle qualitätssichernde Maßnahmen gewinnen. Wie wichtig die Dokumentation insbesondere aus Sicht der amerikanischen Überwachungsbehörde ist, zeigt eine von der FDA formulierte GMP-Kernaussage: „Alles, was nicht schriftlich festgehalten ist, kann als versuchter Betrug (*fraud*) aufgefasst werden."

Nach Kapitel 4 des EG-GMP-Leitfadens werden mehrere Typen von Dokumentationen unterschieden:

- **Spezifikationen** beschreiben die einzelnen Anforderungen an jeden Ausgangsstoff der bei der Herstellung eingesetzt wird und an jedes Produkt oder Zwischenprodukt das gefertigt wird. Sie sind gewissermaßen die Grundlage der Qualitätsbewertung.
- **Herstellungsvorschriften**, wie z. B. die *Master Batch Records* und Verarbeitungs- und Verpackungsanweisungen definieren die eingesetzten Ausgangsstoffe und legen alle Vorgänge in der ganzen Verarbeitung und Verpackung fest.
- **Verfahrensbeschreibungen** (SOPs oder Standardarbeitsanweisungen) enthalten Bestimmungen für die Durchführung gewisser Arbeitsgänge wie Reinigung, Kleiderwechsel, Umgebungskontrolle, Probenahme, Prüfung und Einsatz von Geräten. Sie sind nicht an ein Produkt gebunden.
- **Protokolle** dokumentieren den Werdegang jeder Charge, einschließlich ihres Vertriebs, sowie alle anderen Sachverhalte, die für die Qualität des Fertigprodukts von Belang sind.

Da die Dokumentation sozusagen einen Speicher für alle Informationen zu einer gefertigten Charge darstellt, werden nicht nur an ihren Umfang, sondern auch an ihre Form hohe Ansprüche gestellt. Sie muss sorgfältig konzipiert und fehlerfrei sein. Sie soll schriftlich aber nicht handschriftlich vorliegen, da die Lesbarkeit der Unterlagen sehr wichtig ist. Weitere grundlegende Anforderungen an die Form sind Zulassungskonformität, Vollständigkeit, Übersichtlichkeit, Nachvollziehbarkeit, Auswertbarkeit, Eindeutigkeit, Unauslöschbarkeit und Aktualität. Alle Unterlagen sollten von kompetenten und befugten Personen genehmigt, unterzeichnet und datiert werden.

5.5 Sonderformen der Arzneimittelherstellung

5.5.1 Lohnherstellung

In fast allen Bereichen moderner Betriebe, also auch in der pharmazeutischen Fertigung, ist das sog. **Outsourcing** ein nicht wegzudenkender Baustein. Das Wort Outsourcing stammt aus dem amerikanischen Wirtschaftsleben. Die drei Vokabeln *outside* (= außen, außerhalb), *resource* (= Mittel, Schätze) und *using* (= gebrauchen) werden zu einem neuen Wort zusammengefasst. Das neu entstandene Wort entspricht im Wesentlichen dem, was beim Outsourcing tatsächlich geschieht: Die Nutzung externer Ressourcen, also die Verlagerung firmeninterner Vorgänge und Abläufe auf andere Firmen.

Wenn nun Bereiche der Arzneimittelfertigung, einzelne Produktionsteilschritte oder die komplette Fertigung vom Rohstoff bis zur Konfektionierung betroffen sind, so entbindet dies den pharmazeutischen Unternehmer nicht von seiner Verantwortung für die Arzneimittelqualität (laut AMG ist der pharmazeutische Unternehmer immer derjenige, der das Arzneimittel unter seinem Namen in den Verkehr bringt).

Entsprechend existieren auch Regelungen für den Fall, dass ein Arzneimittel ganz oder teilweise im Auftrag des Auftraggebers in einem anderen Betrieb (Auftragnehmer) hergestellt oder geprüft wird.

Laut § 12 PharmBetrV soll zunächst ein schriftlicher Vertrag zwischen dem Auftraggeber und dem Auftragnehmer bestehen. In diesem Vertrag müssen die Aufgaben und Verantwortlichkeiten jeder Seite klar festgelegt sein, um Missverständnisse zu vermeiden, aus denen sich ein Produkt oder eine Arbeit von ungenügender Qualität ergeben könnte.

Nach EG-GMP-Leitfaden ist der Auftraggeber verantwortlich für die Beurteilung der Kompetenz des Auftraggebers. Eine solche Kompetenzbeurteilung erfolgt üblicherweise im Rahmen der bereits früher angesprochenen **Audits**. Weiterhin muss der Auftraggeber dem Auftragnehmer alle nötigen Informationen liefern, damit dieser die in Auftrag gegebenen Arbeiten zulassungskonform ausführen kann. Es muss dabei sichergestellt sein, dass der Auftragnehmer sich über alle Probleme im Klaren ist, die mit dem Produkt oder der Arbeit in Zusammenhang stehen und ein Risiko für seine Räumlichkeiten, die Ausrüstung, das Personal oder für andere Materialien oder Produkte darstellen könnten.

Der Auftragnehmer hingegen ist zur Einhaltung der GMP-Regeln verpflichtet. Er muss über geeignete Räumlichkeiten und die erforderliche Ausrüstung, ausreichende Sachkenntnis und Erfahrung sowie über kompetentes Personal verfügen.

5.5.2 Herstellung klinischer Prüfmuster

Eine weitere Besonderheit bei der Produktion von Arzneimitteln ist die Herstellung klinischer Prüfmuster. Bevor ein Arzneimittel zugelassen wird, müssen nach § 22 AMG Untersuchungen zu Wirkungen und Nebenwirkungen am Menschen im Rahmen klinischer Untersuchungen durchgeführt worden sein. Unter einer klinischen Prüfung versteht man in diesem Zusammenhang eine Untersuchung der klinischen, pharmakologischen, pharmakodynamischen oder pharmakokinetischen Wirkungen von Prüfpräparaten an Menschen.

Hierzu ist es notwendig, das Medikament (Prüfpräparat) ohne eine entsprechende Zulassung herzustellen. Seit Anfang 2005 muss aber EU-weit ein Dossier, das investigational medicinal product dossier (IMPD), vor Durchführung der klinischen Studie eingereicht und von der Behörde genehmigt werden. Unter einem **Prüfpräparat** versteht man die Darreichungsform eines Wirkstoffs oder Placebos, die geprüft oder in einer klinischen Prüfung als Referenz verwendet wird. Dies können auch bereits zugelassene Präparate sein, wenn diese abweichend von der zugelassenen Form verwendet oder zusammengesetzt oder für eine nicht zugelassene Indikation verwendet werden. Solche Arzneimittel unterliegen gegenwärtig nicht den Rechtsvorschriften der EG für den Bereich Herstellung. Allerdings wurde bei der Verabschiedung der EG-GMP-Richtlinien vereinbart, auch hier zu empfehlen, dieselben GMP-Grundsätze anzuwenden. Es wäre auch unlogisch, Prüfpräparate nicht so zu kontrollieren wie die Fertigarzneimittel, deren Prototypen sie sind.

Da aber bestimmte Herstellungsvorgänge bei klinischen Prüfpräparaten anders sein können als bei Marktware – z. B. werden diese üblicherweise nicht nach feststehenden Routineverfahren hergestellt und sind in der Anfangsphase der klinischen Entwicklung möglicherweise noch nicht vollständig charakterisiert – behandelt Anhang 13 zum EG-GMP-Leitfaden das Thema „Herstellung von klinischen Prüfpräparaten".

Wie bereits oben angesprochen, kann der Herstellungsprozess für Prüfpräparate, selbst wenn es sich um ein Standardverfahren handelt, nicht in dem Maße validiert sein, wie dies bei einer Routineproduktion möglich ist. Weder die Herstellungs- noch die Testverfahren sind hierfür genug etabliert. Natürlich darf sich dies nicht auf die geforderte Arzneimittelqualität auswirken.

Während es sich bei der Produktion von Marktware üblicherweise um immer wiederkehrende Standardabläufe handelt, ist dies bei der Herstellung klinischer Prüfpräparate selten der Fall. Zum einen können sich sowohl die Produktspezifikationen als auch Herstellungsanweisungen im Verlauf der Entwicklung verändern, zum anderen variieren die Verpackungsanweisungen von Studie zu Studie je nach Studiendesign immens. So kann das Präparat beispielsweise einmal gegen ein Placebo, einmal gegen einen Komparator oder ein anderes mal gegen unterschied-

liche Dosisstufen des gleichen Präparats getestet werden. Gerade diese Vorgänge sind von allergrößter Wichtigkeit für die Integrität der klinischen Studien und erfordern gesonderte Kontrollmechanismen.

Für die Herstellung von klinischen Prüfpräparaten kann niemals sog. *dedicated equipment*, also Ausrüstung, die ausschließlich für die Herstellung eines Präparates genutzt wird, eingesetzt werden. Da die Toxizität der verarbeiteten Wirkstoffe oft noch nicht vollständig bekannt ist, ist die Reinigung der verwendeten Geräte und Maschinen besonders wichtig.

Im Unterschied zur Marktware ist für die Herstellung von klinischen Prüfpräparaten ein schriftlicher Auftrag durch einen sog. Sponsor nötig. Ein Sponsor ist eine Person oder Organisation (z. B. die verantwortliche Abteilung in einem pharmazeutischen Unternehmen), die die Verantwortung für Beginn, Management und/oder Finanzierung einer klinischen Prüfung übernimmt. Der Auftrag des Sponsors sollte sich auf ein sog. genehmigtes Dossier der Produktspezifikationen beziehen. In diesem Dossier sind die notwendigen Informationen zur Verarbeitung, Verpackung, Qualitätskontrolle, Chargenfreigabe, Lagerungsbedingungen und Versand aufgeführt.

Wie bereits angesprochen, kommt der Verpackung klinischer Prüfpräparate eine ganz besondere Bedeutung zu. Sie ist oft komplexer und anfälliger für Fehler (die meist auch schwieriger festzustellen sind) als die von bereits zugelassenen Präparaten. Klinische Prüfpräparate müssen für jeden in die klinische Prüfung einbezogenen Patienten individuell verpackt werden. Im Gegensatz zur Herstellung von zugelassener Marktware in großem Maßstab können die Chargen von Prüfpräparaten in verschiedene Verpackungschargen unterteilt und in mehreren Arbeitsgängen über einen bestimmten Zeitraum verpackt werden.

Eine weitere Besonderheit bei der Verpackung klinischer Prüfpräparate ist die Berücksichtigung der Patientenrandomisierung. Da es einerseits aus statistischen Gründen notwendig ist, eine randomisierte, also streng zufällige Zuteilung der Patienten zu den Therapiearmen durchzuführen, andererseits die Studienmedikation Patienten individuell verpackt werden muss, ist ein entsprechender Randomisierungsschlüssel bei der Verpackung zu berücksichtigen. »Weiterhin soll ein

System zur ordnungsgemäßen Identifizierung der verblindeten Präparate eingeführt werden. Dieses System muss die Identifizierung und Rückverfolgbarkeit des Präparats (sog. Entblindung) ermöglichen.«

Im Unterschied zu zugelassenen Arzneimitteln dürfen Prüfpräparate erst nach einem zweistufigen Freigabeverfahren an ein Prüfzentrum bzw. einen Prüfarzt versandt werden: Der erste Schritt ist Freigabe des Präparates nach der Qualitätskontrolle („technisches grünes Licht"). Hier wird die Einhaltung der geforderten Qualität des Prüfpräparates bestätigt. Der zweite Schritt ist die Genehmigung des Sponsors zur Verwendung des Präparates („regulatorisches grünes Licht"). Hierdurch wird das Vorliegen der notwendigen Prüfgenehmigung nach § 40 AMG bestätigt.

6 Zukunftsorientiertes Pharma-Marketing – Ansätze zur erfolgreichen Optimierung

6.1 Der Gesundheitsmarkt im Umbruch

Pharmaunternehmen sehen sich heute einer Vielzahl komplexer Herausforderungen gegenüber; der Gesundheitsmarkt befindet sich im Umbruch. Analysiert man das derzeitige Bild der Branche, so ergeben sich eine Reihe wegweisender Trends, die gleichsam miteinander verflochten sind und in ihrem Zusammenspiel eine chancenreiche Ausgangssituation für das Pharma-Marketing der Zukunft darstellen.

Für die Pharmaindustrie überaus relevant ist die **„Aut-idem-Regelung"**. Diese im Rahmen des Arzneimittelausgaben-Begrenzungs-Gesetzes (AAGB) in Kraft getretene Regelung schreibt den Austausch teurer Arzneimittel durch sog. Generika vor. Wird also ein vom Arzt namentlich verordnetes Medikament mit identischem Wirkstoff von verschiedenen Herstellern zu verschiedenen Preisen auf dem Markt angeboten, so ist der Apotheker verpflichtet, es durch ein wirkungsgleiches Produkt zu ersetzen, falls ein solches signifikant preiswerter ist. Die hieraus resultierenden Reaktionsmöglichkeiten des Pharma-Marketings sind stark von Größe und Ausrichtung des handelnden Unternehmens abhängig. Grundsätzlich sind zwei Ausprägungen zu erwarten:

Weniger forschungsintensive Unternehmen dürften natürlich versuchen, eine Verstärkung des bestehenden Trends zu erreichen. Dies gilt vor allem für kleinere Unternehmen, die aufgrund zunehmender Reglementierungen sowie infolge eines übermächtig werdenden Konkurrenzdrucks (*global-player*-Problematik) ihre einzige Chance im Ausbau des Generika-Absatzes sehen. Um das bestehende Marktsegment von derzeit über fünfzig Prozent aller ärztlichen Verschreibungen halten und ausbauen zu können, ist hierbei vorrangig, das Kostenbewusstsein der Zielgruppen anzuvisieren. Es gilt also, eine Preistransparenz zu schaffen und dem Konsumenten die erheblichen Einspareffekte im Gesundheits-system (verordnete Pharmazeutika) bzw. privatem Budget (OTC-Bereich/Selbstmedikation) zu verdeutlichen.

Auf der anderen Seite sind die innovativeren Unternehmen zu betrachten, deren Schwerpunkt im Bereich der Forschung und Entwicklung zu sehen ist. Den ungeheuer aufwendigen Apparat des Aufspürens neuer Wirkstoffe sowie die Entwicklung viel versprechender Pharmazeutika samt toxikologischer Überprüfung und klinischer Tests vor Augen, geht ihre Strategie in eine andere Richtung. Hier gilt es, innovative Arzneimittel als teure Markenpräparate zu positionieren, um ihnen auch nach Ablauf der Patentfrist ein Überleben garantieren zu können. Zudem wird den Generika eine Vielzahl besonders teurer Lifestyle-Präparate entgegengesetzt.

Ebenfalls von großer Bedeutung im Bereich der Gesundheitspolitik ist die Tendenz hin zum sog. *disease-management* („Krankheits-Management"). Hiermit soll der bislang unzureichenden Versorgung chronisch Kranker entgegengewirkt werden. Ziel ist die koordinierte Zusammenarbeit von Ärzten, Krankenhäusern und Therapeuten, um eine optimale Behandlung nach dem neuesten Stand der Wissenschaft garantieren zu können. Neben einer verbesserten Effizienz im Umgang mit den zur Verfügung stehenden Ressourcen soll die Behandlungs- und Lebensqualität des Einzelnen deutlich verbessert werden. Ansatzpunkt ist eine leitliniengestützte Fallführung, die den Hausarzt in den Mittelpunkt stellt. Praktisch sieht das so aus, dass für die Patienten ein verbindlicher, integraler Behandlungs- und Betreuungsplan erstellt wird. Hiermit soll dem derzeitigen Problem der Über-, Unter- oder Fehlversorgung deutlich entgegengewirkt werden.

Die Teilnahme der Patienten an derartigen Programmen ist bislang noch freiwillig. Wer allerdings mitmacht, der wird aktiv einbezogen. Im

Vordergrund stehen Schulungen und Informationsbroschüren, die auf eine erhöhte Kompetenz des Patienten abzielen. Neue Medien bieten dabei die Möglichkeit einer gezielten Unterstützungsfunktion. Mittels E-Mail kann der Patient beispielsweise an Behandlungstermine und Tabletteneinnahme erinnert werden.

Eine dritte, überaus relevante Entwicklung im gesundheitspolitischen Bereich ist die Etablierung sog. DRG-Systeme. **Diagnosebezogene Fallgruppen** (*diagnosis related groups*) bilden die Grundlage eines leistungsorientierten Vergütungssystems für Krankenhausleistungen, bei dem alle Behandlungsfälle nach pauschalierten Preisen vergütet werden. Das bisherige Mischsystem bestehend aus Fallpauschalen, Sonderentgelten und einem krankenhausindividuellen Restbudget geht somit seinem Ende entgegen. Liegt der Vorteil eines derartigen Leistungsanreizes zwar auf der Hand, so ist dennoch zu beachten, dass auch bei gleicher Diagnose Krankheiten hinsichtlich Schwere und Dauer einen unterschiedlichen Verlauf haben. Kranke mit einer überdurchschnittlichen Verweildauer werden somit zu einem unkalkulierbaren Risiko für das Krankenhaus.

Trotz aller Umstrukturierungen und Reformen bleibt schließlich festzuhalten, dass Gesundheit unter den aktuellen Rahmenbedingungen künftig nicht mehr für alle finanzierbar sein wird. Allein schon um den demografischen Gegebenheiten entgegenwirken zu können, wird die optimierte Versorgung des Einzelnen nur noch durch selbstfinanzierte Gesundheitsleistungen erreichbar. Der gesamte Markt wird sich verstärkt nach ökonomischen Kriterien ausrichten müssen. Daraus erfolgt ein erweitertes **privatpatientengerechtes Leistungsspektrum**, insb. der niedergelassenen Hausärzte, Spezialisten und zum Teil auch der Krankenhäuser. Das Modell einer Zwei-Klassen-Medizin wird somit Wirklichkeit – auch wenn dies von den Gesundheitsökonomen noch nicht ausgesprochen wird.

Insbesondere obige Aspekte einer zunehmenden Eigenfinanzierung und Selbstverantwortung finden ihre Auswirkungen in einem weiteren maßgeblichen Trend, dem einer signifikant veränderten Rolle des Patienten: Sah sich dieser in früheren Zeiten den Weisungen seines Arztes unmündig ausgesetzt, so resultiert nunmehr die Tatsache, dass er in steigendem Maße seine Gesundheit selbst verantworten und finanzieren muss, in dem starken Bedürfnis nach umfangreichen Steuerungs- und Eingriffsmöglichkeiten in den therapeutischen Verlauf. Insbesondere mit den neuen Medien steht ihm dabei eine Kommunikations- und Informationsplattform zur Verfügung, die es ihm ermöglicht, umfassendes Wissen zu nahezu allen medizinischen Fragestellungen zu erwerben. Er wird somit in die Lage versetzt, den ärztlichen Behandlungsweg kritisch zu hinterfragen sowie eigene Entscheidungen, Wünsche und Vorstellungen einzubringen. Gerade im Hinblick auf ein wachsendes Kostenbewusstsein sind langfristig sogar beachtliche Ausprägungen in den Bereichen eigenständiger Diagnose und Selbstmedikation vorhersehbar. Zusammenfassend ist also eine Entwicklung zum aktiven und informierten Patienten mit anspruchsvollem, **selbstgesteuerten Verbraucherverhalten** zu beobachten.

Motor dieser Emanzipationsbewegung ist ein schrittweise wachsendes Gesundheitsbewusstsein in der Gesellschaft und damit der Umschwung vom Krankheits- zum Gesundheitsdenken: Wurden Krankheiten unlängst noch als unumgängliches Schicksal hingenommen, so gelten in der heutigen Zeit geistige und körperliche Fitness als unabdingbares Ideal, auf das es hinzuarbeiten gilt. Insbesondere durch die Medien wird das Bild eines gesunden und leistungsfähigen Körpers als Schlüssel zum Lebenserfolg geprägt. Folge dieser allgegenwärtig präsenten *fit-for-fun*-Mentalität ist eine neue Denkweise zum einen in Bezug auf Therapie, vor allem aber in Bezug auf **Prävention**: Mit der Erkenntnis, dass Gesunderhaltung bzw. Verhinderung von Krankheiten sehr viel sinnvoller, vor allem aber auch bedeutend kostengünstiger sind, konnte diese in den letzten Jahren einen zunehmend größeren Stellenwert auf dem Gesundheitsmarkt einnehmen.

Neben Vorsorgeuntersuchungen stehen hierbei eine Ausweitung und Verbesserung der Diagnosemöglichkeiten im Fokus des Interesses. Doch auch die gezielte Unterstützung der körpereigenen Abwehrfunktionen und somit eine Stärkung des Immunsystems spielen eine bedeutende Rolle bei der Minimierung von Krankheitsrisiken. Insbesondere im Bereich gezielter und sinnvoller Nahrungsergänzungen, deren Palette von der Pharmaindustrie in letzter Zeit beträchtlich ausgeweitet wurde, zeigen sich große Potenziale. Zunehmend wichtiger in diesem Zusammenhang wird auch das sog. *functional food*, welches vom Verbraucher als gewinnträchtige Investition in seine Zukunft gesehen wird. Es handelt sich hierbei um Nahrungsmittel (also keine Kapseln, Tabletten oder Pulver), die auf Inhaltsstoffen natürlichen Ursprungs basieren und als Teil der täglichen Nahrungszufuhr aufgenommen werden. Neben der Kontrolle physischer und psychischer Beschwerden wird dabei eine Unterstützung bei der Vorbeugung spezifischer Krankheiten wie auch eine Verlangsamung des Alterungsprozesses versprochen.

Die Zukunft derartiger Produkte wird von Branchenkennern als überaus positiv prognostiziert. Wachstumsraten von mehr als 20 Prozent auf dem Weltmarkt werden auch vorsichtigen Schätzungen zufolge als durchaus realistisch eingeschätzt. Leider muss aber auch darauf hingewiesen werden, dass der Trend zu einem Mehr an Prävention und Körperbewusstsein lediglich auf einen Teil der Bevölkerung zu beziehen ist. Ihm gegenüber steht die Entwicklung zu wachsender Unvernunft im privaten Konsumverhalten. Typische Zivilisationskrankheiten wie Hypertonie, Diabetes oder Herzinsuffizienz sind die Folge.

Gleichsam verflochten mit einem veränderten Selbstverständnis des Patienten ist auch die neue Rolle des Arztes. Als revolutionär ist hierbei das neue **Arzt-Patienten-Verhältnis** zu sehen, welches sich langsam abzuzeichnen beginnt und den Patienten zum anspruchsvollen Kunden des Unternehmers Arzt erklärt. Will dieser langfristig auf dem Markt bestehen bleiben, so wird er sich verstärkt nach den Wünschen und Anforderungen seines Patienten zu richten haben, um ihn halten zu können. Die klassische Praxis wandelt sich somit zu einem modernen Beratungs- und Dienstleistungszentrum, das den Gesetzen des Marktes zu folgen hat und mit entsprechenden Marketingstrategien die individuellen Bedürfnisse des Kunden zu befriedigen versucht. Auswirkungen diesbezüglich zeigen sich vor allem in zwei Bereichen:

Zum einen dürfte es unumgänglich sein, die in der Vergangenheit begonnene Entwicklung der „Drehtürmedizin" umzukehren. Anhand von Erhebungen, die belegen, dass sich mehr als ein Drittel aller Patienten über fehlendes Verständnis und eilige Abfertigung beklagen, wird schnell die Notwendigkeit deutlich, sich dem Patienten intensiv zu widmen und dessen Wünsche in die Behandlung einzubeziehen. Der aufgeklärte,

kompetente und emanzipierte Patient will mit seinem Arzt reden. Er sucht das Gespräch und will wissen, was therapeutisch mit ihm veranstaltet wird. Als Selbstzahler, der seine eigene Gesundheitsvorsorge ernst nimmt, setzt er hierbei vor allem auf die Beratungsfähigkeit seines Arztes. Die Faktoren Zeit und Respekt gegenüber dem Kunden werden somit zu Schlüsselfaktoren einer gewinnorientierten Neuprofilierung.

Doch auch die notwendig gewordene Neuausrichtung klassischer Praxen bezüglich ihrer präventiven, diagnostischen und therapeutischen Dienstleistungen dürfte eine nicht minder große Bedeutung einnehmen. Hierbei wird insb. den Forderungen nach sanften und nebenwirkungsfreien Naturheilverfahren entsprochen, die sich zumeist als individuelle Selbstzahlerleistungen neben den konventionellen Behandlungsformen etablieren werden. Die Pharmaindustrie wird diesem Trend durch verstärkte Entwicklung und Produktion von Naturheilmitteln Rechnung zu tragen haben. Im Zuge der demografischen Bevölkerungsentwicklung sowie einer geänderten Einstellung zum Thema Gesundheit werden die Anforderungen an die Qualität pharmazeutischer Produkte beachtlich steigen. Insbesondere muss versucht werden, durch Kombination biologischer und chemischer Substanzen die Nebenwirkungen der Medikamente auf ein Minimum zu reduzieren bzw. deren Wirksamkeit deutlich zu erhöhen.

Als letzter Trend seien die Entwicklungen des Gesundheitsmarktes im Bereich des **Internets** aufgeführt. Hier spielt sich das relevante Geschehen auf zwei Ebenen ab und stellt eine Reflexion obiger Trends dar:

Zum einen kommen dem durch Politik und Markt geforderten Informationsbedürfnis des Patienten, die bislang ungeahnten Kommunikationsmöglichkeiten dieses Mediums entgegen. Mit dem sprunghaft zu erwartenden Anstieg sog. Gesundheitsportale (*health-nets*) steht dem Anwender ein Instrument zur Verfügung, mit denen er sich hohe medizinische Kompetenz aneignen kann. Der Verbund mit anderen Nutzern ermöglicht den unkomplizierten Erfahrungsaustausch sowie die Bildung von Netzwerken (Selbsthilfegruppen etc.). Massive Änderungen im einstigen Machtgefälle sind zu erwarten.

Zum anderen ist die baldige Erschließung des Internets als neuem Vertriebs- und Einkaufskanal zu erwarten. Wird eine derartige Vermarktung von Arzneimitteln zwar derzeit in Deutschland noch untersagt, so ist auch auf diesem Gebiet mit einem radikalen Umbruch zu rechnen. Erste Konzepte ermöglichen bereits heute die Umgehung der noch strengen Restriktionen. Beispielsweise können mittels Internet im Ausland bestellte Medikamente schon heute per Paketdienst nach Deutschland geliefert werden. Gerade im Zusammenspiel mit zunehmender Selbstdiagnose und Selbstmedikation werden hier deutliche Chancen sichtbar. Aufgabe des Pharma-Marketings ist es, diesbezüglich fundamentale Überzeugungsarbeit bei allen Marktbeteiligten zu leisten, um grundlegende Vorbehalte abzubauen. Vorhandene Ängste bezüg-

lich fehlender Beratungskompetenz der Apotheken oder den Gefahren fehlerhafter Anwendungen müssen dabei minimiert und schließlich vollständig abgebaut werden. Optimale Ansatzpunkte liegen hierbei in den Möglichkeiten einer direkten Ansprache der Zielgruppen sowie einer profitablen Preisgestaltung.

Abschließend ist zu sagen, dass viele dieser Tendenzen sicherlich ein Risiko für nicht wandlungsfähige Unternehmen im Pharmamarkt darstellen. Erkennen die einzelnen Marktteilnehmer jedoch die Notwendigkeit, ihre Leistungen auf diese Entwicklungen hin auszurichten und ihre Marktorientierung somit zu verbessern, so offenbart sich der Branche ein ungeheures Potenzial.

6.2 Marken-Management

Gerade in der Pharmabranche ist es schwierig, verkaufswirksame Markenstrategien zu entwickeln. Viele Pharmaunternehmen scheinen den Versuch aufgegeben zu haben, aus ihrem Produkt gezielt eine verkaufswirksame Marke zu machen. Man kann es ihnen nicht verübeln: Der Markt ist überschwemmt von gleichartigen („homogenen") Produkten, die praktisch identisch sind mit den Wettbewerbsprodukten. Die Konkurrenz der Generika wird zunehmend stärker. Und bisweilen sind selbst diese den Ärzten noch zu teuer, sodass Billigsubstitute verordnet werden, deren therapeutischer Nutzen stark infrage gestellt werden muss. Der Preis scheint sich schlechthin zum einzigen Marketinginstrument entwickelt zu haben. Eine Entwicklung, die sich angesichts aktueller gesetzlicher Restriktionen noch verstärken dürfte. Und auch die Tatsache, dass bei einer Vielzahl von Originalpräparaten die Patentfrist in den nächsten Jahren ablaufen wird, wird diesbezüglich nicht ohne Konsequenzen bleiben.

Doch welche Auswirkungen bringt eine derart verkürzte, nur noch auf den Preis gerichtete Sichtweise mit sich? Ein vergleichender Blick auf den Konsumgütermarkt lässt das künftige Szenario erahnen: Waren hier vor einiger Zeit noch weitgefächerte Produktpaletten unterschiedlichster Qualitätsstufen zu finden, so führten in den letzten Jahren Konzentrationsbemühungen sowie

neuartige, preisaggressive Vertriebsformen zu einer radikalen Verdrängung der mittelpreisigen Produkte. Der Markt wurde zunehmend von sog. Einfachmarken besetzt. Nur wenige Marken konnten sich diesen preiswerten Substituten widersetzen – allesamt Premiummarken mit ausgezeichnetem Image. Auch in der Pharmabranche finden sich einige wenige solcher Markenartikel. Anders ist nicht zu erklären, warum sogar in preissensitiven Märkten Originalpräparate nach Ablauf des Patentschutzes nicht vollständig durch weitaus preiswertere Generika ersetzt werden (vgl. OTC-switch in Kap. 8.1.11). Und dennoch wird die zunehmende Wichtigkeit der Marke nicht allgemein anerkannt. Die große Mehrheit der Pharmaunternehmen zögert, die Erkenntnisse aus der Konsumgüterbranche zu übertragen. Ein ausgeprägtes **Markendenken** bringe im pharmazeutischen Bereich nicht die gleichen Vorteile, weil die Märkte zu unterschiedlich seien, so die Kritiker. Mag jedoch vor wenigen Jahren diese Behauptung noch stichhaltig gewesen sein, so haben heutzutage eine Vielzahl von Entwicklungen zu einer Angleichung der beiden Märkte geführt. Ursache ist insbesondere der Wandel vom fremdgesteuerten Patienten zum aktiven Verbraucher. War der Kranke früher ausschließlich den Weisungen seines Arztes ausgesetzt, so resultiert nunmehr die Tatsache, dass er in steigendem Maße seine Gesundheit selbst verantworten und finanzieren muss, in dem starken Bedürfnis nach umfangreichen Steuerungs- und Eingriffsmöglichkeiten in den therapeutischen Verlauf. Insbesondere mit den neuen Medien steht ihm dabei eine Kommunikations- und Informationsplattform zur Verfügung, die es ermöglicht, umfassendes Wissen zu nahezu allen medizinischen Fragestellungen zu erwerben.

Folge ist ein deutlich ausgeprägtes Verbraucherbewusstsein, vor allem bei Lifestyle- und Wellnesspräparaten sowie im Bereich der chronischen sowie präventiven Behandlungen. Doch auch bei verschreibungspflichtigen Pharmazeutika zeigen veränderte rechtliche Rahmenbedingungen ihre Wirkung. Selbst das kategorische Werbeverbot für verschreibungspflichtige Pharmazeutika scheint seinem Ende entgegenzugehen. Wird der Arzt auch in Zukunft die verantwortliche Instanz bleiben, so konnte in Studien nachgewiesen werden, dass in mehr als 60 % der Fälle Patienten ein ausdrücklich gewünschtes Präparat auch tatsächlich verschrieben bekamen.

Doch wie soll erfolgreiche **Pharmawerbung in Zukunft** aussehen? Wie muss Pharmawerbung argumentieren, um aus einem homogenen Produkt eine verkaufswirksame Marke zu machen?

Die gängige Praxis jedenfalls bietet keine brauchbaren Ansätze. Hier wird Pharmawerbung oftmals auf eine kraft- und lieblose Wirkstoffinformation mit obligatorischer Produktabbildung reduziert. Diese Lösung ist nicht nur langweilig, sondern auch ineffektiv.

Andere Pharmaunternehmen versuchen ihrer Marke einen psychologischen Zusatznutzen zu geben (*added value*), indem sie in der Werbung nicht hart argumentieren, sondern ihre Marke mit sympathischen emotionalen Werten aufladen. Das mag in der Konsumgüterwerbung funktionieren, aber leider nicht im Pharmabereich. Denn jemand, der ein pharmazeutisches Produkt verwendet, hat das intensive Bedürfnis ein Problem zu lösen und dafür wählt er diejenige Marke aus, der er die größte Kompetenz zutraut, und nicht die Marke mit dem größten emotionalen Sympathiebonus.

Um mit Pharmawerbung strategisch eine maximale Verkaufswirkung zu erzielen, gilt es daher, sich zunächst mit den Besonderheiten der **Pharmakommunikation** vertraut zu machen. Insbesondere drei Probleme stehen hier im Vordergrund:

1. **Komplexität / Informationsüberflutung**
Die meisten pharmazeutischen Produkte haben schwer erinnerbare Namen und sind von ihren Anwendungsschwerpunkten her schwierig voneinander zu unterscheiden. Da die Produkte darüber hinaus als Problemlöser fungieren sollen und nicht über ihren emotionalen Erlebniswert verkauft werden können, tun sich die Zielgruppen schwer, die komplexen Pharma-Markenbotschaften zu lernen.

2. **Entscheidungsrisiko**
Die Entscheidung für ein verordnetes bzw. ein OTC-Produkt hat für den Entscheider eine erheblich größere Tragweite als die Entscheidung für einen neuen Knusperriegel im Konsumgüterbereich. Das Risiko besteht einerseits darin, dass das Präparat nicht so gut wirkt wie erwartet. Darüber hinaus besteht das noch größere Risiko, dass unerwünschte Nebenwirkungen auftreten.

3. **Entscheidungssituation**
Die Entscheidung für ein Pharmapräparat wird in einer Situation getroffen, in der die Zielgruppe die Produkte in der Regel nicht vor Augen hat. Hierin besteht ein wesentlicher Unterschied zur Entscheidungssituation bei Konsumgütern, wo die Packung im Supermarktregal den letzten Kaufimpuls auslösen kann.

Ausgehend von dieser besonderen Situation lassen sich nun strategische Routen ableiten, mit denen Pharmawerbung maximale Effektivität erreichen kann. Die wichtigsten Routen sind die folgenden:

a) **Konditionierung**
Konditionierung bedeutet, dass der Zielgruppe, sobald ein bestimmtes Symptom auftritt, automatisch nur eine bestimmte Marke einfällt. Diese Strategie ist verkaufswirksam, weil sich die Zielgruppe meist für das Produkt entscheidet, das ihr als Erstes einfällt. So geht es dem Arzt in der Praxis und so geht es dem Verbraucher, der beim Arzt oder in der Apotheke nach einem Produkt fragt. Die Strategie der Konditionierung funktioniert jedoch nur in Märkten, in denen es noch keine starken Markenartikel und noch keine Standardlösungen gibt. Die meisten ethischen Produkte, die momentan in OTC-Marken verwandelt (*OTC-switch*) werden, stecken in solch einer Situation. Denn der Verbraucher hat für bestimmte Indikationen einfach noch keine

Markennamen gelernt. Er ist aber bereit, sich die erste Marke zu merken, die selbstbewusst ihren Namen in einen untrennbaren Zusammenhang zu dem gegebenen Symptom bringt. Diese Konditionierung kann sowohl visuell als auch akustisch erfolgen.

Bei der visuellen Variante wird ein Schlüsselbild entwickelt, das in einer anschaulich-kreativen Weise die Indikation visualisiert. Gleichzeitig wird dieses Schlüsselbild mit dem Markennamen verbunden. Diese Strategie funktioniert nur dann, wenn kontinuierlich mit allen Werbemitteln immer nur dieses eine Schlüsselbild im Zusammenhang mit dem Markennamen kommuniziert wird.

Eine Konditionierung lässt sich jedoch nicht nur mittels prägnanter Visualisierungen erzeugen, sondern auch mithilfe von sprachlichen Gedächtnisstützen. Hierbei wird dem Verbrauchergedächtnis auf die Sprünge geholfen, indem eine sprachrhythmische Beziehung zwischen einem Symptom und der Marke hergestellt wird. So wie sich gereimte Verse besonders leicht merken lassen, sorgt man dafür, dass der Produktname untrennbar mit dem Symptom assoziiert wird. Einen derartigen rhythmischen Gleichklang kann sich der Verbraucher leicht merken, wenn er in der Apotheke steht und das Produkt nicht vor Augen hat.

b) **Artifizielle Segmentierung**

Für bestimmte Symptome verwenden die Zielgruppen bereits Standardmarken, denen sie vertrauen. In solchen Situationen ist es nahezu unmöglichen, diese „Marken-Platzhirsche" mit einem praktisch identischen Produkt zu verdrängen. Häufig ist es aber möglich, aus den spezifischen Eigenschaften des Produkts eine Spezialisierung abzuleiten, sodass die Zielgruppe dieses Produkt zusätzlich in ihr erinnertes Repertoire (*relevant set*) aufnimmt, weil sie glaubt, dass das Produkt in speziellen Situationen oder für spezielle Bedürfnisse die bestmögliche Lösung bietet. Das Produkt wird also in der Werbung so dargestellt, dass es nicht im Ganzen besser ist als die etablierten Wettbewerbsmarken, sondern gezielt eine spezielle Nische besetzt, in der es unschlagbare Kompetenz beansprucht.

c) **Vertrauensbildung**

Die Strategie der Vertrauensbildung bietet sich immer da an, wo der Markt über-schwemmt ist von gleichartigen Produkten, die sich allenfalls durch den Preis voneinander unterscheiden. Die Werbung muss hier gezielt ein starkes Vertrauen für das Produkt erzeugen. Die Annahme, dass nur denjenigen Produkten vertraut wird, die auch einen echten physischen Produktvorteil bieten, ist falsch. Meist wird auf bestimmte Präparate vertraut, ohne im Geringsten über die pharmazeutisch-chemische Wirkung informiert zu sein. Vertrauen entsteht durch Erfahrung mit einem Produkt, durch Empfehlung von Menschen oder Medien, denen wir vertrauen, durch starke Werbepräsenz etc. Vertrauen kann aber auch gezielt gebildet werden durch ganz bestimmte Informationen über das Produkt, aus denen die Zielgruppe schlussfolgert, dass die Marke eine besonders hohe Qualität hat. Ob diese Schlussfolgerung wissenschaftlich richtig ist, spielt dabei eine untergeordnete Rolle. Insbesondere die folgenden drei Aspekte können hierbei nachweislich bemerkenswerte Erfolge erzielen:

- **Forschungskompetenz**

  Die Werbung „dramatisiert" den Forschungsaufwand oder die eindrucksvollen Forschungsmethoden, die hinter der Entwicklung des Präparates stehen. Die Werbung beschäftigt sich mit den namhaften Wissenschaftlern, die an dem Präparat arbeiten oder mit dem firmeneigenen Forschungsinstitut für das Produkt. Hier ist die Rede von weltweiter Kooperation und von modernsten Forschungstechnologien. All diese Informationen führen die Zielgruppe zu der subjektiv empfundenen Sicherheit, dass das Produkt eine überlegene Qualität haben wird.

- **Wirkstoff**

  Bestimmte Wirkstoffe sind von den Zielgruppen bereits gelernt und genießen ein großes Vertrauen. Andere Wirkstoffe lassen sich durch Werbung mit einem „magischen" Flair aufladen.

- **Marktführerschaft**

  Die Werbung „dramatisiert", dass ein homogenes Produkt Marktführer ist. Der Begriff Marktführer kann hier durchaus relativ verwandt werden: Marktführer in Deutschland, Marktführer weltweit, Standardpräparat in Kliniken etc. Die Zielgruppe schlussfolgert, dass der Marktführer eine überlegene Produktqualität hat, auch wenn es dafür keinen wissenschaftlichen Anhaltspunkt gibt.

Abschließend bleibt festzuhalten, dass der bislang gegangene Weg für die Pharmaindustrie keine Zukunftsoptionen bietet. Die Entscheider müssen sich von ihrer ausschließlich produktorientierten Denkweise lösen und erkennen, dass die Marke ihr wichtigstes Kapital ist. Gerade in reglementierten und diskontierenden Märkten wird die Bedeutung einer solchen Sichtweise immer größer. Die Markenführung muss daher – wie in anderen Branchen längst üblich – auf oberster strategischer Ebene entschieden werden.

6.3 Dienstleistungs-Marketing

Die Situation auf dem Pharmamarkt ist geprägt von zunehmender Austauschbarkeit. Gleichwertige, oft sogar identische Wirkstoffe und Diagnostika machen eine Differenzierung allein durch das Produktportfolio für die Unternehmen immer schwerer. Stagnierende Markterträge und zunehmender Konkurrenzkampf fordern eine andere Lösung.

Durch die dargestellten Trends im Gesundheitswesen sind alle Beteiligten zum Umdenken gezwungen. Durchsetzen werden sich nur diejenigen, die die Entwicklungen in ihren Entscheidungen antizipieren, eine erfolgreiche Strategie zur Erosion des Preisdrucks sowie einen ausgeprägten Umsetzungswillen haben. Ganzheitliche Konzepte sind hier der Schlüssel zum Erfolg: Ausschließlich forschen und Produkte verkaufen ist für die Pharmaindustrie der Zukunft unzureichend. Stattdessen gilt es, das Angebotsprofil um weitreichende Dienstleistungen zu erweitern. Die Tendenz, **komplette Leistungssysteme** anzubieten, ist unverkennbar.

Im Vordergrund derartiger Serviceleistungen steht die inhaltliche Unterstützung zur Entwicklung von Überlebensstrategien für die Arztpraxis (Praxismarketing, Praxismanagement, Wirtschaftlichkeitsseminare etc.). In seiner neuen Rolle als Berater für Gesundheitsdienstleistungen steht der Arzt im Wettbewerb wie jeder Verkäufer der Konsumgüterindustrie. Dessen muss er sich bewusst werden und daraufhin hat er sein Angebot auszurichten. Nur durch die Entwicklung neuer Geschäftsfelder und Leistungsprofile kann er sein Überleben sichern. Die notwendigen Fähigkeiten, Qualitäten und Instrumente hierzu bezieht er von der Pharmaindustrie, welche ihr Know-how zu hohen Preisen verkauft.

Zwei grundsätzliche Konzeptionen sind diesbezüglich auf dem Markt zu finden:

- Auf der einen Seite sind diejenigen Unternehmen zu sehen, deren operatives Geschäft und Dienstleistungen eine Einheit bilden. Das Serviceangebot ist in den Verkauf der Arzneimittel und Diagnostika integriert und stellt eine Zusatzleistung zur Kundenbindung dar. Waren es früher exklusive Reisen und Präsente, mit denen Verordnungsziele erreicht wurden, so geschieht dies heute mit der Vermittlung konstruktiver Erfolgsstrategien für die Praxis. Es handelt sich somit um die logische Fortentwicklung klassischer Verkaufsmodelle.

- Auf der anderen Seite ist die *stand-alone*-Variante zu betrachten, bei der sich ehemalige Zusatzleistungen verselbständigt haben. Kreative Dienstleistungen ohne Produktvernetzung werden hier eigenständig entwickelt und vermarktet.

Der Geschäftsplanungsprozess einer ganzheitlichen Vermarktung von Dienstleistungen und Serviceprodukten ist für beide Konzeptionen derselbe. Die generelle Vorgehensweise unterteilt sich in acht Stufen (Abb. 6.1):

1. Erster und sehr wichtiger Schritt ist die **Definition des Leistungsangebots**. Alle Dienstleistungen, die aus Verwendersicht das Leistungsangebot ausmachen, werden identifiziert, strukturiert und segmentiert.

2. Der zweite Schritt im Geschäftsplanungsprozess der ganzheitlichen Vermarktung ist die Zuteilung der Leistungsangebot-Rolle. Die Rolle bestimmt die Priorität und Wichtigkeit des Leistungsangebotes bei der jeweiligen Zielgruppe (Arztpraxis, Krankenhaus etc.) und legt die Ressourcenzuordnung zu den einzelnen Leistungsangeboten fest.

3. Es folgt die Bewertung des Leistungsangebots. Zweck ist die Erhebung, Aufbereitung und Analyse der Informationen, die zum klaren Verständnis der gegenwärtigen Leistung des bestehenden Angebotes nötig ist. Hierdurch können die Bereiche mit den größten Umsatz- und Gewinnpotenzialen sowie Möglichkeiten zur Verbesserung der Gesamtkapitalrentabilität für das Leistungsangebot identifiziert werden.

4. Im nächsten Schritt, der Leistungsanalyse, werden Leistungskriterien und -vorgaben für das Angebot fixiert. Im Wesentlichen sind dies „Schwellenwerte", welche die Verwender und das Pharmaunternehmen erreichen wollen. Sie müssen mit der Rolle des jeweiligen Leistungsangebotes übereinstimmen. Die Entwicklung geeigneter Ziel-Leistungsanalysen ist ein entscheidender Prozessschritt, da hiermit die Evaluierung und Überwachung der Planung ermöglicht wird. Üblicherweise werden die Zielsetzungen auf einer jährlichen Basis entwickelt und enthalten vierteljährliche Meilensteine zur Überwachung und Modifikation des Geschäftsplans.

5. Die Entwicklung von **Marketing- und Beschaffungsstrategien** in der fünften Stufe dient der Realisierung der zugeordneten Rolle und der avisierten Leistungsziele.

6. Ihr folgt die Bestimmung optimaler Taktiken. Dieser Schritt identifiziert und validiert die spezifischen Schritte, mit denen die jeweiligen Strategien in den unterschiedlichen Bereichen des Leistungsangebotes umgesetzt werden.

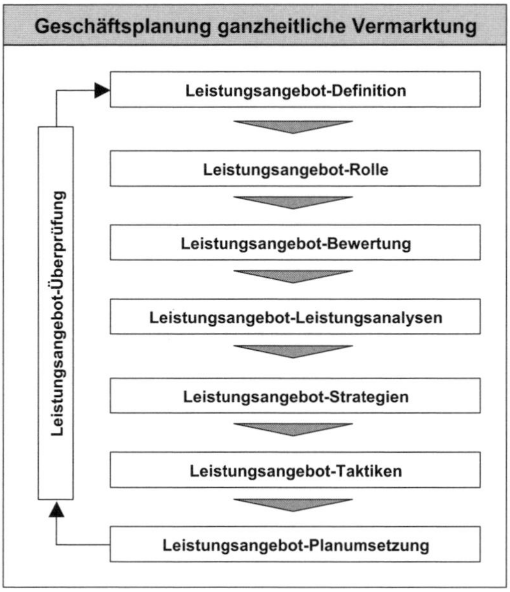

Abb. 6.1: Geschäftsplanung ganzheitlicher Vermarktung als Fließschema.

7. Vorletzte Stufe ist nun die Umsetzung des Leistungsangebotes: Fristen und Verantwortlichkeiten werden detailliert festgelegt, um alle taktischen Maßnahmen aus dem „Taktogramm" umzusetzen.

8. Schließlich kommt es noch im Rahmen der Angebotsüberprüfung zu einer periodischen Messung, Überwachung und Anpassung des Geschäftsplans. Unter Umständen wird hierdurch der Neubeginn des Prozesses impliziert.

6.4 Apotheken-Marketing

Das Apothekengeschäft bewegt sich in einem Spannungsfeld von Chancen und Risiken: Auf der einen Seite stehen der Trend zu einem neuen Gesundheitsbewusstsein, das ausgezeichnete Image der Apotheken sowie die demografische Entwicklung, welche in einem verstärkten Bedarf an Apothekenleistungen resultieren wird. Auf der anderen Seite lassen gesundheitspolitische Entwicklungen das Aufbrechen alter Strukturen erwarten und geben Anlass zu einem skeptischen Blick in die Zukunft der Branche. Schlag-

wortartig seien die drohende Aufhebung des Fremd- und Mehrbesitzes von Apotheken sowie die Folgen der Aut-Idem-Regelung genannt. Auch eine eventuelle Zulassung des Versandhandels lässt weitreichende Konsequenzen erahnen. Hinzu kommen Preis- und Sortimentskämpfe mit Drogerien und Discountern.

Auch wenn hier die langfristigen Folgen noch Anlass zu Spekulationen geben, so ist in jedem Fall mit einer Verschärfung des Wettbewerbs zu rechnen. Dieser Entwicklung werden die Apotheker durch die Anwendung professioneller Marketingstrategien entgegentreten können. Nur durch das Begehen neuer Wege wird es ihnen gelingen, sich von der Konkurrenz abzuheben. Viel versprechende Möglichkeiten eröffnet in diesem Zusammenhang das sog. *category management*, ein bedürfnisorientierter Ansatz zur strategischen Sortimentsplanung und -steuerung.

Der Ursprung dieses Konzepts ist im Einzelhandel zu finden: Bis zu Beginn der 90er-Jahre orientierte sich hier die Struktur der Warenpräsentation an logistischen und internen Voraussetzungen. Die historisch gewachsenen Sortimente reflektierten nur unzureichend die Bedürfnisse der Käufer. Auf der Suche nach den gewünschten Produkten waren die Verbraucher gezwungen, durch den gesamten Laden zu irren, was eine innere Unzufriedenheit zur Folge hatte. Mit zunehmender Kundenorientierung zeichnete sich jedoch vor einigen Jahren eine Wende ab. Waren und Dienstleistungen, die aus Sicht des Käufers ein bestimmtes Bedürfnis erfüllen und somit einen eigenständigen Themenkomplex bilden, werden seither zunehmend gemeinsam platziert und vermarktet. Logische und übersichtliche Anordnungen ermöglichen einen bequemen, angenehmen sowie schnellen Einkauf und regen zudem zu ungeplanten Zusatzkäufen an. Eine konsequente Berücksichtigung der Erwartungen und Bedürfnisse des Kunden stehen somit im Vordergrund.

Auch im Bereich des Apothekengeschäfts eröffnet das *category management* viel versprechende Möglichkeiten zur Ertrags- und Gewinnsteigerung. Für eine Vielzahl von Patientengruppen ist die **Erstellung individueller Warensortimente** denkbar. Als Beispiel sei die Zielgruppe der Diabetiker genannt. Deren Bedarf geht weit über Basisprodukte wie Insulin oder Diagnostikprodukte hinaus und erstreckt sich über Fuß- und Wundpflegemittel, Diätetika, Informationsbroschüren sowie Vitamine und Mineralstoffe. Werden diese Waren nicht mehr wie bisher unter verschiedenen Produktgruppen (Literatur, Nahrungsergänzungen etc.) in verschiedenen Regalen geführt, sondern an einem Ort des Offizins gebündelt präsentiert, so fühlt sich der Patient optimal versorgt und wird an die Apotheke gebunden. Vor allem große Hersteller haben das Potenzial erkannt und treiben das Kategoriendenken voran.

Aufgrund gesetzlicher Vorschriften bezüglich Frei- und Sichtwahl pharmazeutischer Mittel ergeben sich allerdings Einschränkungen. Rezeptpflichtige Produkte beispielsweise dürfen für den Kunden nicht direkt greifbar sein. Eine unmittelbare Darstellung kompletter Themenwelten ist in der Apotheke somit nicht möglich. Durch Intensivierung in der Beratung kann diesem Mangel jedoch entgegengewirkt werden. Auf Produkte und Dienstleistungen, deren physische Präsentation nicht erlaubt ist, muss der Kunde im Beratungsgespräch hingewiesen werden.

Welche Schritte sind notwendig, um *category management* den Einzug in die Apotheke zu ermöglichen?

An erster Stelle sollte stets die sorgfältige Auswahl der gewünschten Zielgruppe stehen. Es ist also zu prüfen, welches Klientel für die Apotheke besonders wichtig ist. Nicht selten bringen 20 % der Kundschaft mehr als 80 % des Umsatzes. Sowohl die Lage als auch demografische Kriterien spielen hier eine Rolle.

Im nächsten Schritt folgt der eigentliche Kern des *category management*, die **Definition der Warengruppen**. Hierbei ist eine enge Kooperation zwischen Industrie und Handel erforderlich. Oftmals können die Apotheken von den fundierten Marktkenntnissen der Hersteller erheblich profitieren. Die Vorgehensweise sieht wie folgt aus: Zunächst gilt es, das Kaufverhalten genauestens zu analysieren. Interviews und Warenkorbanalysen sollen klären, welche Produkte die Zielgruppe kauft, in welcher Reihenfolge sie dabei vorgeht und ob Zusammenhänge zwischen den einzelnen Produkten bestehen. Auf dieser Basis kommt es dann ihm Rahmen von Expertenworkshops zu einer ersten Erarbeitung von Kategorien, welche schließlich einer Simulation des Marktgeschehens unterzogen werden.

Jeder Warengruppe wird nun im nächsten Schritt eine bestimmte Rolle in der Beziehung zum Kunden zugewiesen. Hierdurch soll ein bestimmtes Image bei der gewünschten Zielgruppe aufgebaut werden. Die Rolle bestimmt die Priorität der Kategorie im Gesamtunternehmen und dient somit der Realisation übergeordneter Unternehmensziele. Sie ist Grundlage für die Verteilung vorhandener Ressourcen. Fünf typische Rollenmuster werden unterschieden.

- **Profilierung**
  Das Unternehmen will ein Image als bevorzugter Anbieter aufbauen und somit die ge-

wünschte Zielgruppe anlocken. Charakteristisch sind hohe Umsätze bei niedriger Gewinnspanne.

- **Pflicht**
  Warengruppen dieser Art sind Bestandteil des routinemäßigen Einkaufs und werden vom Kunden erwartet. Umsatz und Ertrag stehen in einem ausgewogenen Verhältnis.
- **Impuls**
  Impulsartikel dienen der Erweiterung des Warenkorbs. Es handelt sich um Produkte, deren Einkauf ursprünglich nicht geplant war. Gewinnspanne und Umsatz weisen mittlere Werte auf.
- **Saison**
  Auch Saisonartikel sollen den Umfang der Einkäufe erweitern. Zudem dienen sie dem Frequenzaufbau, der Erweiterung des Kundenkreises also. Umsatz- und Gewinnspanne sind mittel bis hoch.
- **Ergänzung**
  Warengruppen mit diesem Profil stellen einen wichtigen Beitrag zur Ertragskraft des Unternehmens dar. Kennzeichnend ist eine hohe Gewinnspanne bei mittlerem bis niedrigem Umsatz.

Im Anschluss an die Rollenzuweisung erfolgt die Kategoriebewertung, bei welcher die relevanten Daten der Kategorie aufbereitet werden. Zum einen soll hierdurch im Rahmen einer Stärken-/Schwächenanalyse ein klares Bild für das gegenwärtige Leistungsvermögen der *category* geschaffen werden. Zum anderen gilt es, Umsatz- und Gewinnpotenziale zu identifizieren. Auf dieser Basis werden von Händlern und Herstellern dann gemeinsame Ziele gesetzt, für die explizite Strategien erarbeitet werden müssen. Wichtige Instrumente, die es exakt auf die Rolle der Warengruppe abzustimmen gilt, sind hierbei die Preispolitik, verkaufsfördernde Werbeaktionen sowie die Regalpräsentation. Auf der vorerst letzten Stufe erfolgt nun die Kategorieplanumsetzung. Im Mittelpunkt dieses Vorgangs stehen die Zuweisung von Verantwortlichkeiten sowie eine detaillierte Terminplanung. Wichtig ist jedoch, die erarbeiteten Ergebnisse einer kontinuierlichen Überprüfung zu unterziehen. Laufende Messungen müssen zu raschen Anpassungen führen, um so das Ziel einer stetigen Ergebnisverbesserung realisieren zu können.

6.5 CRM – Kundenorientierte Unternehmensausrichtung

Pharmaunternehmen sehen sich heute neuen komplexen Herausforderungen gegenüber; der Gesundheitsmarkt befindet sich im Umbruch. Die Situation auf dem nationalen und internationalen Pharma- und Diagnostikmarkt ist geprägt durch eine weitgehende Austauschbarkeit von entwickelten Therapiesubstanzen und Diagnostikverfahren. Heute wird jede therapierbare Krankheit mit ähnlichen Verfahren diagnostiziert und oft mit identischen Medikamenten behandelt. Spezifische Diagnoseverfahren und Wirksamkeitsprofile von Wirkstoffen oder gar die Einzigartigkeit bestimmter Produktinhalte sind zurzeit im besten Fall Garanten für kurzfristige Markterfolge, und dies nur, bis der Wettbewerb gleichgezogen hat.

Daraus resultiert, dass sich die Differenzierung vom Wettbewerb durch das Produktportfolio allein immer schwieriger gestaltet. Hinzu kommt,

dass in den nächsten Jahren der Preisdruck enorm wächst und demzufolge die Ertragsstagnation zunimmt.

In diesen Zeiten ist es wichtiger denn je, die einmal akquirierten Kunden mit systematischen Maßnahmen zu binden, da es auf gesättigten Märkten sechs- bis achtmal teurer ist, neue Kunden zu gewinnen als aus alten Wiederkäufer werden zu lassen bzw. Neukundenpotenziale ausschöpfen zu können.

Die wirksamste Methode, dies umzusetzen, ist das ***customer relationship management*** **(CRM)**. Dieser Begriff ist in der Literatur vielfach unterschiedlich belegt; die Bedeutungen reichen von Beziehungsmanagement als reines IT-Thema durch Datenbanken über ein Call-Center als Verbesserung der Schnittstelle zum Kunden bis hin zum *customer focused marketing*. CRM ist die konsequente Umsetzung der Vision des

Abb. 6.2: Darstellung der umfassenden Gestaltung der Kundenbeziehung.

markt- und kundenorientierten Unternehmens – ein Thema, das sowohl von der technischen als auch von der konzeptionellen Seite ganzheitlich bearbeitet werden muss (Abb. 6.2).

Grundlegende strategische Basis des CRM ist die Zielsetzung, langfristigere, individuellere und intensivere Kundenbeziehungen aufzubauen. Diese gilt es, auf organisatorischer Ebene durch eine konsequente Kundenorientierung als absolute Grundvoraussetzung für die erfolgreiche Vermarktung pharmazeutischer Produkte umzusetzen. Waren Prozesse und Strukturen im Pharma-Marketing bislang fast ausschließlich auf Produkte ausgerichtet, so wird den dargestellten Entwicklungen künftig durch eine Konzentrierung der Vermarktungsbestrebungen auf strikt zielgruppenspezifische Marketing- und Vertriebsmaßnahmen zu begegnen sein.

Wichtigster Grundbaustein auf diesem Weg zur kundenorientierten Vermarktung von Arzneimitteln ist die präzise Definition, Kenntnis und Segmentierung der **Zielgruppen**. Galten bislang die Ärzte als Zielgruppe Nr. 1, so werden die durch den Kosten- und Deregulierungsdruck im Gesundheitssystem entstehenden Veränderungen künftig einschneidende Konsequenzen

für die Struktur des einst wachstumsgestützten, hochprofitablen traditionellen Pharmamarktes mit sich bringen. Entscheidende Bedeutung wird hierbei einer veränderten Gewichtung ehemals minder beachteter Marktteilnehmer wie den Patienten selbst (!), Apotheken, aber auch Organisationen, Verbänden und Kassen zukommen, deren Position durch ein erhöhtes Mitsprache- und Gestaltungsrecht deutlich gestärkt wurde.

Will sich die Pharmaindustrie im budgetbegrenzten Verteilungskampf des derart strukturreformierten Pharmamarktes behaupten, so liegt die erste elementare Aufgabe im Rahmen des CRM in einer detaillierten Erfassung aller erreichbaren Daten ihrer Zielgruppen. Diese gilt es dann, in Bezug auf die Identifikation langfristig profitabler Kunden, sog. *key accounts*, auszuwerten. Entscheidende Ziel- und Steuerungsgröße ist hierbei der *customer lifetime value*, der langfristige Kundenwert also.

Die Bedeutung einer derart differenzierten potenzialorientierten Auswahl wird umso deutlicher, wenn man einen Blick auf fehlgeschlagene CRM-Initiativen der Vergangenheit wirft: Oftmals wurde hier CRM dahingehend missverstanden, für jeden Kunden ständig und überall da zu sein. Das Resultat war, dass sich Top-Kunden in der Warteschleife befanden und unprofitable Kunden oder Kleinstkunden vom First-Class-Service fast erschlagen wurden.

Auf Basis der im ersten Schritt erfassten Daten erfolgt nun in der zweiten Stufe das zentrale Thema einer jeden CRM-Initiative, nämlich die Ausarbeitung differenzierter, eigens auf die selektierten Zielgruppen abgestimmter *relationship*-Strategien. Hierbei ist die Nutzung der gesammelten Informationen bezüglich Bedürfnisorientierung und Struktur der einzelnen *key accounts* von größter Bedeutung, um wirklich maßgeschneiderte Leistungsangebote für die jeweiligen Segmente anbieten und ausgestalten zu können.

Das ungeheure Potenzial derartiger Loyalitätsprogramme, die mittels intensiver Kommunikation zwischen Zielgruppe und Unternehmen auf eine Stärkung der emotionalen Verbundenheit und somit auf eine intensivierte Bindung abzielen, sei im Folgenden am Beispiel der „neuen" Zielgruppe Patient/Endverbraucher illustriert:

Ein maßgeblicher Umbruch in diesem Segment ist durch eine Vielzahl von Trends zu erwarten, die in ihrem Zusammenspiel einen idealen Ansatzpunkt bilden.

So ist zum einen im Zuge des **Arzt-Patienten-Empowerments** eine stetige Zunahme der Selbstverantwortung des Patienten zu beobachten. Chronische und abhängige Kranke werden somit zunehmend zu aktiven, selbstverantwortlichen Patienten mit verstärktem selbstgesteuerten Verbraucherverhalten.

Eine Intensivierung erfährt dieser Trend durch den derzeitigen geistigen Umschwung vom Krankheits- zum Gesundheitsdenken. Folge dieser in den Medien allgegenwärtig präsenten Fit-for-Fun-Mentalität ist eine neue Denkweise in Bezug auf Prävention, Früherkennung, Therapie und Rehabilitation, welche wiederum in einem großen Bedarf an neuartigen Diagnostik- und Therapieprodukten resultiert.

Eine weitere beachtliche Steigerung seiner Käufermacht erfährt der Endverbraucher auf dem Markt für pharmazeutische Produkte schließlich durch die zunehmend notwendiger werdende Selbstfinanzierung: Vor dem Hintergrund der derzeitigen desolaten Finanzsituation wird eine optimierte Versorgung des Einzelnen nur noch durch eigenständig bezahlte Gesundheitsleistungen realisierbar sein.

Im Rahmen des CRM gilt es nun, diese Entwicklungen aufzugreifen und zwecks Akquisition sowie Bindung in einen Zusatznutzen umzuwandeln.

Idealer Ansatzpunkt hierfür bildet das durch obige Trends entstandene, geförderte und geforderte **Informationsbedürfnis** des nunmehr mündigen Patienten. Gerade in einer Zeit, in der von ihrer Existenz bedrohte Ärzte kaum ausreichend Zeit für Gespräche aufbringen können, bietet sich hier die Möglichkeit, durch Erschließung des Online-Marktes eine multimediale Informations- und Kommunikationsplattform zu erstellen, auf welcher Dienste angeboten werden, die mehr als nur reine Produktinformationen bieten. Denkbar auf dieser Basis sind eine Vielzahl zielgruppenspezifischer Kommunikationsmaßnahmen, die allein dadurch, dass sie dem Patienten eine bedarfsgerechte Kontaktfläche bieten und ihm zeigen, dass man seine Bedürfnisse erkannt und verstanden hat, grundlegende, langfristige Wettbewerbsvorteile offenbaren.

Zur Veranschaulichung sei das Beispiel eines Online-Gesundheitsportals genannt, das den Nutzern die Möglichkeit gibt, zum einen ihr Informationsbedürfnis bzgl. medizinischer Sachverhalte zu befriedigen, zum anderen aber auch aktiv mit anderen Benutzergruppen in Kontakt zu treten (Erfahrungsaustausch, Bildung von Selbsthilfegruppen, medizinische Fragen etc.). Auch hier steht die Idee im Vordergrund, den Patienten individuell zu bedienen, ihm einen Nutzen zu schaffen und dadurch zu binden. Interessante Möglichkeiten und ein Plus an Komfort ergeben sich in diesem Zusammenhang zudem durch die Möglichkeit des direkten Orderns pharmazeutischer Produkte (Schaffung neuer Absatzkanäle).

Doch auch in den anderen Bereichen des Kundenkontaktes (Außendienst, Call-Center etc.) dürfen die Chancen der modernen Informationstechnologie nicht ungenutzt bleiben. Erfassung und Pflege demografischer und psychografischer Kundendaten ermöglichen auch hier ein persönliches Eingehen auf individuelle Kundenvorlieben sowie eine umgehende und bedürfnisorientierte Auftragsabwicklung und stellen somit ein wertvolles Tool der Kundenbindung dar.

Abschließend sei auf die letzte, wenngleich auch äußerst wichtige Stufe der Implementierung einer CRM-Initiative hingewiesen, das sog. *continuous learning*. Der Versuch, sich auf eine einmalige Erhebung von Kundendaten zu beschränken und die daraufhin erfolgte Kundensegmentierung als statisch zu betrachten, ginge in die vollkommen falsche Richtung. Gerade in Zeiten eines sich schnell fortentwickelnden Pharmamarktes ist es wichtig, hier auf einen dynamischen Prozess hinzuarbeiten, bei dem Daten, die der Kunde im Kontakt mit der Industrie hinterlässt, ständig neu ausgewertet und dem bisherigen Bild hinzugefügt werden. Nur im Zuge einer ständigen Neuausrichtung sind letztlich die Vision eines vollkommen markt- und kundenorientierten Pharmaunternehmens und damit eine Erhöhung der Verkaufszahlen sowie eine Verkürzung des Sales-Zyklus möglich.

6.6 Innovative Ansätze zur Preisfindung im Rx-Markt

Preispolitik ist zunächst qua Definition die Festsetzung von alternativen Preisforderungen gegenüber potenziellen Abnehmern sowie die konkrete Vereinbarung eines Preises bei Vertragsabschluss. In fast allen Märkten ist die Preispolitik von enormer Bedeutung und macht neben Produktpolitik den wichtigsten Faktor des Marketing-Mixes aus. Im Zuge der immer stärker ausgeprägten Preissensitivität aller Zielgruppen wächst die Bedeutung sogar noch. Auch im Pharmamarkt, verschreibungspflichtiger (R_x-) und OTC-Sektor, stecken im Bereich der Preispolitik enorme Gewinnpotenziale. Es wird allerdings beobachtet, dass gerade in geregelten Märkten das Preismanagement vielfach stark optimiert werden kann. Deren Ausschöpfung erfordert genaue quantitative Informationen über die Marktsituation, die Konkurrenzsituation, die Kundenstruktur und Kundenprofile, die Erstattungsfähigkeit und nicht zuletzt die Kosten im eigenen Unternehmen.

Aber auch hier gelten die bekannten Gesetzmäßigkeiten, die bei der Ermittlung eines optimalen Preisfindungsansatzes beachtet werden müssen.

6.6.1 Die klassische Preispolitik als Basis für optimale Preissetzung

Recherche und Forschung in und über die Märkte, Analyse und Bewertung sowie Auswahl der optimalen Handlungs- bzw. Preisstrategie sind die Komponenten eines erfolgreichen Preisfindungsverfahrens.

Nach der Marktrecherche sind auf der Basis der ermittelten Daten verschiedene Strategieszenarien zu ermitteln und darzustellen.

Die Beobachtung von enormen Preisschwankungen in den Märkten deutet auf ein riesiges Gewinnpotenzial hin, das im **selektiven Preismanagement** (*prize customisation*) steckt. Folglich muss diesem Bereich größte Aufmerksamkeit gewidmet werden, da die Preisdifferenzierung in der Preispolitik eine wesentliche Rolle spielt. Beispielsweise bewirkt eine Preissteigerung von 10 % bei Konstanz aller anderen Faktoren eine Gewinnsteigerung von 100 %!

Segmentierung und Differenzierung im Pricing sind nicht bloße Methoden, sondern Aufgaben, die auf hohem intellektuellem Niveau gelöst werden müssen. Das meiste, was in der Theorie unter diesem Begriff angeboten wird, ist nicht umsetzbar (v. a. sog. Typologien). Entscheidende Faktoren sind Ansprechbarkeit der einzelnen Zielgruppen und effektives *fencing*, also wirksame Barrieren aufzubauen zwischen *high-* und *low-price*-Produkten.

Preisoptimierung durch selektives Preismanagement muss auf hohem Informationsniveau stattfinden, denn nur wenn die Segmentierungskriterien und die darauf fußende Einteilung präzise, zuverlässig und zeitstabil sind, kann eine Differenzierung erfolgreich verlaufen. Zielgruppen sind abhängig von den jeweiligen Märkten. Das bedeutet: Preispolitik ist nicht rein endverbraucherbezogen. Im geregelten Pharmamarkt, z. B. in dem Preisobergrenzen vorgegeben werden, stellt der Endverbraucher nur den indirekten Zahler dar. Zu berücksichtigende Marktteilnehmer sind Hersteller und Absatzmittler in Gestalt der Apotheker, Patienten, Ärzte, Kassen etc.

Die unterschiedlichen Preisbereitschaften können durch teilzielgruppenbezogene, zeitliche oder auch produktbezogene Unterscheidungen abgegriffen werden. Effektive Methoden zur trennscharfen Abgrenzung innerhalb der Zielgruppen und damit zur Maximierung der Produzentenrente stellen nichtlineares und multidimensionales Pricing dar.

Eine weitere (informationsintensive) Methode ist die Preisbündelung, die bei richtiger Durchführung sowohl zu höheren Absatzmengen als auch zur Ausnutzung unausgeschöpfter Preisbereitschaften und höherer Kundentreue führt.

Der Nutzen, den das Produkt den einzelnen Zielgruppen bringt (*value to target group*), muss vollständig begriffen und quantifiziert werden. Nur dann können die Zusatzleistungen, Services und andere Produktattribute richtig entwickelt und positioniert werden. Demzufolge beginnt effizientes Pricing schon vor der Produktentwicklung.

Die obigen Ausführungen lassen erkennen, dass die Komplexität moderner Märkte keine rein kostengetriebenen Entscheidungen zulässt, sondern Systeme benötigt, die auf der Basis sämtlicher Einflussfaktoren Pricing-Entscheidungen unterstützen (*decision support*-Systeme).

6.6.2 Vorgehensweise bei der Preisfindung für pharmazeutische Produkte

Das Pricing im Pharmamarkt kann in sieben Stufen eingeteilt werden. Im Folgenden werden die einzelnen Abschnitte nach einem kurzen Überblick beschrieben:

Zunächst müssen alle marktrelevanten Daten erhoben werden, um mithilfe dieser deskriptiven Ebene die folgenden Schritte auf eine solide Basis stellen zu können.

Im Anschluss findet die Bewertung der Marktsituation statt. Sie umfasst das Marktpotenzial, die Wettbewerbsverhältnisse und die Konkurrenzpreise, eine Beurteilung branchenspezifischer Faktoren und zukünftiger Trends.

Wenn dieser Schritt abgeschlossen ist, beginnt neben der Effizienz- und Zufriedenheitsanalyse die Ermittlung und Einordnung der preistreibenden Faktoren. Hierfür sind Audits mit den verschiedenen Zielgruppen (Ärzten, Apothekern, Patienten), aber auch mit den verantwortlichen Stellen nötig, die für die Zulassung der Preise zuständig sind. Mithilfe der Ergebnisse dieser

Audits können u. a. die Möglichkeiten, eine Premium-Preisstrategie durchsetzen zu können, bewertet werden. Das Sortiment muss in erstattungsfähige und nicht-erstattungsfähige Produkte unterteilt werden. In einer nun folgenden Sensitivitätsanalyse kann festgestellt werden, wie preissensibel die Zielgruppen sind. Nach Erhebung aller wichtigen Faktoren und der sich anschließenden Zusammenfassung der Marktforschungsergebnisse werden unterschiedliche Szenarien und Modellstrategien hinsichtlich Marktanteil und Umsatz bei verschiedenen Preisen ermittelt.

Auch im internationalen Umfeld muss die Strategie abgestimmt werden. Nach der Ableitung der Strategie und dem optimalen Preis muss in ständigen Rückkopplungsschleifen darauf geachtet werden, dass der Preis seinen Optimalitätscharakter behält.

- **Stufe 1:**
  Diese Stufe bildet die Basis für die folgenden Prozessabschnitte. In dieser rein deskriptiven Ebene werden Markt-, Wettbewerbs- und Konsumentendaten sowie Spezifika und Trends ermittelt und aufgenommen.

- **Stufe 2:**
  Im Zuge der Bewertung der relevanten Markt- und Konkurrenzfaktoren wird eine SWOT-Analyse (*strength, weakness, opportunities, threats* – Stärken, Schwächen, Möglichkeiten, Bedrohungen) durchgeführt. Vorgehensweisen bei identifiziertem Handlungsbedarf werden in internen Workshops mit dem Management und den Mitarbeitern erarbeitet.

- **Stufe 3:**
  Zur Ermittlung der Preistreiber und zur Erfassung der wesentlichen Aspekte bei einer Fremdeinschätzung werden in den Interviews verschiedene Schwerpunkte gelegt: Bei der Befragung der Patienten sollen sowohl die preistreibenden Attribute ermittelt werden, als auch die maximal akzeptierten Preisspannen, sowie die Reaktion auf ein erweitertes Produktportfolio. In den Ärzteinterviews liegt der Schwerpunkt auf der Einschätzung, wie wahrscheinlich es ist, dass die Produkte Erstattungsfähigkeitsstatus erlangen und wie sich die akzeptierten Höchstpreise gestalten, wohingegen die Apothekerinterviews vor allem beobachtetes Konsumentenverhalten fokussieren. Die beste Erstattungsfähigkeitsprog-

nose wird in den Audits erlangt, die mit den Zulassungsoffiziellen geführt werden.

- **Stufe 4:**
Die Preissensitivitätsermittlung macht eine Bestimmung der akzeptablen Preisspanne für ein bestimmtes Produkt mit festen Zusätzen möglich. Der Schlüsselfaktor ist die Preiswahrnehmung der Zielgruppen, hierzu wird die Nachfrageentwicklung bei verschiedenen Preisen prognostiziert. Neben der Sensitivitätsanalyse sollen eine Kreuzpreiselastizitäts- und eine Conjoint-Analyse durchgeführt werden, um die Ergebnisse der Sensitivitätsanalyse zu validieren. Ein sehr wichtiger Faktor bei der Preisfindung ist die Ermittlung des Markenwertes (*brand value*). Dieser muss quantifiziert werden, damit er adäquat im Preis berücksichtigt werden kann.

- **Stufe 5:**
Durch den letztendlich gesetzten Preis muss ein Wertausgleich (*value equation*) zwischen den Produktvorteilen bzw. produktimmanenten Werten und dem dafür zu zahlenden Preis stattfinden.

- **Stufe 6:**
In einem fließenden Übergang von diesen vorbereitenden Aktivitäten werden mögliche Strategien abgeleitet, evtl. durch Rücksprünge und Modifikationen vorher festgelegter Ansätze. Unter Integration der preistreibenden Elemente, die von den Interviewgruppen identifiziert wurden, soll eine optimale Marktpositionierung erreicht werden.

Wichtig in jeder Strategie ist es, die Schlüsselfaktoren zu identifizieren, die in der Lage sind, alte Kunden zu binden und neue zu werben. So sind auch auf längere Sicht bei einem Preisabfall die Stellschrauben klar, die neben Kostensenkung dazu dienen, das operative Geschäft auch nach dem Markteintritt der Imitatoren und Generika profitabel zu halten. Reale Preisunterschiede im Pharmamarkt schwanken bis zu 500 %, wobei die Region das Hauptdifferenzierungsmerkmal darstellt. Wenn die unternehmerischen Aktivitäten also nicht mehr nur national, sondern auf europaweite oder globale Ebene ausgeweitet werden, sind neue Preisstrategien gefordert, um bei der Entstehung grauer Märkte *transshipments* zu verhindern, um so die Markt- und Umsatzanteile der Re-Importeure zu minimieren. Auf auseinander brechenden Märk-

ten (bspw. ehemalige Tschechoslowakei) müssen andere Strategien angewandt werden, als auf zusammenwachsenden Märkten (bspw. Europäische Union). Bei der Heterogenisierung der Märkte ist mit der Zeit eine Differenzierung, bei der Homogenisierung eine zunehmende Preisstandardisierung sinnvoll, um die sich ändernden Bedürfnisse zu erfassen. Zusammenfassend ist zu diesem Bereich zu sagen, dass das europäische Pricing eine besonders große Herausforderung an das selektive Preismanagement stellt. Essenziell ist eine vollständige Informationsbasis über die Länder hinweg, die zunächst überhaupt Preisvergleiche und Planungen ermöglichen soll. Wichtig hierbei ist, sog. Horrorszenarien zu vermeiden, dass sich also der Preis im Hochpreisland im Zuge zusammenwachsender Märkte nicht auf den Preis im Niedrigpreisland absenkt, sondern dass zur Vermeidung dieses Szenarios ein optimaler Preiskorridor ermittelt wird.

- **Stufe 7:**
Nach interner Diskussion der Alternativen wird die Strategie ausgewählt, die nach Berücksichtigung aller Bedingungen den Preis mit Optimalitätscharakter garantiert. National und international soll die ausgewählte Strategie sowohl für erstattungsfähige als auch für nicht erstattungsfähige Produkte darauf ausgelegt sein, den angestrebten ROI (*return on investment*) zu erzielen, den Marktanteil zu halten oder zu vergrößern und die Profitabilität des Produktes zu maximieren.

6.6.3 Rückkopplung

Abschließend ist anzumerken, dass das Preismanagement nicht nach der Erstbepreisung aufhört. In den verschiedenen Folgephasen muss der optimale Preis neu bestimmt werden, falls sich die Bedingungen des Umfelds verändert haben. Darüber hinaus besteht die Notwendigkeit, die Marketingaktivitäten kurz- und mittelfristig an die jeweilige Strategie anzupassen. Wenn Szenarien, Modellstrategien und Alternativen ganzheitlich generiert wurden, kann vor der Entscheidung auf die angesprochenen *decision support*-Systeme zurückgegriffen werden, um die ausgewählte Strategie abzusichern und ggf. zu revidieren.

6.7 Best Practice Transfer – Die lernende Organisation

Fusionsaktivitäten gehörten in der Pharmabranche in den letzten Jahren zur Tagesordnung und werden auch weiterhin das Geschehen prägen. Bereits jetzt finden sich eine Vielzahl international bzw. global agierender Unternehmen auf dem Markt. Im Gegensatz zu anderen Branchen ließ sich bislang jedoch keine zentrale Gesamtstruktur in den einzelnen Konzernen erkennen, die Niederlassungen waren zumeist unabhängig voneinander und wiesen kaum Verbindungen zueinander auf. Die gesetzlichen Restriktionen in den einzelnen Ländern seien zu unterschiedlich für die Entwicklung globaler Strategien, war als Begründung für diesen Sachverhalt zu hören. Doch in Zeiten sich anpassender Märkte scheinen nun die ersten Pharmariesen zu reagieren. Der Trend, vorhandene Synergiepotenziale auch tatsächlich zu nutzen, nimmt immer stärkere Ausmaße an. Ein viel versprechendes Instrument ist diesbezüglich der sog. *best practice transfer*, ein organisierter Wissensaustausch, der die konzernweite Ausrichtung auf Bestleistungen zum Ziel hat.

Geeignet ist dieses Konzept für alle Unternehmen mit zentralen und dezentralen Funktionen, also für Konzerne bzw. konzernähnlich strukturierte Unternehmen, Unternehmen mit mehreren Niederlassungen sowie international oder global agierende Unternehmen. Besondere Stärke zeigt der Ansatz bei der Koordination mehrerer Niederlassungen, welche sich in unterschiedlichen Marktsituationen befinden oder eine unterschiedliche Kultur und Historie aufweisen. Er ist grundsätzlich auf jeden Funktionsbereich eines Unternehmens anwendbar, auf das Portofolio-Management beispielsweise genauso gut wie auf den Vertrieb oder die Qualitätssicherung. Die Breite des Themenzuschnitts kann hierbei je nach Lage des Falls erfolgen (z. B. Vertriebsoptimierung generell oder Arbeitsweise des Außendienstes).

Die Vorgehensweise orientiert sich an drei zentralen Fragestellungen:

– Was erreichen die anderen?
– Wie machen sie das?
– Was müssen wir tun, um genauso gut zu werden?

Fünf Stufen können dabei unterschieden werden:

1. **Festlegung der strategischen Plattform**
   An erster Stelle erfolgt die Auswahl des Themengebietes. Welche Themen für ein Unternehmen die besonders erfolgskritischen Faktoren darstellen, kann abhängig von der spezifischen Unternehmens- und Marktsituation äußerst verschieden und teilweise auch sehr vielschichtig sein. Entscheidend ist hier die Konzentration auf eine übersichtliche Anzahl zielführender Kernfaktoren mit hoher Steuerungswirkung. Nur so kann eine überschaubare, handhabbare Komplexität erreicht werden, die für das weitere Vorgehen unerlässlich ist. Bereits in dieser frühen Phase wird durch kontinuierliche Kommunikation mit allen Beteiligten der Grundstein für die spätere Akzeptanz des Projektes gelegt. So können in vorzeitigen Audits beispielsweise diejenigen Themen herausgefiltert werden, welche für die Mehrheit der teilnehmenden Niederlassungen größte Priorität besitzen.

2. **Auswahl der *benchmarks* und der „Geberländer"**
   In Abhängigkeit von den ausgewählten Themen werden nun zunächst *benchmarks* definiert, die zur Messung der Leistungen im betreffenden Themenfeld geeignet sind. Anhand dieser Leistungsgrößen werden dann die *performance*-Ergebnisse der Einzelländer bzw. Niederlassungen verglichen. Mittels Orientierung am „Klassenbesten" können somit die späteren Quellländer identifiziert werden. Deren sorgfältige Auswahl ist ein wichtiger Erfolgsfaktor für den späteren Umsetzungserfolg. Glaubwürdigkeit und Akzeptanz dieser Länder als „Champions" sind wichtige Grundvoraussetzungen.

3. **Identifizierung bester Praktiken**
   Im dritten Schritt folgt die Identifizierung der wichtigsten Erfolgstreiber für die Bestleistungen der Quellländer: Welche Praktiken dieser Länder ermöglichen eine solche Bestleistung? Anhand dieser Treiber gilt es, ein erstes Konzept für die Zielländer zu entwickeln.

4. **Anwendung des Konzepts**
   Es folgt die Übertragung des Konzepts auf die Zielländer. Hierbei ist ein dezentraler, integrativer Ansatz für die Akzeptanzsicherung

von großer Bedeutung. Der Transfer von Know-how und Do-how muss also unter Berücksichtigung der jeweiligen lokalen Gegebenheiten erfolgen.

5. **Etablierung als kontinuierlicher Optimierungsprozess**
   Best practice transfer sollte, ausgehend von einem Initialprojekt, als lebendes System verstanden werden. Nur durch kontinuierlichen Wissens- und Erfahrungsaustausch kann dauerhaft der größtmögliche Nutzen erzielt werden.

Abschließend sei noch auf die exzellente Aufwand-Nutzen-Relation des *best practice transfer* hingewiesen: Bei vergleichsweise geringen Kosten handelt es sich hierbei um ein unglaublich starkes Instrument, um die Performance innerhalb eines Konzerns mit großen Schritten voranzutreiben und nachhaltig zu optimieren!

6.8 Resümee

Das europäische Gesundheitswesen befindet sich in einem langfristigen Wandlungsprozess. Dies gilt sowohl für den ambulanten wie auch stationären Bereich. Die Hersteller von Therapeutika- und Diagnoseprodukten werden sich in der Vermarktung ihrer Produkte neu ausrichten müssen. Das gesamte Pharma-Marketing wird hier mit den Themen des Markenmanagement, *category*-Management, Preismanagement etc. für neue Vermarktungskonzepte richtungsweisend sein.

7 Intellectual Property – Patente und Marken

Intellectual property – geistiges Eigentum – wird als Sammelbegriff für diejenigen Rechtsgebiete verwendet, die in Deutschland zumeist als gewerblicher Rechtsschutz und Urheberrecht bezeichnet werden. Erst in der zweiten Hälfte des 19. Jahrhunderts hat man in Deutschland die Notwendigkeit, den gewerblichen Rechtsschutz gesetzlich zu verankern, allgemein anerkannt. Heutzutage können Patente und Marken als **Bestandteil des geistigen Eigentums** eines Unternehmens dessen marktwirtschaftliche Position maßgeblich bestimmen.

Für nicht geschützte Gegenstände gilt in Deutschland der Grundsatz der Nachahmungsfreiheit. Nicht geschützte neue Erzeugnisse, Produktverbesserungen, Marken und Zeichen dürfen normalerweise nachgeahmt werden. So ist die exakte (sklavische) Nachahmung, beispielsweise Herstellung und Vermarktung einer identischen pharmazeutischen Formulierung, zulässig. Auch nach jahrelanger Benutzung einer nicht eingetragenen Marke kann diese von einem Wettbewerber in bestimmten Fällen identisch übernommen werden. Mehr noch, der Wettbewerber kann sich seine Marke schützen lassen und unter bestimmten Voraussetzungen gegen die Benutzung der schon jahrelang verwendeten Marke vorgehen. Wenn jedoch besondere Schutzrechte bestehen, kann die Nachahmung verhindert und der Plagiator zur Rechenschaft gezogen werden.

Schon alleine aus diesen Überlegungen ergibt sich die zwingende Notwendigkeit des Schutzes von technischen Entwicklungen auf dem Gebiet der Pharmazie, beispielsweise neuen Wirkstoffen oder neuen Formulierungen. Kein Unternehmen wird die enorm hohen Kosten für die Entwicklung und arzneimittelrechtliche Zulassung ohne Absicherung durch Patente auf sich nehmen, wenn es fürchten muss, dass Dritte das Entwicklungsprodukt mit wesentlich geringerem Kostenaufwand übernehmen und den Markterfolg gefährden können. Ebenso notwendig ist der Schutz der Kennzeichnung von Waren, Dienstleistungen und Firmenbezeichnungen. Der Kennzeichnungsschutz von Waren kann technische Neuentwicklungen erfolgreich begleiten und nach Ablauf des technischen Schutzrechtes zum weiteren Markterfolg eines Arzneimittels beitragen, indem er beispielsweise dessen Bekanntheitsgrad sichert.

Der **Schutz vor Nachahmern** sichert und stärkt die Marktposition des Schutzrechtsinhabers in bereits eroberten Marktgebieten. Darüber hinaus kann ein Schutzrecht zur Erschließung neuer Märkte beitragen, indem es dem Schutzrechtsinhaber den Freiraum für die Positionierung seines Produktes schafft. Schließlich haben Schutzrechte auch Werbewirkung. Sie werten die angebotenen Produkte durch Hinweise auf Patente, Muster oder Marken auf und erhöhen den Wert des Unternehmens. Gerade in der pharmazeutischen Industrie mit ihrem hohen Aufwand für Forschung und Entwicklung ist der Schutz der Produkte der geistigen Tätigkeit daher unverzichtbar.

Das Wissen über die Möglichkeiten des Schutzes des geistigen Eigentums und die Erlangung und Durchsetzung des Schutzes ist demzufolge für den in Forschung, Entwicklung, Marketing und Management tätigen Personenkreis unentbehrlich. Der folgende Abschnitt befasst sich in erster Linie mit den für die pharmazeutische Industrie wichtigsten Schutzrechten, nämlich Patente und Marken, und soll als Leitfaden für die praktische Arbeit dienen.

7.1 Überblick über die für die pharmazeutische Industrie wesentlichen Schutzrechte

7.1.1 Patente

Die Schutzrechte mit der größten Bedeutung für die pharmazeutische Industrie sind zweifellos die Patente. Ein Patent wird für eine technische Erfindung erteilt, es ist ein zeitlich begrenztes Ausschließlichkeitsrecht zur gewerblichen Benutzung dieser technischen Erfindung.

Eine Erfindung ist das Ergebnis einer schöpferischen Leistung. Diese steht dem Urheber zu, also dem Erfinder. Darauf gründet sich das Recht auf das Patent. Gemäß § 6 PatG hat das Recht auf das Patent daher der Erfinder oder sein Rechtsnachfolger. Haben mehrere gemeinsam eine Erfindung gemacht, so steht ihnen das Recht auf das Patent gemeinschaftlich zu.

Das Recht auf das Patent ist übertragbar. In Deutschland gilt das Arbeitnehmererfindergesetz, das die Übertragung einer Erfindung, die ein Arbeitnehmer gemacht hat, auf den Arbeitgeber regelt (Näheres hierzu unter Abschnitt 7.2.5). Die Aussicht auf ein Patent soll die Erfinder zur Preisgabe ihrer Kenntnisse veranlassen, damit der Stand der Technik bereichert und die Allgemeinheit aus der Kenntnis der preisgegebenen Erfindungen Nutzen ziehen kann. Das Patent wiederum soll dem Erfinder einen angemessenen Lohn für die Preisgabe seiner Erfindung in Form eines zeitlich begrenzten ausschließlichen Nutzungsrechtes verschaffen.

Ein Patent ist territorial begrenzt, d. h. es entfaltet seine Wirkung nur in dem Land, für das es erteilt wurde. So gilt ein deutsches Patent nur in Deutschland und ein US-Patent nur in den USA. Daneben gibt es auch überregionale Patente, von denen das europäische Patent das weitaus wichtigste ist. Aber auch ein europäisches Patent ist nicht automatisch in ganz Europa wirksam. Es kann nur in den europäischen Staaten wirksam werden, die dem **Europäischen Patentübereinkommen** beigetreten sind. Letztlich ist aber auch ein europäisches Patent nur ein Bündel nationaler Patente, das aus einem gemeinsamen Erteilungsverfahren resultiert. Ein erster Schritt zu einem „echten" überregionalen, d. h. supranationalen, Patent wurde mit der Vereinbarung über Gemeinschaftspatente gemacht. Das in dieser Vereinbarung enthaltene Gemeinschaftspatent-

gesetz sieht ein Gemeinschaftspatent vor, das in der gesamten europäischen Gemeinschaft wirksam ist. Wann das Gemeinschaftspatentgesetz in Kraft tritt, ist jedoch offen.

In diesem Zusammenhang sei der Hinweis erlaubt, dass es ein sog. Weltpatent, von dem häufig die Rede ist, nicht gibt. Die angebliche Existenz eines Weltpatentes beruht auf einer Verwechslung mit einer sog. internationalen Anmeldung, auf die noch näher eingegangen wird.

Die **Patenterteilungsverfahren** kann man grob in zwei Kategorien einteilen, nämlich erstens Registrierungsverfahren, und zweitens Verfahren mit Prüfung auf Patentfähigkeit. Bei Letzterem wird (unter anderem) geprüft, ob die Patentierbarkeitsvoraussetzungen Neuheit und erfinderische Tätigkeit gegenüber dem Stand der Technik vorliegen. Ein auf diesem Weg erteiltes Patent ist somit ein sachlich geprüftes Schutzrecht. Dies hat den Vorteil, dass ein wesentlich höheres Maß an Rechtssicherheit hinsichtlich der Rechtsbeständigkeit gegeben ist als bei Patenten, die nur ein Registrierungsverfahren ohne sachliche Prüfung durchlaufen haben. In Deutschland und anderen wichtigen Industrieländern erfolgt die vorstehend erwähnte sachliche Prüfung, in der Mehrzahl der übrigen Länder hingegen wird lediglich registriert.

Was kann in einem Patent geschützt werden? Wie schon erwähnt, werden in Deutschland Patente für neue, auf erfinderischer Tätigkeit beruhende und gewerblich anwendbare technische Erfindungen erteilt, vgl. § 1, Abs. 1, PatG (deutsches Patentgesetz) und Art. 52, Abs. 1, EPÜ (Europäisches Patentübereinkommen). Dem Schutz zugänglich sind Erzeugnisse, z. B. chemische Stoffe, Verfahren und die Verwendung von Erzeugnissen.

Auch die Ausnahmen sind gesetzlich geregelt, als Erfindungen werden nämlich **nicht** angesehen Entdeckungen, wissenschaftliche Theorien, mathematische Methoden, ästhetische Formschöpfungen, Pläne, Regeln und Verfahren für gedankliche Tätigkeiten, für Spiele oder für geschäftliche Tätigkeiten sowie Programme für Datenverarbeitungsanlagen sowie die Wiedergabe von Informationen. Von besonderer Bedeutung für die pharmazeutische Industrie ist, dass auch Verfahren zur chirurgischen oder therapeutischen Behandlung des menschlichen oder tierischen Körpers und Diagnostizierverfahren, die am menschlichen oder tierischen Körper vorgenommen werden, **vom Patentschutz ausgenommen** sind, weil sie dem nicht gewerblichen Bereich rechtlich zugeordnet worden sind, vgl. § 5, Abs. 2, Satz 1 PatG und Artikel 52, Abs. 4, EPÜ. Der Arzt soll aus sozialethischen Gründen in der Wahl seiner Behandlungsmittel frei sein und die Krankheit des Menschen soll nicht kommerzialisiert werden dürfen.

Weiter sind Pflanzensorten oder Tierarten (Tierrassen) sowie im Wesentlichen biologische Verfahren zur Züchtung von Pflanzen oder Tieren von der Patentierbarkeit ausgeschlossen. Pflanzen oder Tiere sind jedoch patentierbar, wenn die Ausführungen der Erfindung technisch nicht auf eine bestimmte Pflanzensorte oder Tierrasse beschränkt ist.

Die Patentierbarkeit biotechnologischer Erfindungen ist in der öffentlichen Diskussion heftig umstritten. Der rechtliche Rahmen zum Schutz biotechnologischer Erfindungen wurde mit Wirkung vom 1.9.1999 gesetzlich durch Einfügung der Regeln 23b bis 23e in das Europäische Patentübereinkommen festgelegt, wobei der Richtlinie 98/44/EG des Europäischen Parlamentes und des Rates vom 6. Juli 1998 über den rechtlichen Schutz biotechnologischer Produkte Rechnung getragen wurde. Gemäß Regel 23d werden europäische Patente insbesondere nicht erteilt für biotechnologische Erfindungen, die zum Gegenstand haben:

a) Verfahren zum Klonen von menschlichen Lebewesen;

b) Verfahren zur Veränderung der genetischen Identität der Keimbahn des menschlichen Lebewesens;

c) die Verwendung von menschlichen Embryonen zu industriellen oder kommerziellen Zwecken;

d) Verfahren zur Veränderung der genetischen Identität von Tieren, die geeignet sind, Leiden dieser Tiere ohne wesentlichen medizinischen Nutzen für den Menschen oder das Tier zu verursachen, sowie die mithilfe solcher Verfahren erzeugten Tiere.

Regel 23e betrifft die Patentierbarkeit des menschlichen Körpers und seiner Bestandteile und enthält folgende Regelungen:

1. Der menschliche Körper in den einzelnen Phasen seiner Entstehung und Entwicklung sowie die bloße Entdeckung eines seiner Bestandteile, einschließlich der Sequenz oder Teilsequenz eines Gens, können keine patentierbaren Erfindungen darstellen.

2. Ein isolierter Bestandteil des menschlichen Körpers oder ein auf andere Weise durch ein technisches Verfahren gewonnener Bestandteil, einschließlich der Sequenz oder Teilsequenz eines Gens, kann eine patentierbare Erfindung sein, selbst wenn der Aufbau dieses Bestandteils mit dem Aufbau eines natürlichen Bestandteils identisch ist.

Entsprechende Vorschriften sowie weitere darüber hinausgehende Vorschriften wurden in das deutsche Patentgesetz übernommen, wie z. B. im Gesetz zur Umsetzung der Richtlinie über den rechtlichen Schutz biotechnologischer Erfindungen vom 21.1.2005, das am 28.2.2005 in Kraft getreten ist.

7.1.2 Gebrauchsmuster

Gebrauchsmuster (und Geschmacksmuster) haben für die pharmazeutische Industrie nur untergeordnete Bedeutung. Im Folgenden wird daher nur kurz auf diese Schutzrechte eingegangen.

Ein Gebrauchsmuster, das häufig als „kleines Patent" bezeichnet wird, schützt wie ein Patent technische Erfindungen, wobei jedoch Verfahrens- und Verwendungsansprüche vom Schutz ausgenommen sind. Die oben zu den Patenten gemachten Ausführungen gelten ansonsten in entsprechender Weise. Ein wesentlicher Unterschied zu einem Patent liegt allerdings darin, dass ein Gebrauchsmuster in einem bloßen Registrierverfahren ohne sachliche Prüfung in die Gebrauchsmusterrolle eingetragen wird und die Laufzeit lediglich zehn Jahre beträgt. Von Bedeutung kann ein Gebrauchsmuster möglicherweise dann sein, wenn es darum geht, raschen Schutz zu erlangen, um gegen einen potenziellen Verletzer vorgehen zu können noch bevor ein entsprechendes Patent erteilt ist.

7.1.3 Geschmacksmuster

Auch ein Geschmacksmuster ist ein Ausschließlichkeitsrecht, das jedoch nicht wie ein Patent oder Gebrauchsmuster eine technische Erfindung zum Gegenstand hat. Gegenstand eines Geschmacksmusterrechts sind vielmehr Farb- und Formgestaltungen, die bestimmt und geeignet sind, das geschmackliche Empfinden des Betrachters, insbesondere seinen Formensinn, anzusprechen. Geschmacksmuster schützen also das Design eines Produktes. Wie bei Gebrauchsmustern erfolgt auch bei Geschmacksmustern die Eintragung in das Musterregister ohne sachliche Prüfung. Die Schutzdauer beträgt zunächst fünf Jahre und kann bis auf höchstens 20 Jahre verlängert werden.

7.1.4 Marken und Kennzeichen

Eine Marke, vor dem Inkrafttreten des neuen Markengesetzes am 1.1.1995 Warenzeichen genannt, soll gleichartige Produkte und Dienstleistungen unterscheidbar machen und auf die Herkunft eines Produkts aus einem bestimmten Betrieb hinweisen. Wesentlich ist dabei, dass eine Marke immer nur für bestimmte Waren oder Dienstleistungen eingetragen ist.

Eine Marke kann erheblichen Einfluss auf den Markterfolg eines Produkts haben und geradezu zu einem Synonym für ein bestimmtes Produkt werden. Auf den ersten Blick möchte man zwar meinen, dass der Einfluss einer Marke auf den Markterfolg eines Arzneimittels vergleichsweise gering ist, vor allem, wenn man mit bestimmten, intensiv beworbenen Produkten außerhalb des Gebiets der Pharmazie vergleicht. Dennoch ist es aber auch bei Arzneimitteln so, dass ihr Erfolg nicht nur vom Preis oder der Wirkung bestimmt wird. Ganz besonders gilt dies im Falle von frei verkäuflichen, also nicht verschreibungspflichtigen Arzneimitteln, die von Patienten selbst ausgewählt und gekauft werden. Eine Marke kann dem Käufer dann als Orientierungshilfe und absatzförderndes Gütezeichen dienen. Trotz aller Probleme mit den Gesundheitskosten orientiert sich aber auch der Arzt am Ansehen eines Erzeugnisses bzw. des Herstellers. Die Arzneimittelmarke ist meist das einzige Instrument, mit dem es gelingt, die während der Patentlaufzeit (Phase des geschützten exklusiven Vertriebs) erworbene Wertschätzung eines Arzneimittels (und dementsprechende Umsätze) in die Phase nach Ablauf des Patentschutzes wenigstens teilweise hinüber zu retten, da Wettbewerber das besagte Arzneimittel nicht unter der Originalmarke vertreiben dürfen.

Der Schutz einer Marke wirkt sich auch im grenzüberschreitenden Warenverkehr aus. Mit einer Marke kann der Import des Arzneimittels eines Wettbewerbers unter der gleichen Bezeichnung wirksam verhindert werden.

Eine Marke wird für zunächst zehn Jahre eingetragen. Die Eintragung kann beliebig oft um weitere zehn Jahre verlängert werden.

Unternehmenskennzeichen sind Zeichen, die im geschäftlichen Verkehr als Name, als Firma oder als besondere Bezeichnung eines Geschäftsbetriebs oder eines Unternehmens benutzt werden.

Im Folgenden werden Patente und Marken aufgrund ihres unterschiedlichen Charakters in getrennten Kapiteln behandelt.

7.2 Patente

7.2.1 Wie erwirbt man Patente?

7.2.1.1 Inhalt der Patentanmeldung

Um ein Patent zu erhalten, ist zunächst eine Anmeldung bei der zuständigen Behörde des betreffenden Landes, in der Regel das Patentamt, erforderlich. Die Erfindung ist dabei schriftlich im sog. Anmeldungstext darzulegen. Der erste Schritt besteht somit in der Erstellung des Anmeldungstextes. Unerlässlich hierfür ist, dass Klarheit darüber herrscht, worin die Erfindung besteht.

Der Anmeldungstext umfasst die Patentansprüche und eine Beschreibung.

Der Gegenstand, für den Schutz begehrt wird, ist in den Patentansprüchen anzugeben. In der Beschreibung ist der Gegenstand so zu erläutern, dass dem Fachmann eine nacharbeitbare technische Lehre vermittelt wird. Je nach beanspruchtem Gegenstand kann man die Patente einteilen in Erzeugnispatente und Verfahrens- bzw. Verwendungspatente.

Erzeugnispatente bieten Schutz auf das Erzeugnis als solches, unabhängig von der Art der Herstellung und der Verwendung. Erzeugnisse auf dem Gebiet der Pharmazie sind chemische Stoffe, Zusammensetzungen aus zwei oder mehreren Komponenten (pharmazeutische Mittel, Formulierungen) und Vorrichtungen (Apparate etc.). Bei den für die pharmazeutische Industrie infrage kommenden chemischen Stoffen handelt es sich in erster Linie um Wirkstoffe. In Betracht kommen alle Arten von chemischen Verbindungen wie klassische chemische Wirkstoffe, Naturstoffe, Peptide, Proteine, Oligo- und Polynucleotide, Vektoren und transgene Organismen sowie Pflanzen, ausgenommen Pflanzensorten, die dem speziellen Sortenschutz zugänglich sind. Die chemischen Stoffe werden im Allgemeinen durch ihre Strukturformel, Aminosäuresequenz oder Nucleotidsequenz am einfachsten und treffendsten charakterisiert. In manchen Fällen ist es aber nicht möglich, chemische Stoffe auf diese Weise zu charakterisieren, beispielsweise weil die Strukturformel oder die Aminosäure- oder Nucleotidsequenz nicht bekannt ist. In einem derartigen Fall kann die Charakterisierung auch auf andere Weise erfolgen. Häufig zieht man dann physikalisch-chemische Parameter heran, beispielsweise das Schmelzverhalten, spektroskopische Parameter oder auch Verfahrensmaßnahmen, die zur Herstellung des Erzeugnisses wesentlich sind. In letzterem Falle spricht man von sog. *product-by-process*-Ansprüchen.

Ein Sonderfall des Schutzes von chemischen Erzeugnissen ergibt sich aus § 5, Abs. 2, Satz 2 PatG bzw. Artikel 54, Abs. 5 EPÜ. Danach ist die Patentfähigkeit von Stoffen oder Stoffgemischen nicht ausgeschlossen, wenn sie zum Stand der Technik gehören, aber zur Anwendung in einem Verfahren zur therapeutischen Behandlung des menschlichen oder tierischen Körpers oder einem Diagnostizierverfahren bestimmt sind und ihre Anwendung zu einem dieser Verfahren nicht Stand der Technik ist. Ein derartiges Erzeugnis ist auf dem Gebiet der Pharmazie und Medizin schützbar.

Auf Zusammensetzungen (die häufig auch als Zubereitungen oder pharmazeutische Mittel bezeichnet werden) gerichtete Ansprüche haben vor allem für den Schutz neuer pharmazeutischer Formulierungen Bedeutung.

Auch der **Schutz von Verfahren zur Herstellung** von chemischen Stoffen oder Zusammensetzungen (sog. Herstellungsverfahren) kann große wirtschaftliche Bedeutung erlangen. Dies gilt vor allem dann, wenn der Patentschutz auf chemische Erzeugnisse als solche abgelaufen ist und ein auf ein Verfahren zur Herstellung des chemischen Erzeugnisses gerichtetes Verfahrenspatent noch in Kraft ist. Auf diese Weise kann ein Herstellungsverfahrenspatent dazu beitragen, dem Patentinhaber eine Monopolstellung zu verleihen, vor allem dann, wenn andere, patentfreie Herstellungsverfahren Nachteile aufweisen, beispielsweise nur mit hohem Aufwand und hohen Kosten durchzuführen sind, zu einem verunreinigten Produkt führen oder eine Änderung der arzneimittelrechtlichen Zulassungsunterlagen bedingen. Ein auf ein Verfahren zur Herstellung eines chemischen Erzeugnisses gerichteter Anspruch kann selbst dann von Bedeutung sein, wenn das Verfahren im patentfreien Ausland ausgeübt wird. Ein derartiger Verfahrensanspruch schützt nämlich nicht nur das Verfahren an sich, sondern auch das unmittelbar erhaltene Verfahrensprodukt als solches. Ein Wettbewerber kann somit daran gehindert werden, das Verfahrensprodukt in ein Land zu importieren, in welchem das Verfahren geschützt ist, vorausgesetzt, er hat es nach dem geschützten Verfahren im Ausland hergestellt.

Bei Arbeitsverfahren wird durch die Einwirkung auf ein Substrat ein bestimmtes Arbeitsziel erreicht, ohne dass dabei ein Erzeugnis hervorgebracht oder das Substrat verändert wird. Zu derartigen Verfahren gehören beispielsweise Verfahren zur Reinigung von chemischen Erzeugnissen, Verfahren zur Trocknung von chemischen Erzeugnissen sowie analytische und diagnostische Untersuchungsverfahren, soweit Letztere nicht dem Ausschluss der Patentierbarkeit unterliegen.

Verwendungspatente können von erheblicher Bedeutung für die Industrie sein. Sie schützen die Verwendung eines (chemischen) Erzeugnisses, um einen neuen Zweck (Wirkung, Funktion oder Effekt) zu erzielen. Auf dem Gebiet der Pharmazie und Medizin haben diese Verwendungsansprüche im Zusammenhang mit der sog. zweiten oder weiteren medizinischen Indikation besondere Bedeutung erlangt. Wenn ein Wirkstoff bereits zur Behandlung einer Krankheit X bekannt ist, kann er nicht mehr *als solcher* geschützt werden, auch wenn sich später herausstellt, dass er zu einem neuen therapeutischen Zweck, nämlich zur Behandlung der Krankheit Y geeignet ist. In diesem Fall kann aber Schutz für die Verwendung des Wirkstoffes zur Behandlung der Krankheit Y erlangt werden. Derartige Ansprüche wurden ursprünglich von den deutschen und europäischen Erteilungsbehörden (und auch vieler Erteilungsbehörden anderer Länder) als gewerblich nicht anwendbar betrachtet, weil sie eine therapeutische Behandlung des menschlichen Körpers betreffen, die per Gesetz vom Patentschutz ausgenommen ist. Erst durch höchstrichterliche Entscheidungen wurde festgestellt, dass auch derartige Ansprüche patentfähig sind, weil sie sich nicht nur an den Arzt oder Patienten richten, sondern auch an den Arzneimittelhersteller, der den Wirkstoff als Arzneimittel formuliert, konfektioniert und gebrauchsfertig verpackt. Der deutsche Bundesgerichtshof hat festgestellt, dass diese Tätigkeiten des Arzneimittelherstellers gewerblicher Natur und die Verwendungspatente daher patentfähig sind. Dieser Auffassung konnte sich die Große Beschwerdekammer des Europäischen Patentamtes aufgrund der Einwände einiger Vertragsstaaten nicht anschließen. Die Große Beschwerdekammer hat aber die Verwendung eines Wirkstoffes *zur Herstellung eines Arzneimittels* zur Behandlung der Krankheit Y für gewerblich anwendbar und damit patentfähig betrachtet. Die Folge davon ist ein unterschiedlicher Anspruchswortlaut, je nachdem ob es sich um ein europäisches oder deutsches Patent handelt. Es ist aber davon auszugehen, dass diese Ansprüche den gleichen Schutz bieten, auch wenn hierzu noch keine höchstrichterliche Entscheidung vorliegt.

7.2.1.2 Anmeldeverfahren

Der nächste Schritt ist die Einreichung des Anmeldungstextes beim Patentamt. Bei pharmazeutischen Unternehmen ist es die Regel, Patente nicht nur in einem Land, sondern zumindest in allen wichtigen Industrieländern zu erwerben. Dabei geht man praktisch immer so vor, dass zunächst eine erste Anmeldung im Heimatland eingereicht wird. In Deutschland ansässige Unternehmen reichen üblicherweise eine Erstanmeldung in Deutschland ein. Der Tag der Einreichung der Erstanmeldung legt den Zeitrang der Anmeldung, den sog. Prioritätstag, fest. Der Zeitrang ist von Bedeutung für die Beurteilung der sachlichen Patentfähigkeit des Anmeldungsgegenstandes.

Innerhalb eines Jahres ab dem **Prioritätstag** hat der Anmelder dann die Gelegenheit, sog. Nachanmeldungen in allen anderen Ländern, in denen er Patentschutz haben möchte, unter Inanspruchnahme der Priorität der Erstanmeldung einzureichen. Wenn alle Formerfordernisse erfüllt sind, haben die Nachanmeldungen die Priorität der Erstanmeldung, was bedeutet, dass die Nachanmeldungen den Zeitrang der Erstanmeldung genießen. Die Priorität hat die Wirkung, dass die Nachanmeldung nicht durch Tatsachen gefährdet werden kann, die innerhalb des Prioritätsintervalls zwischen Erst- und Nachanmeldung eingetreten sind. Damit wird verhindert, dass die Nachanmeldung durch Stand der Technik gefährdet wird, der im Prioritätsintervall beispielsweise durch eine Patentanmeldung Dritter, Veröffentlichungen oder Benutzungen des Anmeldungsgegenstandes entstanden ist. Die Priorität hat auch Defensivwirkung, weil sie den Erfolg von Anmeldungen Dritter im Prioritätsintervall verhindert.

Für das Einreichen von **Nachanmeldungen** gibt es mehrere Möglichkeiten. Man kann in den gewünschten Ländern jeweils nationale Anmeldungen hinterlegen. Eine weitere Möglichkeit ist das Einreichen von nationalen Anmeldungen unter Miteinbeziehung einer europäischen Anmeldung, wobei derzeit mit einer europäischen Anmeldung bis zu 27 europäische Länder erfasst werden können (Einzelheiten hierzu siehe unten). Schließlich gibt es noch die Möglichkeit, eine sog. internationale Anmeldung nach dem *Patent Cooperation Treaty* (PCT; Patentzusammenarbeitsvertrag) einzureichen. Damit können mit einer einzigen Anmeldung praktisch alle wichtigen Länder weltweit erfasst werden. Es gibt jedoch nach wie vor einige Länder, die nicht dem PCT beigetreten sind. Dazu gehören beispielsweise Taiwan und die südamerikanischen Länder, ausgenommen Brasilien und Kolumbien. In diesen Ländern muss also stets eine nationale Anmeldung eingereicht werden.

Im Folgenden wird das Anmeldeverfahren für deutsche, europäische und PCT-Anmeldungen kurz erläutert:

Deutsche Anmeldungen

Die Anmeldungen sind beim Deutschen Patent- und Markenamt in München (oder in Berlin, DPMA) einzureichen. Für jede Erfindung ist eine eigene Anmeldung erforderlich (Erfordernis der Einheitlichkeit). Mit der Anmeldung ist auch eine amtliche Gebühr zu entrichten, die derzeit € 60,– beträgt.

Innerhalb von 15 Monaten nach dem Tag der Einreichung der Anmeldung hat der Anmelder den oder die Erfinder zu benennen. Ist der Anmelder nicht oder nicht allein der Erfinder, so ist auch anzugeben, wie die Rechte an der Anmeldung bzw. das Recht auf das Patent vom Erfinder an den Anmelder gelangt ist.

Der nächste Schritt ist eine Offensichtlichkeitsprüfung durch das Patentamt, bei welcher die Anmeldung auf formale Mängel überprüft wird. Gegebenenfalls erhält der Anmelder Gelegenheit, die Mängel zu beseitigen.

Nach Ablauf von 18 Monaten nach dem Anmeldetag (oder ggf. nach dem Prioritätstag) wird die Patentanmeldung veröffentlicht.

Ein Patent kann erst erteilt werden, nachdem die materiellen Voraussetzungen auf Patentfähigkeit hin überprüft worden sind. Die Prüfung erfolgt nur auf Antrag, der spätestens bis zum Ablauf von sieben Jahren nach Einreichung der Anmeldung gestellt werden muss. Das Prüfungsverfahren wird unten näher erläutert.

Europäische Patentanmeldungen

Europäische Patentanmeldungen können beim Europäischen Patentamt in München oder seiner Zweigstelle in Den Haag (oder ggf. auch bei einer zuständigen Behörde eines Vertragsstaates, wenn das Recht dieses Staats es gestattet) eingereicht werden.

Für eine europäische Patentanmeldung sind die Anmeldegebühr und die Recherchengebühr sowie ggf. die Anspruchsgebühr für den elften und jeden weiteren Patentanspruch innerhalb eines Monats nach Einreichung der Anmeldung zu entrichten.

Im Antrag auf Erteilung eines europäischen Patents sind der Vertragsstaat oder die Vertragsstaaten, in denen für die Erfindung Schutz begehrt wird, zu benennen. Derzeit können folgende Länder benannt werden:

Belgien, Bulgarien, Dänemark, Deutschland, Estland, Finnland, Frankreich, Griechenland, Irland, Island, Italien, Lettland, Liechtenstein, Litauen, Luxemburg, Monaco, Niederlande, Österreich, Polen, Portugal, Rumänien, Schweden, Schweiz, Slowakei, Slowenien, Spanien, Tschechische Republik, Türkei, Ungarn, Vereinigtes Königreich und Zypern. Darüber hinaus kann die Erstreckung des europäischen Patentes auf Albanien, Bosnien und Herzegowina, Kroatien, Mazedonien und Serbien und Montenegro beauftragt werden.

Für die Benennung eines Vertragsstaates ist eine Benennungsgebühr zu entrichten, und zwar bis spätestens sechs Monate nach Publikation des Recherchenberichtes.

Europäische Patentanmeldungen sind in einer der Amtssprachen des Europäischen Patentamtes, nämlich Deutsch, Englisch oder Französisch, einzureichen. Anmelder mit Wohnsitz oder Sitz im Hoheitsgebiet eines Vertragsstaates, in dem eine andere Sprache als Deutsch, Englisch oder Französisch Amtssprache ist, und die Angehörigen dieses Staates mit Wohnsitz im Ausland können europäische Patentanmeldungen in einer Amtssprache dieses Staats einreichen. Sie müssen jedoch eine Übersetzung in einer der Amtssprachen des Europäischen Patentamtes innerhalb einer vorgeschriebenen Frist einreichen.

In der europäischen Patentanmeldung ist der Erfinder zu nennen. Ist der Anmelder nicht oder nicht allein der Erfinder, so hat die Erfindernennung eine Erklärung darüber zu enthalten, wie der Anmelder das Recht auf das europäische Patent erlangt hat.

Der nächste Schritt nach Einreichen der Anmeldung ist eine Eingangsprüfung und eine Formalprüfung. Bei Vorliegen etwaiger Mängel erhält der Anmelder ggf. Gelegenheit zu ihrer Beseitigung.

Wenn der Anmeldetag einer europäischen Patentanmeldung feststeht und die Anmeldung aufgrund der nicht entrichteten Anmeldegebühr und Recherchengebühr nicht als zurückgenommen gilt, erstellt die Recherchenabteilung den Europäischen Recherchenbericht. Für Anmeldungen, die ab dem 1.7.2005 eingereicht werden, wird ein erweiterter Recherchenbericht erstellt, der eine Stellungnahme dazu enthält, ob die Anmeldung und die Erfindung, die sie zum Gegenstand hat, die Erfordernisse des Europäischen Patentübereinkommens zu erfüllen scheinen.

Grundlage für den Recherchenbericht sind die Patentansprüche unter angemessener Berücksichtigung der Beschreibung und der vorhandenen Zeichnungen.

Nach Ablauf von 18 Monaten nach dem Anmeldetag (oder ggf. nach dem Prioritätstag) wird die europäische Patentanmeldung ggf. zusammen mit dem europäischen Recherchenbericht veröffentlicht, jedoch ohne die Stellungnahme, die Teil des erweiterten Recherchenberichts ist.

Bis zum Ablauf von sechs Monaten nach dem Tag, an dem im Europäischen Patentblatt auf die Veröffentlichung des Europäischen Recherchenberichtes hingewiesen worden ist, sind für die benannten Vertragsstaaten die Benennungsgebühren zu entrichten und der Prüfungsantrag zu stellen. Maximal sind sieben Benennungsgebühren zu entrichten. Der Prüfungsantrag gilt erst als gestellt, wenn die Prüfungsgebühr entrichtet worden ist.

PCT-Anmeldungen

Der Patentzusammenarbeitsvertrag (PCT) ermöglicht ein zusammengefasstes Anmeldeverfahren für alle diejenigen Länder, die dem Vertrag beigetreten sind. Praktisch alle wichtigen Industrieländer haben den Vertrag ratifiziert. Alle diese Länder können mit einer einzigen Anmeldung, der sog. internationalen Anmeldung, erfasst werden. Es handelt sich aber nur um ein gemeinsames *Anmelde*verfahren, die Patenterteilung erfolgt in den einzelnen Ländern, also auf nationaler Ebene.

Im Folgenden wird das PCT-Verfahren für Anmelder mit Sitz in Deutschland erläutert.

Eine internationale Anmeldung kann beim Deutschen Patentamt in deutscher Sprache oder beim Europäischen Patentamt in Deutsch, Englisch oder Französisch eingereicht werden. Die Anmeldeerfordernisse entsprechen im Wesentlichen denen bei deutschen oder europäischen Anmeldungen.

Die Bestimmung der Länder, in denen die Anmeldung Wirkung haben soll, erfolgt im Anftrag pauschal für alle Länder. Bis maximal fünf Bestimmungen ist eine Gebühr zu entrichten.

Für die Anmeldung sind außerdem die Übermittlungsgebühr, die internationale Anmeldegebühr sowie die Recherchengebühr zu entrichten, das sind derzeit (2005) € 2.552,– (bei einer maximal 30 Seiten umfassenden Anmeldung; für jede

weitere Seite würden € 10,– pro Seite zusätzlich anfallen). Das Anmeldeamt prüft, ob die internationale Anmeldung formale Mängel aufweist und fordert den Anmelder ggf. dazu auf, die Mängel zu beseitigen.

Für die Anmeldung wird eine internationale Recherche durchgeführt. Für PCT-Anmeldungen, die beim Deutschen oder Europäischen Patentamt eingereicht wurden, ist das Europäische Patentamt für die Recherche zuständig. Gleichzeitig mit dem Recherchenbericht erstellt die Internationale Recherchenbehörde einen schriftlichen Bescheid darüber, ob die beanspruchte Erfindung als neu, auf erfinderischer Tätigkeit beruhend und als gewerblich anwendbar anzusehen ist und ob die internationale Anmeldung die Erfordernisse des PCT-Vertrages und der PCT-Ausführungsordnung (soweit geprüft) erfüllt. Nach Eingang des Internationalen Recherchenberichtes beim Anmelder, kann dieser die Ansprüche der internationalen Anmeldung einmal innerhalb einer vorgeschriebenen Frist ändern.

Nach Ablauf von 18 Monaten seit dem Anmelde- oder Prioritätsdatum wird die internationale Anmeldung veröffentlicht. Auch der Internationale Recherchenbericht wird veröffentlicht, in den meisten Fällen zusammen mit der internationalen Anmeldung.

Eine internationale Anmeldung hat in jedem Bestimmungsstaat die Wirkung einer vorschriftsmäßigen nationalen Anmeldung mit dem internationalen Anmeldedatum. Dieses gilt als das tatsächliche Anmeldedatum in jedem Bestimmungsstaat.

Spätestens mit Ablauf von 30 Monaten seit dem Prioritätsdatum endet die **internationale Phase** (für Tansania und Uganda sowie bei Antrag auf ein nationales Patent in der Schweiz und in Schweden gilt noch die alte Regelung von 20 Monaten) und die nationalen bzw. regionalen Phasen in den Bestimmungsstaaten sind einzuleiten. Zu diesem Zweck muss der Anmelder spätestens bis zu dem genannten Zeitpunkt eine Übersetzung der Anmeldung (soweit vorgeschrieben) dem Patentamt des betreffenden Bestimmungsstaats zuleiten sowie ggf. die nationale Gebühr entrichten. Ab Einleitung der nationalen Phase wird die Anmeldung in jedem Bestimmungsstaat wie eine nationale Anmeldung weiterbehandelt.

Vor Ablauf des 22. Monats seit dem Prioritätsdatum oder drei Monate ab Übermittlung des

Recherchenberichtes und des schriftlichen Bescheids an den Anmelder (je nachdem, welche Frist später abläuft) hat der Anmelder die Möglichkeit, Antrag auf **internationale vorläufige Prüfung** zu stellen. Gegenstand der internationalen vorläufigen Prüfung ist die Erstellung eines vorläufigen und die Behörden in den Vertragsstaaten nicht bindenden Gutachtens darüber, ob die beanspruchte Erfindung als neu, auf erfinderischer Tätigkeit beruhend und gewerblich anwendbar anzusehen ist. Der schriftliche Bescheid der Internationalen Recherchenbehörde gilt als schriftlicher Bescheid, der mit der internationalen vorläufigen Prüfung beauftragten Behörde. Ein Antrag auf internationale vorläufige Prüfung hat zur Folge, dass auch in den Ländern, in denen noch die o. g. 20-Monatsfrist gilt, erst mit Ablauf von 30 Monaten seit dem Prioritätsdatum die Phase endet und die nationalen bzw. regionalen Phasen eingeleitet werden müssen.

Die Vorteile des PCT-Verfahrens sind zum einen in dem vereinfachten Anmeldeverfahren zu sehen. Mit einer einzigen Anmeldung beim Deutschen oder Europäischen Patentamt kann eine Patentanmeldung in allen wichtigen Industrieländern wirksam hinterlegt werden. Da die Anmeldung in Deutsch eingereicht werden kann, kann sie auch noch kurz vor Ablauf der Prioritätsfrist fertiggestellt und eingereicht werden. Der zeitliche Vorlauf, der bei nationalen Anmeldungen in erster Linie für die Übersetzung des Anmeldungstextes in die Landessprache erforderlich ist, fällt weg. Ein weiterer gewichtiger Vorteil ist darin zu sehen, dass erst nach der erwähnten 20- bzw. 30-Monatsfrist seit dem Prioritätsdatum die nationalen bzw. regionalen Phasen in den Bestimmungsländern eingeleitet werden müssen. Die sonst schon bei Einreichen der nationalen Anmeldungen anfallenden hohen Kosten sind daher erst 20 oder 30 Monate später aufzubringen. Der Anmelder gewinnt somit Zeit, die Brauchbarkeit des Anmeldungsgegenstandes überprüfen zu können, ohne gleich die hohen Kosten für nationale Anmeldungen aufbringen zu müssen.

Schließlich geben ihm der schriftliche Bescheid der Internationalen Recherchenbehörde und das internationale vorläufige Prüfungsverfahren eine Orientierungshilfe über die Erfolgsaussichten seiner Anmeldung. Der internationale vorläufige Prüfungsbericht wird von einem Prüfer des Europäischen Patentamtes erstellt. In aller Regel ist der Prüfer dann auch für die sachliche Prüfung der aus der internationalen Anmeldung hervorgegangenen europäischen Anmeldung zuständig. Bei einem positiven internationalen vorläufigen Prüfungsbericht kann in aller Regel davon ausgegangen werden, dass auch das europäische Prüfungsverfahren positiv abgeschlossen wird.

7.2.1.3 Prüfungsverfahren

Der beanspruchte Gegenstand wird im nächsten Schritt in den meisten Ländern einer sachlichen Prüfung auf Patentfähigkeit unterzogen:

Deutsche Anmeldungen

Im Prüfungsverfahren führt der Prüfer eine Recherche nach **Stand der Technik** durch und prüft, ob die Erfindung gemäß den Vorschriften des Patentgesetzes patentfähig ist. Dazu gehört in erster Linie die Prüfung, ob die Erfindung neu ist und auf erfinderischer Tätigkeit beruht. Eine Erfindung gilt nach § 3, Abs. 1 PatG als neu, wenn sie nicht zum Stand der Technik gehört. Der Stand der Technik umfasst alle Kenntnisse, die vor dem für den Zeitrang der Anmeldung maßgeblichen Tag durch schriftliche oder mündliche Beschreibung, durch Benutzung oder in sonstiger Weise der Öffentlichkeit zugänglich gemacht worden sind. Der Stand der Technik umfasst somit alles, was weltweit der Öffentlichkeit zugänglich gemacht worden ist und die angemeldete Erfindung betrifft. Beschränkungen in territorialer oder zeitlicher Hinsicht bestehen nicht. Als Stand der Technik gilt aber auch der Inhalt von Patentanmeldungen mit älterem Zeitrang, die erst an oder nach dem Zeitrang der jüngeren Anmeldung der Öffentlichkeit zugänglich gemacht worden sind. Bei diesen Patentanmeldungen kann es sich um nationale deutsche Anmeldungen in der ursprünglich eingereichten Fassung, um europäische Anmeldungen mit Wirkung für Deutschland in der ursprünglich eingereichten Fassung und schließlich um internationale Anmeldungen mit Wirkung für Deutschland in der ursprünglich eingereichten Fassung handeln. (Diese älteren, nicht vorveröffentlichten Anmeldungen werden bei der Beurteilung der erfinderischen Tätigkeit nicht in Betracht gezogen.) Bei der Beurteilung der Neuheit darf die Erfindung nur mit jedem Dokument des Standes der Technik einzeln verglichen werden. Neuheitsschädlich ist ein Dokument des Standes der Technik nur dann, wenn der Durchschnittsfachmann den in den Ansprüchen beschriebenen Gegenstand der Anmeldung mit allen Merkmalen dem Stand der Technik entnehmen kann.

Eine Erfindung gilt als auf einer **erfinderischen Tätigkeit** beruhend, wenn sie sich für den Fachmann nicht in nahe liegender Weise aus dem Stand der Technik ergibt (§ 4 PatG). Erfinderische Tätigkeit ist ein unbestimmter Rechtsbegriff, zu dessen Ausfüllung es in jedem Einzelfall einer wertenden Beurteilung bedarf. Grundlage für die Beurteilung ist die Frage, ob der in den Ansprüchen beschriebene Gegenstand für den Durchschnittsfachmann in Kenntnis des maßgeblichen Standes der Technik nahe gelegen hat. Das Kriterium der erfinderischen Tätigkeit soll dazu dienen, die erfinderische Leistung von den handwerklichen und routinemäßigen Verbesserungen des Standes der Technik abzuheben. Nur eine Leistung, die sich über das erhebt, was für einen Durchschnittsfachmann bei herkömmlicher Arbeitsweise erreichbar ist, verdient die Belohnung mit einem Patent.

Der Prüfer teilt das Ergebnis seiner Prüfung dem Anmelder in Form eines Prüfungsbescheides mit. Der Anmelder erhält dann Gelegenheit, zu dem Prüfungsbescheid Stellung zu nehmen und ggf. den Gegenstand seiner Anmeldung im Rahmen der ursprünglich eingereichten Unterlagen durch Vorlage geänderter Ansprüche zu modifizieren.

Wenn der Prüfer zu der Auffassung gelangt, dass eine patentfähige Prüfung vorliegt, beschließt er die **Patenterteilung**. Die der Erteilung zugrunde liegenden Unterlagen werden in Form einer Patentschrift veröffentlicht. Mit der Veröffentlichung der Patenterteilung im Patentblatt treten die gesetzlichen Wirkungen des Patentes ein.

Wenn der Prüfer zu der Auffassung gelangt, dass eine patentfähige Erfindung nicht vorliegt, so wird die Anmeldung per Beschluss zurückgewiesen. Gegen diesen Beschluss ist eine (gebührenpflichtige) Beschwerde möglich, über die von einem technischen Beschwerdesenat des Bundespatentgerichts in der Besetzung mit drei technischen Richtern und einem Juristen entschieden wird. Gegen die Entscheidung des Bundespatentgerichts ist die Beschwerde zum Bundes-

gerichtshof möglich, wenn sie zugelassen wird. Dies ist nur dann der Fall, wenn eine Rechtsfrage von grundsätzlicher Bedeutung zu entscheiden ist oder die Fortbildung des Rechts oder die Sicherung einer einheitlichen Rechtsprechung eine Entscheidung des BGH erforderlich macht. Unter bestimmten, im Gesetz genau festgelegten Voraussetzungen, ist die Einlegung einer Rechtsbeschwerde auch ohne Zulassung möglich. Die Anforderungen an diese Voraussetzungen sind allerdings sehr streng, sodass die nicht zugelassene Rechtsbeschwerde in der Praxis kaum eine Rolle spielt.

Europäische Patentanmeldungen

Die materielle Prüfung entspricht weitgehend der Prüfung deutscher Anmeldungen. In der Praxis hat sich jedoch gezeigt, dass der Neuheitsbegriff beim Europäischen Patentamt enger ausgelegt wird als beim Deutschen Patentamt und beim Bundespatentgericht. Auch an das Maß der **erfinderischen Tätigkeit** werden beim Europäischen Patentamt in der Regel niedrigere Anforderungen gestellt als beim Deutschen Patentamt und beim Bundespatentgericht (Abb. 7.1).

Diese Praxis findet in den beteiligten Kreisen nicht ungeteilte Zustimmung. In einer Entscheidung des Patentamtes vom 5. Mai 1938 (!) werden mit beachtenswerter Klarheit und Voraussicht Gründe genannt, die für hohe Anforderungen an die erfinderische Tätigkeit sprechen und die heute mehr denn je gelten:

»Der Erreichung des vom Patentgesetz angestrebten Zieles einer möglichst schnellen Aufwärtsentwicklung der Technik würde es abträglich sein, auf alle und jeden offenbarten neuen technischen Gedanken, sofern dieser nur in der Richtung des Fortschrittes liegt, auf Verlangen Patente zu erteilen ohne Rücksicht darauf, ob es sich bei diesen Gedanken um Produkte eines schöpferischen Geistes oder um normale sachverständige Überlegungen handelt. Wäre alles Neue, das nicht gerade rückschrittlich und daher für Technik und Wirtschaft oder für die Allgemeinheit von vornherein ohne Interesse ist, dem Patentschutz zugänglich, könnte sein Erfinder es sich auf diese Weise in seiner Verwirklichung und Verwertung unter Ausschluss aller seiner Konkurrenten vorbehalten, so wäre es für alle Einzelwirtschaften nur ein Gebot des Selbsterhaltungstriebes, auf jede, auch nur die selbstverständlichste Neuerung ein Patent nachzusuchen. Denn andernfalls bestände die Gefahr, dass ein anderer sich die ausschließliche Benutzung der gleichen Neuerung durch ein Patent sichern könnte. Das Ergebnis einer solchen Entwicklung wäre aber, dass sich gerade auf den wichtigsten Gebieten der Technik die Patente weniger der Erfinder, als vielmehr der Teilnehmer am wirtschaftlichen Wettbewerb häufen und eine weitere Einengung der jetzt bereits vielfach unzulänglichen Bewegungsfreiheit der Industrie in ihrer technischen Arbeit herbeiführen würden. Das wäre aber, entgegen dem Zweck des Patentgesetzes, Hemmung, nicht Förderung der technischen Entwicklung. Denn wie jede Ent-

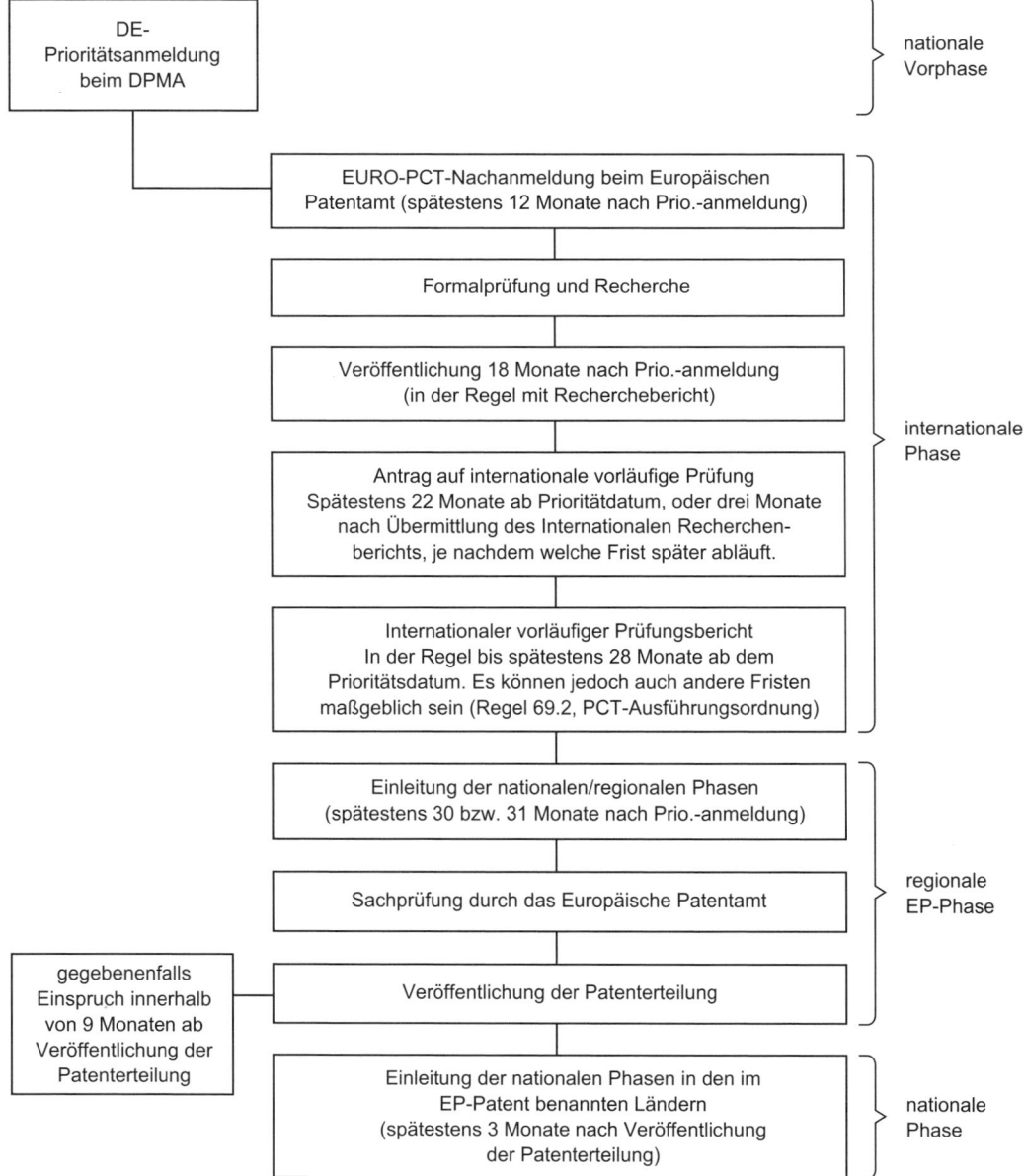

Abb. 7.1: Europäische Patentanmeldung: Übersicht über die Phasen bis zu einem europäischen Patent auf dem für deutsche Pharmafirmen heutzutage üblichen Weg (Erstanmeldung in Deutschland beim DPMA, EURO-PCT-Nachanmeldung).

wicklung, setzt auch die technische Entwicklung eine angemessene Bewegungsfreiheit voraus. Eine gefährliche Entwicklung würde begünstigt werden, wenn die Rechtsprechung in ihrem Streben nach größtmöglicher Sicherheit und Objektivität unter weitgehender Zurückdrängung des ausschlaggebenden subjektiven Kriteriums der schöpferischen Leistung (Überraschung, Nichtnaheliegen) den technischen Fortschritt (Bereicherung der Technik) zum praktisch alleinigen Kriterium der Patentfähigkeit erheben würde. Damit würde die Möglichkeit eröffnet werden, die als Voraussetzung für die Anerkennung der **Patentfähigkeit** zu stellenden Anforderungen auf ein Minimum zu reduzieren.«

Wenn die Prüfungsabteilung zu der Auffassung gelangt, dass der Anmeldungsgegenstand patentfähig ist, beschließt sie nach Entrichtung der Erteilungs- und Druckkostengebühren durch den Anmelder, die Erteilung eines Patentes für die benannten Vertragsstaaten.

Mit der Bekanntmachung des Hinweises auf Erteilung im Amtsblatt des Europäischen Patentamtes gewährt das europäische Patent seinem Inhaber dieselben Rechte, die ihm ein in diesem Staat erteiltes nationales Patent gewähren würde. Voraussetzung ist jedoch, dass die Validierung des europäischen Patentes in den benannten Vertragsstaaten vorgenommen worden ist. Für die Validierung ist es in erster Linie erforderlich, eine Übersetzung des Patentes in die Amtssprache des jeweiligen Staates vorzulegen.

7.2.1.4 Ergänzende Schutzzertifikate für Arzneimittel

Arzneimittel dürfen nicht ohne arzneimittelrechtliche **Zulassung** in den Handel gebracht werden. Vom Auffinden eines Wirkstoffes oder einer Formulierung bis zur Zulassung eines entsprechenden Arzneimittels vergehen oft mehr als zehn Jahre. Die damit verbundenen Kosten sind enorm und können im allgemeinen nur während der Patentlaufzeit, die dem Patentinhaber eine Monopolstellung gewährt, amortisiert werden. Da die Einreichung einer Patentanmeldung in aller Regel aber unmittelbar nach Auffinden des Wirkstoffes oder der Formulierung erfolgen muss (um zu vermeiden, dass Wettbewerber dem Anmelder zuvorkommen), verstreicht auf diese Weise ein beträchtlicher Teil der Patentlaufzeit

ohne dass der Patentinhaber daraus finanziellen Nutzen ziehen kann. Für die Amortisierung steht somit nur noch die **Restlaufzeit des Patentes** ab Zulassung des Arzneimittels zur Verfügung. Innerhalb der verbleibenden Restlaufzeit ist eine Amortisierung der Kosten aber in aller Regel kaum zu erreichen. Um hier einen Ausgleich zu schaffen, wurde auf EWG-Ebene die gesetzliche Möglichkeit vorgesehen, ein **ergänzendes Schutzzertifikat** für zugelassene Arzneimittel zu erhalten (auch in den anderen wichtigen Industrieländern besteht diese Möglichkeit). Mit einem Schutzzertifikat wird der Patentschutz für zugelassene Arzneimittel um einen in jedem Einzelfall zu bestimmenden Zeitraum von maximal fünf Jahren verlängert.

Die Bedingungen für die Erteilung des Zertifikats sind in Artikel 3 der Verordnung Nr. 1768/92 EWG enthalten. Danach wird das Zertifikat erteilt, wenn in dem Mitgliedstaat, in dem die Anmeldung eingereicht wird, zum Zeitpunkt dieser Anmeldung

a) das Erzeugnis durch ein in Kraft befindliches Grundpatent geschützt ist

b) für das Erzeugnis als Arzneimittel eine gültige Genehmigung für das Inverkehrbringen gemäß der Richtlinie 65/65/EWG bzw. der Richtlinie 81/851/EWG erteilt wurde (d. h. eine Arzneimittelzulassung vorliegt)

c) für das Erzeugnis nicht bereits ein Zertifikat erteilt wurde

d) die unter Buchst. b) erwähnte Genehmigung die erste Genehmigung für das Inverkehrbringen dieses Erzeugnisses als Arzneimittel ist.

Die Anmeldung des Zertifikats muss innerhalb einer Frist von sechs Monaten, gerechnet ab dem Zeitpunkt, zu dem für das Erzeugnis als Arzneimittel die Genehmigung für das Inverkehrbringen nach Artikel 3b erteilt wurde oder wenn die Genehmigung für das Inverkehrbringen vor der Erteilung des Grundpatents erfolgt, innerhalb einer Frist von sechs Monaten nach dem Zeitpunkt der Erteilung des Patents eingereicht werden.

Die **Anmeldung eines Zertifikats** ist in Betracht zu ziehen, wenn der Zeitraum zwischen der Einreichung der Anmeldung für das Grundpatent und dem Zeitpunkt der ersten Genehmigung für das Inverkehrbringen in der Gemeinschaft (1. Zulassung in der Gemeinschaft) mindestens fünf Jahre beträgt. Gemäß Artikel 13 gilt das Zertifikat nämlich ab Ablauf der gesetzlichen Laufzeit des Grundpatentes für eine Dauer, die dem Zeitpunkt zwischen der Anmeldung für das Grundpatent und dem Zeitpunkt der ersten Zulassung in der Gemeinschaft entspricht, abzüglich eines Zeitraums von fünf Jahren. In der Praxis dürfte es nur in seltenen Fällen möglich sein, eine Zulassung innerhalb von fünf Jahren ab Anmeldung des betreffenden Arzneimittels zum Patent zu erhalten.

Die Zertifikatsanmeldung ist bei der für den gewerblichen Rechtsschutz zuständigen Behörde des Mitgliedsstaats einzureichen, die das Grundpatent erteilt hat oder mit Wirkung für den das Grundpatent erteilt worden ist und in dem die Genehmigung für das Inverkehrbringen nach Artikel 3b erlangt wurde. In Deutschland ist der Antrag auf Erteilung eines Schutzzertifikats beim Deutschen Patentamt einzureichen.

Wenn die Voraussetzungen für die Erteilung des Zertifikats vorliegen, erteilt die genannte Behörde das Zertifikat. Liegen diese Voraussetzungen nicht vor, wird die Anmeldung zurückgewiesen.

Das Zertifikat gewährt dieselben Rechte wie das Grundpatent und unterliegt denselben Beschränkungen und Verpflichtungen, mit anderen Worten, es bewirkt eine Schutzverlängerung von maximal fünf Jahren für ein bestimmtes Arzneimittel.

7.2.2 Angriff auf ein Patent

Um die Interessen der Öffentlichkeit gebührend zu berücksichtigen, wurde die Möglichkeit geschaffen, ein deutsches Patent oder ein europäisches Patent anzugreifen und seine Rechtsbeständigkeit zu überprüfen. Unmittelbar im Anschluss an die Patenterteilung kann Einspruch gegen ein deutsches oder europäisches Patent erhoben werden. Nach Ablauf der Einspruchsfrist (wenn kein Einspruch erhoben wurde) oder nach Abschluss eines Einspruchsverfahrens kann ein deutsches Patent oder ein europäisches Patent mit Wirkung für Deutschland während seiner gesamten Laufzeit mit einer Nichtigkeitsklage angegriffen werden.

7.2.2.1 Einspruch gegen ein deutsches oder europäisches Patent

Ein Einspruch kann nur innerhalb einer bestimmten Frist erhoben werden. Sie beträgt bei einem deutschen Patent drei Monate und bei einem europäischen Patent neun Monate ab Veröffentlichung der Erteilung. Der Einspruch ist schriftlich einzureichen und zu begründen. Er gilt erst als eingelegt, wenn die Einspruchsgebühr entrichtet worden ist.

Die **Einspruchsgründe** sind in Europa harmonisiert. Der Einspruch gegen ein deutsches oder europäisches Patent kann nur darauf gestützt werden, dass

1. der Gegenstand des Patentes nach den §§ 1 bis 5 PatG bzw. Artikeln 52 bis 57 EPÜ nicht patentfähig ist
2. das Patent die Erfindung nicht so deutlich und vollständig offenbart, dass ein Fachmann sie ausführen kann
3. der Gegenstand des Patentes über den Inhalt der Anmeldung in der ursprünglich eingereichten Fassung hinausgeht.

Das Deutsche Patentgesetz sieht zusätzlich den Einspruchsgrund der widerrechtlichen Entnahme vor, d. h. der Einspruch kann darauf gestützt werden, dass der wesentliche Inhalt des Patents den Beschreibungen, Zeichnungen, Modellen, Gerätschaften oder Einrichtungen eines anderen oder einem von diesem angewendeten Verfahren ohne dessen Einwilligung entnommen wurde.

Die Einspruchsgründe sind im Gesetz abschließend aufgezählt, der Einspruch kann somit auf keine anderen Gründe als die oben angegebenen gestützt werden.

In der weitaus größten Zahl aller Fälle wird im Rahmen des Einspruchsgrundes fehlende Neuheit und/oder fehlende erfinderische Tätigkeit geltend gemacht.

Das **Einspruchsverfahren** ist ein gegenüber dem Prüfungsverfahren eigenständiges Verfahren, das die Entscheidung über das Vorliegen der behaupteten Einspruchsgründe zum Gegenstand hat. Es ist ein zweiseitiges Verfahren (*inter-partes*-Verfahren), sodass sowohl der Patentinhaber als auch der Einsprechende/Einsprechenden am Verfahren beteiligt sind und Gelegenheit zur Äußerung über das Vorbringen der Gegenseite haben. Der Patentinhaber hat die Möglichkeit, den Gegenstand des Patentes durch Änderung der Ansprüche zu modifizieren, um dem Stand der Technik und berechtigten Einwänden der Einsprechenden Rechnung zu tragen.

Die Patentabteilung (Deutsches Patentamt) bzw. die Einspruchsabteilung (Europäisches Patentamt) entscheidet durch Beschluss, ob und in welchem Umfang das Patent aufrecht erhalten oder widerrufen wird. Falls das Patent widerrufen oder teilweise widerrufen wird, gelten die Wirkungen des Patentes in dem Umfang, in dem das Patent im Einspruchsverfahren widerrufen worden ist, als von Anfang an nicht eingetreten.

Der Beschluss über die Aufrechterhaltung oder den Widerruf des Patentes ist mit der Beschwerde anfechtbar. Sie ist innerhalb eines Monats (deutsches Patent) bzw. innerhalb von zwei Monaten (europäisches Patent) nach Zustellung schriftlich und unter Entrichtung der vorgeschriebenen Gebühr beim Patentamt einzulegen. Bei einem europäischen Patent ist sie innerhalb von vier Monaten nach Zustellung des Beschlusses zu begründen, bei deutschen Patenten ist keine Frist vorgesehen. Sie steht denjenigen zu, die an dem Verfahren beteiligt waren, soweit sie durch die Entscheidung beschwert sind (d. h. soweit ihrem Antrag nicht entsprochen wurde). Die übrigen am Einspruchsverfahren Beteiligten sind auch am Beschwerdeverfahren beteiligt.

Über die **Beschwerde** entscheidet bei deutschen Patenten das Bundespatentgericht durch Beschluss in der Besetzung mit drei technischen Richtern und einem Juristen. Bei europäischen Patenten entscheidet die Beschwerdekammer in der Besetzung mit zwei technischen Richtern und einem Juristen. Gegen den Beschluss des Bundespatentgerichtes kann unter den oben angegebenen Voraussetzungen Rechtsbeschwerde schriftlich beim Bundesgerichtshof eingelegt werden. Bei europäischen Patenten kann die Beschwerdekammer zur Sicherung einer einheitlichen Rechtsanwendung oder wenn sich eine Rechtsfrage von grundsätzlicher Bedeutung stellt, die Große Beschwerdekammer von Amts wegen oder auf Antrag eines Beteiligten befassen.

7.2.2.2 Nichtigkeitsklage gegen ein deutsches Patent oder ein europäisches Patent mit Wirkung für Deutschland

Die Nichtigkeitsklage ist schriftlich beim Bundespatentgericht zu erheben. Mit der Klage ist eine Gebühr zu entrichten, die sich nach dem sog. Streitwert richtet. Bei einem Streitwert von z. B. € 350.000,– (für ein Pharmapatent ein relativ niedriger Streitwert) beträgt sie derzeit € 9.927,–.

Das Nichtigkeitsverfahren ist als kontradiktorisches Verfahren ausgestaltet, in dem sich der Nichtigkeitskläger und der Patentinhaber als Parteien gegenüberstehen. Die Nichtigkeitsgründe entsprechen den Widerrufsgründen im Einspruchsverfahren. Auch im Nichtigkeitsverfahren hat der Patentinhaber die Möglichkeit, die Ansprüche zu ändern.

Über die Nichtigkeitsklage entscheidet das Bundespatentgericht aufgrund mündlicher Verhandlung in der Besetzung mit drei technischen Richtern und zwei Juristen durch Urteil. Wie bei einem Widerruf im Einspruchsverfahren gelten die Wirkungen des Patentes in dem Umfang, in dem das Patent im Nichtigkeitsverfahren vernichtet worden ist, als von Anfang an nicht eingetreten.

Gegen das Urteil des Bundespatentgerichts kann innerhalb eines Monats ab Zustellung des Urteils Berufung beim Bundesgerichtshof eingelegt werden. Er entscheidet über die Nichtigkeitsklage abschließend und aufgrund mündlicher Verhandlung.

7.2.3 Wirkung und Schutzbereich eines Patents

Die Schutzwirkungen des Patents treten nicht schon mit dessen Anmeldung ein, sondern erst mit der Veröffentlichung der Erteilung im Patentblatt. Vom Zeitpunkt der Anmeldung bis zur Veröffentlichung genießt der Gegenstand der Anmeldung keinen Schutz. Von der Veröffentlichung der Anmeldung bis zur Patenterteilung kann der Anmelder von demjenigen, der den Gegenstand der Anmeldung benutzt hat, obwohl er wusste oder wissen musste, dass die von ihm benutzte Erfindung Gegenstand der Anmeldung war, eine nach den Umständen angemessen Entschädigung verlangen. Dieser Anspruch besteht nicht, wenn der Gegenstand der Anmeldung offensichtlich nicht patentfähig ist.

Die **Wirkungen des Patents** und ihre Grenzen für den sachlichen Schutzbereich sind in den §§ 9 bis 14 PatG geregelt.

Gemäß § 9 ist allein der Patentinhaber befugt, die patentierte Erfindung zu benutzen. § 9, Satz 2 definiert abschließend, was Dritten verboten ist, nämlich:

– ein Erzeugnis, das Gegenstand des Patents ist, herzustellen, anzubieten, in Verkehr zu bringen oder zu gebrauchen oder zu den genannten Zwecken entweder einzuführen oder zu besitzen;

– ein Verfahren, das Gegenstand des Patents ist, anzuwenden oder, wenn der Dritte weiß oder es aufgrund der Umstände offensichtlich ist, dass die Anwendung des Verfahrens ohne Zustimmung des Patentinhabers verboten ist, zur Anwendung im Geltungsbereich dieses Gesetzes anzubieten,

– das durch ein Verfahren, das Gegenstand des Patents ist, unmittelbar hergestellte Erzeugnis anzubieten, in Verkehr zu bringen oder zu gebrauchen oder zu den genannten Zwecken entweder einzuführen oder zu besitzen.

Erzeugnisschutz

Der Schutz eines Erzeugnispatentes ist umfassend. Der Schutz erstreckt sich somit auf das geschützte Erzeugnis unabhängig von der Art der Herstellung. Dieser Grundsatz gilt auch für *product-by-process*-Ansprüche, bei denen der Stoff durch Verfahrensmaßnahmen zu seiner Herstellung charakterisiert ist. Der Erzeugnisschutz ist auch nicht zweckgebunden, er umfasst grundsätzlich alle Verwendungen und auch die Weiterverarbeitung des Erzeugnisses.

Eine Einschränkung des umfassenden Schutzes liegt bei Ansprüchen vor, die auf eine Zusammensetzung (Mittel, Zubereitung) mit Zweckangabe gerichtet sind. Es handelt sich dabei um zweckgebundene Sachansprüche, bei denen der Zweck einen wesentlichen Bestandteil der unter Schutz gestellten Erfindung bildet. Wenn die dem zweckgebundenen Sachanspruch innewohnende Zweckverwirklichung weder angestrebt noch zielgerichtet erreicht wird, erfolgt keine Benutzung des Patentgegenstandes. So schützt ein auf ein Antivirusmittel gerichteter Anspruch kein Präparat mit demselben Wirkstoff, dessen Beipackzettel ausschließlich auf die Indikation Parkinsonismus hinweist.

Verfahrensschutz

Ein Verfahrenspatent schützt einen bestimmten Verfahrensablauf. Der Schutz von Verfahrenspatenten findet eine für die Praxis wichtige Ergänzung im Schutz der durch das Verfahren unmittelbar hergestellten Erzeugnisse. Dadurch wird ein **bedingter Erzeugnisschutz** geschaffen, d. h. die Erzeugnisse sind umfassend geschützt wie durch ein Erzeugnispatent, vorausgesetzt, sie wurden nach dem geschützten Verfahren her-

gestellt. Der Schutz des unmittelbaren Verfahrensproduktes eröffnet dem Patentinhaber die Möglichkeit, den Import des unmittelbaren Verfahrensproduktes im Inland zu unterbinden, auch wenn die Herstellung nach dem geschützten Verfahren im patentfreien Ausland erfolgte.

Verwendungsschutz

Der Schutz eines Verwendungspatents, bei dem ein neues Erzeugnis für einen bestimmten Verwendungszweck beansprucht ist, entspricht beschränktem Sachschutz. Der Schutz eines Verwendungspatents, bei dem ein bekannter Stoff für einen neuen, erfinderischen Zweck verwendet werden soll, erstreckt sich nur auf den zur geschützten Verwendung hergerichteten Stoff. Die Verwendung des nicht oder für einen anderen Zweck hergerichteten Stoffs wird nicht erfasst. Das Herrichten umfasst bei pharmazeutischen Präparaten Maßnahmen, wie Formulierung, Konfektionierung, Dosierung und gebrauchsfertige Verpackung. Für ein sinnfälliges Herrichten genügt es, wenn – bei ansonsten gleichem Arzneimittelpräparat – dem Präparat ein entsprechend abgefasster Beipackzettel beigelegt wird.

Gemäß § 10 hat das Patent ferner die Wirkung, dass es jedem Dritten verboten ist, ohne Zustimmung des Patentinhabers anderen als zur Benutzung der Erfindung berechtigten Personen Mittel, die sich auf ein wesentliches Element der Erfindung beziehen, zur Benutzung der Erfindung anzubieten oder zu liefern, wenn der Dritte weiß oder es aufgrund der Umstände offensichtlich ist, dass diese Mittel dazu geeignet und bestimmt sind, für die Benutzung der Erfindung verwendet zu werden.

§ 10 betrifft die sog. **mittelbare Patentverletzung**. Der Zweck dieser Regelung besteht darin, den Inhabern von Verfahrens-, Verwendungs- und Kombinationspatenten (Zusammensetzungen, Zubereitungen, Mittel) die Durchsetzung ihrer Rechte zu erleichtern.

Unter Mitteln im Sinne von § 10 sind körperliche Gegenstände zu verstehen, die z. B. zur Herstellung eines Erzeugnisses oder zur Anwendung in einem Verfahren bestimmt sind. Es muss sich um Mittel handeln, die sich auf ein wesentliches Element der Erfindung beziehen. Wesentliche Elemente der Erfindung sind solche Merkmale eines Erzeugnisses, denen für die Verwirklichung der Erfindung mehr als nur untergeordnete Bedeutung zukommt. Was ein wesentliches Element der Erfindung ist, ist somit unter Würdigung des Gegenstandes der Erfindung im Einzelfall zu ermitteln.

Um den Tatbestand der mittelbaren Patentverletzung zu erfüllen, muss noch hinzukommen, dass der Anbieter oder Lieferer weiß, dass die angebotenen oder gelieferten Mittel dazu geeignet und bestimmt sind, für die Benutzung der Erfindung verwendet zu werden oder dass dies aufgrund der Umstände offensichtlich ist.

§ 11 PatG betrifft Ausnahmen von der Wirkung des Patents. Von den in § 11 aufgezählten Ausnahmen ist für die pharmazeutische Industrie der Ausnahmegrund Nummer zwei, das sog. Versuchsprivileg von besonderer Bedeutung. Danach erstreckt sich die Wirkung des Patentes nicht auf Handlungen zu Versuchszwecken, die sich auf den Gegenstand der patentierten Erfindung beziehen.

Das **Versuchsprivileg** hat für die pharmazeutische Industrie besonders dann Bedeutung, wenn Wettbewerber während der Laufzeit des Patentes, das einen Wirkstoff schützt, Versuche mit dem Ziel vornehmen, Daten für die arzneimittelrechtliche Zulassung zu gewinnen. Der Bundesgerichtshof hat in der Vergangenheit das Versuchsprivileg breit ausgelegt. Danach liegt eine auf den Gegenstand der Erfindung bezogene und deshalb rechtmäßige Handlung zu Versuchszwecken vor, wenn z. B. gezielt Erkenntnisse gewonnen werden sollen, um eine bestehende Unsicherheit über die Wirkungen und die Verträglichkeit eines Arzneimittelwirkstoffes zu beseitigen. Klinische Versuche, bei denen die Wirksamkeit und die Verträglichkeit eines den geschützten Wirkstoff enthaltenden Arzneimittels an Menschen geprüft wird, sind auch dann zulässig, wenn die Erprobungen mit dem Ziel vorgenommen werden, Daten für die arzneimittelrechtliche Zulassung einer pharmazeutischen Zusammensetzung zu gewinnen. Nur wenn der Versuch selbst keinen Bezug zur technischen Lehre des Patentes hat oder wenn Erprobungen in einem vom Versuchszweck nicht mehr gerechtfertigten großen Umfang vorgenommen oder die Versuche in der Absicht durchgeführt werden, den Absatz des Patentinhabers mit seinem Produkt zu stören oder zu hindern, liegen keine zulässigen Versuchshandlungen vor. Mit der Gesetzesänderung vom 29.8.2005, mit wel-

cher die entsprechende Vorschrift der EU-Richtlinie 2004/27/EC vom 31.3.2004 in nationales Recht umgesetzt wurde, wurde in § 11 PatG eingefügt, dass die Wirkungen des Patentes sich nicht erstrecken auf Studien und Versuche und die sich daraus ergebenden praktischen Anforderungen, die für die Erlangung einer arzneimittelrechtlichen für das Inverkehrbringen in der EU oder einer arzneimittelrechtlichen Zulassung in den Mitgliedsstaaten der EU oder in Drittstaaten erforderlich sind.

Eine weitere, das sog. **Vorbenutzungsrecht** betreffende Ausnahme von den Wirkungen des Patentes ist in § 12 PatG geregelt. Danach tritt die Wirkung des Patents gegen den nicht ein, der zurzeit der Anmeldung bereits im Inland die Erfindung in Benutzung genommen oder die dazu erforderlichen Veranstaltungen getroffen hatte. Dieser ist befugt, die Erfindung für die Bedürfnisse seines eigenen Betriebs in eigenen oder fremden Werkstätten auszunutzen.

Mit dem Vorbenutzungsrecht wird der bestehende gewerbliche oder wirtschaftliche Besitzstand des Vorbenutzers geschützt. Der Umfang des Vorbenutzungsrechts ist eng, es erstreckt sich nur auf den Gegenstand, der wirklich vorbenutzt ist. Eine mengenmäßige Beschränkung auf den Umfang der Benutzung vor der Patentanmeldung besteht dagegen im Allgemeinen nicht.

§ 14 PatG regelt den Schutzbereich eines Patentes oder einer Patentanmeldung. Danach wird der Schutzbereich des Patentes und der Patentanmeldung durch den Inhalt der Patentansprüche bestimmt. Die Beschreibung und die Zeichnungen sind jedoch zur Auslegung der Patentansprüche heranzuziehen.

§ 14 ist wortgleich mit Artikel 69, Absatz 1, EPÜ, der die Rechtsgrundlage für die Bestimmung des Schutzbereichs eines europäischen Patents oder einer europäischen Patentanmeldung bildet. Nach dem Protokoll über die Auslegung des Artikel 69, Abs. 1 EPÜ, das auch für das deutsche Recht maßgeblich und bei der Bestimmung des Schutzbereichs deutscher Patente zu beachten ist, fällt unter den Schutzbereich des Patents nicht nur das, was sich aus dem genauen Wortlaut der Patentansprüche ergibt. Ebenso wenig ist Artikel 69 dahingehend auszulegen, dass die Patentansprüche lediglich als Richtlinie dienen und der Schutzbereich sich auch auf das erstreckt, was sich dem Fachmann nach Prüfung der Beschreibung und der Zeichnungen als

Schutzbegehren des Patentinhabers darstellt. Die Auslegung soll vielmehr zwischen diesen extremen Auffassungen liegen und einen angemessenen Schutz für den Patentinhaber mit ausreichender Rechtssicherheit für Dritte verbinden.

§ 14 gibt somit eine Auslegungsregel zur Bestimmung des Schutzbereichs eines Patents und einer Patentanmeldung. Trotzdem gehört die Umgrenzung des Schutzbereichs zu den schwierigsten Problemen des Patentrechts. Bei der Feststellung einer Patentverletzung ist vom Inhalt der Patentansprüche auszugehen. Die Art der Verletzungshandlung kann sich dabei als wortsinngemäße (identische) Benutzung des geschützten Gegenstandes erweisen. Eine derartige identische Benutzung liegt vor, wenn die angegriffene Verletzungsform sämtliche Merkmale des Hauptanspruchs des Klagepatents wortsinngemäß verwirklicht.

Weder der Anmelder noch die Erteilungsbehörde sind in der Lage, alle Möglichkeiten der konkreten technischen Ausgestaltung der beanspruchten Lehre im Wortlaut des Patentanspruchs zu erfassen. Das Belohnungsinteresse des Erfinders gebietet es daher, auch solche Ausführungsformen in den Schutzbereich des Patentes einzubeziehen, die nicht vom Wortsinn der Patentansprüche Gebrauch machen. Für den Schutz solcher Ausführungsformen wurde die **Lehre von den Gleichwerten**, die Äquivalenzlehre, entwickelt. Dabei ist, wie im Auslegungsprotokoll gefordert, ein Ausgleich zwischen dem Belohnungsinteresse des Erfinders und den Interessen der Allgemeinheit geboten. Bei der Prüfung, ob eine Patentverletzung durch äquivalente Mittel vorliegt, ist zunächst unter Zugrundelegen des fachmännischen Verständnisses der Inhalt der Patentansprüche festzustellen, d. h. der dem Anspruchswortlaut vom Fachmann beigemessene Sinn zu ermitteln. Wenn der Fachmann aufgrund von Überlegungen, die am Sinngehalt der Ansprüche, d. h. an der darin beschriebenen Erfindung anknüpfen, die bei der angegriffenen Ausführungsform eingesetzten abgewandelten Mittel mithilfe seiner Fachkenntnisse zur Lösung des der Erfindung zugrunde liegenden Problems als gleichwirkend auffinden konnte und sie der geschützten Lösung als gleichwertig in Betracht zieht, liegt eine Benutzung der unter Schutz gestellten Erfindung vor.

Die Äquivalenzlehre besitzt in der Praxis große Bedeutung. In den weitaus meisten Fällen nämlich ist in einem Verletzungsverfahren zu prüfen, ob eine äquivalente Verletzung des Klagepatents vorliegt.

7.2.4 Durchsetzung eines Patents

Wer eine patentierte Erfindung benutzt, kann vom Verletzten auf Unterlassung und Schadensersatz in Anspruch genommen werden. Die Inanspruchnahme erfolgt auf dem Klageweg. Für Patentstreitsachen, d. h. Klagen, durch die ein Anspruch aus einem Patent geltend gemacht wird, sind in der Bundesrepublik Deutschland gemäß § 143 Abs. 1 PatG ausschließlich die Zivilkammern der Landgerichte zuständig. Die Regierungen der meisten Bundesländer haben von der in § 143 Abs. 2 vorgesehenen Ermächtigung Gebrauch gemacht, die Patentstreitsachen für die Bezirke mehrerer Landgerichte einem davon zuzuweisen. Derzeit gibt es in Deutschland zehn für Patentstreitsachen zuständige Gerichte, wobei am häufigsten das Landgericht Düsseldorf angerufen wird. Die örtliche Zuständigkeit richtet sich nach der Zivilprozessordnung (§§ 12 ff. ZPO). Im Allgemeinen wird der Gerichtsstand der unerlaubten Handlung herangezogen.

Die Beweislast für die Verletzung seines Patentes durch den Beklagten trägt der Verletzungskläger. Eine Ausnahme bildet § 139, Abs. 3 PatG: Ist Gegenstand des Patents ein Verfahren zur Herstellung eines neuen Erzeugnisses, so gilt bis zum Beweis des Gegenteils das gleiche Erzeugnis, das von einem anderen hergestellt worden ist, als nach dem patentierten Verfahren hergestellt.

Das Verletzungsgericht ist an den Wortlaut der Ansprüche gebunden. Es ist eine Besonderheit des deutschen Verletzungsverfahrens, dass der Verletzer die fehlende Rechtsbeständigkeit des Klagepatents nicht beim Verletzungsgericht geltend machen kann. Der Patentverletzer ist vielmehr gehalten, die fehlende Rechtsbeständigkeit vor dem Bundespatentgericht im Rahmen einer Nichtigkeitsklage (oder ggf. noch beim Deutschen oder Europäischen Patentamt im Rahmen eines Einspruchs) geltend zu machen. Das Resultat ist ein zweigleisiges Verfahren, d. h. das Verletzungsgericht urteilt über die Frage der Patentverletzung und das Bundespatentgericht über die Frage der Rechtsbeständigkeit.

Das Verletzungsgericht entscheidet über die Verletzungsklage durch Urteil nach mündlicher

Verhandlung. Der Unterlegene kann vom Rechtsmittel der Berufung zum Oberlandesgericht und ggf. der Revision zum Bundesgerichtshof Gebrauch machen.

7.2.5 Gesetz über Arbeitnehmer-erfindungen

Die meisten Erfindungen werden von Arbeitnehmern in Erfüllung ihrer Verpflichtungen aus einem Arbeits- oder Dienstverhältnis geschaffen. Auch dann gilt das Erfinderprinzip, d. h. der Erfinder hat das Recht an der Erfindung und das Recht auf das Patent. Das Arbeit- oder Dienstverhältnis wiederum wird vom Arbeitsrecht bestimmt. Im Arbeitsrecht gilt der Grundsatz, dass das Ergebnis der Arbeit dem Arbeitgeber zusteht. In der Person des Erfinders gerät der arbeitsrechtliche Grundsatz in Konflikt mit dem Erfinderprinzip. Mit dem Arbeitnehmererfindergesetz bezweckt der Gesetzgeber, diesen Konflikt aufzulösen und eine beide Seiten befriedigende Lösung zu ermöglichen.

Dem **Arbeitnehmererfindergesetz** unterliegen Erfindungen, die patent- oder gebrauchsmusterfähig sind, und technische Verbesserungsvorschläge von Arbeitnehmern im privaten und im öffentlichen Dienst, von Beamten und Soldaten. Das Gesetz unterscheidet zwischen Diensterfindungen (gebundene Erfindungen) und freien Erfindungen. Diensterfindungen sind während der Dauer des Arbeitsverhältnisses gemachte Erfindungen, die entweder

– aus der dem Arbeitnehmer im Betrieb oder in der öffentlichen Verwaltung obliegenden Tätigkeit entstanden sind oder
– maßgeblich auf Erfahrungen oder Arbeiten des Betriebes oder der öffentlichen Verwaltung beruhen

Sonstige Erfindungen von Arbeitnehmern sind freie Erfindungen.

Der Arbeitnehmer, der eine Diensterfindung gemacht hat, unterliegt der Meldepflicht gegenüber dem Arbeitgeber. Der Arbeitnehmer ist verpflichtet, die Diensterfindung unverzüglich dem Arbeitgeber zu melden, um diesem die Entscheidung darüber zu ermöglichen, ob er die Diensterfindung in Anspruch nimmt oder freigibt. In der Meldung hat der Arbeitnehmer die

technische Aufgabe, ihre Lösung und das Zustandekommen der Diensterfindung zu beschreiben.

Der Arbeitgeber kann eine Diensterfindung unbeschränkt oder beschränkt in Anspruch nehmen. Die Inanspruchnahme erfolgt durch schriftliche Erklärung gegenüber dem Arbeitnehmer spätestens bis zum Ablauf von vier Monaten nach Eingang der ordnungsgemäßen Meldung. Bei unbeschränkter Inanspruchnahme gehen alle Rechte an der Diensterfindung auf den Arbeitgeber über. Bei beschränkter Inanspruchnahme, die in der Praxis kaum eine Rolle spielt, erwirbt der Arbeitgeber nur ein nicht ausschließliches Recht zur Benutzung der Diensterfindung.

Zur Abgeltung des Rechtsverlusts, den der Arbeitnehmer durch die Inanspruchnahme des Arbeitgebers erleidet, hat der Arbeitnehmer gegen den Arbeitgeber einen Anspruch auf angemessene Vergütung. Das Gesetz enthält auch Kriterien für die Bemessung der Vergütung. Danach sind insbesondere die wirtschaftliche Verwertbarkeit der **Diensterfindung**, die Aufgaben und die Stellung des Arbeitnehmers im Betrieb sowie der Anteil des Betriebs am Zustandekommen der Diensterfindung maßgebend. Diese Kriterien werden ergänzt durch die sog. Vergütungsrichtlinien für die Vergütung von Arbeitnehmererfindungen im privaten Dienst, die auf Arbeitnehmer im öffentlichen Dienst sowie auf Beamte entsprechend anzuwenden sind. Die Richtlinien sollen den Gewinn aus einer Arbeitnehmererfindung zwischen Arbeitgeber und Arbeitnehmer entsprechend dem jeweiligen Anteil an der Erfindung gerecht aufzuteilen.

Der Arbeitgeber ist verpflichtet und allein berechtigt, eine gemeldete Diensterfindung in Deutschland zur Erteilung eines Schutzrechts anzumelden, und zwar eine patentfähige Diensterfindung zur Erteilung eines Patents, sofern nicht der Gebrauchsmusterschutz zweckdienlicher erscheint. Nach unbeschränkter Inanspruchnahme ist der Arbeitgeber auch berechtigt aber nicht verpflichtet, die Diensterfindung im Ausland zur Erteilung von Schutzrechten anzumelden.

Der Arbeitnehmer, der eine **freie Erfindung** gemacht hat, ist verpflichtet, dies dem Arbeitgeber unverzüglich schriftlich mitzuteilen. Dabei muss über die Erfindung und, soweit erforderlich, auch über ihre Entstehung soviel mitgeteilt werden, dass der Arbeitgeber beurteilen kann, ob die Erfindung frei ist. Bevor der Arbeitnehmer eine freie Erfindung anderweitig verwendet, ist er verpflichtet, dem Arbeitgeber mindestens ein nichtausschließliches Recht zur Benutzung der Erfindung zu angemessenen Bedingungen anzubieten.

Einen Sonderfall stellen Erfindungen von Hochschullehrern und wissenschaftlichen Assistenten dar. Bis zum 7. Februar 2002 war die Gesetzeslage so, dass Erfindungen von Professoren, Dozenten und wissenschaftlichen Assistenten an den Hochschulen, die von ihnen in dieser Eigenschaft gemacht wurden, freie Erfindungen waren. Eine Mitteilungs- und Anbietungspflicht gegenüber der Hochschule bestand nicht. Ab dem 7. Februar 2002 ist jedoch eine Neuregelung in Kraft getreten. Seit diesem Zeitpunkt gilt der Grundsatz, dass jede Erfindung, die ein Hochschulbeschäftigter in dienstlicher Eigenschaft gemacht hat, vom Erfinder dem Dienstherrn zu melden ist. Eine solche Diensterfindung kann vom Dienstherrn in Anspruch genommen, im eigenen Namen schutzrechtlich gesichert und auf Rechnung der Hochschule verwertet werden. Der Erfinder hat in einem solchen Fall Anspruch auf Erfindervergütung in Höhe von 30 % der Brutto-Verwertungseinnahmen.

Technische Verbesserungsvorschläge sind Vorschläge für technische Neuerungen, die nicht patent- oder gebrauchsmusterfähig sind. Für **technische Verbesserungsvorschläge** gilt das Erfinderprinzip nicht. Sie stehen daher als Arbeitsergebnis dem Arbeitgeber zu. Für technische Verbesserungsvorschläge, die dem Arbeitgeber eine ähnliche Vorzugsstellung gewähren wie ein gewerbliches Schutzrecht, hat der Arbeitnehmer gegen den Arbeitgeber Anspruch auf angemessene Vergütung, sobald dieser sie verwertet.

Streitigkeiten im Zusammenhang mit dem Arbeitnehmererfindergesetz, insbesondere über die Höhe der Vergütung, sind recht häufig. Um den Arbeitnehmer nicht zu zwingen, seinen Arbeitgeber zu verklagen, wurde die Möglichkeit eines Schiedsverfahrens vor dem Deutschen Patentamt geschaffen. Die Schiedsstelle kann in allen Streitfällen zwischen Arbeitgeber und Arbeitnehmer jederzeit angerufen werden. Sie hat zu versuchen, eine gütliche Einigung herbeizuführen. Zu diesem Zweck unterbreitet sie den Beteiligten einen begründeten Einigungsvorschlag. Die Einigungsvorschläge der Schiedsstelle stoßen auf große Akzeptanz, sodass es nur sehr selten zu gerichtlichen Auseinandersetzungen zwischen Arbeitnehmer und Arbeitgeber kommt.

7.3 Marken und Unternehmenskennzeichen

Markenschutz kann durch Anmeldung von nationalen Marken in dem betreffenden Land und/oder einer international registrierten Marke und/oder einer Gemeinschaftsmarke erlangt werden. Dabei kann ggf. die Priorität einer deutschen Erstanmeldung in Anspruch genommen werden. Die Prioritätsfrist beträgt jedoch, anders als bei Patenten, lediglich sechs Monate ab der Erstanmeldung.

Eine international registrierte Marke basiert auf dem **Madrider Markenabkommen (MMA)** und dem Protokoll zum Madrider Markenabkommen, die zahlreiche Länder, darunter Deutschland und inzwischen auch die USA, ratifiziert haben. Das MMA ermöglicht eine internationale Registrierung einer in einem Mitgliedsland geschützten Marke. Die internationale Registrierung begründet kein einheitliches internationales Schutzrecht, sondern hat lediglich die Wirkung einer nationalen Hinterlegung in den benannten Ländern. Dagegen stellt die Gemeinschaftsmarke ein einheitliches Schutzrecht für das gesamte Territorium der Europäischen Gemeinschaft dar.

7.3.1 Schutzfähige Zeichen und Unternehmenskennzeichen

Dem Markenschutz zugänglich sind grafisch darstellbare Zeichen, insbesondere Wörter einschließlich Personennamen, Abbildungen, Buchstaben, Zahlen, Hörzeichen, dreidimensionale Gestaltungen einschließlich der Form einer Ware oder ihrer Verpackung sowie Aufmachungen einschließlich Farben und Farbzusammenstellungen.

Die Zeichen müssen geeignet sein, Waren oder Dienstleistungen eines Unternehmens von denjenigen anderer Unternehmen zu unterscheiden.

Vom Markenschutz ausgeschlossen sind Zeichen, die ausschließlich aus einer Form bestehen, die

- durch die Art der Ware selbst bedingt ist,
- zur Erreichung einer technischen Wirkung erforderlich ist oder
- der Ware einen wesentlichen Wert verleiht.

Mit diesen Schutzausschließungsgründen soll erreicht werden, dass kein zeitlich unbegrenztes Monopolrecht (der Markenschutz ist zeitlich nicht begrenzt) an technischen oder ästhetischen Produktmerkmalen entsteht, welche die Beschaffenheit der Warenart betreffen. Nicht die gegenständliche Beschaffenheit der Waren, sondern deren Kennzeichnung soll geschützt werden.

Zusätzlich zu diesen Schutzausschließungsgründen sind auch weitere Schutzhindernisse, die sog. **absoluten Schutzhindernisse** gesetzlich geregelt und in § 8 MarkenG aufgeführt. Die weitaus wichtigsten Schutzhindernisse sind in Abs. (2), Nummern 1 und 2 aufgeführt. Danach sind von der Eintragung Marken ausgeschlossen,

- denen für die Waren oder Dienstleistungen jegliche Unterscheidungskraft fehlt,
- die ausschließlich aus Zeichen oder Angaben bestehen, die im Verkehr zur Bezeichnung der Art, der Beschaffenheit, der Menge, der Bestimmung, des Wertes, der geographischen Herkunft, der Zeit der Herstellung der Waren oder der Erbringung der Dienstleistungen oder zur Bezeichnung sonstiger Merkmale der Waren oder Dienstleistungen dienen können.

Nach allgemein anerkannter Definition ist unter Unterscheidungskraft die konkrete Eignung einer Marke zu verstehen, vom Verkehr als Mittel zur Unterscheidung der Herkunft für die angemeldeten Waren oder Dienstleistungen eines Unternehmens gegenüber solchen anderer Unternehmen aufgefasst zu werden, sodass eine betriebliche Zuordnung dieser Waren oder Dienstleistungen ermöglicht wird. Eine Marke soll die Waren oder Dienstleistungen nach ihrer betrieblichen Herkunft, nicht nach ihrer Beschaffenheit oder Bestimmung unterscheidbar machen.

Maßgeblich für die Beurteilung der Unterscheidungskraft ist die Auffassung der beteiligten inländischen Verkehrskreise, wobei es genügt,

wenn zumindest ein erheblicher Teil des Verkehrs die Marke als betrieblichen Herkunftshinweis bewertet. Es ist ein großzügiger Maßstab anzulegen, weil einerseits im Gesetz vom Fehlen jeglicher Unterscheidungskraft die Rede ist und andererseits der Verkehr ein als Marke verwendetes Zeichen keiner näheren analysierenden Betrachtungsweise unterzieht. Beispiele für Marken, denen in der Regel die Unterscheidungskraft fehlt, sind die naturgetreue Abbildung der betroffenen Ware, einfache geometrische Figuren oder grafische Gestaltungselemente.

Das o.g. Schutzhindernis Nummer zwei wird auch als **Freihaltungsbedürfnis** an beschreibenden Zeichen bezeichnet. Die Vorschrift des § 8, Abs. 2 Nr. 2 verfolgt das im Allgemeininteresse liegende Ziel, dass beschreibende Zeichen oder Angaben von jedermann, insbesondere auch von den Mitbewerbern des Anmelders frei verwendet werden können. Das Freihaltungsbedürfnis muss bezüglich der Waren und Dienstleistungen bestehen, für welche die Marke angemeldet ist. Das Freihaltungsbedürfnis erstreckt sich lediglich auf unmittelbar beschreibende Zeichen und Angaben. Wenn eine beschreibende Aussage nur angedeutet wird und erst aufgrund gedanklicher Schlussfolgerungen erkennbar ist, liegt in der Regel kein Freihaltungsbedürfnis vor. In der Praxis ist die Abgrenzung zwischen eintragungsfähigen und schutzunfähigen, unmittelbar beschreibenden Marken häufig schwierig.

Unternehmenskennzeichen sind Zeichen, die im geschäftlichen Verkehr als Name, als Firma oder als besondere Bezeichnung eines Geschäftsbetriebs oder eines Unternehmens benutzt werden.

Eine Voraussetzung für den Schutz eines Kennzeichens ist Unterscheidungskraft, damit der Verkehr in der Lage ist, ein bestimmtes Unternehmen aufgrund der Kennzeichnung von anderen zu unterscheiden. Auch hier gilt, dass beschreibende Angaben oder Beschaffenheitsangaben und Gattungsbezeichnungen (ohne Verkehrsgeltung) keine Unterscheidungskraft besitzen.

7.3.2 Wie entsteht der Schutz von Marken und Unternehmenskennzeichen?

7.3.2.1 Marken

Markenschutz entsteht
- durch Eintragung eines Zeichens als Marke in das vom Patentamt geführte Register,
- durch Benutzung eines Zeichens im geschäftlichen Verkehr, soweit das Zeichen innerhalb beteiligter Verkehrskreise als Marke Verkehrsgeltung erworben hat, oder
- durch die im Sinne des Artikels 6 der Pariser Verbandsübereinkunft notorische Bekanntheit einer Marke.

In der Regel wird von der ersten Alternative Gebrauch gemacht. In diesem Fall ist beim Patentamt eine Anmeldung zur **Eintragung einer Marke** in das Register einzureichen. Die Anmeldung muss Angaben zur Identität des Anmelders, eine Wiedergabe der Marke und ein Verzeichnis der Waren oder Dienstleistung, für die die Eintragung beantragt wird, enthalten. Mit der Anmeldung ist eine Gebühr nach dem Tarif (derzeit € 300,– für bis zu drei Klassen von Waren oder Dienstleistungen) zu entrichten. Das Patentamt prüft dann, ob eine schutzfähige Marke vorliegt und keine absoluten Schutzhindernisse entgegenstehen. Wenn das Patentamt zu dem Ergebnis kommt, dass die Eintragungsvoraussetzungen erfüllt sind, wird die Marke in das Register eingetragen. Wenn die Eintragungsvoraussetzungen nicht erfüllt sind, erhält der Anmelder Gelegenheit zur Stellungnahme. Falls es dem Anmelder nicht gelingt, die Einwände des Prüfers auszuräumen, wird die Anmeldung durch Beschluss zurückgewiesen. Dagegen besteht der Rechtsbehelf der Erinnerung (wenn der Zurückweisungsbeschluss von einem Beamten des gehobenen Dienstes erlassen wurde) und der Beschwerde zum Bundespatentgericht. Das Bundespatentgericht entscheidet durch Beschluss in der Besetzung mit drei Juristen. Gegen die Beschlüsse des Bundespatentgerichts ist die Rechtsbeschwerde zum Bundesgerichtshof unter den im Kapitel Patente genannten Voraussetzungen möglich.

Die Vorschriften für die Eintragung einer nationalen Marke gelten für die Eintragung einer international registrierten Marke entsprechend.

Falls die Eintragung einer Gemeinschaftsmarke gewünscht wird, kann die Anmeldung beim Deutschen Patentamt (bei Anmeldern mit Wohnsitz, Sitz oder Niederlassung in Deutschland) oder beim Harmonisierungsamt für den Binnenmarkt in Alicante erfolgen. Wird der Antrag beim Deutschen Patentamt eingereicht, so vermerkt das Patentamt auf der Anmeldung den Tag des Eingangs und leitet die Anmeldung ohne Prüfung unverzüglich an das Harmonisierungsamt für den Binnenmarkt weiter. Die Eintragung einer Gemeinschaftsmarke erfolgt nach den Vorschriften des Gemeinschaftsmarkengesetzes, die jedoch im Wesentlichen den Vorschriften des Deutschen Markengesetzes entsprechen.

Bei Einreichung einer international registrierten Anmeldung in Deutschland erfolgt die Prüfung auf Eintragungshindernisse im Wesentlichen nach den Vorschriften des Deutschen Markengesetzes.

Markenschutz entsteht auch **ohne Eintragung** in das Markenregister durch Benutzung eines Zeichens im geschäftlichen Verkehr, vorausgesetzt, es hat als Marke Verkehrsgeltung erworben. Die Verkehrsgeltung betrifft die Kennzeichnung wie sie tatsächlich in Verbindung mit der Ware oder Dienstleistung benutzt wird. Die Verkehrsgeltung muss laut Gesetz innerhalb beteiligter Verkehrskreise und nicht bei allen Verkehrsbeteiligten vorliegen. Es genügt eine örtlich begrenzte Verkehrsgeltung, beispielsweise in Süddeutschland.

Markenschutz ohne Registrierung entsteht auch durch notorische Bekanntheit. Unter „notorisch" wird im Allgemeinen „offenkundig, allseits bekannt" verstanden. Damit wird ein Bekanntheitsgrad zugrunde gelegt, der das für die Erlangung von Verkehrsgeltung geforderte Maß deutlich übersteigt. Die Marke muss im Inland notorisch bekannt sein, notorische Bekanntheit nur im Ausland genügt nicht.

Unternehmenskennzeichen

Auch der Schutz eines Firmenzeichens kann unabhängig von der Eintragung in das Markenregister durch die Benutzung des Kennzeichens entstehen. Die Benutzung muss nach außen in Erscheinung treten, auf ihren Umfang kommt es dagegen nicht an.

Für den Fall, dass dem Unternehmenskennzeichen die Unterscheidungskraft fehlt, kann trotzdem Schutz durch Verkehrsgeltung bei den beteiligten Verkehrskreisen erlangt werden.

7.3.3 Angriff auf eine Marke

Innerhalb einer Frist von drei Monaten nach dem Tag der Veröffentlichung der Eintragung der Marke kann von dem Inhaber einer Marke mit älterem Zeitrang gegen die Eintragung der Marke Widerspruch erhoben werden. Der Widerspruch hat die Löschung der Marke zum Ziel und kann nur auf gesetzlich abschließend aufgeführte Schutzhindernisse (die sog. relativen Schutzhindernisse) gestützt werden:

- identische oder verwechselbare nationale Marken mit älterem Zeitrang, die für identische oder ähnliche Waren oder Dienstleistungen angemeldet oder eingetragen sind
- identische oder verwechselbare Gemeinschaftsmarken mit älterem Zeitrang, die für identische oder ähnliche Waren angemeldet oder eingetragen sind
- identische oder verwechselbare, für identische oder ähnliche Waren international registrierte Marken mit älterem Zeitrang, für die der Schutz auf das Gebiet der Bundesrepublik Deutschland erstreckt ist
- identische oder verwechselbare notorisch bekannte (auch nicht eingetragene) Marken mit älterem Zeitrang;
- unbefugte Eintragung der Marke durch einen Agenten oder Vertreter des Markeninhabers

Der Inhaber der angegriffenen Marke kann von der Einrede mangelnder Benutzung des Widerspruchszeichens Gebrauch machen. Wenn die Benutzung der älteren Marke bestritten wird, so hat der Inhaber der älteren eingetragenen Marke glaubhaft zu machen, dass sie innerhalb der letzten fünf Jahre vor Veröffentlichung der angegriffenen Marke ernsthaft benutzt worden ist, sofern die ältere Marke zu diesem Zeitpunkt seit mindestens fünf Jahren eingetragen ist. Zur **Glaubhaftmachung der Benutzung** ist die Verwendung der Marke nach Art, Zeit, Ort und Umfang durch Vorlage von geeigneten Unterlagen zu zeigen. Falls die Benutzung nur für einen Teil der eingetragenen Waren oder Dienstleistungen glaubhaft gemacht werden kann, ist die Verwechslungsgefahr nur für den Teil der Waren oder Dienstleistungen zu prüfen, für welche die

Benutzung glaubhaft gemacht worden ist. Im Umfang der nicht benutzten Waren ist das Zeichen löschungsreif.

Ergibt die Prüfung des Widerspruchs, dass die Marke für alle oder für einen Teil der Waren oder Dienstleistungen, für die sie eingetragen ist, zu löschen ist, so wird die Eintragung ganz oder teilweise gelöscht. Die Löschung wirkt auf den Zeitpunkt der Eintragung zurück. Hat der Widerspruch keinen Erfolg, wird er zurückgewiesen.

Zu dem Rechtsbehelf der Erinnerung bzw. dem Rechtsmittel der Beschwerde gelten die Ausführungen unter dem Abschnitt 7.2.1, Deutsche Anmeldungen, in entsprechender Weise.

Die Eintragung einer Marke wird auf Antrag wegen Verfalls gelöscht, wenn die Marke nach dem Tag der Eintragung innerhalb eines ununterbrochenen Zeitraums von fünf Jahren nicht benutzt worden ist. Der Verfall kann durch Antrag beim Deutschen Patent- und Markenamt oder durch Klage vor einem ordentlichen Gericht geltend gemacht werden.

Die Eintragung einer Marke wird auf Antrag wegen Nichtigkeit gelöscht, wenn sie eingetragen worden ist, obwohl die Voraussetzungen für den Schutz von Marken (absolute Schutzvoraussetzungen) nicht vorgelegen haben, oder wenn der Anmelder bei der Anmeldung bösgläubig war. Bösgläubig ist ein Anmelder, wenn ein Fall von Markenerschleichung vorgelegen hat oder wenn die Marke in erkennbar wettbewerbswidriger Behinderungsabsicht angemeldet wurde.

Der Antrag auf Löschung ist beim Patentamt zu stellen. Er kann von jeder Person gestellt werden. Das Patentamt unterrichtet den Markeninhaber vom Löschungsantrag. Widerspricht er der Löschung nicht innerhalb von zwei Monaten nach Zustellung der Mitteilung, so wird die Eintragung gelöscht. Widerspricht er der Löschung, so wird das Löschungsverfahren durchgeführt und über den Löschungsantrag entschieden.

Die Eintragung einer Marke wird auf Klage wegen Nichtigkeit gelöscht, wenn ihr ein Recht mit älterem Zeitrang entgegensteht. Bei den Nichtigkeitsgründen handelt es sich in erster Linie um die Widerspruchsgründe.

Die Klage ist vor einem ordentlichen Gericht gegen den Inhaber der Marke oder seinen Rechtsnachfolger zu richten. Der Beklagte kann, wie auch im Widerspruchsverfahren, von der Einrede mangelnder Benutzung Gebrauch machen.

7.3.4 Wirkung und Schutzumfang einer Marke und eines Unternehmenskennzeichens

Der Erwerb des Markenschutzes gewährt dem Inhaber der Marke im geschäftlichen Verkehr ein ausschließliches Recht, d. h. nur der Markeninhaber ist berechtigt, die Marke zu benutzen.

Dritten ist es untersagt, ohne Zustimmung des Inhabers der Marke im geschäftlichen Verkehr ein mit der Marke identisches oder der Marke ähnliches Zeichen für identische oder ähnliche Waren oder Dienstleistungen zu benutzen oder ein mit der Marke identisches oder der Marke ähnliches Zeichen für Waren oder Dienstleistungen zu benutzen, die nicht denen ähnlich sind, für die die Marke Schutz genießt, wenn es sich dabei um eine im Inland bekannte Marke handelt. Dieses allgemeine **Verbot der Benutzung** (§ 14, Abs. 2 MarkG) wird noch durch einen Katalog von Beispielen verbotener Benutzungshandlungen ergänzt.

Wer ein Zeichen unbefugt benutzt, kann von dem Inhaber der Marke auf Unterlassung in Anspruch genommen werden. Wer die Verletzungshandlung vorsätzlich oder fahrlässig begeht, ist dem Inhaber der Marke zum Ersatz des durch die Verletzungshandlung entstandenen Schadens verpflichtet.

Der Erwerb des Schutzes einer Unternehmenskennzeichnung gewährt ihrem Inhaber ein ausschließliches Recht.

Dritten ist es untersagt, das Unternehmenskennzeichen oder ein ähnliches Zeichen im geschäftlichen Verkehr unbefugt in einer Weise zu benutzen, die geeignet ist, Verwechslungen mit der geschützten Bezeichnung hervorzurufen.

Wer ein Unternehmenskennzeichen oder ein ähnliches Zeichen unbefugt benutzt, kann vom Inhaber des Unternehmenskennzeichens auf Unterlassung und ggf. Schadensersatz in Anspruch genommen werden.

8 Business Development – Geschäftsentwicklung und Lizenzgeschäft

Es gibt eine Geschichte, die im Mittelalter spielt und folgende Szene beschreibt: Zwei feindliche Armeen kehren am Ende eines langen Tages in ihre Lager zurück, müde und hungrig von den heftigen Kämpfen. Dort stellen sie fest, dass eine Armee nur Suppe, die andere nur Brot hat. Da sendet jede Armee ihre Emissäre aus, um einen Vertrag auszuhandeln. Brot und Suppe sollen so getauscht werden, dass jeder Soldat ein ausreichendes Mahl zu sich nehmen kann. So können beide Truppen am nächsten Tag gestärkt in den Kampf ziehen.

Diese kleine Geschichte illustriert zwei wichtige Faktoren der Geschäftsentwicklung oder des Lizenzgeschäftes:
1. Es wird ein Bedarf bzw. ein möglicher Gewinn definiert und dann
2. eine für beide Parteien Gewinn bringende Lösung, die sog. *win-win*-**Situation** gesucht.

Als die forschungsbasierte pharmazeutische Industrie sich entwickelte, insbesondere in der zweiten Hälfte des 20. Jahrhunderts, spielte das Lizenzgeschäft eine wichtige Rolle, um sicherzustellen, dass Produkte, die neu entwickelt worden waren, in der ganzen Welt vermarktet werden konnten. Dieser Bedarf entstand, weil in den 40er- und 50er-Jahren nahezu alle pharmazeutischen Firmen eine eher begrenzte Präsenz außerhalb ihrer Heimatländer besaßen. Damit war die Möglichkeit der Einflussnahme in fremden Märkten stark limitiert.

Zusätzlich waren pharmazeutische Richtlinien und Regularien sowie die Anforderungen zur Durchführung klinischer Studien von Land zu Land unterschiedlich und es war nahezu eine Voraussetzung, Partner zu finden, die sich mit den lokalen Gegebenheiten auskannten. Zusätzlich gab es in einzelnen Ländern vom Staat auferlegte Beschränkungen. So musste in Frankreich eine ausländische Firma entweder die Vermarktungsrechte an einen inländischen Partner abgeben oder aber eine Fabrik zur Herstellung des Produktes im Lande bauen, um das Produkt selbst vermarkten zu können.

Eine Vielzahl wertvoller Partnerschaften wurde auf diese Art und Weise etabliert. In den USA, wo Firmen nicht nur den strengen Maßstäben der FDA-Richtlinien genügen mussten, waren auch große Investitionen im Bereich des Verkaufs und Marketings notwendig, um diesen großen Markt zu erschließen. Ein Partner, ansässig in den USA mit einer lokalen Vertriebsorganisation, war nahezu essenziell und sicherlich ein Vorteil für einige der amerikanischen Firmen. In dieser Weise erhielt die Firma Upjohn z. B. die Rechte an Produkten der englischen Firma Boots einschließlich z. B. dem Analgetikum Ibuprofen. Die amerikanische Firma Schering Plough ging eine Partnerschaft mit Glaxo auf dem Gebiet der Steroide und Antihistaminika ein, während Wyeth-Ayers die Rechte an den Betablockern von ICI erhielt. Brystol-Myers hingegen konnte sich die Lizenz an Beechams semisynthetischen Penicillinen sichern. Auch in Japan existierte eine spezielle pharmazeutische Umgebung, die es für ausländische Firmen unabdingbar machte, lokale Partner zu involvieren. Japan ist ferner interessant, da hier ausländische Firmen vom Konzept des simplen Lizenzübereinkommens sich hin zu den sog. **Joint Ventures**, also gemeinschaftlichen Unternehmen, bewegten. Dies ermöglichte den ausländischen Partnern eines Joint Ventures besser mit den Gegebenheiten des japanischen Marktes vertraut zu werden und den eigenen Namen zu etablieren. Einige der ausländischen Firmen haben seitdem einen weiteren Schritt getan und Tochterfirmen gegründet, doch viele der bestehenden Joint Ventures existieren heute noch. In den 60er- und 70er-Jahren gelang es den erfolgreichen Firmen, ihre eigenen Tochtergesellschaften nahezu flächendeckend in der ganzen Welt zu gründen, oftmals durch die Akquisition kleiner lokaler Firmen. Diese Akquisitionen der lokalen Firmen wurden oftmals über ein Lizenzgeschäft eingeleitet. Bis heute zeichnen sich Lizenzgeschäfte dadurch aus, dass der Lizenzgeber bei der Übertragung der Lizenz an den Lizenznehmer das Recht verliert, das Produkt selbst im

Markt einzuführen und zu verkaufen. In den 80er-Jahren wurden mehr und mehr kreative Ansätze gefunden, die unter anderem von der Firma Glaxo vorangetrieben wurden. Zu dieser Zeit war Glaxo eher im Mittelfeld der pharmazeutischen Firmen angesiedelt und hatte einen potenziellen Blockbuster, das Produkt Ranitidin unter dem Markennamen Zantac. Eine wirkliche Präsenz in den USA fehlte Glaxo zu dieser Zeit und enormer Wettbewerb durch SmithKline, die selbst bereits Tagamed für das gleiche Indikationsgebiet vermarkteten, drohte. Tagamed war im Übrigen das erste pharmazeutische Produkt, das Umsätze von mehr als 1 Mrd. US-Dollar erreichte. Die Firma Roche hatte zu dieser Zeit eine große Vertriebs- und Verkaufsorganisation für ihr Beruhigungsmittel Librium-Valium aufgebaut, aber kein weiteres großes Produkt in der Pipeline. Glaxo und Roche kamen überein, gemeinsam das von Glaxo entwickelte Produkt Zantac zu co-promoten, d. h. die beiden Verkaufsorganisationen verkauften das gleiche Produkt unter dem gleichen Warenzeichen. Dies ermöglichte es Glaxo, von Beginn an die Marktstärke von SmithKline zu erreichen, während Glaxo gleichzeitig seine eigene Verkaufsorganisation aufbauen konnte. Roche hingegen zog profitablen Nutzen aus der Auslastung seiner eigenen Verkaufsorganisation bis zum Launch des nächsten Produktes. Die beiden Firmen waren letztlich erfolgreich darin, durch **Co-Promotion** den Wettbewerber SmithKline mit Tagamed zu schlagen. Eine weitere innovative Idee der Geschäftsentwicklung von Glaxo war die Möglichkeit des **Co-Marketing**. In einer Vielzahl von Ländern gab es keinen Patentschutz für pharmazeutische Produkte und es war nicht unüblich für lokale Firmen, Kopien des Originator-Produktes zu vertreiben. In Argentinien z. B. waren ca. zehn lokale Kopien von Tagamed auf dem Markt,

bevor SmithKline die Vermarktungsrechte von den argentinischen Zulassungsbehörden für ihr Produkt erhielt. Ein starker lokaler Partner war in der Lage, die Behörden zu beeinflussen und solche Aktivitäten zu unterbinden. Gleichzeitig war der Rückerstattungspreis für ein Produkt, also jener Betrag, der dem Patienten von den Behörden oder Krankenkassen zugezahlt wird, deutlich höher, wenn eine lokale Firma die **Co-Vermarktungsrechte** hatte. Dies war das Konzept, nach dem Glaxo in einem Vertrag mit der Firma Menarini in Italien vorging. Nicht zuletzt diese beiden Strategien haben das Wachstum und den Erfolg der Firma Glaxo mitbegründet.

Parallel zu diesen Ereignissen wurden in der pharmazeutischen Industrie unter dem Druck effizienter zu werden Rationalisierungen durch Zusammenschlüsse und Akquisitionen vorgenommen. Das Ergebnis dieser Konsolidierung war, dass eine Reihe kleinerer Firmen in den großen globalen Firmen aufgingen. Aus dem Blickwinkel der Geschäftsentwicklungen und dem *licensing* vollzog sich ein klarer Wechsel: Die neuen global agierenden Firmen hatten eben solche Entwicklungskapazitäten und Verkaufs- sowie Distributionsorganisationen. Nun mussten sie aber mit neuen interessanten Produkten aufgefüllt werden. In zunehmendem Maße blickten also nun die global agierenden Firmen auf die Kreativität kleinerer und mittelgroßer Pharmafirmen. Sie sollten die neuen Entwicklungsprodukte liefern, die kleine Firmen nicht in der Lage waren, zur Marktreife voranzutreiben. Wieder entstand eine *win-win*-Situation: Die kleinen Firmen konnten durch den Einstieg der multinational agierenden Großkonzerne ihre Produkte zur Marktreife vorantreiben, die Großkonzerne erhielten neue Entwicklungskandidaten für ihre Pipeline.

8.1 Modelle und Strategien der Kooperation

Aufgrund der kommerziellen Bedürfnisse, die ein Anwachsen der Lizenzaktivitäten in ihrer Komplexität nach sich ziehen, etablierten sich über die letzten Jahre eine Reihe von Standardkooperationen. Während in den 70-er Jahren oftmals Lizenzen an vermarkteten Produkten in einem bestimmten Markt im Vordergrund stan-

den, finden sich heute Vereinbarungen über gemeinsame Forschungs- und Entwicklungsaktivitäten (Co-Development), gemeinsame Ausbietungen von vermarkteten Marken (Co-Promotion) oder das Marketing von verschiedenen Marken ein und ein und desselben Produktes (Co-Marketing).

8.1.1 Die Lizenzvereinbarung

In der Verhandlung jeder geschäftlichen Vereinbarung gibt es einige fundamentale Punkte, die es zu bedenken gilt, und die möglichst früh geklärt werden sollten, um spätere Konflikte zu vermeiden. Dies sind:

- klar definierte Ziele, Zeitpläne und Entscheidungspunkte (*milestones*), die normalerweise an Zahlungen oder an die Übertragung bestimmter Rechte geknüpft sind
- Zahlungen wie Erstattung von Entwicklungsleistungen, *milestone*-Zahlungen und Lizenzgebühren
- die Rechte, die gewährt werden, insbesondere auch Patent- und Warenzeichen-Lizenzen, das Territorium, über welches verhandelt wird, und die Form der Exklusivität mit daran gebundenen Verpflichtungen
- die kommerziellen Bedingungen hinsichtlich Herstellung und Vertrieb, Herstellkosten, Produktqualität und Garantien.

Von der Art des Lizenzübereinkommens unterscheidet man mehrere Typen, die im Einzelnen nachfolgend kurz beleuchtet werden sollen.

8.1.2 Die Optionsvereinbarung (option agreement)

In einer solchen Optionsvereinbarung können viele der oben genannten Punkte bereits in einer frühen Phase vereinbart und so die Eckpunkte einer späteren Kooperation festgelegt werden. Die Verpflichtungen und Rechte jeder Partei werden in dieser frühen Phase im Rahmen einer Optionsvereinbarung fixiert, ohne dass ein fertiges vollständiges Vertragswerk vorliegen muss. Nachteilig kann sein, dass die Verhandlung einer Optionsvereinbarung oftmals genauso lange dauert wie das finale Vertragswerk, die Arbeit also gleichermaßen zwei Mal anfällt. Basis ist oft der sog. *Letter of Intent* (LOI), eine Absichtserklärung, die viele der Rahmenbedingungen erfüllt und zeitlich begrenzt ist.

8.1.3 Die Patentlizenz

Patentlizenzen sind normalerweise Teil des Paketes einer Vereinbarung, zusammen mit der Übertragung des Know-How und der Gewährung der Rechte, ein Produkt entwickeln, herstellen und verkaufen zu dürfen. Nichtsdestotrotz gibt es bei grundlegenden Patenten immer auch wieder reine Patentlizenzen, die den Lizenznehmer in die Lage versetzen, die patentierte Technologie breit einzusetzen und dem Patentlizenzgeber ein substanzielles Einkommen einzubringen. Ein solches Beispiel ist das Patent der Stanford University zur rekombinanten DNA. Vielfach ist es nicht ungewöhnlich, dass bei komplexen Prozessen Patentlizenzen nur Teile des gesamten Prozesses abdecken, aber eben dennoch relevant für die Durchführung des gesamten Prozesses sind, also dem Lizenznehmer erst die vollständige Durchführung des Prozesses ermöglichen. Die sog. *terms* solcher Patentlizenzen (das Territorium, die Zahlungen und Dauer) variieren im großen Maße in Abhängigkeit davon, welchen Wert ein Patent im Einzelfall hat. Der Wert eines Patents kann dabei von der Position des Patentnehmers abhängen: So ist bei einer weit fortgeschrittenen Entwicklung eines Arzneimittels eine Patentlizenznahme von großer Bedeutung für den Patentnehmer, da er sonst möglicherweise seine Entwicklung nicht erfolgreich fortführen kann.

8.1.4 Die Forschungskooperationen

Der Kernaspekt von Verträgen, die Forschungskooperationen regeln, ist es, die Rollen, Verantwortlichkeiten und Rechte der beiden Parteien zu fixieren. Oftmals sind detaillierte Ausarbeitungen mit den spezifischen Arbeitspaketen, dem „Wer macht was", Zeiten und Entscheidungspunkten, Kosten und Kostenteilungsvereinbarungen und dem Eigentum der Ergebnisse erforderlich. Das Eigentum der Ergebnisse aus Forschungskooperationen einschließlich eines möglichen gemeinsamen Eigentums und der möglichen Verwertung solcher Ergebnisse muss in solchen Vereinbarungen geregelt sein, um zu einem späteren Zeitpunkt die Umsetzung sicherstellen zu können. Insbesondere sind dabei die territorialen Rechte, also z. B. die Rechte für einzelne Länder, die Rechte für bestimmte Indikationsgebiete, die Rechte für bestimmte Anwendungen zur Behandlung und die Rechte der Weiterlizenzierung zu regeln.

8.1.5 Marketing Kooperationen

Bei der Betrachtung der Vermarktungsstrategien, die letzten Endes den Lebenszyklus von Produkten bzw. Präparaten sichtbar beeinflussen, unterscheidet man Kooperations- und Einzelvermarktungsmodelle, Misch- und Sonderformen sowie Nachahmerabwehrstrategien. Das Co-Marketing und die Co-Promotion dienen präferenziell der schnelleren Marktdurchdringung. Das entsprechende Präparat bzw. die entsprechenden Präparate sollen innerhalb kürzester Zeit mit höchstmöglichem Marktdruck ihr Produktpotenzial optimal ausschöpfen. Hingegen wird man die Strategien der Ausbietung eines Eigengenerikums und Zulassungen von *friendly generics* erst am Ende der Sättigungsphase anwenden, weil diese Konzepte kurz vor bzw. nach Patentablauf eher der Nachahmerabwehr dienen.

Das Modell der **Einzelvermarktung**, auch als *singlemarketing* bezeichnet, spielt bei der Vermarktung von Produkten jeglicher Art eine große Rolle. Dies gilt auch für den pharmazeutischen Markt. Ein Unternehmen versucht im Alleingang seine Waren und Güter auf dem Markt zu verkaufen, wie es beispielsweise die Firmen Knoll Deutschland, jetzt Abbott GmbH & Co. KG, und Astra Chemicals, jetzt AstraZeneca, mit ihren Präparaten Rytmonorm (Propafenonhydrochlorid) und Beloc (Metoprololtartrat) getan haben. Angesichts des verschärften nationalen wie internationalen Wettbewerbs und der wachsenden Unternehmenskonzentration müssen sich auch die Firmen im Arzneimittelmarkt fragen, ob ihr Weg der Einzelvermarktung der richtige und effizienteste ist. Dennoch bietet das Single-Marketing-Modell gegenüber jeglicher kooperativer Vermarktung Vorteile wie eigenständige Entscheidungen, volle Partizipation am Erfolg und u. U. größeren Gewinn. Die Nachteile liegen in langsamerer Marktpenetration, limitierter Marktpräsenz und zu geringem Promotionsdruck. Zu diesen marktbedingten Nachteilen kommt, dass die Unternehmen die Kosten und Risiken der Vermarktung alleine tragen müssen. In den 80er-Jahren konnte man in der Arzneimittelindustrie eine starke **Fusionswelle** beobachten. Hoffmann LaRoche erwarb Sterling Drug, die letztlich Eastmann Kodak erwarb, Brystol Myers kaufte J. Squibb und Beecham fusionierte mit SmithKline. Roche gewann die Kontrolle über Genentech. Die französische Gesellschaft Rhone Poulenc ihrerseits erwarb die Rechte an Rorer. Was die Firmen zu Kooperationen drängt, sind nicht nur die enorm gestiegenen Forschungs- und Entwicklungskosten für innovative Arzneien, sondern auch die abnehmende Behauptungsdauer des ersten Präparates, seine Indikationen am Markt, der verkürzte Produktlebenszyklus und nicht zuletzt die Konkurrenzsituation auf dem Pharmamarkt. Strategische Bündnisse, wie sie ebenfalls verfolgt werden, sind im Gegensatz zu Fusionen die flexiblere Alternative, wenn eindeutig geklärt ist, dass zwei Unternehmen gemeinsame Profitinteressen haben. Allianzen sind im Allgemeinen auf das Erreichen nachstehender Ziele ausgerichtet:

1. Zeitvorteile durch schnelle Reaktion auf Umfeldveränderungen und Reduzierung von Entwicklungszeiten auf Grund kooperativer F&E-Programme
2. Know-How-Vorteile
3. Zugang zu neuen Märkten und
4. Kostenvorteile aus Synergien

Brendan Flowsten bringt es mit seiner Definition der **Partnerschaften** auf den Punkt: »The investment of resources from different companies in a common business opportunity and the sharing of risks and rewards« (Flowsten, 1995).

8.1.5.1 Das Co-Marketing-Modell

Die entscheidenden Merkmale des Co-Marketing liegen in der gemeinsamen Vermarktung einer Substanz durch zwei Firmen unter verschiedenen Marken. Grundsätzlich kann man annehmen, dass für einen Originator das Co-Marketing weniger attraktiv ist als die Co-Promotion. Im Co-Marketing verkaufen die beiden Vertragspartner das Produkt unter unterschiedlichen Markennamen, oftmals als Resultat nationaler Bestimmungen. Zwei Markennamen in einem Markt bedeuten aber, dass möglicherweise die kritische Umsatzhöhe nicht erreicht wird und sich so der Einsatz an Ressourcen nicht auszahlt. Es besteht zusätzlich die potenzielle Gefahr, dass die beiden Verkaufsorganisationen gegeneinander konkurrieren und nicht mögliche Wettbewerber aus dem Markt verdrängen. Co-Marketing ist zudem für Ärzte oftmals verwirrend, da mit verschiedenen Strategien das gleiche Produkt beworben wird, für Apotheken und Krankenhäuser, die ungern Vorräte beider Produkte führen, und für Behörden und Gesundheitsorganisationen, die nicht bereit sind, Erstattungen für zwei Marken des gleichen Produktes zu zahlen. Für den Partner des Originators kann das Co-Marketing jedoch attraktiv sein, weil es ihm die Rechte an einem Produkt über längere Zeit sichern kann und das abrupte Ende wie bei der Co-Promotion vermeidet.

So wird z. B. die Substanz Pantoprazol von den Firmen Byk Gulden, heute Altana, als Pantozol und von Schwarz Pharma unter Rifun vertrieben. Es können aber auch mehr als zwei Unternehmen mehr als eine Substanz unter verschiedenen Marken vertreiben. Deshalb verläuft der Lebenszyklus von mittels Co-Marketing vermarkteten Präparaten theoretisch wesentlich steiler als unter *single marketing*-Bedingungen. Das Ziel, innerhalb einer kürzeren Frist für ein Präparat den *break-even-point*, also die Absatzmenge, bei der die Kosten von den Erlösen gedeckt werden, und sein Umsatzmaximum zu erreichen, ist offensichtlich.

Weitere Beispiele für Co-Marketing:
Ranitidin wird vertrieben als Zantic von Glaxo-Wellcome, unter dem Namen Sostril von Cascan. Ganor (Fanotidin von der Firma Thomae) unter dem Namen Pepdul von MerckSharp & Dome.

8.1.5.2 Das Co-Promotion-Modell

Diese kooperative Form der Vermarktung von innovativen Medikamenten ist grundlegend anders als das Co-Marketing. Co-Promotion wird charakterisiert durch die Vermarktung einer Substanz durch zwei Firmen unter einer Marke. Sie hat sich als ein wichtiges Werkzeug etabliert, das Firmen helfen kann, Märkte zu erschließen, die entweder durch andere, größere Firmen oder durch gut etablierte Produkte dominiert werden. Grundsätzlich geht es darum, dass der Entwickler eines neuen Produktes sich die Marketing- und Verkaufsorganisation „mietet", um verstärkten Einfluss auf den Markt, insbesondere in der Einführungsphase seines neuen Produktes nehmen zu können.

Die wichtigsten Probleme in Co-Promotionsverträgen beziehen sich auf das Management der Verkaufsorganisation und der zu vereinbarenden Gewinne für den Partner. Die Verkaufsorganisa-

tion, insbesondere also die Pharmareferenten, müssen so gesteuert werden, dass Ärzte oder auch Apotheken nicht in zu kurzem Abstand zu häufige Besuche erhalten. Dies kann sich im schlimmsten Fall nachteilig auswirken.

Die Vergütung des Partners, der seine **Verkaufs- und Marketingorganisation** zur Verfügung gestellt hat, basiert in der Regel auf den zusätzlichen Umsätzen, die durch ihn kreiert wurden. Im Falle eines neuen Produktes heißt das, dass die Parteien sich auf eine Basislinie und zusätzlich über die möglichen zusätzlichen Verkäufe einigen müssen, die über die Laufzeit des Vertrages erzielt werden. Normalerweise gibt es in solchen Verträgen einen Bonus für den Partner für die Zeit nach dem Vertrag, der sicherstellen soll, dass das *commitment* (Bereitschaft zur Leistungserbringung) bis zum Ende der Laufzeit des Vertrages erhalten bleibt und der Wegfall der Einnahmen aus dem Co-Promotionsvertrag für ihn abgemildert wird.

So wird z. B. das Präparat Coric (Lisinopril) von den Firmen Dupont Pharma und dem Arzneimittelwerk Dresden gemeinsam vertrieben.

Boehringer Ingelheim und Bayer wollen den Wirkstoff Telmisartan, Markenname Micardis, in Deutschland, Skandinavien und der Schweiz gemeinsam vertreiben. Bayer wird voraussichtlich 2003 das Produkt ausbieten.

Infolge der veränderten Prämissen eröffnen sich wieder neue Vor- und Nachteile für dieses Modell. Insbesondere gehören dazu die schnelle Marktpenetration über zwei oder mehr Außendienste und nur einmal entstehende Kosten für die Erarbeitung eines Werbekonzeptes. Nachteile liegen hauptsächlich in einem hohen Abstimmungsaufwand einer von beiden Seiten als gerecht empfundenen Gewinnteilung und möglicherweise kontraproduktiven Schuldzuweisungen infolge eines Misserfolgs. Durch die Kombination unterschiedlicher Vermarktungsmodelle, wie der **Kombination aus Co-Promotion und Co-Marketing**, ergeben sich oftmals zusätzliche Synergieeffekte. Ein Beispiel für die erfolgreiche Verknüpfung der Modelle ist die Substanz Lanzoprazol, ein Protonenpumpen-Inhibitor. Der Wirkstoff wird von den Firmen Takeda und Grünenthal unter dem Präparatenamen Argopton in einer Co-Promotion vertrieben. In einer weiteren Lizenz verkauft die Firma Albert Roussell als Co-Marketing-Partner von Takeda die Substanz unter der Marke Lanzor. Auch in anderer Reihenfolge ist diese Strategie in der Praxis erprobt. Die Substanz Captopril, eine Entdeckung der Firma BrystolMyersSquibb (Lopirin), wird seit 1981 in einem Co-Marketing mit Schwarz Pharma (Tensobon) vertrieben. 1989 stieg über eine Co-Promotion die Firma Boehringer Mannheim in die Vermarktung von Lopirin ein. 1996 gehörten die beiden Präparate zu den erfolgreichsten im Apothekenmarkt nach Umsatz. Lopirin auf Platz 6 und Tensobon auf Rang 31 sind in der Liste der führenden Präparate. Ein neueres Beispiel ist die Vermarktung des Multiple Sklerose Medikaments Rebif durch Pfizer und Serono.

8.1.6 Co-Marketing eines Herstellers

In diesem Fall wird eine Substanz von nur einem Hersteller unter zwei verschiedenen Warenzeichen vertrieben. Das Unternehmen bietet während der Patentlaufzeit des Originals ein zweites Präparat aus. Angewendet wurde diese Art der Produktförderung z. B. von der Firma Astra Chemicals. Sie bot 1989 ihre neu entwickelte Substanz Omeprazol unter dem Warenzeichen Antra aus. 1990, nach einem Jahr, führte man das Medikament Gastroloc preisgleich im Markt ein. Zu diesem Zwecke gründete man eine reine Vertriebsgesellschaft (Pharma-Stern), die lediglich aus einer aufgegliederten Linie des Mutterhauses Astra Chemicals bestand.

8.1.7 Ausbietung eines Eigengenerikums

Die Ausbietung eines Eigengenerikums beinhaltet, dass ein Unternehmen seine Originalsubstanz, die es selbst erforscht und entwickelt hat, erneut als Nachahmerpräparat kurz vor Patentablauf auf den Markt bringt. Das Präparat erhält eine eigene Marke und wird in der Regel preiswerter als das Originalpräparat angeboten. Ein Beispiel dafür ist die Substanz Cimetidin von der Firma SmithKline Beecham. Das Original trägt den Namen Tagamed und das Generikum wird unter dem Markennamen Cimed vertrieben. In diesem speziellen Fall wurde für den Vertrieb des Generikapräparates eigens eine Firma gegründet, die aber rechtlich zur Urheberfirma

gehörte. Nach Ablauf der Patentschutzzeit für die Originalsubstanz wurde es als das eigene Generikum im Markt eingeführt, das über wenige Jahre seine Position am Markt festigen konnte, wodurch die Substanz relativ sicher in Händen von SmithKline Beecham verblieb. Der Nachteil dieser Strategie sind jedoch die hohen Kosten, die nicht immer in einem gesunden Verhältnis zum Nutzen, also dem Umsatz, stehen.

Wie bedeutsam diese Strategie sein kann zeigt das Beispiel Boehringer Ingelheim. Durch die Einführung des Generikums Pamidronat durch die US-Tochter Ben Venue stieg der Umsatz in den USA beträchtlich.

8.1.8 Einführung von friendly generics

Die Strategie der Zulassung von *friendly generics* ähnelt der Ausbietung eines Eigengenerikums. Auch hier versucht ein Originalanbieter nach dem Motto „Angriff ist die beste Verteidigung" seine Position im Markt zu schützen. In dieser Variante sucht sich ein Originalhersteller einen qualitativ anerkannten seriösen Generikaanbieter als Partner, dem er eine Lizenz seiner Substanz anbietet, um den Markt frühzeitig vor dem Nachahmereintritt zu präparieren. Ein Beispiel für diese Strategie lieferte die Firma GlaxoWellcome mit ihrem Präparat Zovirax. 1983 trat man mit Zovirax in den Markt ein. Das Patent für die Substanz lief 1993 aus. Im Januar 1994 wurden zwei *friendly generics* zugelassen. Das waren die beiden Firmen Ratiopharm (Aziclovir Ratiopharm) und Hexal (Acic). Über die Gründe für die Zulassung von *friendly generics* nach **Patentablauf** kann man nur spekulieren. Einer könnte jedoch das Bestehen eines zusätzlichen Schutzes für das Herstellungsverfahren der Substanz sein, an dem andere Nachahmer nicht vorbeikommen. Damit hätten die *friendly generics* wieder den gesuchten zeitlichen Vorlauf, um ihre Marktposition gegenüber weiteren Wettbewerbern zu festigen. Der Vorteil für GlaxoWellcome liegt in einer Substanzmengenausweitung, an der die Firma als Originalanbieter über Substanz- und Lizenzgebühren sowie all den damit verbundenen Steuerungsmöglichkeiten partizipiert. Über die vertragliche Bindung kann auch festgelegt werden, dass die Lizenznehmer ihre Fertigwaren des betreffenden Arzneimittels beim Originalanbieter beziehen müssen.

8.1.9 Die line extension

Die *line extension* ist im eigentlichen Sinne keine in sich geschlossene Strategie für den Vertrieb eines Präparates wie etwa das Co-Marketing oder die Co-Promotion. Vielmehr ist es ein Sammelbegriff für die verschiedensten Aktivitäten zur Abgrenzung gegenüber den Wettbewerbern oder die Abwehr der Nachahmer. Maßnahmen können im Einzelnen sein:

- die Erweiterung der Produktpalette durch Anbieten neuer Darreichungsformen oder das Angebot weiterer Wirkstärken
- die Verbesserung der Patienten-*compliance* (Akzeptanz der Präparate-Eigenschaften durch den Patienten) durch Veränderung der Galenik und die Steigerung der Bioverfügbarkeit oder die Ausbietung retardierter Formen eines Präparates.

Weitere Maßnahmen sind der Zukauf von Lizenzen für Substanzen, die in das bestehende Sortiment passen. Ein Beispiel für eine *line extension* ist die Ausbietung der retardierten Form des Grünenthal-Präparates Tramal (Tramadol), die unter dem Warenzeichen Tramal long im Markt eingeführt wurde.

8.1.10 product fostering

Product fostering kann als eine Abwandlung der Co-Promotion angesehen werden. In diesem Modell verkauft der Partner des Originators ein Produkt als wäre es sein eigenes für eine bestimmte Zeitspanne und gibt es nach dieser Zeitspanne an den Originator zurück. dieses Modell kommt z. B. zum Tragen, wenn eine kleinere Firma in einem Land keine nationale Präsenz hat, diese aber über die Zeit entwickeln will oder der Originator, z. B. nach einer Akquisition mehr Produkte in seinem Portfolio hat als er kurzfristig vermarkten kann. Wieder ergibt sich für den Partner eine kurzfristige Einnahmequelle und die Möglichkeit, die eigene *salesforce* stärker auszulasten. Probleme entstehen dann, wenn der Originator das Produkt zurückübernehmen möchte und die Produkte des Partners in der Zwischenzeit nicht ausreichend entwickelt wurden, um die Verkaufsorganisation auszulasten. Aus diesem Grund ist die Vereinbarung des Endzeitpunktes von materieller Bedeutung. Am 27.3.2006 beendeten Dainippon Sumitomo Pharma Co. und Abbott Laboratories Inc. eine zehnjährige Partnerschaft zum Verkauf der Abbott-Produkte durch Dainippon in Japan. Abbott hatte entschieden, die Produkte nun selbst im japanischen Markt zu vertreiben. Die Partnerschaft beinhaltete 32 Abbott-Produkte mit einem Umsatz von 451 Millionen US-Dollar, oder 22 Prozent des vorhergesagten Umsatzes von Dainippon im Jahr 2006.

8.1.11 Lifecycle Management

Die Modelle 8.1.7–8.1.10 sind immer wieder auch im Lifecycle Management zu finden. Lifecycle Management ist aber heute weit mehr als die Sicherung des Marktanteils eines Produktes, welches aus dem Patentschutz heraus läuft. Abbildung 8.1 verdeutlicht die verschiedenen Phasen des Produktlebenszyklus und die Maßnahmen, die in den einzelnen Phasen sowohl zum Erhalt, aber auch zum Ausbau der Umsätze eines Produktes ergriffen werden können.

So ist bereits in der Forschungs- und Entwicklungsphase der Zeitfaktor kritisch und Formulierungskonzepte oder neuartige Technologien können die Markteinführung beschleunigen. In der Einführungsphase können die bereits geschilderten Modelle das Ziel, schnell maximale Umsätze zu erreichen, fördern. Am Ende des Lebenszyklus stehen Aktivitäten, die die Ausweitung des Patentschutzes zum Ziel haben. Neue Fomulierungen und Drug Delivery können dabei eine entscheidende Rolle spielen (vgl. Kap. 1.2.2.4). Neben dem Treiber Patentablauf sind aber auch Faktoren wie verbesserte Verträglichkeit, erhöhte *efficacy* und *compliance* (vgl. dazu Kap. 9.4.4) und Produktdifferenzierung maßgebliche Aspekte. Beispiele dafür sind Voltaren (Wirkstoff Diclofenac) als Retard-Formulierung, Fosamex (Wirkstoff: Alendronat) mit einer Tablette, die einmal wöchentlich eingenommen werden kann, Duragesic (Wirkstoff: Fentanyl) mit einem transdermalen Pflaster, Neoral (Wirkstoff Cyclosporin) mit geringerer Variabilität, Kaletra (Wirkstoff Lopinavir) mit einer Tablettenform,

Abb. 8.1: Lifecycle Management-Phasen und Maßnahmen der Umsatzsicherung.

die neben geringer Tablettenanzahl und erhöhter Stabilität im Vergleich zum Vorgängerprodukt, einer Weichgelatinekapsel, in ihrer Verabreichung auch keine Berücksichtigung der Nahrungsaufnahme mehr erfordert und eine geringere Variabilität in den Patienten zeigt. Auch das bereits erwähnte Procardia (Kap. 1.2.2.4 und Abb. 1.1) oder auch Adalat (Wirkstoff in beiden Fällen Nifedipin), in deren Lebenszyklus vier verschiedene Formulierungskonzepte als Produkte zum tragen kamen, lassen sich in dieses Gebiet einordnen. Ähnliches gilt auch für Peptide als Wirkstoffe. So erlangte Insulin 1986 die Zulassung als so genannter Pen, ein Injektionssystem, im Jahr 2006 dann die Zulassung als Inhalationsform. Ein Lifecycle Management, das erst durch den technischen Fortschritt im Bereich der *drug-delivery*-Systeme möglich wurde.

Neben neuen Formulierungen und Drug-Delivery-Ansätzen findet man in dieser Produktlebensphase auch den *OTC-switch*, der Entlassung eines Medikamentes aus der Verschreibungspflicht. Die Sicherheit muss der Hersteller gewährleisten, sodass Produkte mit einfacher Dosierung, wenig Kontraindikationen und großer Bekanntheit oder mit einem lange etablierten Markennamen infrage kommen.

Der Erfolg von GlaxoSmithKline mit dem *OTC-switch* von Zovirax (mit dem Wirkstoff Aciclovir) in England ist ein gutes Beispiel. Drei

Jahre vor Ablauf des Patentes wurde es als Selbstmedikation auf den Markt gebracht. So wurden die Umsätze des verschreibungspflichtigen Produktes durch das *OTC*-Produkt gesichert. Der Marktanteil im *OTC*-Sektor lag in den Folgejahren bei ca. 90 %, die Umsätze liegen auch heute noch bei mehr als 15 Millionen Dollar.

Ein anderes Beispiel ist Prilosec und seine Weiterentwicklung Nexium. Hier wurde der *OTC-switch* parallel mit der Einführung des Nachfolgeproduktes durchgeführt. Prilosec war Astra-Zenecas Protonenpumpen-Inhibitor mit dem Wirkstoff Omeprazol. Es wurde 1989 durch die FDA zugelassen. Astra-Zeneca entwickelte eine Nachfolgesubstanz, das Derivat Esomeprazol, ein s-Isomer des racemisch vorliegenden Omeprazol, das von der FDA 2001 zugelassen wurde.

Das neue Produkt Nexium wurde 2001 in 38 Ländern auf den Markt gebracht und war 2003 das am schnellsten wachsende Produkt seiner Klasse. In der Zwischenzeit, genauer im Oktober 2001, war das Patent von Prilosec ausgelaufen und Astra-Zeneca erhielt die Zulassung der FDA für eine *OTC*-Version von Prilosec, die im Dezember 2002 ebenfalls auf den Markt gebracht wurde. So wurde die etablierte Marke Prilosec m *OTC*-Bereich weiter genutzt, während das verschreibungspflichtige Nexium parallel eingeführt wurde.

8.2 Liefer- und Herstellverträge (supply and manufacturing agreements)

Die Punkte, die in Liefer- und Herstellverträgen geregelt werden, sind oft praktischer Natur, aber dennoch von großer kommerzieller Bedeutung. Fragen, die im Vertrag geregelt sein müssen, sind:
- detaillierte Spezifikation des Produkts
- Regularien wie GMP
- Qualitätskontrollstandards
- Garantie der Liefer- und Herstellfähigkeit
- Ersatzeinrichtungen zur Herstellung, oftmals in der Form einer *backup*-Anlage
- *forecast*, also Vorhersage der Liefer- und Abnahmemengen
- Lieferbedingungen und die Form der Bestellung
- Akzeptanz und Qualitätskriterien des Produktes
- der Abgabepreis bzw. die Herstellkosten

- periodische Überprüfung der o.g. Bedingungen.

Herstell- und Lieferverträge treffen heute insbesondere Lohnhersteller, aber auch die sog. *drug delivery*-Firmen, die in der Regel nicht nur neue Produkte entwickeln, sondern diese nachfolgend mit ihren patentgeschützten Technologien auch herstellen. Die wiederkehrende Inaugenscheinnahme der vereinbarten Bedingungen ist essenziell, denn Produktionskosten entwickeln sich trotz möglicherweise effizienterer Prozesse über die Zeit eher nach oben, während Marktpreise über die Zeit deutlich fallen können. Dies macht eine Anpassung der Bedingungen erforderlich, sodass beide Parteien weiterhin Interesse haben, das Produkt herzustellen und zu vermarkten.

8.3 Zahlungen und Zahlungsbedingungen

In allen oben genannten Vereinbarungen geht es letztendlich um kommerzielle Vorteile und den daraus resultierenden Gewinn. Der Satz „Du bekommst, was du verhandelst, nicht das, was du verdienst" beschreibt die Bedeutung der Verhandlung und der Ausgestaltung des Vertrags. Abgesehen von der Fähigkeit des Verhandlers sind die resultierenden Zahlungen dennoch geprägt durch das Interesse des Lizenznehmers oder Kooperationspartners, die Stärke des Patentschutzes und des kommerziellen Bedarfs. Generell gibt es zwei Zahlungstypen: 1. fortlaufende Zahlungen (*royalties*), 2. an bestimmte Zeitpunkte gebundene Zahlung (*stage payment*).

Stage payments

Diese zu festgesetzten Zeitpunkten fälligen Zahlungen werden oft mit den englischen Begriffen *upfront payment*, *down payment*, *milestone payment* und *lump sum* umschrieben. Es ist z. B. nicht unüblich, bei Inkrafttreten eines Vertrags, also bei Leistung der Unterschrift durch die Ver-

tragsparteien, als Unterstreichung der Willenserklärung des Lizenznehmers eine Zahlung zu vereinbaren. Weitere Zahlungen können z. B. bei Auslösung oder Inanspruchnahme einer Option, bei der ersten Verabreichung des Arzneimittels in einer klinischen Studie, dem Start der Phase III der klinischen Studien, der Einreichung der Zulassung (wie z. B. NDA) und last but not least der Zulassung des Produktes durch die Behörde vereinbart werden. Handelt es sich bei dem Vertrag um eine Forschungskooperation, werden Zahlungen in der Regel direkt an das Erreichen gewisser, vorher vereinbarter technischer Ziele geknüpft. Solche Zahlungen sind in der Regel nicht rückzahlbar, da sie direkt an das Erreichen bestimmter Ziele geknüpft sind. Nichtsdestotrotz können sie in manchen Fällen nach der Zulassung des Produktes auf die spätere Zahlung von *royalties* über eine bestimmte Zeit angerechnet werden. Theoretisch ermutigt das den Lizenznehmer, die frühen Umsätze eines Produktes im Markt mit höchster Energie erreichen zu wollen.

Royalties

Royalties sind fortlaufende Zahlungen für die Nutzung bestimmter Rechte, insbesondere unter Patenten, Warenzeichen und Know-How-Vereinbarungen. Es sollte an dieser Stelle beachtet werden, dass die Dauer der *royalty*-Zahlungen oftmals durch Gesetze beschränkt wird: So sind Know-How-Lizenzen normalerweise maximal zehn Jahre vergütungspflichtig, während *royalties* unter der Nutzung eines Patentes in der Regel mit dem Ablauf des Patentes enden. *Royalties* für Marken können hingegen mit dem Bestand der Marke weitergeführt werden. Handelt es sich bei einer Vereinbarung um eine Mischung der o.g. Rechte, so sollten im Vertrag die Dauer und der Bezug der *royalty*-Zahlungen zu den einzelnen Kategorien klar geregelt sein.

Royalties werden normalerweise auf die Nettoumsätze eines Produktes berechnet. Nettoumsätze definieren sich dabei in der Regel als Umsätze des Lizenznehmers an einen Kunden abzüglich Steuern und sonstiger Aufwendungen wie Rohstoffkosten. Im Fall der Lizenzvereinbarungen für eine Herstellung ist es nicht unüblich, die *royalty* auf den Produktionsdurchsatz, also in der Regel Euro pro Kilo oder pro Tonne zu berechnen.

Angesichts der zuvor besprochenen Szenarien wird es künftig schwer, für das *single marketing* als erfolgreiche Marketingstrategie Anwendung zu finden. Noch vor zehn bis 15 Jahren konnte man Innovationen im Pharmamarkt einführen, ohne sie besonders marketingtechnisch unterstützen zu müssen. Allein die Tatsache, dass es sich um eine Innovation handelte, verlieh dem Präparat eine gewisse erfolgversprechende Eigendynamik, unabhängig von der benötigten Zeit. Beispielsweise lassen sich dafür Präparate wie Beloc, Rytmonorm oder Mavelon anführen. Heute zeugen die Umsatzverläufe von einer anderen Situation. Den Grundstein für den Erfolg pharmazeutischer Innovation legt der Anbieter heute eindeutig in den ersten ein bis zwei Jahren nach Markteinführung des Medikaments. Gelingt es nicht, das Präparat auf einen hohen Umsatzsockel zu katapultieren, wird ein Neuanbieter von der verschärft kämpfenden Konkurrenz aus dem Markt gedrängt. Letzteres zu verhindern und Ersteres zu erreichen, ist die vorrangige Aufgabe der Kooperationsmodelle Co-Marketing und Co-Promotion. Durch die Zusammenlegung aller absatzrelevanten Ressourcen zweier oder mehrerer Unternehmen können mit diesen Modellen Umsatzanteile gegenüber dem *single marketing* realisiert werden. In diesem Zusammenhang gewinnt auch das Pre-Marketing immer mehr an Bedeutung. Die Situationsanalyse im Vorfeld und die Vorbereitung des Marktes sind heute notwendige Maßnahmen, um den Erfolg eines Präparates oder einer Substanz zu gewährleisten.

8.4 Das Verhandlungsteam (licensing-team)

Lizenzvereinbarungen sind in der Regel ein spezialisiertes Feld, in dem ein Team durch einen erfahrenen Lizenzfachmann, der verantwortlich für die Koordination und Führung des Prozesse ist, geführt werden sollte. Da das Lizenzgeschäft in der Regel alle wichtigen Geschäftsbereiche wie Forschung, klinische Entwicklung und Zulassung, Produktion, Verkauf und Marketing, Finanzen, Recht und regionales Management umfasst, ist es wichtig, das Lizenzteam entsprechend mit Vertretern der einzelnen Bereiche auszustatten. In der Praxis hat es Vorteile, das eigentliche Lizenzteam relativ klein zu halten und bei Bedarf vorher bestimmte Vertreter der einzelnen Bereiche oder Funktionen zu den Gesprächen oder zur Abstimmung hinzuzuziehen. Daraus ergibt sich zwingend die Forderung, alle interessierten Funktionen innerhalb der Firma frühzeitig in ein Lizenzprojekt einzubeziehen, um sowohl positive als auch negative Aspekte frühzeitig auszumachen.

8.5 Vertrags-Checkliste

Viele Aspekte der Vertragsvereinbarung unterliegen den Gesetzen des jeweiligen Landes oder aber größerer Vereinbarungen wie dem Europäischen Handelsabkommen oder den US-Antikartell-Rechten. Es ist essenziell, qualifizierte Rechtsanwälte in die Formulierung solcher Verträge einzubeziehen. Da sich in der Regel jede Vertragsvereinbarung unterschiedlich gestaltet, ist im Folgenden grob eine Liste mit Stichpunkten gegeben, die sich als Leitfaden durch viele der Verträge im pharmazeutischen Sektor zieht:

- Die Vertragsparteien – einschließlich ihrer Tochterunternehmen (*parent company* und/oder *affiliates*)
- Definitionen – Patente, Produkte, Produktspezifikationen, Territorium (Länder), Marken müssen definiert werden und sind oft Bestandteil detaillierterer Anhänge zum Vertrag
- Rechte – Welche Rechte werden erteilt, sind sie exklusiv, also darf nur der Lizenznehmer sie nutzen, sind sie semi-exklusiv, also darf sowohl der Lizenzgeber als auch der Lizenznehmer sie benutzen oder sind sie nicht-exklusiv?
- Verpflichtungen – Welche Leistungen werden erwartet? In welchem Zeitraum, unter welchen Bedingungen (Mindestabnahmemengen, zu erreichender Zeitpunkt für eine bestimmte Leistung)?
- Entwicklung – Wer ist verantwortlich, für was und wann? Wie werden Kosten geteilt und wenn sie geteilt werden, auf welcher Basis? Welches sind die Kernentscheidungspunkte, die man erreichen will?
- Zulassung (*regulatory affairs*) – Wer ist verantwortlich für die Zusammenstellung und Einreichung des Dossiers, wer ist Eigentümer des Dossiers, welche Rechte zu dem Dossier erhalten die Parteien nach der Zulassung und nach Beendigung des Vertrags? Werden Dossiers evtl. zurück übertragen oder sind sie durch Crossreferenz zugänglich?
- Lieferung – Normalerweise werden die Lieferbedingungen in einem separaten Vertrag erfasst, aber es ist dennoch wichtig, frühzeitig die Rahmenbedingungen abzustecken: Wo findet die Herstellung statt und wer stellt her, was ist das zu liefernde Produkt (ein Intermediat, also ein Zwischenprodukt, das weiter verarbeitet wird, ein Bulkprodukt, also z. B. eine fertig verpresste Tablette in einem großen Container oder ein sog. *finished product*, eine im Blister (Primärpackmittel) abgepackte Tablette für die Weiterverpackung)? Weiterhin werden im Liefervertrag die Fragen der pharmazeutischen Verantwortlichkeit, der Freigabe der Arzneimittel, sowie last but not least der Herstellkosten geregelt.

- Geheimhaltung – Geheimhaltungsklauseln sind in der Regel als Standard definierbar, es sei denn, es sind mehrere Parteien involviert und die Geheimhaltung erstreckt sich über alle in dem Prozess eingebundenen Firmen.
- Bedingungen und Laufzeit des Vertrags – Wie lange läuft der Vertrag und woran ist die Beendigung des Vertrags geknüpft? Die Rechte einer Vertragspartei, den Vertrag zu beenden, falls die andere Partei ihren Verpflichtungen nicht nachkommt und fortwährende Verpflichtungen wie z. B. die Geheimhaltung.
- Haftung und Gewährleistung (*warranty and liability*) – Wie ist sichergestellt, dass die Rechte, die an den Partner im Vertrag weitergegeben werden, auch tatsächlich im Eigentum befindlich sind, was passiert, wenn eine der Parteien verklagt wird, was passiert, wenn Probleme mit dem Produkt auftreten (im schlimmsten Fall im Markt), wer übernimmt die Verteidigung und wer haftet für die Schäden in welchem Ausmaß?
- Gesetz – Welchem Landesgesetz unterliegt der Vertrag, in welcher Sprache und gibt es Bedingungen über ein mögliches Schiedsverfahren?
- Anhänge – Die Anhänge bestehen in der Regel aus einer Liste der relevanten Patente oder Warenzeichen, den Ländern des Vertragsterritoriums, detaillierter Spezifikationen des Produktes, einem ausführlichen Entwicklungsplan mit Zeitplan und Kosten sowie insbesondere den zu erreichenden Entscheidungspunkten, einer detaillierten Regelung der pharmazeutischen Verantwortlichkeiten (Verantwortungsabgrenzungsvertrag oder *delimitation of pharmaceutical responsibilities*).

8.6 Projektbewertung

Wann lohnt sich ein Projekt und wann nicht? Insbesondere bei Projekten mit langer Laufzeit und hohen Kosten ist diese Frage von enormer Bedeutung. Der Pharmasektor kann als Paradebeispiel für langfristige und kapitalintensive Investitionsentscheidungen angesehen werden.

Angesichts der Unterteilung des Marktes im Pharmabereich und sinkender Margen in den Hauptmärkten ist Zielsetzung der Aktivitäten, ein bestimmtes Umsatzvolumen, das ein Überleben ermöglicht, zu erreichen. Zur sog. Portfolioanalyse, der Betrachtung aller Projekte oder Produkte, gehören folgende grundsätzlichen Entscheidungen:
– Beenden der Entwicklung
– Fortführen der Entwicklung
– Auslizenzierung
– Einlizenzierung.

Von den rund 30.000 in der Medizin beschriebenen Krankheiten sind etwa 100 bis 150 so relevant, dass sie sich als Forschungsgebiete für die pharmazeutische Industrie eignen.

Immer wieder stellt sich die Frage, nach welchen finanziellen Kriterien man sich für oder aber gegen die Durchführung eines Forschungsvorhabens oder, ganz allgemein formuliert, die Tätigung einer Investition entscheidet. Unter dem Begriff Projekt soll hier ganz allgemein ein Vorhaben verstanden werden, das eine Investitionsentscheidung erfordert.

8.6.1 Wann lohnt sich ein Projekt? – Methoden der Investitionsrechnung

Gemeinhin unterscheidet man statische und dynamische Methoden der Investitionsrechnung. Statischen Methoden ist gemeinsam, dass sie sich zur Prüfung der Vorteilhaftigkeit von Investitionsalternativen Basisinformationen bedienen, die im betrieblichen Rechnungswesen der Unternehmung traditionell erfasst werden. Es wird im Allgemeinen mit Kosten und Leistungen bzw. mit Aufwendungen und Erträgen gearbeitet. Nachteilig ist, dass der zeitliche Anfall dieser Größen keinen Einfluss auf die Ergebnisse der

Rechnungen hat. Zusätzlich ist diesen Betrachtungsweisen die einperiodische Betrachtung gemeinsam. Entsprechend den zugrunde liegenden Zielgrößen lassen sich Kostenvergleichsrechnung, Gewinnvergleichsrechnung und die Rentabilitätsrechnung unterscheiden.

Kennzeichnend für die dynamischen Kennzahlen ist, dass alle Einnahmen und Ausgaben auf einen bestimmten Zeitpunkt ab- bzw. aufgezinst und damit zeitlich gleichwertig gemacht werden. Durch Aufzinsung wird ein gegenwärtiger Betrag wertmäßig in die Zukunft transponiert, also sein zukünftiger Wert bestimmt, während bei der Abzinsung der gegenwärtige Wert eines in der Zukunft liegenden Betrags bestimmt wird.

Beim Abzinsen geht es letztlich darum, den frühen Kosten eines Projektes die Erträge zu einem wesentlich späteren Zeitpunkt gegenüberzustellen. Neben der mehr menschlichen Komponente, in der Zukunft liegende Ereignisse geringer zu bewerten als aktuelle, wird die Abzinsung als Entscheidungshilfe für Investitionsentscheidungen gesehen. Die Inflation ist eindeutig nicht der einzige Grund für die Abzinsung.

8.6.2 Der Kapitalwert

Die dynamischen Methoden der Investitionsrechnung beziehen zwar den zeitlichen Ablauf durch Auf- oder Abzinsung in ihre Rechnungen ein, beschränken sich aber im Regelfall auf gleich bleibende Zeitintervalle – üblicherweise das Jahr –, um die finanzmathematischen Formeln der Zinseszinsrechnung auf die Einnahmen und Ausgaben einer Investition anwenden zu können.

Das Investitionsrechenverfahren, welches diese Technik benutzt, wird als Kapitalwertmethode oder *net present value* (kurz NPV) bezeichnet (Abb. 8.2). Der Kapitalwert K eines Investitionsprojektes ist die Summe aller mit dem Kalkulationszinsfuß r auf den Zeitpunkt 0 abgezinsten Zahlungen x_t des Projektes (Gleichung 1):

$$K = NPV = \sum_{t=0}^{\bar{t}} \frac{x_t}{(1+r)^t}.$$

Gleichung 1: Kapitalwert (net present value)

Jahr Nr.	1	2	3	4	5	6	7	8	9
Aktuelles Jahr	2002	2003	2004	2005	2006	2007	2008	2005	2006
Umsatz (€)	0	1050	1591	3213	3245	3278	3311	3344	3480
	0	0	0						
	0	0	-30				0	0	0
	0	0	0				0	0	0
Kosten F&E	-1650,0	-20	-50				0	0	0
	0	0	0				0	0	0
	0	0	0			0	0	0	0
	0	0	0			0	0	0	0
	0	0	0			0	0	0	0
	0	0	0			0	0	0	0
	0	0	0	0	0	0	0	0	0
Cashflow	-1650	1030	1011	3213	3245	3278	3311	3344	3480
Diskontierter Cashflow (=Present Value)	-1650	963	883	2623	2476	2337	2206	2082	2025
Kumulierter Cashflow	-1650	-620	391	3604	6850	10127	13438	16782	20261
Kumulierter diskontierter Cashflow (=*Net Present Value, NPV*)	-1650	-687	195	2818	5294	7632	9838	11920	13945

Berechnet aus dem Cashflow des jeweiligen Jahres (aktueller abgezinster Cashflow, PV, durch Abzinsung:

$$PV = \frac{x_t}{(1+r)^t}$$

Berechnung aus der Addition des Cashflows der Vorjahrsperiode und des aktuellen Cashflows

Berechnung aus der Addition des abgezinsten Cashflows der Vorjahrsperiode(n) und des aktuellen abgezinsten Cashflows:

$$NPV(r) = \sum_{t=0}^{H} \frac{x_t}{(1+r)^t}$$

Abb. 8.2: Schema einer Berechnung des *net present value* (NPV). Cashflow wird hier als Differenz aus den Umsätzen und den Ausgaben während des Geschäftsjahres betrachtet. Allgemein ist der Cashflow ein Maß für die Finanzkraft, also inwiefern aus eigener Kraft Investitionen getätigt, Schulden getilgt oder Gewinn ausgeschüttet werden können.

Die angelsächsische Literatur spricht hier vom sog. *net present value* (NPV).

Die Differenz aus den abgezinsten Einzahlungen und Auszahlungen wird als Kapitalwert bezeichnet. Ist der Kapitalwert > Null, d. h. sind die Einzahlungen größer als die Auszahlungen, so ist eine Investition grundsätzlich sinnvoll. Allerdings sind die Annahmen für das Resultat der Investitionsrechnung von großer Bedeutung, insbesondere der Erfolg nach Markteinführung.

Nachfolgend ist vereinfacht das Schema einer NPV-Berechnung dargestellt. Dabei werden die Begriffe Cashflow, diskontierter (abgezinster) Cashflow (Barwert, *present value*) und kumulierter diskontierter Cash Flow verdeutlicht.

8.6.3 Das Entscheidungsbaummodell

Weiterführende Modelle weisen aber nach dieser linearen Betrachtung des NPV die verschiedenen Möglichkeiten auf. Verschiedene Optionen oder Möglichkeiten lassen sich über sog. Entscheidungsbäume betrachten. Neben der rein finanziellen Betrachtung helfen diese Entscheidungsbäume auch, dem Management Anhängigkeiten der Entscheidungen untereinander aufzuzeigen und die finanziellen Risiken und Werte mit dem jeweiligen Erreichen eines Entscheidungspunktes zu verknüpfen. Auch werden dem Management die verschiedenen Entscheidungsmöglichkeiten vor Augen geführt.

Die Äste des Entscheidungsbaumes bilden mit ihrer Wahrscheinlichkeit jeweils eine Alternative, die zu einem NPV führt. Selbst wenn die Wahrscheinlichkeit eines Astes jeweils 90 % beträgt, resultiert am Ende über etwa 4 Stufen eine Gesamtwahrscheinlichkeit von nur 66 %.

Am Ende jeden Astes steht die Gesamtwahrscheinlichkeit für den Eintritt des Endergebnisses sowie, damit multipliziert, der NPV des Astes, also gewichtet nach Wahrscheinlichkeit.

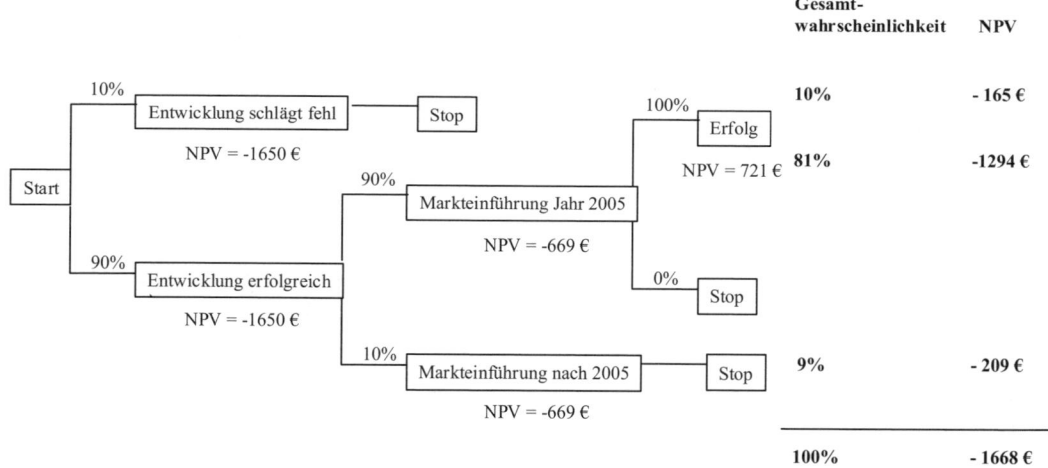

Abb. 8.3: Entscheidungsbaum mit nach Wahrscheinlichkeit gewichteten *net present value*-Werten für das Jahr 3 des Projekts.

9 Quo vadis? Versuch eines Ausblicks

9.1 Der Status Quo

Vergleicht man die Statistiken einschlägiger Wirtschaftverbände, Analysen führender Unternehmensberatungen sowie die Schlagzeilen der Wirtschaftszeitungen zur Situation der pharmazeutischen Industrie, so sind die Meinungen über die **Zukunft** dieses Industriezweiges geteilt. Während die einen mit „in der Pillenbranche läufts rund"[1]* und „Pharmaindustrie erfreut sich bester Gesundheit" die pharmazeutische Industrie hochleben lassen und ihr eine „goldene Zukunft"[2] prophezeien, malen andere ein eher düsteres Szenario: „Gewinnbringer in der Pharmaindustrie verschwinden"[3], „nicht wieder zu beleben: bei den Pharmakonzernen stockt der Nachschub an neuen Pillen"[4].

Der Verband der forschenden Arzneimittelhersteller (VFA) prophezeit für 2006 ein weiteres Jahr der Stagnation: keine neuen Arbeitsplätze, wenig neue Forschungskapazitäten und weiter sinkende Erfolgsmöglichkeiten.

9.1.1 Die Situation in der Pharmaindustrie

Die nachfolgenden Zahlen zum **Stand der pharmazeutischen Industrie** werden jedes Jahr neu vom Verband der forschenden Arzneimittelhersteller (VFA) ermittelt.

Der inländische Arzneimittelmarkt hat in den Jahren 1995 bis 2004 insbesondere wegen der wechselnden stattlichen Reglementierung des Gesundheitssystems einen Rückgang von über 8 % erfahren und damit an Bedeutung verloren. Zum ersten Mal seit den 90er-Jahren waren in 2003 die Investitionen der Pharmaindustrie rückläufig und auch die Folgejahre brachten keinen nennenswerten Zuwachs. Lediglich der Bereich Forschung und Entwicklung alleine betrachtet konnte seit den 90er-Jahren einen Investitionsanstieg verbuchen. Verglichen mit anderen Branchen, wie Maschinenbau, Kraftfahrzeugbau oder dem Baugewerbe, gehört die pharmazeutische Industrie zu den leistungsfähigsten und produktivsten Wirtschaftszweigen sowie mit einem Investitionsanteil von 5,4 % vom Umsatz zu den überdurchschnittlich investierenden Branchen in Deutschland. Immerhin sehen 83 % der Bevölkerung die pharmazeutische Industrie als eine der wichtigsten Zukunftsbranchen für den Standort Deutschland.

Obwohl im gleichen Zeitraum der Umsatz im Exportgeschäft mehr als verdoppelt werden konnte, reicht dies derzeit kaum noch aus, um den Bedeutungsverlust im Inland auszugleichen. Im internationalen Vergleich hat Deutschland als Produktionsstandort für Medikamente an Bedeutung verloren. Während Deutschland Anfang der 90er-Jahre noch drittgrößter Arzneimittelproduzent war, ist es mittlerweile auf Platz 5 hinter USA, Japan, Frankreich und Vereinigtes Königreich zurückgefallen.

Insgesamt wurden im Jahr 2004 in Deutschland Arzneimittel im Wert von ca. 23 Mrd. Euro produziert, ein Rückgang von 1 % im Vergleich zum Vorjahr. Die Zahl der Beschäftigten nahm 2004 im Vergleich zum Vorjahr um 0,6 % ab, was auf die Kostendämpfungspolitik im Gesundheitswesen zurückgeführt wird. Nichtsdestotrotz gelang es, die Rekordzahl von 35 neuen Wirkstoffen auf den deutschen Markt zu bringen, die höchste Zahl an Neueinführungen seit 1998. Zusätzlich wurden bei zahlreichen Arzneimitteln Zulassungserweiterungen für neue Indikationsgebiete oder für die Anwendung bei Kindern und Jugendlichen erreicht.

---

* Die Ziffern in eckiger Klammer verweisen auf die Literatur zu Kapitel 9 im Anhang.

Im deutschen Apothekenmarkt machten sich die Maßnahmen der Gesundheitsreformen, vor allem die Einführung einer Praxisgebühr und die veränderten Zuzahlungsregelungen für die pharmazeutische Industrie bemerkbar. 2004 mussten die Arzneimittelhersteller einen Verlust des Umsatzvolumens im Apothekenmarkt von 6,5 % hinnehmen. Die Zahl der abgegebenen Packungen erreichte einen Rückgang um 9,1 % im Vergleich zu 2003. Der durchschnittliche Pro-Kopf-Verbrauch hat seit den 80er-Jahren stetig abgenommen. Der Umsatz mit OTC-Präparaten ist 2004 deutlich zurückgegangen, insbesondere da viele nicht verschreibungspflichtige Präparate nicht mehr von den Krankenkassen erstattet werden. Der Rückgang konnte nur teilweise durch einen Anstieg der Selbstmedikation kompensiert werden. Der Umsatz mit rezeptpflichtigen Arzneimitteln ging um rund 5 % zurück.

9.1.2 Risiken und Herausforderungen

Andererseits ist die Pharmabranche im Umbruch und hat weltweit mit Risiken und neuen Herausforderungen zu kämpfen: rückläufige Neuzulassungen und Patentabläufe auf der einen Seite, steigende Entwicklungskosten und Entwick-

lungszeiten sowie der **Sparzwang** der Gesundheitssysteme auf der anderen. Im internationalen Vergleich wird trotz der Größe und Bedeutung des deutschen Arzneimittelmarktes der Hauptanteil der internationalen Forschungs- und Entwicklungsarbeit in USA und Großbritannien durchgeführt.

9.1.2.1 Stagnierende Neuentwicklungen und Patentabläufe

Während in den 60er-Jahren die Gesamtentwicklungszeit eines Medikamentes von der Synthese bis zur Markteinführung in der Größenordnung von etwa acht Jahren lag, vergehen heute durchschnittlich 15 Jahre. Verantwortlich dafür sind vor allem die um das Zwei- bis Dreifache gestiegenen Zeiten für Forschung und Entwicklung. Zwar haben sich auch die Entscheidungs- und Prüfphasen der FDA in den letzten drei Jahren von zwölf auf 20 Monate verlängert, doch fällt die Dauer des Zulassungsverfahrens im Vergleich zu den Forschungs- und Entwicklungszeiten von sechs bis sieben Jahren mit ca. zweieinhalb Jahren nur wenig ins Gewicht [5]. Allerdings häufen sich neuerdings Berichte über die **Verzögerung der Markteinführung** neuer Prä-

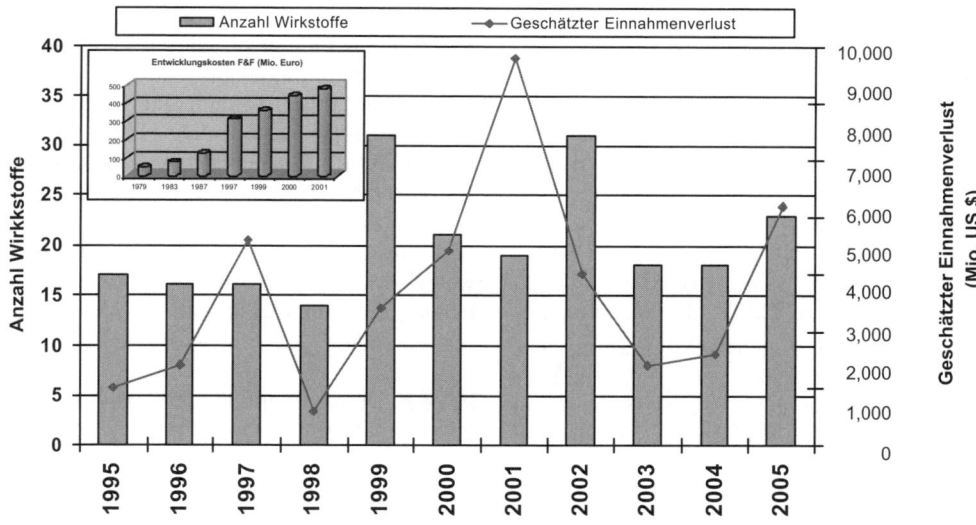

Quelle: Lehman Brothers Inc; CMR International/Scrip Reports Pharmaceutical R&D Compendium, VFA, BPI

Abb. 9.1: Das Dilemma der Pharmaindustrie: Zahl der Wirkstoffe, die ihren Patentschutz verlieren und der geschätzte Einnahmenverlust im Vergleich mit den Entwicklungskosten im Bereich F&E (Mio. Euro).

parate vor allem in der letzten Phase der Arzneimittelentwicklung, der Zulassung. Die Zulassungsbehörden sind anspruchsvoller, verlangen zusätzliche Tests und Daten, inspizieren öfter als bisher arzneimittelproduzierende Betriebe und hinterfragen verstärkt den tatsächlichen neuen, therapeutischen Nutzen der zu begutachtenden Präparate – eine Reaktion darauf, dass kürzlich einige Präparate vom Markt genommen werden mussten. Was auf der einen Seite die größtmögliche Sicherheit für den Patienten bedeutet, bedeutet für die Unternehmen vom rein wirtschaftlichen Standpunkt aus zusätzliche Kosten.

Erschwerend kommt hinzu, dass gleichzeitig auch die **Kosten für die Neuentwicklung** eines Medikamentes in die Höhe geschnellt sind. Die erreichte hohe Qualität der Arzneimitteltherapie, die erhöhten Anforderungen an die Sicherheit der Medikamente, die damit verbundene Einführung strenger Qualitätsmaßstäbe nach GMP sowie der Mehraufwand für die Grundlagenforschung, sind die wichtigsten Ursachen dafür. Ein weiterer Grund für die stark steigenden Kosten liegt in der zunehmenden Komplexität der zu behandelnden Krankheiten. Mittlerweile belaufen sich die Gesamtkosten für die Entwicklung eines neuen Arzneimittels auf durchschnittlich bis zu 500 Mio. Euro. Vergleicht man diese Kosten für F&E mit der Zahl der Neueinführungen am Weltmarkt, so wird das Dilemma der pharmazeutischen Industrie deutlich (Abb. 9.1). Während Mitte der Achtzigerjahre weltweit noch für 10–20 Mrd. US $ F&E-Ausgaben 50–60 neue Präparate pro Jahr zugelassen wurden, wendeten die Unternehmen Ende der Neunzigerjahre zwar bereits ca. 40 Mrd. US $ auf, konnten aber dennoch nur 30–40 Neuzulassungen verzeichnen. In den Jahren 2002 und 2003 war weltweit die niedrigste Zahl von Neuzulassungen der letzten zehn Jahre zu verzeichnen. Zum Vergleich, in Deutschland wurden 1977 noch 44 neue Wirkstoffe in den Markt eingeführt, im Jahr 2001 lag die Zahl nur noch bei 29 Substanzen. Erst 2004 brach dieser negative Trend ab. 2004 wurden 35 Arzneimittel mit innovativen Wirkstoffen am Markt eingeführt. Während Europa als Ersteinführungsland von Arzneimittelinnovationen bis 1997 vor den USA lag, bleibt es mit ca. 30 % mittlerweile hinter den Vereinigten Staaten (40 %) zurück. Vergleicht man USA und Deutschland, so liegen die Gründe dafür auf der Hand:

- höherer Pro-Kopf-Arzneimittelkonsum in den USA als in Deutschland
- höherer Anteil an Privatversicherten in den USA
- liberalere Regelung der Arzneimittel-Distribution als innerhalb der EU
- weniger staatliche Interventionen
- größere Bereitschaft der amerikanischen Ärzte neue, innovative und auch teurere Arzneimittel zu verschreiben.

Vergleicht man Deutschland mit anderen Mitgliedsländern der EU, so scheint es auch hier als Ersteinführungsland von Arzneimittelinnovationen weniger attraktiv zu sein. Nur 2–3 neue Arzneistoffe wurden seit 1998 pro Jahr zuerst in Deutschland zugelassen. Die zunehmenden staatlichen Eingriffe in den deutschen Arzneimittelmarkt und die Kostensenkungsprogramme zur Sanierung des Gesundheitssystems werden hauptsächlich für diese Entwicklung verantwortlich gemacht.

Die Umsatzeinbußen durch den **Ablauf der Patentrechte**, insb. der umsatzstarken Blockbuster, sind enorm und beliefen sich 2001 weltweit auf 12 Mrd. US$. Bis 2005 ist bei einem Drittel der 35 weltweit führenden Wirkstoffe der Patentschutz abgelaufen (Abb. 9.1). Die exklusive Vermarktungszeit eines Arzneimittels beträgt heute wegen der frühzeitigen Patentanmeldung im Durchschnitt nur noch ca. acht Jahre. Neue, umsatzstarke Produkte, die diese Verluste kompensieren könnten, stehen aber nur begrenzt zur Verfügung. Keine der großen Firmen hat regelmäßig die für ihre Rentabilität notwendige Zahl neuer Substanzen auf den Markt gebracht und etwa die Hälfte der führenden Pharmakonzerne hat Probleme, überhaupt einen kontinuierlichen Nachschub zu gewährleisten, trotz der Steigerung der Aufwendungen für Forschung und Entwicklung. Im Schnitt bedarf es ca. drei neuer Blockbustern pro Jahr, um die großen Konzerne in ihrer Struktur zu erhalten.

9.1.2.2 Generika und der Sparzwang der Gesundheitssysteme

Oftmals noch am Tag des Ablaufs eines Patents werden **Generika** auf den Markt gebracht. Entwicklungen für den deutschen Markt werden häufig in den USA durchgeführt, da hier keine Patentverletzung während der Entwicklung geltend gemacht werden kann. Obwohl Generika einerseits dafür sorgen, dass bewährte Therapieverfahren schnell und kostengünstig den Patienten zugute kommen und den Preiswettbewerb ankurbeln, sind sie andererseits als Konkurrenz eine große Herausforderung für die forschenden Hersteller des meist teureren Originalpräparates. Im internationalen Vergleich hatte Deutschland im Jahr 2003 mit rund 76 % aller Verordnungen und 68 % des Umsatzes den höchsten Generikaanteil am Arzneimittelmarkt.

Der Siegeszug der kostengünstigeren Nachahmerpräparate begann im Zusammenhang mit den steigenden Kosten im Gesundheitswesen. Politiker und Krankenkassen setzen Sparprogramme zur Senkung der derzeit enormen Gesundheitskosten um, eine Konsequenz, mit deren Auswirkungen sowohl in Deutschland als auch in den USA die pharmazeutische Industrie zunehmend konfrontiert wird.

In Deutschland ist die Finanzbasis der gesetzlichen Krankenversicherungen durch Langzeitarbeitslosigkeit, sinkende Lohnquoten und die steigende Zahl von Rentnern geschwächt worden. Die demografische Verschiebung wird in Zukunft noch weiter zu dieser unbefriedigenden Situation beitragen. Im Vergleich zu den europäischen Nachbarn liegt der Anstieg der Ausgaben für Arzneimittel allerdings unter dem EU-Durchschnitt. Der Versuch, die Krankenversorgung zu sichern und gleichzeitig die Beitragszahlungen stabil zu halten, führte zu verschiedenen gesetzlichen Maßnahmen:

- Krankenversicherungs-Kostendämpfungsgesetz 1977 und Ergänzungsgesetz 1981
- Krankenhaus-Kostendämpfungsgesetz 1981
- Gesundheitsreformgesetz (GRG) 1989
- Gesundheitsstrukturgesetz (GSG) 1993
- Beitragsentlastungsgesetz 1996
- Erstes und zweites GKV-Neuordnungsgesetz (NOGs) 1997
- Solidaritätsstärkungsgesetz 1999
- GKV-Gesundheitsreformgesetz 2000
- Arzneimittelausgaben-Begrenzungsgesetz (AABG) 2002
- Beitragssatzsicherungsgesetz 2003
- GKV-Modernisierungsgesetz 2003
- Gesundheits-Modernisierungsgesetz 2004

Vielfach diskutiert, konnten die Reformen der letzten 25 Jahre weder dem Anspruch nach einem hohen Qualitätsniveau der medizinischen Versorgung gerecht werden, noch dauerhaft die

Beitragssätze stabilisieren. Die beiden einschneidensten Maßnahmen, die Festbetragsregelungen bei der Abgabe von Arzneimitteln und die Budgetierung ärztlicher Leistungen erzeugten zwar einen ungeheuren Kostendruck, drängten aber die Ärzte in die Rolle von Kostenwächtern und führten zur Verunsicherung von Patienten. Das Ziel der Beitragssatzstabilität, d. h. eine Steigerung der Lohnnebenkosten durch höhere Krankenkassenbeiträge zu vermeiden, konnte langfristig nicht erreicht werden. Dies kam auch darin zum Ausdruck, dass der Markt nach Wegfall des Arzneimittelbudgets der Ärzte für rezeptpflichtige und patentgeschützte Arzneimittel wieder gewachsen ist. Obwohl die Ausgaben der gesetzlichen Krankenversicherungen (GKV) für Arzneimittel seit 1992 im Jahresdurchschnitt nur um ca. 3 % gestiegen sind, unterdurchschnittlich im Vergleich zu den Gesamtausgaben, bekam die Pharmaindustrie die Folgen deutlich zu spüren, vor allem bedingt durch steigende Zuzahlungen zu Arzneimitteln, Herausnahme von Medikamentengruppen aus der Erstattungsfähigkeit und die Einführung der Praxisgebühr. Knapp zwei Drittel aller Verordnungen fallen momentan unter die Festbetragsregelung. Die Autidem-Regelung, verankert im am 23. Februar 2002 in Kraft getretenen Arzneimittelausgaben-Begrenzungsgesetz (AABG), lässt aus dem Ausnahmefall, dass der Arzt dem Apotheker die Auswahl unter mehreren wirkstoffgleichen Präparaten gestattet, den Regelfall werden und fördert damit den Griff zum Generikum. Wegen des massiven Eingriffs in den Wettbewerb, der Gefahr von Konzentrationsprozessen in der Pharmaindustrie und Oligopolbildung wird von Seiten der Pharmazeutischen Industrie die **Autidem-Regelung** als kritisch betrachtet.

In den USA schwenken Verbraucher noch deutlich schneller auf die billigeren Nachahmerpräparate um als in Europa, verständlich, da amerikanische Bürger für Zuzahlungen bei verschreibungspflichtigen Medikamenten noch weitaus tiefer in die Tasche greifen müssen als die Deutschen. Verschreibt ein Arzt in den USA ein empfohlenes verschreibungspflichtiges Generikum, so liegt die Zuzahlung bei ca. 10 US $, bei einem vom Versicherer vorgeschlagenen Markenpräparat bei ca. 20 US $, bei allen anderen Markenpräparaten bei bis zu 30 US $. Nicht-verschreibungspflichtige Medikamente müssen in den USA vom Versicherten vollständig selbst bezahlt werden [6]. Während in Deutschland fast jedes zweite Rezept vollständig von der Krankenkasse übernommen wird, ist in den USA die Befreiung von der Zuzahlung eher selten. Trotzdem liegt der prozentuale Anteil der Generika, bezogen auf die Gesamtzahl der Verordnungen bzw. der gesamten Arzneimittelausgaben, noch weit hinter dem Deutschlands [7].

Arzneimittelpreise patentgeschützter Medikamente liegen im internationalen Vergleich in USA etwa doppelt so hoch wie in Europa.

Die Pro-Kopf-Ausgaben für Arzneimittel sind in den USA aber nicht nur höher als in Deutschland, sondern steigen auch noch schneller. Die Bedeutung von Preissteigerung und mengenmäßiger Ausweitung liegt damit weit über der in Deutschland. Da teilweise für ein und dasselbe Medikament in verschiedenen Apotheken Preisunterschiede bis zu 400 % festgestellt wurden, wurden die US-Bürger dazu aufgerufen, Preisvergleiche anzustellen oder auf kostengünstigere Alternativen umzusteigen. Große US-Krankenversicherer sowie die Medien unterstützen den Trend zum Generikum, indem sie mit vergleichender Direktwerbung ihre Kunden frühzeitig über neue und preiswertere Alternativen auch bei verschreibungspflichtigen Präparaten schnell und flächendeckend informieren, Werbung, die in dieser Form in Deutschland verboten ist.

Nach den OECD Gesundheitsdaten 2005 lagen die Arzneimittelausgaben in Deutschland 2003 mit 14,6 % der nationalen Gesamtausgaben für Gesundheitsleistungen „weit unter dem OECD Durchschnitt von 17,7 %". Im Jahr 2004 verringerte sich dieser Anteil noch etwas, und zwar auf 14,5 % für Arzneimittel aus Apotheken nach der amtlichen Statistik. Dabei sank der Ausgabenanteil der Arzneimittel je Mitglied (einschließlich Rentner) bundesweit um 9,5 % im Vergleich zum Vorjahr.

Im Vergleich mit den europäischen Ländern, für die die OECD die jährlichen Arzneimittelausgaben wiedergibt, zeigt Deutschland von 1997 bis 2003 jährliche Veränderungsraten, die unter dem Durchschnitt der übrigen hier untersuchten Ländern liegen.

Nach dem neuen Arzneiverordnungs-Report fielen die Bruttoausgaben 2004 geringer als 2003 aus und blieben auch hinter denen des Jahres 2002 zurück. Die effektiven Ausgaben 2004 ohne Zuzahlungen und Abschläge spiegeln die tatsächliche Belastung der Krankenkassen wider und

sind geringer als in den Jahren 2003, 2002 und 2001.

Auch bei den Gesamtausgaben für Gesundheit rangiert Deutschland nicht an prominenter Stelle. Angepasst an die Kaufkraft liegt Deutschland auf Rang 7 der OECD-Staaten. Spitzenreiter sind die USA mit Pro-Kopf-Ausgaben von 5.635 US$, dicht gefolgt von Norwegen und der Schweiz, die 3.800 US $ pro Kopf aufwendet. Deutschland brachte 2003 mit Gesundheitsausgaben von 2.996 US $ pro Kopf etwas weniger auf als Kanada, wo 3.003 US $ ausgegeben wurden. Dabei lag in Kanada der Prozentsatz für Arzneimittel mit 16,9 % deutlich über dem in Deutschland. Für Arzneimittel wurden in den USA 2003 Pro-Kopf 552 US-Dollar ausgegeben, in Deutschland 250 US-Dollar.

Das Gesundheitssystem in Deutschland wird im Übrigen durch den EuroHealth Consumer Index mit Platz 3 von 12 europäischen Ländern als sehr gut bewertet.

Wie auch der Arzneiverordnungs-Report unterstreicht, war 2004 ein für die Ausgabenentwicklung bei den Arzneimitteln zwar günstiges, aber in jeder Hinsicht untypisches Jahr. Die Daten für eine sachgerechte Ausgaben- und Verbrauchsanalyse werden durch einen Vorzieheffekt im Dezember 2003 verzerrt, der vor In-Kraft-Treten des GKV-Modernisierungsgesetzes (GMG) zu verzeichnen war. Laut Arzneiverordnungs-Report wurde ein Umsatzvolumen von 630 Mio. € aus dem Jahr 2004 in das Jahr 2003 vorgezogen. Rechnerisch werden Ausgabensteigerungen im Jahr 2005 allein schon aus der Verlagerung dieses großen Umsatzvolumens aus dem Jahr 2004 in das Jahr 2003 resultieren. Die Verzerrung wird außerdem noch dadurch verstärkt, dass zum Jahreswechsel 2004/2005 ein vergleichbarer Effekt ausblieb (vgl. Kap 1). Die Abschläge für die Hersteller wurden gesetzlich nur für das Jahr 2004 von 6 auf 16 % angehoben. Daraus resultierten niedrigere Kassenleistungen.

Diese Entwicklung hat in den USA nun ebenfalls die staatlichen Stellen auf den Plan gerufen. Der amerikanische Kongress plant den Markteintritt generischer Medikamente mit der Initiative „*Greater Access to Affordable Pharmaceuticals*" (verstärkter Zugang zu bezahlbaren Medikamenten; so genannter GAAP-Act) noch stärker zu erleichtern. Während bisher Originalhersteller den Markteintritt eines Generikums mehrmals um ca. 30 Monate verzögern konnten, indem sie wegen vermeintlicher Patentverletzung Klage erhoben, soll nun diese Regelung auf einmal für 30 Monate beschränkt werden. Gleichzeitig soll in Zukunft verhindert werden, dass Bürger-Petitionen mit Einwänden gegen die Zulassung eines Generikums bei der FDA von Originalherstellern missbräuchlich eingesetzt oder unterstützt werden. Die Regelung, dass erst sechs Monate nach Markteintritt des ersten Generikums ein weiteres auf den Markt gebracht werden kann, hat in der Vergangenheit bei einigen wenigen „schwarzen Schafen" zu Absprachen und Seitenzahlungen zwischen den Herstellern des Originals und des ersten Generikums geführt, die die Generikaeinführung verzögern sollten. Der Kongress plant, bei Bekanntwerden derartiger Absprachen, sofort ein weiteres Generikum zuzulassen [8].

9.2 Neue Technologien, die die Zukunft der Pharmaindustrie verändern

9.2.1 Biotechnologie oder Genhieroglyphen als neue Wirtschaftsmacht?

Das wichtigste wissenschaftliche Ereignis am Ende des 20. Jahrhunderts war zweifellos die Entschlüsselung des menschlichen Genoms, von den Medien gefeiert als „Anbruch eines neuen Zeitalters" in der Pharmazie und Medizin und bejubelt mit Schlagzeilen wie „die Biotechnologie als neue Wirtschaftsmacht"[9]. Noch bevor erste Therapieerfolge nachgewiesen werden konnten, erzielten Biotechnologieaktionäre riesige Gewinne. Der „Goldrausch", der durch das humane Genomprojekt (HUGO) ausgelöst worden ist, hat die Aktivitäten der pharmazeutischen Industrie verändert und verschiebt die Interessen der ursprünglich eher chemieorientierten Branche weiter in Richtung Biotechnologie. Während bisher die Chemie als Triebfeder fungierte, da sie Substanzen zur Verfügung stellte, die breitangelegt auf ihre Wirksamkeit in verschiedenen Indikationsgebieten getestet wurden, wird nun die Entwicklung neuer Arzneistoffe gezielter und mehr vom molekularen Ablauf einer Krankheit angetrieben.

Die durch HUGO bedingte Datenexplosion bietet eine Vielzahl neuer Möglichkeiten und lässt die Zukunft der Pharmaindustrie in der Biotechnologie vermuten. Während bisher ca. 500 biologische Strukturen als Targets zur Verfügung standen und ca. 20 % der bekannten Erkrankungen damit therapierbar waren, wird jetzt mit mindestens 10 000 therapeutisch nutzbaren Targets gerechnet. Man hofft, das Wissen über die genetischen Bausteine und ihre Veränderung im Zusammenhang mit einer Erkrankung zur Entwicklung neuer, effizienterer Wirkstoffe mit größerer Spezifität sowohl zur Vorbeugung, als auch zur Therapie und Diagnose nutzen zu können. Damit verändert sich der Blickwinkel, aus dem Erkrankungen betrachtet werden. Allerdings stecken die Aktivitäten zurzeit noch in den Anfängen, denn die Hauptaufgabe, nämlich die **Identifizierung von Genen** in der DNA-Sequenz und das Verständnis ihrer Funktion, steht erst noch bevor. Bisher konnten Wissenschaftler erst ca. 1 000 für monogene Krankheiten (d. h. die Ursache liegt in Störung eines Gens) verantwortliche Gene identifizieren, obwohl ca. 6 000 solcher Krankheiten bekannt sind. Noch schwieriger wird es bei polygenen Erkrankungen wie Diabetes oder Störungen des Herz-Kreislauf-Systems, da hier die Zahl der verantwortlichen Gene nicht genau bekannt ist und sie durch Wechselwirkungen zwischen so genannten Suszeptivitätsgenen und der Umwelt (Ernährung, Lebensweise) hervorgerufen werden.

Ob diese neue Datenflut also tatsächlich die **„biotechnologische Revolution"** bringen und die Entwicklung neuer und wirtschaftlich einträglicher Medikamente nach sich ziehen wird, muss sich in den nächsten Jahren zeigen. Abbildung 9.2 gibt einen Überblick über die derzeit prognostizierten *milestones* der biotechnologischen Revolution. Da die Wirkstoffe gezielt für bekannte, spezifische Targets entwickelt werden können und der Prozess des Drug Discovery planbar wird, wird eine Verkürzung der Entwicklungszeiten um zwei Jahre und eine deutliche Senkung der Entwicklungskosten im Vergleich zu bisher erwartet. Schätzungen zufolge lassen sich durch die Genomics die Kosten für die Entwicklung eines neuen Medikaments von derzeit 550 Mio. Euro auf 350 Mio. Euro reduzieren. Insbesondere die klinische Prüfung, gegenwärtig mit zwei Dritteln und einer Dauer von durchschnittlich fünf bis sieben Jahren der kostenintensivste Teil der Arzneimittelentwicklung, könnte verkürzt werden, da von Anfang an die Wirkstoffsuche gezielter, planbarer und damit verlässlicher gestaltet werden kann.

Kenner der Szene vermuten allerdings [2], dass nur der rasche und effiziente **Aufbau von Netzwerken** zwischen klassischer Pharmaindustrie, Grundlagenforschung der Universitäten und Biotech-Industrie in Zukunft die kritische Masse bringt, die für die Entwicklung von Genarzneien notwendig ist. Innovative Biotech-Unternehmen, die sich mit der Entwicklung von speziellen Medikamenten beschäftigen, neue Technologien und Dienstleistungen anbieten oder sich mit der anfallenden Datenflut, der Bioinformatik, befassen, bieten Spezialisierungen, die von der Pharmaindustrie *in-house* kaum mehr abgedeckt werden können. Während die Biotech-*startups* sich künftig auf die Entdeckung neuer Wirkstoffe und Technologien konzentrieren, werden sich

die Pharmaunternehmen mit der weitaus teureren Entwicklung und Vermarktung beschäftigen. Dass die Hauptakteure am Markt bereits im großen Stil umrüsten und den Verbund mit der **Biotech-Szene** suchen, zeigt die Tatsache, dass allein 1999 350 Allianzen zwischen Pharma-Riesen und Biotechnologie-Unternehmen geschlossen wurden (Tab. 9.1). Wie bereits in Kapitel 1 beschrieben, hat sich die Biotech-Industrie im Jahr 2005 zu einem neuen Reifegrad entwickelt. Die Branche hat auch in Deutschland auf den Weg zurückgefunden, der die ursprüngliche Zukunftsperspektive als Innovationsmotor wieder rechtfertigt.

Deutschland hat in den letzten Jahren als Biotechnologie-Standort an Bedeutung gewonnen und konnte erhebliche Fortschritte erzielen. Allerdings war der Start im Vergleich zu den europäischen Nachbarn deutlich verzögert, nicht zuletzt wegen heftiger, kontroverser Grundsatzdebatten über das Für und Wider sowie die Risiken von Biotechnologie und Gentechnik. Rund ein Drittel der Forschungs- und Entwicklungskosten der Pharmariesen fließen gegenwärtig in externe Kooperationen mit Biotech-Firmen. Insbesondere im Bereich funktioneller Genomik, *small-molecule*-Therapie, Arzneimitteltarget-*screening* und Wirkstoffen gegen biologische Waffen wird investiert. Allerdings ist der Durchdringungsgrad der Biotechnologie im deutschen

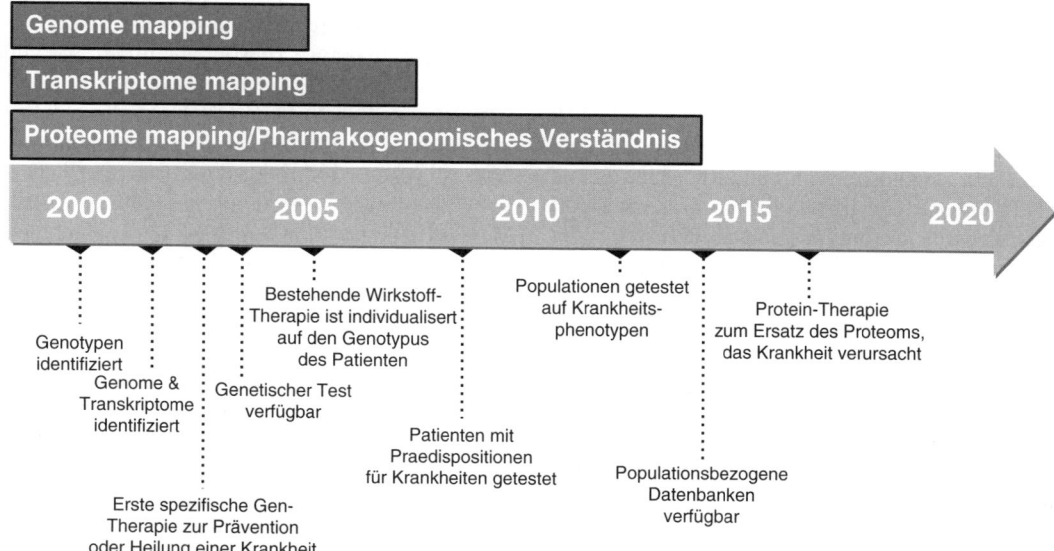

Abb. 9.2: Übersicht über die derzeit prognostizierten Milestones der biotechnologischen Revolution.

Pharmasektor momentan noch deutlich geringer als in den USA. Dort waren im Jahr 2000 bereits ca. 500 Biotech-Unternehmen an der Börse notiert, darunter 35 profitable Unternehmen, und weit über 500 Wirkstoffe befinden sich in der klinischen Prüfung. In Europa existierten zu diesem Zeitpunkt weniger als 100 gelistete Unternehmen, und nur elf Produkte haben es in die letzte Phase vor der Marktzulassung geschafft. Investitionen und Einnahmen der deutschen Firmen im F&E-Bereich liegen um den Faktor vier bis fünf hinter den USA zurück [10]. Der Vergleich der sieben wichtigsten europäischen Biotech-Industrien zeigt 2006 eine Trennung in zwei Lager. Länder, in denen große Pharmafirmen eine Rolle spielen (Großbritannien – GlaxoSmithKline, Skandinavien – AstraZeneca, Schweiz – Roche, Novartis), richten sich auch in der Biotech-

Branche auf Medikamentenentwickler aus. Länder wie Deutschland und Frankreich haben ein diversifiziertes Bild an Biotech-Firmen mit einem Schwerpunkt im Bereich der Enabling-Technologien. In Deutschland fällt die starke Position der medizinischen Diagnostik-Unternehmen auf.

Trends im Jahr 2006 sind insbesondere die weitere Konsilidierung und Mergers & Acquisitions. Nun übernehmen auch Biotech-Firmen andere Biotech-Firmen (vgl. Kap. 1). Auch setzen viele Biotech-Unternehmen wieder auf einen Börsengang (IPO, Initial Public Offering), um an finanzielle Mittel für Forschung und Entwicklung oder Akquisitionen zu gelangen. Brancheninsider schätzen, dass derzeit 200 Biotech-Unternehmen sich auf für einen Börsengang rüsten.

Die Entwicklung therapeutischer Wirkstoffe hat in 2005 deutliche Fortschritte gemacht. 285 Wirkstoffe von deutschen Biotechs befinden sich in der Prä-Klinik und Klinik, 112 in klinischen Studien. In der Phase III haben die Firmen Bio-Generix, Curacyte, DeveloGen, GPC Biotech, IDEA, Jerini, LipoNova, PAION, Trion Pharma und Wilex jeweils Wirkstoffe in der Entwicklung. Am stärksten ist das Indikationsgebiet Onkologie vertreten.

Im Jahr 2005 hat sich Deutschland weltweit als Produktionsstandort Nummer 2 für gentechnisch hergestellte Arzneimittel platziert. 112 gentechnisch hergestellte Arzneimittel mit 81 verschiedenen Wirkstoffen waren 2004 in Deutschland auf dem Markt, davon 17 aus deutscher Produktion. Zum Vergleich, derzeit befinden sich in USA 324 biotechnologische Arzneimittel in der Entwicklung. Das Volumen des deutschen Marktes für biotechnologiebasierte Diagnostika lag 2004 bei rund 550 Mio. Euro und entspricht etwa 33 % des gesamten deutschen Diagnostika-Marktes. Rund 15 % der in 2004 neu angemeldeten Patente in Deutschland entfielen auf Arzneimittel mit gentechnischem Bezug. Neben Health Care, Medizintechnik und Pharmazie hat sich die Biotechnologie einen Platz als Branche mit einer der höchsten Kapitalzuflüsse aus Venture Capital und Private Equity erobert.

Die Grenzen, die der Nutzbarkeit der biotechnologischen Erkenntnisse durch ethische Diskussionen und gesetzliche Regelungen gesetzt werden, sind erst noch zu definieren.

Auch ist für viele der aus dem biotechnologischen Gebiet erhaltenen Produkte noch zu klä-

Tabelle 9.1: Die größten Allianzen zwischen Biotechnologie-Unternehmen und Pharmaindustrie im Jahr 1999 (nach Burrill & Company, www.mergers-and-acquisitions.de).

Biotech	Pharma	Wert in Mio. US$
Vertex	Novartis	800
Millenium Pharmaceuticals	Aventis Pharma	450
Nabi	Baxter	300
Cambridge Antibody	Pharmacia (Monsanto/Searle)	212
AtheroGenics	Schering Plough	189
Onyx Pharmaceuticals	Pfizer (Warner Lambert)	155
SuperGen	Abbott Labs	150
Genome Therapeutics	American Home products (Wyeth-Ayerst)	118
Antisoma	Abbott Labs	113
Celgene	Novartis	100
Coley Pharmaceuticals	SmithKline Beecham	72

ren, wie sie im Organismus an den eigentlichen **Wirkort** gebracht werden können. Oftmals lassen sich die neuen Wirkstoffe nicht mehr einfach durch eine Tablette und damit durch einfaches Schlucken verabreichen. In der Regel ist derzeit noch eine Injektion oder Infusion der Substanzen notwendig, für den Patienten deutlich belastender als die orale Aufnahme. Auf diesem Gebiet ergibt sich ein breites Betätigungsfeld für Drug-Delivery-Firmen, die hochmolekulare Eiweißstrukturen wie Peptide und Proteine sowie Nukleinsäuren in eine für den Patienten leicht anwendbare Form bringen. Beispielsweise für Insulin, welches bei der Passage des Magen-Darm-Traktes abgebaut und damit inaktiviert wird, befinden sich derzeit Zubereitungen in der klinischen Entwicklung, die basierend auf kleinen Partikeln im Mikro- und Nanometerbereich den Wirkstoff über die Nase in Form von Nasensprays oder über die Lunge per Inhalation in den Organismus einbringen. Aber auch Ansätze, die Eiweißstoffe oder Nukleinsäuren mit Trägern auf Polymer- oder Lipidbasis zu kombinieren und damit dafür zu sorgen, dass sie die Passage durch den Magen-Darm-Trakt unbeschadet überstehen, werden intensiv beforscht. Implantate werden bereits für die Hormontherapie verwendet. Solche Depots werden unter die Haut appliziert und geben über mehrere Monate langsam ihren Wirkstoff ab. Auch sog. transdermale Systeme, Pflaster, die die Wirkstoffe durch die Haut abgeben, sind für einige der Wirkstoffe eine erfolgversprechende Lösung. Betrachtet man diese Arzneiformen genauer, so handelt es sich um wahre High-Tech-Systeme mit zum Teil steuerbaren, dem Bedarf des Patienten angepassten Freisetzungsraten des Wirkstoffs.

Seit Beginn des Jahres 2000 ist die Biotech-Euphorie gebremst worden, Aktienwerte an der Börse sanken. Viele kleine Biotech-Unternehmen erwiesen sich als zu hoch bewertet oder waren zu frühzeitig an die Börse gegangen. Den derzeitigen Neugründungen wird jedoch ein wesentlich größeres Entwicklungspotenzial prognostiziert als ihren Vorgängern, da Investoren zurückhaltender geworden sind und genauer prüfen.

9.2.2 Informationstechnologie (IT) und Internet: Datenautobahnen zum rasanten Transfer von Informationen

Informationstechnologie und Internet als weitere Zukunftstechnologien werden die Struktur und Geschäftsabläufe der pharmazeutischen Industrie beeinflussen. Im Vordergrund steht dabei nicht mehr länger die Frage, wann IT und Internet Auswirkungen auf die Pharmaindustrie haben werden, sondern wie die Branche diese Technologie am besten für sich nutzen wird. Nach anfänglichem Boom ist die erste Euphorie bereits wieder abgeklungen, nachdem zwar viele Abläufe in pharmazeutischen Unternehmen durch neue IT-Systeme gründlich umgekrempelt wurden, ohne aber bisher die erhofften Einsparungen oder Umsatzsteigerungen zu zeigen. Nichtsdestotrotz bieten die neuen Wege des Informationstransfers vor allem großen Unternehmen die Möglichkeit, schneller, effizienter und damit rentabler zu arbeiten. Vor allem im Marketing, der Logistik und dem Vertrieb wird das Internet seinen Einfluss ausbauen.

9.2.2.1 E-Research: Vom High-Throughput zum High-Output

Die Einsatzmöglichkeiten der Computertechnologie in der Entwicklung eines neuen Medikamentes sind vielfältig. Bioinformatik (Speicherung und Analyse genomischer Daten), Cheminformatik (Daten der kombinatorischen Chemie), *computational chemistry* (*molecular modelling*, Simulationen, Analyse) und *Laboratory Information Management Systems* (LIMS) sind in diesem Zusammenhang die neuen Schlagwörter. Bereits beim allerersten Schritt, der Entdeckung und Synthese eines neuen Arzneistoffs, hat der Siegeszug der Computer begonnen. Während bisher Chemiker mögliche therapeutische Schlüsselsubstanzen einzeln synthetisierten und auf ihre physikalisch-chemischen und biologischen Eigenschaften sowie ihre Wirksamkeit untersuchten, wird dieser Prozess heute oftmals mittels kombinatorischer Chemie erledigt. Dabei wird durch immer wieder neue Kombination verschiedener chemischer Bausteine gleichzeitig und mit hoher Geschwindigkeit eine große Anzahl von Verbindungen, die sog. Substanzbibliothek, synthetisiert. Um die Erfolgswahrscheinlichkeit zu erhöhen, werden die Substanzstrukturen und ihre Wechselwirkung mit potenziellen Targets per Computer simuliert und neue Strukturen modelliert. Im Anschluss können in kurzer Zeit hunderttausende von Proben, z. B. in Bindungs- und Enzymassays, automatisiert auf ihre Effektivität untersucht werden (*high-throughput-screening*, HTS) [11].

Möglich geworden ist der Wechsel vom „Zufallsprinzip" zur gezielten Suche nach *lead compounds* erst durch automatisierte Anlagen und Robotor zur Synthese und Analyse, die mittels leistungsfähiger Computertechnik und hochentwickelter Software gesteuert werden. Der Vorteil liegt auf der Hand: Je mehr Substanzen erhalten und analysiert werden, umso größer die Wahrscheinlichkeit eines Treffers. Während bisher zur Entwicklung einer Leitsubstanz drei bis vier Jahre notwendig waren, so hofft man, mithilfe der kombinatorischen Chemie und des HTS, nicht nur diesen Zeitraum auf die Hälfte zu verkürzen, sondern auch die Entwicklungskosten schätzungsweise um den Faktor zehn reduzieren zu können. Die Pharmaindustrie eignet sich diese Technologie durch Joint Ventures, Konsortien und die Übernahme kleiner Firmen an. Allerdings sind diese Unternehmen fast alle in den USA, weniger in Europa angesiedelt. Das Volumen der Investitionen lag bereits 1996, in der Anfangsphase dieser Techniken, in den USA in Höhe von 600 Millionen US$. Die Erwartungen sind hochgesteckt. Während sich die ersten, mit kombinatorischer Chemie entwickelten Medikamente in der klinischen Prüfung befinden, ist die Zahl der mit *high-throughput-screening* gefundenen Wirkstoffe noch vergleichsweise gering. Der limitierende Faktor ist jedoch oftmals weniger im Auffinden zu suchen, als vielmehr in der Optimierung der erfolgversprechenden Kandidaten.

Auch die Entschlüsselung des menschlichen Genoms ist erst durch die interdisziplinäre Verschmelzung von Biotechnologie und Informatik möglich gewesen und ohne die Anwendung von Hochleistungscomputern undenkbar. Ein neuer Superrechner namens „Blue Gene" soll nun den nächsten Schritt bewerkstelligen, die **Sprache der Gene in Proteine zu übersetzen**, ein Vorgang, bei dem tausendmal mehr Daten, als bei der Aufklärung des Genoms zu bearbeiten sind.

Die Antwort auf die Frage nach den Wurzeln einer Krankheit erhofft man sich von den Erkenntnissen der Biotechnologie. Um die Informationen aus der Entschlüsselung des humanen Genoms nutzbar zu machen und ihr wirtschaftliches Potenzial ausschöpfen zu können, müssen große und komplexe Datenmengen von Genkartografien, Proteindatenbanken, dreidimensionalen Darstellungen, Computersimulationen von Wirkstoff-Target-Wechselwirkungen schnell und intelligent sortiert, analysiert und verwaltet werden. Dabei geht es nicht mehr nur um das Lesen von Gensequenzen, es gibt kaum einen Schritt in der Frühphase, der nicht bereits automatisiert worden ist. Ehrgeizige Projekte erhoffen sich sogar, dass Computersimulationen der Vorgänge in der Zelle, die Frage nach der Funktion und Wirkungsweise von Genen, Proteinen und Botenstoffen beantworten können (*E-cell*). Die Entwicklung dieses Sektors bleibt abzuwarten. Kritiker halten jedoch entgegen, dass selbst bei detaillierter Kenntnis der molekularen Bestandteile der Zelle und deren Wechselwirkungen, das Ganze mehr und komplexer ist, als nur die Summe der einzelnen Teile.

9.2.2.2 Knowledge-Management: Kurze Wege, schnelle Reaktionen

Die pharmazeutische Industrie erhofft sich vom verstärkten Einsatz der IT-Technologie eine Reduktion der F&E-Kosten und -Zeiten, vor allem aufgrund des *smarter working*, d. h. der Planbarkeit und gezielten Steuerung der Forschungs- und Entwicklungsphase nicht nur bei der Arzneistoffsuche, sondern auch zunehmend bei der Entwicklung einer geeigneten Arzneiform. Um das wirtschaftliche Potenzial der IT-Technologie bei der Entwicklung von Arzneistoff und Arzneiform ausschöpfen zu können, gilt es zum einen, die Erfassung aller im Entwicklungsprozess anfallenden Daten zu optimieren, zum anderen aber gleichzeitig das Augenmerk auf das *knowledge management* zu richten, das die Zusammenarbeit verschiedener Abteilungen intern und Kooperationspartner extern miteinander ermöglicht. Neben der Erhöhung der Effizienz soll so auch die Qualität des Informationsflusses erhöht werden, um besser, zeitnaher und sicherer Geschäftsentscheidungen treffen zu können.

Die elektronische und systematische Sammlung und Verwaltung von Daten während der Entwicklung eines Arzneistoffs und seiner Arzneiform, und der schnelle Zugriff aller am Entwicklungsprozess Beteiligten, ermöglicht es, Informationswege zu verkürzen, Geschäftsabläufe zu optimieren, Fehler und Probleme früher zu erkennen und zu lösen sowie flexibler auf unvorhergesehene Ereignisse und Veränderungen zu reagieren. Die Datensammlungen dienen frühzeitig als Grundlage für die Patentierung und die Zulassung. Zum anderen können Marketing und Vertrieb auf F&E-Daten zurückgreifen, um die Produkteinführung oder die Sortimenterweiterung vorzubereiten und zu unterstützen. Produktion, Zulieferung der Ausgangsstoffe und -Materialien sowie der Verkauf des fertigen Produkts können koordiniert werden und schneller an den Bedarf angepasst werden. Auf Engpässe der Produktion, Lieferverzögerungen, Stornierungen und andere unvorhergesehene Ereignisse könnte schneller reagiert werden. Mittels neuer Techniken wie Spracherkennung, Schrifterkennung, dem Ablesen von Barcodes oder dem Konzept der implizierten Interaktionen, d.h. die Erfassung von Daten durch Anfassen, Bewegen oder Zeigen z.B. mit dafür speziell ausgestatteten Handschuhen wird es möglich, Daten quasi nebenbei und ohne zeitliche Verzögerung zu erheben und zu registrieren.

Insbesondere bei den teuren, langwierigen und aufwendigen klinischen Phasen erhofft man sich durch den Einsatz von Internet und Computertechnologie bei Aufbau, Durchführung und Auswertung der klinischen Prüfung eine Beschleunigung des Prozesses. Die Planungsphase einer solchen Studie lässt sich organisatorisch erleichtern und zeitlich verkürzen durch automatisiertes Design und Aufbau der Protokolle sowie von Simulationen der pharmakokinetischen und pharmakodynamischen Parameter, Online-Bewerbungen von Versuchsleitern und Testpersonen, webbasiertes Reporting der Studiendaten sowie E-learning der beteiligten Leiter.

Outsourcing und Globalisierung fördern den Einsatz von webbasierter Kommunikation. Da verstärkt Aktivitäten an spezialisierte Unternehmen z.B. im Bereich Biotechnologie ausgelagert werden, Firmen ihren Sitz auf verschiedenen Kontinenten haben oder weltweit Netzwerke von Forschungsallianzen eingehen, ist die Bedeu-

tung des elektronischen Datentransfers enorm gestiegen.

Auch die Forderung der Zulassungsbehörden, die Unterlagen der Einreichung zur Zulassung in elektronischer Form abzugeben, passt zum Bild der ausgereifteren Datenverarbeitung. Letztlich sollte mit dem sog. CANDA-System eine größere Transparenz für die Behörde gewährleistet und damit eine schneller Bearbeitung der Unterlagen möglich sein.

9.2.2.3 E-Health: Gesundheitsinformation aus dem Internet

Der Begriff *e-health* ist seit 1999 für so ziemlich alles, was den Zusammenhang zwischen Medizin und Internet herstellt, strapaziert und immer wieder neu definiert worden. Die Editoren des *Journal of Medical Internet Research* versuchten diesen Term und das Konzept dahinter in Form folgender Definition zu fassen [12]:

»*E-health* is an emerging field in the intersection of medical informatics, public health, and business, referring to health services and information delivered or enhanced through the Internet and related technologies. In a broader sense, the term characterizes not only a technical development, but also a state-of-mind, a way of thinking, an attitude, and a commitment for networked, global thinking, to improve health care locally, regionally, and worldwide by using information and communication technology.«

Entscheidend und in dieser Definition festgehalten ist die Einstellung zum Internet als globales Netzwerk zur Verbesserung der Gesundheitsversorgung.

Um die hochgesteckten Umsatzziele der Pharmaindustrie möglichst schnell zu erreichen, sind effektive **Vertriebs- und Marketingaktivitäten** notwendig. Ein wichtiger Teil kommt dabei dem pharmazeutischen Außendienst zu, der einerseits die Kommunikation mit den Fachkreisen, Arzt und Apotheker, andererseits die Wechselwirkungen mit dem Patienten selbst vermittelt. Die Effektivität des Außendienstes lässt sich per Computer durch gezielte Sammlung und Verwaltung der Informationen aus der Entwicklung eines Medikamentes und denen der Interaktion mit Arzt und Apotheker optimieren. Im Hinblick auf Verwaltung von Kundengruppen, Verfolgung der Nutzung, Vorhersagen und Modellierung des

Verschreibungsverhaltens und Integration wichtiger Marktinformationsdaten lassen sich vielfältige Datensätze kombinieren und die Transparenz des Marktes steigern.

Während bisher für die Außendienstaktivitäten die pharmazeutischen Unternehmen den persönlichen Kontakt zu Arzt und Apotheker als Hauptinformationsquelle in den Vordergrund stellten, gewinnen nun **Internetportale** für Fachkreise mit Arzneimittel- und Verschreibungsinformationen, Musterbestellungen und Möglichkeiten zum *e-learning* auf den Homepages der Pharmaunternehmen zunehmend an Bedeutung. Passwortgeschützt können Daten zu *compliance*-Studien, Studienprotokolle oder Patienteninformationen abgerufen werden. Info-Hotlines informieren über aktuelle Ereignisse und Änderungen und Informationen werden auf Anforderung auch automatisch und regelmäßig per E-Mail zugesandt. Anfragen werden per E-Mail beantwortet und selbst Expertengespräche per Internet veranstaltet.

Ähnliches gilt auch für den Patienten: Gesundheitsportale im Internet mit Informationen über Krankheit, Diagnose und Therapie, die Möglichkeit zum E-Mail-Kontakt mit dem jeweiligen Pharmaunternehmen, *chats* und die Zusendung von *newsletters* (*disease management web sites*) kennzeichnen das Bild. Studien haben gezeigt, dass derzeit ca. 20.000 Internet Seiten zum Thema Gesundheit verfügbar sind, alleine in Deutschland sind es 2.000 und jeden Monat kommen weltweit etwa 1.500 neue Seiten hinzu. Im Kontakt mit dem Endverbraucher bietet das Internet als Informationsmedium in Gesundheitsfragen und als Kommunikationsplattform den Unternehmen kostengünstig die Möglichkeit zum Wettbewerbsvorteil gegenüber der Konkurrenz. Bis zum Jahr 2006 wurden ca. 24 Mio. Internet-User alleine in Deutschland prognostiziert. Der **Suchbegriff „Gesundheit"** steht derzeit an erster Stelle [13]. Abgefragt werden vor allem Informationen zu Produkten und wissenschaftliche Erkenntnisse zu Befunden und Therapie. Interessenten sind vor allem chronisch und unheilbar Kranke und ihre Angehörigen. In den USA suchten bereits 1999 24 Millionen Amerikaner im Internet nach Gesundheits- und Medizininformationen, in Europa sind 15 % aller Suchaktivitäten medizinische Fragestellungen. Weltweit bietet das Internet derzeit mehr als 100.000 Seiten mit medizinischem Inhalt. Der gestiegene Informations- und Kommunikationsbedarf der Kunden mit der Industrie resultiert vor allem aus dem gestiegenen Gesundheitsbewusstsein der Menschen, der steigenden Zuzahlung bei Medikamenten und dem wachsenden Selbstmedikationsmarkt (Abb. 9.3).

Der Boom, den Internet und IT bei Börse und Wirtschaft zu verzeichnen hatten, hat sich bereits wieder relativiert. Und auch die Pharmaindustrie scheint den Trend zum *e-health* noch eher skeptisch und mit Zurückhaltung zu betrachten. Laut Ergebnis der Studie „Pharma 2000" haben die

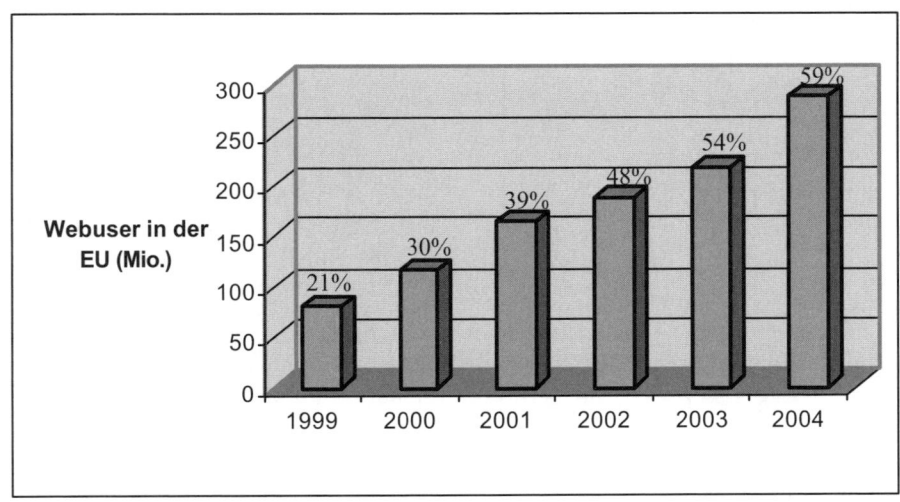

Abb. 9.3: Das Potenzial des Internets als neues Medium: Zahl der Webuser in der EU in Millionen (Anteil der Bevölkerung in %) (nach F. Harms, www.pharmaoekonomie.medizin-2000.de).

Unternehmen der deutschen Pharmaindustrie das Internet als modernes Kommunikationsmedium und Marketinginstrument neben Print, Radio und TV zwar erkannt, das Potenzial dieses neuen Mediums aber bei weitem nicht ausgeschöpft. Lediglich 30 % der deutschen Pharmaunternehmen seien demnach überhaupt mit einer deutschen Webseite vertreten, oftmals allerdings mit unzureichenden Produktbeschreibungen, Bildmaterialien oder Kundeninformationen. Im Vergleich zum gesamten Werbemarkt macht die **Online-Werbung** trotz ihrer rasanten Entwicklung nur einen Anteil von 0,7 % in Deutschland aus, wenig im Vergleich zu Tageszeitungen mit 28 %. Die Bedeutung des Internets machen die Amerikaner Hagel und Armstrong in ihrem Buch „*Net Gain*" deutlich: »Vor allem jene Anbieter werden im Internet gewinnen, die frühzeitig und nachhaltig virtuelle Communities aufbauen«. Die USA ist Europa bereits einen Schritt voraus, dort zeichnet sich die Wandlung der Pharmaindustrie vom reinen Arzneimittelhersteller und -Lieferanten zum internetbasierten Therapiedistributor bereits deutlicher ab.

9.2.2.4 Versandhandel und E-Commerce: Arzneimittelkauf per Mausklick

Umstritten und heftig diskutiert ist der **Versandhandel** von Arzneimitteln. »Keine Antibabypillen mehr per Post« titelte die Süddeutsche Zeitung auf dem Höhepunkt des Streits um die Zulässigkeit des Internethandels mit Arzneimitteln. Gerade erst zu Grabe getragen und immer wieder für rechtswidrig erklärt, haben die sog. dot.coms oder E-Apotheken ihren Siegeszug nun auch in Europa angetreten. In Europa ist der Versandhandel in Schweden, Holland und einigen Kantonen der Schweiz zugelassen. In den USA hatten die Patienten diese Möglichkeit schon viel früher. Der wertmäßige Anteil am amerikanischem Arzneimittelmarkt liegt bei 11–12 %, der Anteil der per Internet bestellten Arzneimittel allerdings nur bei 1–2 % und ist demzufolge offensichtlich keine Folge der vermehrten Internetnutzung. Die Ursache für die hohe Akzeptanz in den USA ist zum einen die Service- und *drive-in*-Kultur der Amerikaner und die teilweise schwierige Versorgung abgelegener Gebiete durch öffentliche Apotheken.

Als Hauptargument wird jedoch die geringere Rezeptgebühr ins Feld geführt, da per Versand ein Dreimonatsbedarf an Arzneimitteln bezogen werden darf, in Apotheken dagegen nur der Bedarf für einen Monat, und damit im gleichen Zeitraum dreimal Rezeptgebühren gezahlt werden müssen. Verboten ist bisher der Versand von Arzneimitteln aus dem Ausland in die USA [14].

In Deutschland wird derzeit die Zulassung des Versandhandels diskutiert und gesetzliche Regelungen zum E-Commerce mit Arzneimitteln überdacht. Während einige Krankenkassen, Ärzteverbände und Verbraucherschützer diese Art des Handels befürworten, viele Krankenkassen für Versandapotheken bei ihren Mitgliedern Werbung machten und die BKK Bayern bereits Verträge mit der Internetapotheke DocMorris in Holland abgeschlossen hat, warnen Vertreter von Apotheken und Großhandel vor den Einbußen von Verbraucherschutz und Arzneimittelsicherheit sowie den strukturellen Folgen für das derzeitige deutsche Vertriebssystem. Apothekerverbände und -kammern erreichten in einigen Fällen, dass die Werbung für diese alternativen Arzneimittelabgabewege untersagt worden ist. Die Vertreter der forschenden Arzneimittelhersteller und der pharmazeutischen Industrie enthalten sich bisher bei offiziellen Abstimmungen, Vertreter des Bundesverbands der pharmazeutischen Industrie lehnten den Versandhandel ab.

Der Vertrieb und das Marketing der Arzneimittel ist eine der ureigenen Stärken der pharmazeutischen Industrie. Warum sollte sie dann nicht in einem **E-Commerce-Wettbewerb** auch teilnehmen und die Kette bis zum Endabnehmer schließen? Das Internet erscheint für Medikamente als Vertriebsweg wie geschaffen: Geringe Volumina bei hohem Wert, kein Ausprobieren durch den Kunden, Aussehen und Beschaffenheit sind bei der Kaufentscheidung nahezu unwichtig und die Vertriebskosten im bestehenden System sind relativ hoch. Betrachtet man ein Szenario, in dem der Arzt ein Medikament verschreibt und der Patient über die Internetapotheke das Medikament bestellt und geliefert bekommt, wird klar, welches Kettenglied verloren gehen wird: das der Apotheke in ihrer jetzigen Form. Dennoch wird die Apotheke im lokalen Mikroklima zwischen Arzt und Patient über lange Zeit erhalten bleiben, da der Zugang zum Internet noch lange für viele, gerade ältere Menschen verschlossen bleiben wird. Bei einer von der *Health on the Net Foundation* durchgeführten Studie waren noch nicht einmal 10 % der User über 60 Jahre alt. Eine neue Umfrage unter *off-linern* zeigte, dass das Internet durchaus noch nicht für jedermann zugänglich ist. Von 100 Befragten gaben 55 die Anschaffungskosten für den PC als Hinderungsgrund an, 80 sagten, sie brauchen das Internet weder beruflich noch privat (Mehrfachnennungen waren möglich).

Über die bloße Warenverfügbarkeit gehen die Kundenbedürfnisse aber oft hinaus. Die Apotheke ist eine Marke, ein Bezugspunkt mit Beratungsqualität. Die Firma Rite-Aid hat die Kombination der *old* und *new economy* in diesem Sinne umgesetzt. Man hat die Apothekenkette mit einer Internetapotheke verknüpft. Im Internet wird bestellt, in der Apotheke abgeholt. Dieses als *click and brick* bezeichnete System verbindet die Vorteile beider Systeme.

Noch verstärkt werden dürfte der direkte Austausch über das Internet zwischen dem Pharmahersteller und dem Patienten, wenn sich in den nächsten 10-15 Jahren das Konzept der Pharmacogenomics und der individuellen Arzneimitteltherapie durchsetzen sollte. Diese Vision des maßgeschneiderten Therapieschemas scheint denkbar. Nicht nur die Herstellung, sondern auch das Marketing und der Vertrieb für solche Arzneimittel sollten völlig anders aussehen.

9.2.3 Nanotechnologie: Zwerge mit Riesenschritten auf dem Vormarsch

Im Kleinen vollzieht sich eine große Revolution. Schaut man sich die Häufigkeit an, mit der in den vergangenen Jahren der Begriff „Nanotechnologie" in den Medien erscheint, so scheint sich auch hier Goldgräberstimmung breit zu machen. Allerdings herrscht noch keine Einigkeit darüber, was dieser Begriff nun genau alles abdeckt und was nicht. Im einfachsten Fall werden Arbeiten und Strukturen in der Größenordnung kleiner oder gleich 100nm darunter zusammengefasst. Mehr wissenschaftlich betrachtet handelt es sich um Strukturen, die zu klein sind, um die uns bekannten makroskopischen physikalischen Eigenschaften aufzuweisen, aber zu groß, um

den Gesetzmäßigkeiten der Welt der Atome und Moleküle zu gehorchen [15].

Die Entwicklung hochleistungsfähiger Computer, die Entschlüsselung des humanen Genoms, *e-research* auf der Suche nach neuen Arzneistoffen, kombinatorische Chemie, *high-throughput-screening* – all diese Aktivitäten sind abhängig von extrem leistungsfähigen Winzlingen, den so genannten Computer- oder Biochips. Während **Computerchips** auf kleinstem Raum die Informationen zur Steuerung eines Computersystems beinhalten und Millionen mathematischer Operationen in einer einzigen Sekunde durchführen können, sind **Biochips** eine Ansammlung miniaturisierter Teststellen aus organischen Substanzen, so genannte Mikroarrays, angeordnet auf einer festen Matrix, die es ermöglichen, gleichzeitig und mit hoher Geschwindigkeit, meist innerhalb weniger Sekunden, eine enorme Zahl biologischer Tests durchzuführen. Millionen potenzieller Wirkstoffkandidaten können so in winzigen Mengen hergestellt und parallel analysiert werden.

Die Erfolgsgeschichte der Biochips begann ursprünglich mit dem humanen Genomprojekt, wo sie zur schnellen Sequenzierung der Gene eingesetzt wurden. Mittlerweile haben sich Biochips in den Bereichen Toxikologie, Mikrobiologie, Proteinchemie und der chemischen und biochemischen Analytik etabliert. Während das Screening von Genen per Chip und die Analytik per Chip mit chemischen, elektrophysiologischen und elektrochemischen Reaktionen bereits zum Standardrepertoire der pharmazeutischen Industrie und der Kliniken gehört (*lab on a chip*), stecken die Erfolge von Zell- oder Gewebekulturchips zur Untersuchung von Aufnahme, Transport und Metabolismus von Wirkstoffen in Zellen und Geweben als Ersatz für die Arbeit an der Zellkulturwerkbank noch in den Kinderschuhen. Während in den Jahren 1995-1997 in der Pub-Med-Datenbank weniger als zehn Veröffentlichungen zum Thema Mikroarrays oder Biochips zu finden waren, stieg die Zahl im Jahr 2001 auf zunächst fast 800 und bis Anfang 2006 auf fast 13.000 an. Die Schnelligkeit der Verfahren, der hohe Probendurchsatz und der geringe Substanzverbrauch machen diese Technologien attraktiv, nicht zuletzt deswegen, weil damit längerfristig nur ein Bruchteil gegenüber den heutigen Kosten verursacht werden könnte.

Affymetrix Inc. ist einer der Pioniere auf dem Biochip-Gebiet und hat sich heute einen Marktanteil von 60 % in diesem Sektor erarbeitet. Motorola, Corning, Nanogen und Agilent Technologies zogen nach und versuchen sich ebenfalls im Chip-Markt zu etablieren. Auch einige Joint Ventures warten mit vielversprechenden Biochip-Ideen auf: Die Firma Prionics entwickelt mit dem Centre Suisse d'Electronique et de Microtechnique (CSEM) einen Chip, der über eine Antikörperbindung BSE-Prionen detektieren kann und dessen Technik auch als Grundlage für AIDS- oder Krebs-erkennende Chips genutzt werden könnte. IBM und Compaq machten sich die Nanotechnologie in diesem Zusammenhang zunutze, indem sie Supercomputer entwickelten, die leistungsfähig genug sind, die Datenmassen der Chips auszuwerten und zu sortieren. Zu den Kunden der Biochip-Technologie gehören bereits viele der Pharmariesen wie u. a. Novartis, Pfizer, Abbott Laboratories und Merck.

Momentan sind trotz aller Euphorie die Kosten dieser neuen Technologie für eine Routineanwendung immer noch sehr hoch. Und auch die Standardisierung ist ein Problem, das die Firmen noch beschäftigen wird. Eine systematische Untersuchung zweier kommerzieller Chips von Incyte-Genomics und Affymetrix Inc. zeigte Inkonsistenzen in den Ergebnissen der beiden Systeme bzgl. der Zuverlässigkeit der Sequenzdetektion, der Reproduzierbarkeit und Abweichungen der Ergebnisse von konventionellen Methoden sowohl im Vergleich miteinander als auch bei wiederholten Versuchen mit demselben System [16].

Die zunehmende Miniaturisierung beeinflusst aber nicht nur die Wirkstofffindung, auch die **Formulierung** neuer Drug Delivery-Systeme zur Verabreichung dieser Substanzen folgt dem Trend zu immer kleineren und leistungsfähigeren Systemen. Partikel in der Größenordnung von 10-100 nm, aufgebaut aus Polymeren, Proteinen, Kohlenhydraten oder Lipiden schließen Wirkstoffe ein, schützen sie vor unerwünschten Abbaureaktionen im Organismus und transportie-

ren sie gezielt und sicher an ihren Wirkort. Dort angekommen, werden die wirksamen Komponenten freigesetzt und können aktiv werden. Das Ausmaß und die Geschwindigkeit der Freisetzung lassen sich durch gezielte Auswahl des Trägermaterials und der Herstellungstechnologie steuern. Depots solcher Mikro- und Nanopartikel im Muskel oder unter der Haut sollen über lange Zeiträume ihren Inhalt freigeben und z. B. im Rahmen einer Hormontherapie oder einer Schutzimpfung dem Patienten die tägliche Tabletteneinnahme oder wiederholte Injektionen ersparen. Und was wie Science Fiction klingt, wird derzeit von der Universität Basel in Zusammenarbeit mit IBM entwickelt: ein Roboter (**Nanobot**), der selbstständig Krebszellen im Körper auffindet und sie inaktiviert. Die Grundlagen für solche Entwicklungen liefern Einblicke in den Organismus bis hinunter zur Ebene der Zellen und sogar einzelner Moleküle, die erst durch die Weiterentwicklung der Mikroskopie möglich geworden sind. Mit Rastertunnelmikroskopen können einzelne Atome und Moleküle nicht nur sichtbar gemacht, sondern auch manipuliert werden.

Gerade die kontrollierte und am individuellen Bedarf des Patienten orientierte Abgabe von Arzneistoffen an den Organismus hat mit der Miniaturisierung im Bereich Elektronik einen Aufschwung erfahren. Tragbare und implantierbare Pumpen, z. B. zur Applikation von Insulin mit gleichzeitiger Erfassung der Wirkstoffspiegel zur Bestimmung der notwendigen Dosis, benötigen dank immer kleinerer Steuereinheiten, Chips und Bauteile immer weniger Platz und Energie.

Das Potenzial dieser Technologie scheint riesig zu sein, der tatsächliche wirtschaftliche Nutzen wird sich zeigen müssen. Zurzeit stecken die Nanowissenschaften aber in vielen Bereichen noch im Forschungsstadium. Um die Potenziale und Möglichkeiten ihrer Anwendung vollständig ausschöpfen zu können, wird noch viel Grundlagenarbeit notwendig sein.

9.3 Der Patient der Zukunft: Eine neue Herausforderung für die Pharmaindustrie

Die neuen Erkenntnisse aus der Entwicklung der Biotechnologie können die Therapie der Zukunft völlig verändern. „Therapie nach Maß" heißt die Zauberformel, die den Patienten als Individuum und seine genetische Ausstattung in den Vordergrund von Therapie und Diagnose rückt. Aber auch der Patient selbst stellt die Pharmaindustrie und ihr Portfolio vor neue Herausforderungen. Die zunehmende Selbstmedikation, die Individualisierung im Bereich der sozialen Lebenswelten, die veränderte Rolle der Frau und das deutliche Älterwerden der Bevölkerung sind Trends, die das Kaufverhalten, das Informationsbedürfnis und die Ansprüche der Kunden verändern.

9.3.1 Medikamente nach Maß: „Zu Risiken und Nebenwirkungen befragen Sie Ihre Gene"

Als eine der vielen Konsequenzen der Erfolge der **roten Biotechnologie**, wird längerfristig die Individualisierung der Arzneimitteltherapie diskutiert. Medikamente sollen nicht mehr nur krankheitsbezogen entwickelt werden, sondern immer stärker individuell auf den Patienten zugeschnitten werden. Ein kurzer Stich in den Finger, ein Tropfen Blut auf einen Diagnostikchip, Messung charakteristischer biochemischer Werte, sog. Marker oder Bestimmung des Genotyps und die gezielte Auswahl des geeigneten Präparates sollen Unverträglichkeiten oder ein ungenügendes Ansprechen des Patienten auf ein Präparat vermeiden und dadurch die Chance eines therapeutischen Erfolgs erhöhen. In Anbetracht der Tatsache, dass pro Jahr etwa 16 000 Menschen an Arzneimittelunverträglichkeiten sterben und nur 20–40 % der Patienten auf eine Therapie tatsächlich optimal ansprechen, werden hohe Erwartungen in die maßgeschneiderte Therapie gesetzt. Diese Technik lässt sich aber nicht nur zur Therapie einer bereits aufgetretenen Erkrankung heranziehen, sondern auch zur Diagnose und Prophylaxe. Bereits bei Neugeborenen könnte so die Veranlagung für bestimmte Krankheiten festgestellt und frühzeitig entsprechende Maßnahmen ergriffen werden [17].

Der Anfang wurde von Genentech/Roche gemacht. **Herceptin**, das erste in den Markt eingeführte Präparat, das auf einer Gendiagnose beruht, dient der Behandlung von Brustkrebs, mit dem heute laut Statistik immerhin jede zehnte Frau in den Industrieländern rechnen muss. Dass das Medikament, das nur bei Brustkrebs in einem bestimmten Stadium und damit nur bei etwa 25 % aller Patientinnen wirksam ist, nicht unnötigerweise verabreicht wird, dafür sorgt ein von Bayer und Onkogene in Kooperation entwickelter Assay. Der Test quantifiziert die Konzentration des im Tumorgewebe vermehrt gebildeten epidermalen Wachstumsfaktors (EGF), codiert vom Her2-Gen und lässt Rückschlüsse zu, in welchem Stadium sich der Tumor befindet und ob Herceptin wirksam sein kann oder nicht. Diese Technik verhindert, dass durch unnötiges Ausprobieren verschiedener Präparate kostbare Zeit verschwendet wird oder unnötigerweise Resistenzen des Tumors erzeugt werden. In der EU erhielt Roche im April 2006 eine positive Stellungnahme für die Anwendung von Herceptin zur Begleittherapie von einer aggressiven Form von Brustkrebs im Anschluss an eine Operation und Chemotherapie durch den CHMP, den Europäischen Ausschuss für Humanarzneimittel. In den USA sagte die FDA eine beschleunigte Prüfung zu.

Voraussetzung dafür ist jedoch zunächst die Verbesserung der diagnostischen Möglichkeiten. Dem aus der Individualmedizin resultierenden Diagnostik-Markt wird schon jetzt eine größere Chance als der Arzneimittelentwicklung selbst eingeräumt. Mittels Pharmakogenomik, einem neuen Forschungszweig, will man die Gene aufspüren, die für die unterschiedlichen Reaktionen der Patienten auf Medikamente verantwortlich sind. Die Möglichkeiten, von einer genetischen Konstellation auf die dazugehörigen physiologischen Vorgänge zu schließen, stecken momentan allerdings noch in den Anfängen. Bereits kleinste genetische Veränderungen, manchmal sogar nur die eines einzigen Molekülbausteins, können für das unterschiedliche Anschlagen eines Wirkstoffs verantwortlich sein. Diese sog. „**Snips**" (SNP = *single nucleotide polymorphism*), d. h. individuelle Abweichungen in der DNA, sorgen dafür, dass an diesen Prozessen beteiligte Enzyme und Proteine unterschiedlich aktiv sind und Arzneistoffe unterschiedlich schnell aufgenommen, im Organismus verteilt, vertragen, abgebaut oder ausgeschieden werden. Zurzeit widmen sich etwa 30 Institute der Identifizierung und Charakterisierung der SNPs, gleichzeitig aber auch der Etablierung und Vermarktung entsprechender Analysesysteme. In den meisten Fällen sind deren Daten kommerziell orientiert und kaum zugänglich. Im Gegensatz dazu haben sich 13 bedeutende Pharmafirmen und der Wellcome Trust, die weltweit größte Stiftung für medizinische Forschung, zusammengeschlossen, um dem Phänomen SNP auf die Spur zu kommen und kostenlose Datenbanken zur Verfügung zu stellen [18, 19].

Die Meinungen zur **Individualisierung der Medizin** sind bei den Pharmariesen noch geteilt, vor allem weil sie einen Abschied vom bisherigen Blockbuster-Konzept bedeuten bzw. eine neue Definition des Block- oder Megabusters erfordern. Auf der einen Seite gibt sie der Pharmaindustrie die Möglichkeit, schneller und daher kostengünstiger an Innovationen zu arbeiten, der Wirkungsnachweis wird leichter, da gezielter, und auch die Arzneimittelentwicklung dadurch einfacher. Zum anderen steht das Risiko eines stärker unterteilten und damit kleineren Marktes gegenüber, da die maßgeschneiderten Arzneimittel nur noch für einen Teil der Patienten passen. Während kritische Stimmen eine Kostenexplosion befürchten, könnte andererseits durch den Wegfall des derzeit häufig praktizierten, unnötigen und zeitintensiven Ausprobierens verschiedener Präparate und Substanzen längerfristig gerade das Gegenteil der Fall sein. Einige Firmen haben sich bereits dem neuen Trend der Individualmedizin angepasst. Das Hauptaugenmerk ist momentan dabei weniger auf die individualisierte Anwendung von Therapeutika, sondern mehr auf die Sicherheit und Eingrenzung von unerwünschten Wirkungen ausgerichtet. Die Hauptarbeit ist jedoch nicht nur mit der Entwicklung solcher Therapeutika getan, es müssen gleichzeitig auch neue Prozesse zur Spezifizierung und Distribution gefunden werden. Schät-

zungen zufolge wird frühestens in zehn Jahren mit den ersten personalisierten Pharmaprodukten zu rechnen sein.

9.3.2 Veränderung der Bevölkerungsstruktur: Senioren als Zielgruppe

Die **Alterstruktur** der Bevölkerung hat sich verändert. Durch medizinische und hygienische Fortschritte und die Veränderung der Ernährungs- und Lebensumstände hat sich unsere Lebenserwartung in den letzten fünfzig Jahren um über 50 % erhöht. Das Durchschnittsalter der Bevölkerung steigt, von 1900 bis 1990 von 46,6 auf 77,4 Jahre und von einer „Alterspyramide" kann kaum noch die Rede sein. Auch die Baby-Boom-Generation, die allmählich das Pensionsalter erreicht, lässt die Zahl der Senioren ansteigen. Gleichzeitig sinkt in den Industrieländern die Geburtenrate. Nach Einschätzung von Experten ist in den nächsten 30 Jahren eine weitere Altersverschiebung in Richtung Senioren nicht aufzuhalten. Während zurzeit etwa 15 % der Menschen in Europa, Nordamerika und Japan über 60 Jahre alt sind, werden es im Jahr 2030 schätzungsweise 20-30 % sein. Kein Wunder, dass sich ein eigener Wissenschaftszweig, die so genannte **Geriatrie**, verstärkt ausgebildet hat, der sich mit dem Menschen ab 65 beschäftigt. Seine Entwicklung wird durch eine Vielzahl von Initiativen und Fördermitteln von der Länder-, bis hin zur EU-Ebene unterstützt.

Während zu Beginn des 20. Jahrhunderts noch Infektionskrankheiten wie Tuberkulose, Lungenentzündung und Durchfallerkrankungen die **Haupttodesursachen** waren, so sind es heute Herz-Kreislauf-Erkrankungen und verschiedene Krebsarten, die die Liste der Todesursachen anführen. Früher wurden Menschen nicht alt genug, um die Folgen der altersbedingten Erkrankungen zu erfahren.

Heute sind chronische und degenerative Erkrankungen wie Diabetes mellitus, koronare Herzkrankheiten, Rheuma, Gicht, Osteoporose und Arthrosen Gesundheitsprobleme, die rund 25 % unserer statistischen Lebenszeit nach dem 65. Lebensjahr überschatten. Erkrankungen des Gehirns und des zentralen Nervensystems wie Alzheimer und Parkinson rücken in der Statistik immer weiter nach vorne. 20 % der über 65-Jährigen leiden an behandlungsbedürftigen Depressionen. Und auch Krebs tritt statistisch betrachtet im Wesentlichen bei älteren Menschen auf. Während von 100.000 Menschen unter 65 Jahren jährlich nur 200 an Krebs erkranken, liegt bei den über 65-Jährigen die Wahrscheinlichkeit der Erkrankung bereits um den Faktor zehn höher. Infektionen aufgrund des im Alter schwächer reagierenden Immunsystems und Verdauungsstörungen rangieren eher auf den hinteren Rängen der Statistik.

Ein Großteil der Gesundheitsleistungen besteht derzeit darin, den Verlauf solcher Erkrankungen zu verlangsamen, die Lebensqualität zu verbessern, die Selbstständigkeit zu erhalten und das Endstadium möglichst weit hinauszuschieben. Experten von chronischen und degenerativen Erkrankungen fordern jedoch für die Zukunft, die frühzeitige Vorsorge und Intervention in den Vordergrund zu stellen, um den Ausbruch solcher Erkrankungen von vorneherein zu verhindern. Statt Einsatz aufwändiger Medizintechnik und großzügiger Medikamentenversorgung, sollen präventive Maßnahmen und eine intensive und frühzeitige Diagnostik nicht nur den Ausbruch solcher Erkrankungen verhindern, sondern auch die Kosten für die Behandlung solcher Erkrankungen minimieren. Denn wenn beispielsweise das cholinerge System des zentralen Nervensystems erst einmal defekt ist (degenerative ZNS-Erkrankung), dann ist auch keine kausale Therapie mehr möglich. Die Prävention altersbedingter Erkrankungen setzt zum einen die gründliche Information und Beratung der Patienten voraus, ein Sektor, der den pharmazeutischen Unternehmen in Zukunft noch viel Spielraum zur Profilierung geben wird. Zum anderen macht diese Tendenz mehr zuverlässige Diagnostika und Diagnoseverfahren notwendig als bisher vorhanden, ein Markt, dem teilweise eine größere Bedeutung als dem Arzneimittelmarkt selbst für die Zukunft eingeräumt wird [20].

Tatsächlich hat die Verhütung und Behandlung von Krankheiten bei Senioren große Fortschritte gemacht. Einen Großteil ihres Forschungs- und Entwicklungsetats hat die pharmazeutische Industrie bereits auf die Diagnostik und Therapie altersbedingter Erkrankungen, wie z. B. Hormonersatz, Osteoporose, Alzheimer, Diabetes und Parkinson konzentriert. Von 395 verschreibungspflichtigen Arzneimitteln, die im vergangenen Jahrzehnt in USA auf den Markt kamen, wa-

ren mehr als die Hälfte gegen Alterskrankheiten wirksam. Aber nicht nur an die Entwickler von neuen Arzneistoffen, auch an die Galeniker der Pharmaindustrie stellen die Senioren neue Anforderungen. Altengerechte Arzneiformen und Hilfsmittel wie z. B. Applikatoren, die den teilweise eingeschränkten kognitiven, motorischen und sensorischen Fähigkeiten der Senioren gerecht werden, sind verstärkt auf dem Markt zu finden. Dabei dominieren vor allem kleine, einfach zu schluckende Tabletten, wie ein Protonenpumpenhemmer von Byk Gulden, oder lösliche Formulierungen wie Trinkgranulate (Azupharma), Säfte (Bayer) und kaubare oder auflösbare Tabletten (GlaxoWellcome) den Markt. Schering bietet einen Dosierassistenten für Parkinson-Patienten an, Aventis eine Insulininjektion mit *dosismemory*. Azupharma hat die Kampagne „Azu-Vital: Fürs Leben ist man nie zu alt" ins Leben gerufen, die sich mit der Versorgung geriatrischer Patienten mit altengerechten Arzneiformen und Informationsmaterial beschäftigt. Auch Hexal, Roche und Abbott, um nur einige zu nennen, informieren mit Broschüren über geriatrische Krankheiten, Therapie und Pflege [21].

Das Phänomen Senioren macht sich bei der Entwicklung von Arzneimitteln auch bei der klinischen Prüfung bemerkbar. Bisher waren **Senioren** von **klinischen Studien** weitgehend ausgeschlossen, da sie oftmals bereits Medikamente nehmen, oder Stoffwechsel und Ausscheidung von Arzneistoffen altersbedingt verändert oder verlangsamt sind. Bis weit in die 80er-Jahre hinein gab es kaum Informationen über die Wirkung von neuen Arzneistoffen im alternden Patienten. Dies veranlasste die FDA 1990 zur *Guideline on Drug Development in the Elderly*, die empfiehlt, Senioren in klinische Studien einzubeziehen und die Besonderheiten ihrer Pharmakokinetik und Pharmakodynamik zu untersuchen, wenn das Präparat später bei alternden Menschen Anwendung finden soll. In Folge wurden die Senioren als Testgruppe dank der *ICH Guidelines* fest für geriatrische Medikamente etabliert.

Wirtschaftlich betrachtet sind für den Pharmasektor altersbedingte Erkrankungen und Zivilisationskrankheiten ein potenziell riesiges Marktsegment. Schon jetzt sind die Senioren in Deutschland diejenige Bevölkerungsgruppe, die das meiste Geld für Arzneimittel ausgibt. In USA sieht es ähnlich aus: Obwohl nur 12,4 % der Amerikaner älter als 65 Jahre sind, verursachen sie mehr als ein Drittel der Arzneimittelkosten. 71 % der über 65-Jährigen nehmen regelmäßig mindestens ein ärztlich verordnetes Medikament, 10 % sogar fünf und mehr, Frauen mehr als Männer. Dazu kommen noch die Arzneimittel, die im Rahmen der Selbstmedikation gekauft werden. Ein Blick auf die Vermögensverteilung in Deutschland zeigt, dass Menschen über 75 über die Hälfte des Geldvermögens verfügen. Für ihre Kaufentscheidung ist in der Regel der Preis eines Arzneimittels weniger wichtig als der Nutzen. In USA schließt Medicare, ein Programm für Rentner und Behinderte, Leistungen für Arzneimittel weitestgehend aus.

Mit der Diskussion um die **embryonale Stammzelltherapie** ist der uralte Traum nach dem Jungbrunnen wieder aufgeflammt. Stammzellen, gewonnen aus einem Klon, vermindern altersbedingte Erkrankungen und verhelfen zu körperlicher und geistiger Frische bis ins hohe Alter, so die Vision. Im Moment herrscht Skepsis, Unsicherheit und Uneinigkeit darüber, wie diese Thematik beurteilt werden soll. Während reproduktives Klonen, d. h. das Erzeugen einer genetischen Kopie aus ethischen Gründen rigoros abgelehnt wird, gehen die Meinungen beim therapeutischen Klonen auseinander. In Deutschland ist Klonen verboten, der streng regulierte Import von Stammzellen allerdings erlaubt, die USA streben ein Verbot an, und in Großbritannien ist es unter strengen Auflagen erlaubt. Die Angst vor missbräuchlichem Einsatz und die Frage, wann überhaupt Leben beginnt, gehören zu den wesentlichen Aspekten.

9.3.3 Lifestyle-Medikamente: Auf der Suche nach dem Jungbrunnen

Nie hatte die Gesundheit in der Gesellschaft einen so hohen Stellenwert wie heute. Sie hat für die Bundesbürger laut Umfrage die höchste Stelle eingenommen, und sogar Begriffe wie Sicherheit, Umweltängste und intakte Natur abgelöst. Während früher die Gesundheit gleichgesetzt wurde mit dem Sieg über die Krankheit, ist es in unserer modernen Gesellschaft zu einem Synonym für „Lebensqualität" geworden. Die Beschäftigung mit dem eigenen Körper verspricht nicht nur Wohlbefinden, sondern auch soziales Ansehen, Glück und Erfolg.

Der Bedarf nach *Instant*-Gesundheit und Wellness, die Fitness-Welle und die stetig zunehmende *drive-in*-Mentalität haben in den letzten Jahren eine vermehrte Nachfrage nach sog. Lifestyle-Medikamenten ausgelöst. Lifestyle-Medikamente therapieren nicht notwendigerweise Erkrankungen, sondern verbessern das individuelle Wohlbefinden, die tägliche psychische Situation, steigern die sexuelle Leistungsfähigkeit oder verschönern das äußere körperliche Erscheinungsbild. Mittel gegen Haarausfall, Übergewicht, Impotenz und Nikotinsucht versprachen einen Boom. Und auch Kräuter, Vitamine und Naturmedizin sind gefragt. Von der Medizin wird erwartet, dass jede Abweichung von der gesellschaftlichen Idealnorm korrigiert werden kann und im Idealfall die gesundheitlichen Sünden des bisherigen Lebens durch möglichst einmalige Einnahme einer Pille rückgängig gemacht werden.

Das derzeit bekannteste Beispiel für ein Arzneimittel ist in den Schlagzeilen: Viagra, die kleine blaue Pille gegen Impotenz ist auf dem besten Wege, sich zum Blockbuster zu entwickeln und hat die Pfizer-Aktien in die Höhe schnellen lassen. Und die Konkurrenz steht schon in den Startlöchern mit Vardenafil von Bayer. Xenical und Reductil helfen krankhaftes Übergewicht abzubauen, Alopecia und Regain bekämpfen den androgenen Haarausfall und Zyban gewöhnt Rauchern das Rauchen ab. In den USA machen DHEA (Dehydro-Epiandrosteron) und Melatonin als Jungbrunnen zur Verlangsamung von Altersprozessen und gegen Jet Lag Furore.

Wie sich der **Markt für Lifestyle-Medikamente** entwickeln wird, wird davon abhängen, was als solches definiert wird und wer sie bezahlt. Erektile Dysfunktion beispielsweise kann einerseits ernstzunehmende Ursachen haben und als Krankheit gelten, andererseits wird eine Einschränkung der sexuellen Leistungsfähigkeit nicht unbedingt von Krankenkassen als erstattungsfähig betrachtet. Bisher sind die Verbraucher bereit, tief dafür in die Tasche zu greifen. Von der Pharmaindustrie erfordern solche Präparate, sich mehr als bisher direkt mit dem Endverbraucher auseinanderzusetzen, da der Arzt als Vermittler oft wegfällt. Gerade bei der Lifestyle-Vermarktung unterscheidet sich die Werbung kaum noch von den **Vermarktungsstrategien** für *consumer*-Produkte: Werbung mit Fußballstars, die in der Umkleidekabine über erektile Dysfunktion reden, und Manager, mit einem Lächeln auf den Lippen, die dieses „Problem" erfolgreich gelöst haben, geistern durch die TV-Werbung. Vor wenigen Jahren noch undenkbar, sitzen heute in der Pharmaindustrie in leitenden Funktionen Manager, die aus dem *consumer*-Bereich kommen.

9.3.4 Der aufgeklärte Patient

Die Individualisierung der Arzneimitteltherapie, der wachsende Selbstmedikationsmarkt und die Lifestyle-Medizin, sowie die Bereitschaft, mehr Geld in die eigene Gesundheit zu investieren, rücken für die Pharmaindustrie den Patienten mehr in den Mittelpunkt des Interesses als bisher, und werden ihre Entscheidungen beeinflussen. Seit 1996 hat die Selbstmedikation mit rezeptfreien Arzneimitteln um 19,4 % zugenommen, während im gleichen Zeitraum die Verordnung dieser Präparate um 22,9 % zurückgegangen ist. Angesichts steigender Preise übernehmen Krankenkassen die Kosten für Arzneimittel nur noch eingeschränkt, mit der Folge, dass die Patienten zukünftig einen höheren Eigenanteil leisten müssen.

Daher ist es nachvollziehbar, dass das Bedürfnis nach Aufklärung und verständlicher, verlässlicher Information über die verordneten Medikamente insb. im Hinblick auf die Wirksamkeit des Arzneistoffes und mögliche Nebenwirkungen, sowie die diagnostizierten Krankheiten wächst. Das zeigt auch die zunehmende **Selbstorganisation**, z. B. in zahlreichen Selbsthilfe-, Patienten-, Angehörigengruppen und Verbraucherorganisationen. Der heutige Patient hat sich emanzipiert und ist bereit, mehr Verantwortung bei der Therapie seiner Krankheiten und für die Aufrechterhaltung seiner Gesundheit zu übernehmen. Der Trend geht vom vertrauenden zum mündigen und aufgeklärten Konsumenten. Der heutige Patient will als gleichgestellter Partner im Gesundheitsdialog gesehen werden. Die Industrie muss sich umstellen und auf individuelle Kundenansprüche mehr Rücksicht nehmen als bisher. Der Patient steuert selbst mehr als bisher seine Kaufentscheidung und wird wichtiger neben Arzt, Versicherer und staatlichen Institutionen. Die USA haben in den letzten Jahren die Kosten für eine direkte Kundenbeziehung in der Pharmabranche verdreifacht. Das Internet spielt

dabei als Informations- und Kontaktmedium zwischen Patient und Pharmaindustrie eine entscheidende Rolle. Bis zu 70 % der Internet-User sind chronische Kranke und ihre Angehörigen. In Umfragen wurden Frustration über ausbleibende Behandlungserfolge und die als unbefriedigend empfundene Aufklärung durch den Arzt als Motivation zur Internet-Nutzung angegeben.

Die Marketingabteilungen der großen Pharmaunternehmen reagieren auf diese Veränderung der Zielgruppenfokussierung und rücken eine kundenorientierte Denkhaltung vor allem im Bereich Vermarktung der Produkte in den Vordergrund – weg von der reinen Produktsicht, hin zur Ausrichtung auf den Kunden und seine Bedürfnisse. *Branding*, d. h. **Markenbildung** und Markenpflege sowie frühzeitige Ausrichtung der Präparate auf den OTC-Markt sollen eine Markenloyalität beim Kunden aufbauen. Vor allem beim Ablauf eines Patents können so Wettbewerbsvorteile vor den nachrückenden Generika erworben werden.

In den USA und der Schweiz hat der Patient bereits die Möglichkeit, den besten Leistungserbringer selbst zu wählen, aber er hat dafür auch die bessere Informationsbasis. Kliniken veröffentlichen umfangreiche statistische Daten über die Qualität ihrer Leistungen, während es in Deutschland kaum und nur schwer zugängliche Veröffentlichungen gibt.

In den Vereinigten Staaten bringen laut einer Meldung der Zeit bereits mehr als ein Drittel der Patienten selbstrecherchierte Informationen mit in die Sprechstunde. Zusätzlich holt man sich zur Diagnose seines Hausarztes eine zweite Meinung über das Internet ein. Gleichzeitig haben Studien gezeigt, dass in 80 % der Fälle der Arzt dem Patienten das Arzneimittel verschreibt, das der vorinformierte Patient von ihm verlangt. Ein gefährlicher Weg: Es wird nicht mehr das verschrieben, was am meisten nützt, sondern das, was der Patient fordert und ihm am wenigsten schadet. Die USA haben bereits im Jahr 2001 2,6 Mrd. US$ in den Bereich *direct-to-consumer* (DTC) investiert.

In Europa ist, im Gegensatz zu den USA, die Werbung für verschreibungspflichtige Arzneimittel verboten. Informationen über Erkrankungen, Indikationen, Krankheitssymptome und ihre Erkennung ist jedoch zulässig, solange sie unparteiisch und wissenschaftlich fundiert ist. Die kritischen Stimmen, dass ein solches Verbot überholt sei und nicht mehr den Anforderungen der modernen Patientenkultur entspräche, mehren sich.

9.4 Neue Strukturen in der Pharmaindustrie

Die Pharmariesen versuchen den beschriebenen Veränderungen mit verschiedenen Maßnahmen zu begegnen, wie die Tendenz zu *mergern* und Akquisitionen auf der einen Seite, und einer zunehmenden Spezialisierung und Fokussierung auf ausgewählte Gebiete auf der anderen zeigt.

9.4.1 Fusionen, Merger und Zusammenschlüsse: Elefantenhochzeiten und Biotech-Ehen als Schlüssel zum Erfolg?

Während viele Branchen eine eher rückläufige Tendenz in Sachen Fusion und Übernahmen in den letzten Jahren zeigten, verdoppelte sich der Gesamtwert von Fusionen im Pharmabereich von 33 Mrd. US$ in 2000, auf 61 Mrd. US$ in 2001, ohne die Mega-Fusion zu GlaxoSmithKline mit 76 Mrd. US$ mitzurechnen. Die meisten Transaktionen waren in den USA zu verzeichnen, 125 allein im Jahr 2001. Zum Vergleich, in Westeuropa waren es im gleichen Zeitraum 97 Aktivitäten. Die Pharmariesen restrukturieren ihre Pharmabereiche und fokussieren sich mehr auf wachstumsstarke Themen wie Biotechnologie, Generika und Impfstoffe, um ihre Effizienz zu steigern [22].

Im Jahr 2005 stieg das Volumen der Fusionen und Übernahmen (Mergers & Acquisitions, M&A) in der gesamten Gesundheitsbranche (Pharmahersteller, medizinische Hilfsmittel und Dienstleistungen) auf 152 Mrd. US-Dollar von 146 Mrd. US-Dollar in 2004. Zudem gab es mit 28 Transaktionen im Volumen von mindestens einer Milliarde US-Dollar mehr „Mega-Deals" als 2004 (25 Transaktionen) und 2003 (10 Transaktionen).

Die Pharmabranche verzeichnete im vergangenen Jahr 684 Transaktionen mit einem Wert von 61 Mrd. US-Dollar. Damit sank der Anteil der M&A-Aktivitäten im Pharmabereich gemessen am Gesamtvolumen von knapp 70 % auf 41 %. Allerdings ist dabei zu berücksichtigen, dass 2004 allein der Zusammenschluss von Sanofi-Synthelabo und Aventis mit einem Wert von 60 Mrd. US-Dollar zu Buche schlug.

Der größte Teil des M&A-Volumens im Pharmabereich entfiel 2005 zwar auf Transaktionen unter Beteiligung von Generika-Herstellern oder Biotech-Unternehmen. Die Übernahme von Schering durch Bayer im Frühjahr 2006 zeigt jedoch, dass die Synergie- und Konsolidierungspotenziale auch unter den forschenden Pharmaunternehmen noch nicht ausgeschöpft sind.

Drei der zehn größten Pharma-Transaktionen im Jahr 2005 betrafen das Generikasegment. Die Übernahme von Ivax durch die israelische Teva sowie die Zukäufe der Novartis-Generikasparte Sandoz in Deutschland (Hexal) und den USA (Eon Labs) hatten ein Transaktionsvolumen von insgesamt rund 15,6 Mrd. US-Dollar. Ausschlaggebend für die Konsolidierungsbemühungen ist der wachsende Kostendruck. So sank der Durchschnittspreis für verschreibungspflichtige Generika im Jahr 2005 um 3 %, während der für Markenpräparate um 10 % zulegte. Zudem setzen immer mehr Hersteller auf Zukäufe zur Internationalisierung ihres Geschäfts. Ein hervorstechendes Beispiel ist der isländische Hersteller Actavis, der 2005 in den USA für den Kauf der Generikasparten von Alpharma und Amide Pharmaceutical über 1,4 Mrd. US-Dollar ausgab.

Im laufenden Jahr 2006 übernahm bereits der indische Hersteller Dr. Reddy's den deutschen Generikahändler Betapharm für gut 570 Mio. US-Dollar. Durch das Vertriebsnetz von Betapharm erhält Dr. Reddy's Zugang zum deutschen und europäischen Markt, während die Medikamente weiterhin kostengünstig in Indien hergestellt werden.

Das M&A-Volumen der zehn größten Biotech-Transaktionen kletterte 2005 sprunghaft auf 15 Mrd. US-Dollar von knapp 7 Mrd. US-Dollar im Vorjahr. War das Jahr 2004 noch stark durch Zusammenschlüsse von Biotechnologie-Unternehmen untereinander geprägt, traten Pharmakonzerne, allen voran Pfizer, GlaxoSmithkline und Novartis, wieder verstärkt als Käufer auf. Mit den Zukäufen soll Know-How in Forschung und Entwicklung gesichert und die Suche nach dringend benötigten neuen Wirkstoffen beschleunigt werden. Denn die Pharmaindustrie bringt immer weniger innovative Präparate auf den Markt: 2005 sank die Zahl der von der Federal Drug

Agency (FDA) neu zugelassenen Medikamente um 40 % gegenüber dem Vorjahr.

Die in der Impfstoff-Produktion aktiven Biotech-Unternehmen profitierten im vergangenen Jahr von der Sorge über eine mögliche Ausbreitung der Vogelgrippe. So investierte Novartis knapp 5,6 Mrd. US-Dollar in die Übernahme der Anteilsmehrheit beim US-Unternehmen Chiron und GlaxoSmithkline kaufte den kanadischen Impfstoffhersteller ID Biomedical für 1,4 Mrd. US-Dollar.

Börsengänge von Unternehmen der Pharma- und Gesundheitsbranche brachten 2005 gut sechs Mrd. US-Dollar ein und damit knapp 1 Milliarde weniger als ein Jahr zuvor. Wegen der schwierigen Rahmenbedingungen dürften viele Biotech-Unternehmer die Übernahme durch ein Pharmaunternehmen einem Börsengang oft in Erwägung ziehen. Insgesamt haben sich die Finanzierungsbedingungen jedoch weiter verbessert. Standen der Pharma- und Gesundheitsbranche 2004 knapp 37 Mrd. US-Dollar aus Börsengängen, Private-Equity- und Folgefinanzierungen zur Verfügung, waren es 2005 gut 38 Mrd. US-Dollar und damit über 10 Mrd. mehr als 2003.

Anfang der 90er-Jahre noch war die Pharmalandschaft in Deutschland von großen forschenden Unternehmen dominiert. 2006 sind von der ehemaligen „**Apotheke der Welt**" nur Altana, Bayer-Schering, Boehringer Ingelheim und Merck (Darmstadt) übriggeblieben. Nur die ersten drei haben Substanzen mit Blockbuster-Potenzial in ihrer Pipeline. Hoechst ging in Aventis auf, Boehringer Mannheim und Knoll wurden verkauft. Die bereits vielfach beschriebenen, langwierigen Abläufe bis zur Vermarktung der Arzneimittel steuern ein übriges dazu bei, dass selbst ein Produkt in der Pipeline noch keine Sicherheit auf Erfolg bietet. So steht z. B. dem Erfolg von Bayers und Lillys Mittel gegen erektile Dysfunktion ein Pfizer-Patent im Wege. Dieses Patent beansprucht den Einsatz von Substanzen, die als sog. PDE-V Inhibitoren gegen erektile Dysfunktion wirken. Genau dies ist aber auch das Wirkprinzip der beiden neuen Substanzen, ein Beispiel für die zunehmende Konkurrenz um nicht nur Wirkstoffe, sondern auch Wirkprinzipien.

Die Liste der **Zusammenschlüsse und Fusionen** (vgl. Kap. 1) der großen Unternehmen ist in den letzten Jahren lang geworden, der Hub für die Neueinführung von Arzneimitteln ist bisher eher seltener zu erkennen. Oftmals sind die Markt-anteile der Unternehmen nach der Fusion zunächst erst gesunken oder stagnierten, da die Verschmelzung und Koordination unterschiedlicher Geschäftsstrukturen zu einer einheitlichen Forschungslandschaft zunächst Zeit, Ressourcen und Investitionen beanspruchte.

Global gesehen ist festzuhalten, dass der Weltpharmamarkt immer noch stark segmentiert ist und die Phase der Zusammenschlüsse noch weiter anhalten wird. Vergleicht man die Situation mit dem Automobilsektor in den 70er-Jahren so wird möglicherweise auch die Anzahl der großen Firmen im Pharmasektor weiter zusammenschmelzen.

9.4.2 Umstrukturierung, Lizensierung, Outsourcing und Fokussierung des Portfolios

Die große Herausforderung, laut einer Studie der Unternehmensberatung Price Waterhouse & Coopers, besteht vor allem darin, die Produktivität der Forschungs- und Entwicklungsbereiche zu verbessern. **Forschung ist heute mobil**, und es zeichnet sich der Trend ab, sie zunehmend flexibel zu organisieren. Novartis verlegte sein Forschungs- und Entwicklungszentrum von Basel nach Boston in die Nähe führender Forschungsinstitute. Inzwischen sind auch wieder umgekehrte Tendenzen erkennbar. GlaxoSmithKline funktionierte seinen Forschungsapparat zu kleinen, selbstständigen Einheiten um. Ähnlich den Biotechs und Start-ups werden das Unternehmertum und die Entscheidung der kurzen Wege gefördert, um die Produktivität zu erhöhen. Einige der Konzernzentralen hatten durch ihre Größe und den damit verbundenen Verwaltungsaufwand in den letzten Jahren an Geschwindigkeit und Flexibilität stark eingebüßt.

Kleine, schlagkräftige Einheiten sind das Stichwort, das die Zukunft von Forschung und Entwicklung prägen wird. Dies gilt nicht nur für die Konzerne selbst. Partnerschaften, wie sie in der Vergangenheit schon zugenommen haben, werden noch mehr das Bild bestimmen. Es kommt zu einer weiteren Spezialisierung mit dem Trend zum Outsourcing in vielen Bereichen. Lohn-Entwickler, CROs, Lohnhersteller, aber auch auf Informationstechnologie spezialisierte Firmen werden mehr an Bedeutung gewinnen, da sie die fixen Kosten senken helfen. All diese Partnerschaften, wie aber auch Forschungskooperationen, einlizenzierte Entwicklungskandidaten und Marketing-Kooperationen, bedürfen der sorgfältigen Auswahl und der vertraglichen Regelung.

Für die Tätigen in der Pharmaindustrie ändert sich das Bild: Kaum jemand wird in Zukunft in ein Unternehmen der klassischen Prägung eintreten. Vor allem Personen mit hohem Potenzial und internationaler Ausbildung werden flexibel eingesetzt werden, ob in virtuellen Unternehmen, CROs oder Ausgründungen der einstigen Pharmagiganten.

Der Bereich der **Geschäftsentwicklung**, insbesondere das Licensing, wird verstärkt eine Radarfunktion übernehmen, um frühzeitig interessante Entwicklungen aufzuspüren und zu evaluieren. Um die Innovationskrise möglichst schnell zu überbrücken, werden Vertriebsallianzen und Einlizenzierungen derzeit allerdings oftmals teuer erkauft. Um die Gewinnkraft zu stärken, werden im Rahmen von Kostensenkungsprogrammen vermehrt Randgeschäfte wie Nahrungsergänzungsmittel, wachstumsschwache Medikamente oder Agrobereiche ausgegliedert oder verkauft.

Den einlizenzierten Produkten steht in den Firmen das NIH (*not invented here*) Syndrom entgegen. Die eigene Forschung und Entwicklung wird sich langfristig rechtfertigen müssen, wenn immer mehr Substanzen von außen in einen Konzern gebracht werden. Dies kann weiter zu einer strategischen Fokussierung auf wenige Indikationsgebiete führen, d. h., die pharmazeutische Industrie engt ihre Forschungsbreite und Themenwahl stärker ein. In der Zukunft bedarf es Gruppen, die schnell den Entwicklungsstand eines Fremdproduktes erfassen, neue adaptierte Prozesse für das eigene Konzernumfeld entwickeln und umsetzen müssen. Eine Spezialisierung, die bislang kaum geleistet wird und von gegenwärtigen Projektstrukturen nur unzureichend abgedeckt werden kann.

Nur noch wenige Gebiete, wie Herz-Kreislauf-System, Zentralnervensystem, Krebs und AIDS, sowie Impfstoffe werden derzeit in größerem Umfang beforscht. Themengebiete wie Tropenmedizin oder Parasitologie wurden von den meisten großen Unternehmen gänzlich aus dem Repertoire gestrichen. Die Unternehmen suchen entweder nach Blockbuster-Medikamenten, die

während der Patentlaufzeit längerfristig die Gewinne der Firmen sichern oder konzentrieren sich, wie z. B. Schering, auf kleinere Spezialmärkte. Alternativ werden sog. *me-toos*, d. h. Wirkstoffe, die in ihrer molekularen Struktur bereits eingeführten Substanzen ähneln, auf den Markt gebracht. Sie besitzen den Vorteil einer verbesserten Wirkung oder reduzierter Nebenwirkung. *Me-too*- oder Analogpräparate sind Arzneimittel, die chemisch betrachtet zwar eine Innovation, unter pharmakologischen Gesichtspunkten jedoch nur kleine therapeutische Vorteile bieten. Dennoch beinhalten *me-toos* die Möglichkeit, vorhandene Wirkstoffe weiter zu verbessern. Aber ist ihr Image schlechter als ihre eigentliche Leistungsfähigkeit? Die Deutsche Pharmazeutische Gesellschaft (DPhG) hat die einseitigen negativen Aussagen über diese Präparate als wissenschaftlich unkorrekt und fortschrittsschädlich eingestuft. Gleichzeitig fördern *me-toos* natürlich auch den Preiswettbewerb. Ein Vergleich: Neue Arzneimittel wurden 2002 im Durchschnitt zu 71 Euro abgegeben. Wirkstoffe mit verbessertem Wirkprofil lagen um 18 % niedriger und das, obwohl sie einen höheren Nutzen bieten. Noch günstiger sind die Wirkstoffe, die kaum eine Verbesserung bieten, mit ca. 25 % niedrigerem Preis gegenüber der Innovation. *Me-toos* treiben also den Forschungsmotor und helfen dennoch Kosten sparen. Es ist zu erwarten, dass sie in der Zukunft eine zunehmende Rolle spielen werden, vorausgesetzt, die Patente des Originators lassen es zu. Man betrachte nur die Situation der Wirkstoffe gegen erektile Dysfunktion, wie oben bereits erwähnt.

Vielleicht wurden die Umstände, wie schnell wissenschaftliche Erkenntnisse in marktfähige Produkte umgesetzt werden können, einfach überschätzt. Seit 2000 haben Pfizer und Glaxo SmithKline zusammen drei neue Wirkstoffe im US-Markt eingeführt. Im Jahr 2001 investierte die pharmazeutische Industrie 44 Mrd. US$ in Forschung und Entwicklung. Fachleute schätzen, dass bis zu 70 % dieser Ausgaben im Laufe der Entwicklung für Substanzen ausgegeben wurden, die am Ende nicht das Licht des Marktes erblicken werden. Möglichweise liegt hier eines der größten Potenziale überhaupt: Die **frühzeitige Auswahl** der später erfolgreichen Kandidaten, die einem Blick in die Zukunft gleichkommt, wenn man weiß, dass die letzte Entscheidung etwa zwölf Jahre später fallen wird.

Unter diesem enormen Druck lässt sich ein weiteres Bild entwerfen: Die Anzahl der Wirkstoffe, die nicht zur Marktreife entwickelt werden, sinkt nicht nur aufgrund fehlender Eigenschaften, sondern auch deshalb, weil Konzerne befürchten, eben nicht Umsätze in der Höhe von Blockbustern erzielen zu können. Dies kann die pharmazeutische Industrie zum Opfer ihres eigenen Erfolges machen.

9.4.3 Die Diskussion um die Kernkompetenzen

Die Organisationsstrukturen der pharmazeutischen Unternehmen sind im Umbruch. Immer mehr fokussieren sich die großen Pharmafirmen auf ihre Kernkompetenzen, die sie in Eigenregie durchführen. Übertragen werden vor allem Dienstleistungsaktivitäten und Aufgaben im Bereich der Infrastruktur an externe Anbieter. Forschung und Entwicklung, Produktion sowie Marketing und Vertrieb gelten als Domänen der pharmazeutischen Industrie, stehen aber im ständigen Wettbewerb mit externen Anbietern. Die

Bastion des Marketing und Vertriebes wird fallen, wenn regulatorische Beschränkungen durch ausreichende Sicherheitsvorkehrungen verändert werden können. Standortgebundene Logistik- und Instandhaltungsfunktionen, aber auch nicht Standort gebundene Bereiche wie Finanz- und Rechnungswesen, Materialbeschaffung, Informationstechnologie werden zunehmend von Servicegesellschaften erbracht (Abb. 9.4).

Das Verständnis von **Outsourcing** hat eine neue Bedeutung und größeren Stellenwert bekommen. Der Trend zum Outsourcing ist vor allem dann erkennbar, wenn die Schnittstellen klar definierbar und die Abläufe standardisierbar sind. Die Hauptaufgaben dieses Prozesses liegen darin, Ziele verbindlich zu definieren, Arbeitspakete zu bündeln und sie den Partnern zuzuordnen. Ein Vorgang wie er bei virtuellen Unternehmen erfolgsentscheidend ist. Weitergehende Modelle sehen den externen Dienstleister sogar vor Ort, zeitlich begrenzt, integriert in Teams, beim Kunden, um direkt in das Geschehen eingebunden zu werden.

Die Frage, was nun aber zu den Kernkompetenzen der pharmazeutischen Industrie gehört, wird derzeit vielfach und oft kontrovers dis-

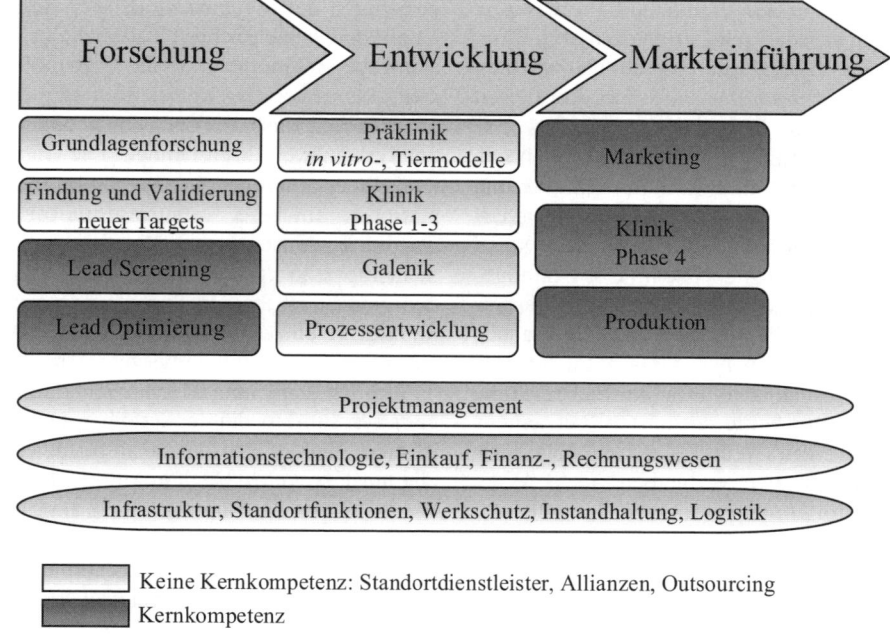

Abb. 9.4: Kernkompetenzen versus Outsourcing: Was bleibt Domäne der Pharmaindustrie?

kutiert. Stellt man sich die Frage, wo zu den bestehenden Bereichen bereits Dienstleister auftreten, so fällt auf, dass in nahezu allen F&E Bereichen Angebote der CROs existieren. Die Grundlagenforschung, sowie die Identifizierung und Validierung neuer Targets im Bereich Forschung, werden, wie bereits diskutiert, heute schon vielfach von kleinen, innovativen Unternehmen oder akademischen Institutionen übernommen. Das gezielte Screening der *lead compounds* und die Optimierung sind allerdings meist noch Aktivitäten, die in den Labors der Pharmariesen stattfinden. Für die präklinische Entwicklung mit *in vitro*- und *in vivo*-Untersuchungen, oder die Entwicklung spezieller Arzneiformulierungen, sind auf dem Markt mittlerweile viele spezialisierte Unternehmen zu finden, die diese Aspekte abdecken können. Die Herstellung großer Substanzmengen für präklinische und klinische Studien wird zunehmend an externe Dienstleistungsunternehmen gegeben. Selbst auf dem Gebiet der klinischen Entwicklung hat die CRO bereits Einzug gehalten. Die **Produktion**, viele Jahre lang als eine der wesentlichen Kernkompetenzen der großen Pharmaunternehmen definiert, wird mittlerweile als solches in Frage gestellt und kann von Lohnherstellern übernommen werden. Betrachtet man die Produktion in diesem Zusammenhang genauer, so liegen die Produktionskosten heute mit den Materialkosten im Schnitt etwa bei 20 bis 30 Prozent vom Umsatz. Der Anteil, der direkt durch Maßnahmen beeinflussbar ist, ist bei etwa der Hälfte dieser Kosten anzusiedeln. Dies bedeutet, die Anstrengungen hier Kosten zu sparen, machen sich am Ende in der Gesamtbilanz kaum bemerkbar. Im Gegenteil: Fehler in der Produktions- und Vertriebskette können enorm kostspielig sein. Viele Unternehmen bauen neben den Entwicklungseinheiten sog. *launch-facilities* auf. Hier werden die Produkte im Produktionsmaßstab für die Marktversorgung fit gemacht, ein wichtiger Teil der Lernkurve, die später in Kostenreduktion münden kann und die ansonsten bei einem Lohnhersteller mit wenig Kontrollmöglichkeit durch den Auftraggeber verbleiben würde.

Supply Chain Management bezeichnet die oftmals sogar unternehmensübergreifende, prozessorientierte Sichtweise sämtlicher Material- und, ebenso wichtig, Informationsflüsse. Hier wird es in Zukunft noch verstärkter Bestrebungen geben, Prozesse besser zu kontrollieren und an Wertgrößen zu messen, die über das finanztechnische Sortiment an Kennzahlen hinausgeht. Die gesamte Wertschöpfungskette soll vom Einkauf der Rohstoffe, über die Zwischenstufen, die Lagerhaltung und den Vertrieb bis hin zum Endabnehmer auf Systembrüche und Schnittstellen sowie deren Optimierung untersucht werden. Klassische, in Einzelfunktionen unterteilte Organisationen, wie z. B. Einkauf, Produktion, Auftragsabwicklung, Lagerhaltung und Vertrieb stehen oftmals einer übergreifenden Leistungsbeurteilung entgegen. Kennzahlen und Schlagworte wie Kundenservice, Kundenzufriedenheit aus Umfragen, *on time delivery* (termingerechte Lieferung), *backorder duration* (Differenz zwischen Wunsch- und Liefertermin), Flexibilität, Vertriebs- und Logistikkosten, werden mit traditionellen Finanzkennzahlen kombiniert. Nur so kann letztlich auch ein Gleichgewicht zwischen den einzelnen *supply chain*-Zielen erreicht werden. Es lässt sich nicht realistisch miteinander vereinbaren, Lieferzeiten verkürzen zu wollen, ohne dass man gleichzeitig die Bestands- und Lagersituation betrachtet, d. h. das Gesamtbild muss betrachtet werden. Insbesondere auch leistungsstarke IT- Systeme werden bei diesen Aufgaben unterstützend eingesetzt werden.

Ein Teil, der sicherlich aufgrund haftungsrechtlicher Gegebenheiten nur schwer von einem Unternehmen outsourcebar ist, ist der Bereich der **Qualitätssicherung** und Qualitätskontrolle, vor allem im Rahmen der Produktion. Aber auch hier gibt es bereits Dienstleister, die Aufgaben übernehmen, insbesondere dann, wenn es sich um Standardverfahren handelt. Die Controlling- und Rechtsabteilungen, die Aspekte der Informationstechnologie, der Materialbeschaffung und der Infrastruktur gehören mittlerweile eher nicht mehr zu den Kernkompetenzen. Sie werden vor allem bei großen Unternehmen von Standortgesellschaften und Chemieparks oder externen Unternehmen übernommen.

Auch die Zulassungsabteilungen können einen enormen Einfluss auf den Erfolg oder Misserfolg in einer frühen Phase eines Produktes haben, d. h. noch bevor es auf dem Markt ist. Dies können Verzögerungen im Zulassungsverfahren sein oder später nach der Markteinführung im schlimmsten Fall fehlende Indikationen. Obwohl auch in diesem Bereich Dienstleister stark vertreten sind, ist das *in-house*-Know-how sicherlich wettbewerbsentscheidend.

Betrachtet man sich noch einmal die Situation des pharmazeutischen Marktes und der pharmazeutischen Industrie, so wird klar, dass generischer Wettbewerb und Ablauf der Patente ein geschicktes *Lifecycle Management* zum Erhalt der Einkommensströme erfordert. Die Sicherung der Zukunft liegt aber in Innovationen, durch neue Produkte, durch Führerschaft in Kosten, Prozessen und Kunden-Service. Dies allesamt sind spätere Phasen der Produkt-Prozesskette und man könnte folgern, dass Entwicklung, nicht Forschung, die von *start-ups* übernommen werden kann, Produktion, nicht aber Distribution, und Vertrieb und Marketing die eigentlichen Kernkompetenzen darstellen. Die frühe Forschungsphase bedarf zunehmend eines, die verschiedenen Wissens-Silos verknüpfenden Systems. Eine Weiterentwicklung des Projektmanagements mit weitgreifender Verantwortung wird erforderlich sein.

9.4.4 Pharmakoökonomie – den Wert der Therapien messbar machen

Die strategische Denkhaltung der Pharma-Unternehmen von einer reinen Produktionsstrategie über eine Absatzstrategie hin zu einer Marketing-Strategie hat sich bereits vollzogen. Während die Produktionsstrategie in allererster Linie

die bestmögliche Produktion von Gesundheitsgütern betraf, hat sich mit dem Wandel zum Käufermarkt die Entwicklung zu einer vom Marketing geprägten Denkhaltung durchgesetzt.

Die großen **Ps des Marketing**: Produkt (*product*), Preis (*price*), Ort (*place*) und Werbung (*promotion*) werden um drei weitere P's: Positionierung (*positioning*), Politik (*politics*) und vor allem Patient (*patient*) ergänzt.

Dies führt zu einem neuen Produktverständnis, bei dem ökonomische Betrachtungen immer wichtiger werden. Wirtschaftlichkeit der Therapieformen und Gesundheitsleistungen werden zunehmend kritisch hinterfragt und sind längst nicht mehr nur Diskussionsgegenstand von Verbänden und Krankenkassen. Ein forschendes Pharma-Unternehmen ist heute mehr denn je dazu angehalten, ein positives Firmenimage aufzubauen. Erst dann kann der, für ein erfolgreiches Geschäft auch notwendige Rückhalt in Gesellschaft und Politik gewährleistet werden.

Vor einigen Jahren war es noch undenkbar, es galt sogar als unethisch, ökonomische Gesichtspunkte in die Bewertung von Leistungen im Gesundheitswesen mit einzubeziehen. Aufgrund der Situation der zunehmenden Ausgaben ist eine wirtschaftliche Evaluation dieser unabdingbar geworden. Aus diesem Grund werden **gesundheitsökonomische Untersuchungen** durchgeführt. Sie gelten als Überbegriff für alle Studien im Gesundheitswesen, bei denen medizi-

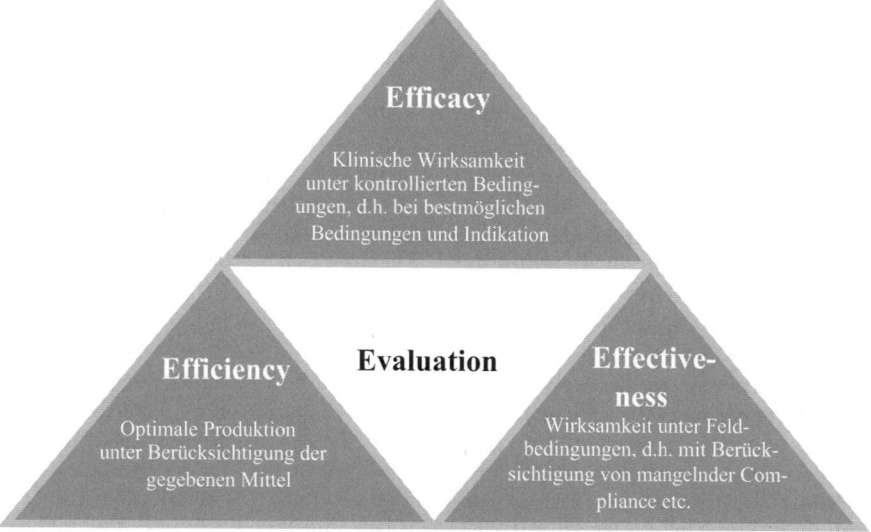

Abb. 9.5: Die drei wesentlichen Elemente bei der Evaluation einer medizinischen Leistung (nach A. Vogel, R. Sterz).

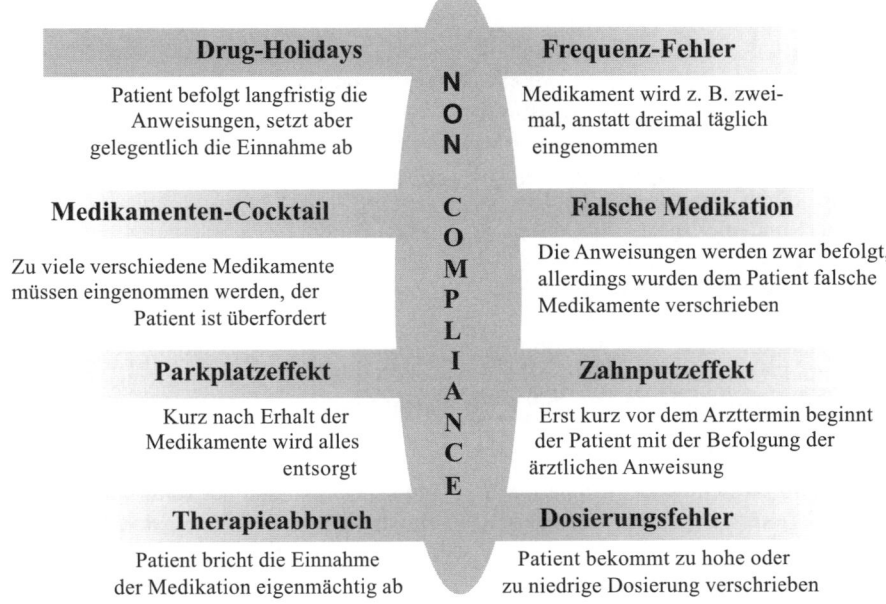

Abb. 9.6: Ausprägungsformen der *non-compliance* (nach W. E. Haefeli und A. Vogel, R. Sterz).

nische Maßnahmen im weiteren Sinne ökonomisch bewertet werden. Demnach kann die Gesundheitsökonomie verstanden werden als eine Analyse der wirtschaftlichen Aspekte des Gesundheitswesens unter Verwendung von ökonomischen Kennzahlen.

Aus diesem Zusammenhang heraus hat sich die **Gesundheitsökonomie** in verschiedene Subdisziplinen unterteilt. Herausgebildet hat sich der Begriff der Pharmakoökonomie, die weniger gesamtwirtschaftliche Aspekte aufgreift, sondern die Evaluation von Medikamenten und anderen medizinischen Leistungen für pharmaindustrielle Belange fokussiert. Studien werden demnach i. d. R. von pharmazeutischen Unternehmen durchgeführt bzw. in Auftrag gegeben. Es kann von einer pharmakoökonomischen Studie gesprochen werden, wenn mindestens ein Arzneimittel bei der Evaluation als Alternative beteiligt ist. Diese erfolgt unter der Berücksichtigung von drei wesentlichen Elementen, die in der folgenden Darstellung näher erläutert werden (Abb. 9.5).

Es existiert zwar kein direkter gesetzlicher Zwang zu einer ökonomischen Evaluation, jedoch besteht im Rahmen der Feststellung der Erstattungsfähigkeit eines Medikaments eine ge-

setzliche Verpflichtung zum Nachweis der medizinischen Notwendigkeit und Wirtschaftlichkeit.

Der Erfolg einer therapeutischen Maßnahme ist im Wesentlichen durch zwei Faktoren determiniert: die Wirksamkeit eines Medikaments und das Einnahmeverhalten. Wird ein Medikament überhaupt nicht oder nicht vorschriftgemäß eingenommen, entstehen neben Folgen wie Arzneimittelschäden beim Patienten auch negative Auswirkungen auf das gesamte Gesundheitssystem und seine Beteiligten. Das Medikament kann nicht seine volle Wirkungskraft entfalten und den vorgesehenen Nutzen stiften. Nicht nur in diesem Zusammenhang versteht man unter *compliance* die Bereitschaft des Patienten, bei therapeutischen und diagnostischen Maßnahmen entsprechend den ärztlichen Anweisungen mitzuwirken bzw. diesen Anweisungen Folge zu leisten. Geschieht dies nicht, spricht man von *non-compliance*. Heute wird der Schwerpunkt in der Interpretation des Begriffs allerdings weniger auf die Befolgung der ärztlichen Anweisungen gelegt, sondern vielmehr in einer Kooperationsbereitschaft im Sinne eines partnerschaftlichen Arzt-Patienten-Verhältnisses.

Die Ausprägungen der *non-compliance* sind ebenso vielfältig wie die Einflussfaktoren, die

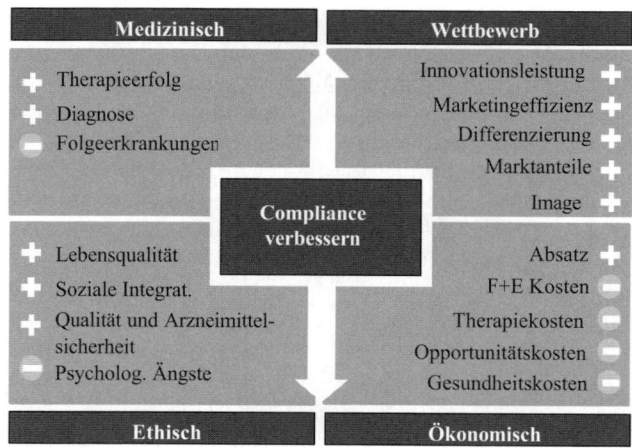

Abb. 9.7: Vorteilhafte Auswirkungen für pharmazeutische Hersteller durch die Verbesserung der *compliance* (nach A. Vogel, R. Sterz).

darauf wirken. Im Wesentlichen können acht verschiedene Formen unterschieden werden (Abb. 9.6):

Höhere Kosten entstehen durch die Folgeschäden, die durch *eine non-compliance* verursacht werden. Unregelmäßige Einnahme der Medikation verlängert die Krankheitsdauer und führt bei unkontrollierten Dosisänderungen durch den Patienten zu vermehrten Nebenwirkungen. Dadurch entstehen den Krankenkassen enorme Folgekosten. Die aus mangelnder *compliance* resultierenden Ausfallzeiten durch Arbeitsunfähigkeit belasten zudem noch die Arbeitgeber und stellen für den Staat einen Ausfall gesamtwirtschaftlicher Produktivität dar. Insgesamt können für Deutschland jährliche Kosten von bis zu 10 Mrd. Euro angesetzt werden. Die *patient-compliance* ist somit auch ein Kostendämpfungsinstrument mit großer volkswirtschaftlicher Bedeutung. Die Grafik verdeutlicht noch einmal die sich speziell für ein forschendes Pharma-Unternehmen aus einer Verbesserung der *compliance* ergebenden positiven Folgen (Abb. 9.7).

9.4.5 Kreative Köpfe und Know-How als Erfolgsstrategie und Kernkompetenz

Um bei den Zukunftstechnologien ganz vorne mitspielen zu können, setzen viele Unternehmen auf eine ganz neue Strategie: kreative, hochqualifizierte Mitarbeiter – der **Mensch im Mittel-**

punkt. Das Wissen der Mitarbeiter, so vermuten einige Kenner der Szene, wird zunehmend zum mitentscheidenden Produktionsfaktor und zu einer der wichtigsten Ressourcen der Unternehmen. Gut ausgebildete, erfahrene und flexible Mitarbeiter dürften langfristig starke Wettbewerbsvorteile sichern und machen Deutschland auch für ausländische Investoren immer noch attraktiv. Aventis beispielsweise geht sogar soweit, dass sie in der Zukunft die Integration von Wissen und Technologie als Kernkompetenz sieht. Wissensnetze zwischen Pharmaunternehmen, Universitäten und akademischen Instituten und interdisziplinäre Zusammenarbeiten sollen Wissen erzeugen, sammeln und organisieren, um innovative Produkte zu schaffen. *Corporate innovation-management* heißt das Schlagwort, das die Kommunikation der Mitarbeiter steuert und gewährleisten soll, dass die Kooperationen des Unternehmens z. B. durch regelmäßige Meetings mit Wissenschaftlern aus anderen Wissensbereichen, interdisziplinäre Workshops und gemeinsame Kommunikationsplattformen optimal aufeinander abgestimmt werden. Der Aufbau eines zentralen *knowledge managements*, das im Sinne einer Verwaltung, Ergänzung und Erneuerung die essenziellen Daten des Unternehmens bezogen auf kritische Prozesse, Daten der klinischen Untersuchungen, Patentdatenbanken und Publikationen, und Informationen zur Forschungspipeline wie die Wirkstoffeigenschaften miteinander kombiniert, wird angestrebt.

Kombinatorische Chemie, *high-throughput-screening* und Robotersysteme liefern deutlich größere Datenmengen als die bisherigen konventionellen Methoden, entlasten aber auch gleichzeitig die Forscher weitgehend von Routinearbeiten und lassen mehr Raum für die Auswertung und Interpretation der gewonnen Daten, deren Aufbereitung und die Diskussion. Auch hier wird das Wissensmanagement in Zukunft einen viel größeren Raum einnehmen als bisher und mehr qualifiziertes Personal erfordern.

Die Zahl der qualifizierten Wissenschaftler, die ins Ausland abwandert, ist jedoch bereits heute sehr hoch, Tendenz steigend. Strukturelle Reformen im Arbeits-, Steuerrecht, akzeptable Lohnnebenkosten, Sicherheit des Arbeitsplatzes und Aufstiegs- oder Weiterbildungsmöglichkeiten werden als Erfolgsformeln angeführt, um Deutschland als Arbeitsplatz für diese Gruppe attraktiver zu machen. Neue Personalsysteme zur Vergütung der Mitarbeiter werden diskutiert.

Die bisher praktizierte verhaltensorientierte Beurteilung der Leistung und die bis Mitte der 90er-Jahre übliche kollektive, unternehmensweite Sonderzahlung in Form von Tantiemen oder Gratifikationen verliert dabei zunehmend an Bedeutung und macht neuen individuellen, flexiblen Vergütungssystemen und Zielvereinbarungssystemen Platz. Auch die Forderung nach einer mehr praxisorientierten Ausbildung wird oftmals ins Feld geführt. Universitäre Ausbildung mit stärkeren Möglichkeiten zur Differenzierung und Spezialisierung mit erhöhter Praxisorientierung ist erforderlich. Die zurzeit an den Universitäten stetig steigende Zahl neu etablierter Masterstudiengänge mit internationaler Anerkennung ist ein deutliches Signal dafür, dass auch hier Veränderungen anstehen.

9.5 Quo vadis Pharmaindustrie?

Die Herausforderung ist groß! Die pharmazeutische Industrie sieht sich heute zum einen vermehrt unter dem Druck der Rentabilitäts- und Effizienzsteigerung, zum anderen im Spannungsfeld zwischen den Verpflichtungen aus der Sozialbindung des Gesundheitswesens und den Anforderungen des Wettbewerbs. Rechtliche, pharmaökonomische und marktbestimmende Aspekte, die Ansprüche von Patienten, Ärzten, Apothekern, Ämtern, Verbänden und Politikern sind zu berücksichtigen. Die Industrie richtet sich auf die Veränderungen ein, sie reagiert darauf mit Umstrukturierungsaktivitäten, Nutzung neuer Technologien, der Neuorientierung der Kommunikationswege vor allem mit der Annäherung an den Patienten, und der Neuorganisation ihres Portfolios, oft auch weg vom Blockbusterkonzept hin zu Spezialmärkten. Vielfach werden aber gerade die fallende Rentabilität, die geringe Erfolgsquote in der Entwicklung und die hohen Aufwendungen in den Marketing- und Sales-Organisationen angemahnt. Die Pharmaindustrie muss sich in Zukunft vermehrt mit anderen Industrien vergleich lassen.

Im schlimmsten Fall, so die Kritiker, kann das zur Nichterfüllung gesellschaftlicher Bedürfnisse führen. Tendenziell auf der Strecke bleibt die Versorgung der weniger kaufkräftigen Länder und Bevölkerungsschichten und die Entwicklung von Medikamenten gegen seltene Krankheiten (*orphan diseases*). Gleichzeitig werden Lifestyle-Produkte entwickelt. In den Industrienationen sind Infektionskrankheiten mittels Impfungen, Antibiotika und präventiven Maßnahmen stark zurückgegangen. Die Prävention hat hier inzwischen vielfach zur Verbesserung der Gesundheit der Bevölkerung geführt. In den hochindustrialisierten Nationen liegen gesellschaftliche Forderungen schwerpunktartig auf Bildung und Gesundheit. Diese können aber oftmals nicht mehr rentabel ohne vermehrte Eigenbeteiligung des Einzelnen gestaltet werden.

Die größte Zahl der Todesfälle in den Industrienationen ist auf nicht übertragbare Krankheiten wie Herz-Kreislauf-Krankheiten, Autoimmunkrankheiten und Krebs zurückzuführen. *Reward*-Systeme der Krankenversicherer für gesunde Lebensführung greifen diesen Aspekt auf. In den Entwicklungsländern hingegen sind Malaria, Tuberkulose, die Schlafkrankheit, Hirnhautentzündung und AIDS für Millionen von Todesfällen verantwortlich. Nicht nur, dass Medikamente hier zu teuer sind, resistente Erreger können mit den teilweise veralteten Mitteln kaum erfolgreich; behandelt werden. Mangels Umsatz- und Renditemöglichkeiten für die Pharmaindustrie zieht sich diese aus diesen attraktiven Gebieten zurück. Finanzanalysten bestimmen Forschungsschwerpunkte – eine, so die Kritiker, bedenkliche Entwicklung.

Als einer der Schlüsselfaktoren für den Erfolg der Pharmaindustrie in den nächsten Jahrzehnten wird mehr als bisher der qualifizierte Mitarbeiter in den Mittelpunkt des Interesses rü-

cken. Qualifizierte Arbeit setzt vor allem Knowhow voraus, ein Grundstein, der nicht früh genug gelegt werden kann.

Am Ende dieses Buches angekommen, sollte genau das eingetreten sein: Ein besseres Verständnis und mehr Wissen über die Abläufe und Zusammenhänge der Aktivitäten des Pharmasektors als Grundstein für den Einstieg und den Durchblick in der Pharmaindustrie.

Abkürzungen

AABG	Arzneimittelausgaben-Begrenzungsgesetz 2002
ABPI	Association of the British Pharmaceutical Industry
ACE	Angiotensin converting enzyme, Angiotensin-Konversionsenzym
ADE	Adverse Drug Effects
ADME	Adsorption, distribution, metabolism, excretion (Resorption, Verteilung, Metabolisierung und Ausscheidung)
AMG	Arzneimittelgesetz
ANDA	Abbreviated New Drug Application
AUC	Area under the curve, Fläche unter der Kurve
BCG	Boston Consulting Group
BfArM	Bundesinstitut für Arzneimittel und Medizinprodukte
BGA	Bundesgesundheitsamt
BGH	Bundesgerichtshof
BIP	Bruttoinlandsprodukt
BLA	Biologics Licensing Application
BMBF	Bundesministerium für Bildung und Forschung
BMG	Bundesministerium für Gesundheit
BPI	Bundesverband der pharmazeutischen Industrie
BVMed	Bundesfachverband Medizinprodukteindustrie
CANDA	Computer Assistance in New Drug Applications
CBER	Center for Biologics Evaluation and Research
CDER	Center for Drug Evaluation and Research
CEFIC	European Chemical Industry Council
CFR	Code of Federal Regulations
cGMP	Current good manufacturing practices
CHMP	Comittee for Medicinal Products for Human Use
CPG	Compliance policy guides
CPM	Critical path method
CPMP	Committee for Proprietary Medicinal Products
CRM	Customer relationship management
CRO	Contract research organizations
CSEM	Centre Suisse d'Electronique et de Microtechnique
CTD	Common technical document
DCP	decentralized procedure
DDC	Drug development candidate
DDS	Drug delivery system
DE	Bundesrepublik Deutschland
DIA	Drug Information Association
DMF	Drug Master File
DNA, DNS	Desoxyribonukleinsäure
DPhG	Deutsche Pharmazeutische Gesellschaft
DPMA	Deutsches Patent und Markenamt
DQ	Design Qualification
DRG	Diagnoses related groups
DTC	Direct to consumer
EBM	Evidence based medicine
EC50	Effektive Konzentration 50%
eCTD	Electronic common technical document
ED50	Effektive Dosis 50%
EEC	European Economic Community
EFPIA	European Federation of Pharmaceutical Industries and Associations
EFTA	European Free Trade Area
EG	Europäische Gemeinschaft
ELISA	Enzyme Linked Immunosorbent Assay
EMEA	European Agency für the Evaluation of Medicinal Products
EPAR	European Public Assessment Report
EPÜ	Europäisches Patentübereinkommen
EU	Europäische Union
EuAB	Europäisches Arzneibuch
EVCA	European Venture Capital Association

EWG	Europäische Wirtschaft-gemeinschaft		mRNA	Messenger (Boten) Ribonuclein-säure
FCS	Fluoreszenz-Korrelationspektro-skopie		MRP	mutual recognition procedure
F&E	Forschung und Entwicklung		NAD(P)+	Nicotin-adenin-dinucleo-tidphosphat
FDA	Food and Drug Administration		NCE	New chemical entity
FDCAct	Federal Food, Drug, and Cosmetic Act		NDA	New drug application
FRET	Fluoreszenz Resonanz Energie Transfer		NDE	New drug entity
			NF	National Formulary
FTD	Tufts Centre for the Study of Drug Development		NIH	National Health Institute
				Not invented here
GABA	γ-Aminobuttersäure		NME	New molecular entity
GCP	Good clinical practices		NMR	Nuclear magnetic resonance
GFP	Grünfluoreszierendes Protein		NOGs	Erstes und zweites GKV-Neuordnungsgesetz
GKV	Gesetzliche Krankenversicherung		NPA	National Pharmaceutical Association, United Kingdom
GMP	Good manufacturing practices, „Gute Manieren beim Produzieren"		NPV	Net present value
			OECD	Organisation for Economic Co-operation and Development
GPCR	G-Protein-gekoppelte Rezeptoren		OQ	Operational Qualification
GRG	Gesundheitsreformgesetz 1989		OTC	Over the counter
GSG	Gesundheitsstrukturgesetz		PatG	Patentgesetz
HTS	High Throughput Screening		PCT	Patent Cooperation Treaty, Patentzusammenarbeitsvertrag
HWG	Heilmittelwerbegesetz			
HUGO	Humanes Genomprojekt		PDUFA	Prescription Drug User Fee Act
ICH	International Conference on Harmonization		PEI	Paul-Ehrlich-Institut
IFPMA	International Federation of Pharmaceutical Manufactures Associations		PERT	Project Evaluation and Review Technique
			PharmBetrV	Betriebsverordnung für pharmazeutische Unternehmer
IMPD	Investigational Medicinal Product Dossier		PhEur	Pharmacopoea Europeae
IND	Investigational New Drug		PhRMA	Pharmaceutical Research and Manufacturers of America
IPK	In-Prozess-Kontrolle			
IQ	Installation Qualification		PIC/S	Pharmaceutical Inspection Convention Scheme
IT	Informationstechnologie			
JPMA	Japan Pharmaceutical Manufacturers Association		PK/PD	Pharmakokinetik, Pharmakodynamik
JTU	Junge Technologieunternehmen		PLA	Product licensing application
KG	Körpergewicht		PROBE	Prospective, randomized, open, blinded end-point
KKS	Klinisches Kompetenzzentrum			
LD50	Letaldosis 50%		PQ	Performance Qualification
LIMS	Laboratory Information Management System		PSUR	Periodic Safety Update Report
			PV	Present value, Barwert
LKP	Leiter der klinischen Prüfung		PVMP	Committee for Veterinary Medicinal Products
MAA	Pharmaceutical Marketing of Authorization Application			
			R&D	Research and development
MarkG	Markengesetz		RIA	Radioimmunassay
MBR	Master-Batch-Record		RMS	Reference Member State
MHLW	Ministry of Health, Labor and Welfare, Japan		RNA, RNS	Ribonucleinsäure
			ROI	Return on investment
MMA	Madrider Markenabkommen			

sNDA	Supplemental new drug application	UAW	Unerwünschte Arzneimittel-wirkungen
SNP	Single nucleotide polymorphism	USP	United States Pharmacopea
SOP	Standard operating procedure	VFA	Verband der forschenden
SPC	Summary of product characteristics		Arzneimittelhersteller
SPF	Spezifisch-pyrogenfrei	WBS	Work breakdown structure
SWOT	Strength, weakness, opportunities,	WHO	World health organization
	threats – Stärken/Schwächen-	ZNS	Zentralnervensystem
	Analyse	ZPO	Zivilprozessordnung
TS	Therapeutisches System		

Nützliche Internet-Links zur Pharmaindustrie

Informationen über die Pharmaindustrie

www.gsia.ch (Apotheker in der Pharmaindustrie)

www.apothekenberufe.de (Apotheker in der Pharmaindustrie)

www.bpi.de (Bundesverband der Pharmazeutischen Industrie)

www.vfa.de (Verband der forschenden Arzneimittelhersteller)

www.apv-mainz.de/deutsch/frame.html (Informationen zu Pharmaunternehmen)

www.atkearney.de/content/industriekompetenz/industriekompetenz.php/practice/pharma (Informationsportal für Pharmaindustrie und Gesundheitswesen)

www.bundesanzeiger.de (Pressemitteilungen des Bundesanzeiger-Verlags, aktuelle gesetzliche Änderungen)

www.pharmanexus.com (Informationen über Pharmafirmen, News, Career Development)

www.pharmaindustry.com (Pharmaindustrie-Biotech-Portal, Websites der Pharmaunternehmen, News, Trends)

www.thepharmanetwork.com (Pharma News, Career Center, Pharma Commerce)

www.pharmaforum.com (Branchenportal für die Pharmaindustrie)

www.pharma-lexicon.com (Liste der Pharmaunternehmen weltweit)

www.pharmweb.net (internationales Portal der Pharmaindustrie, Pharma-Ventures)

www.pharminfo.de (internationales Pharmaportal)

www.p-d-r.com (Pharma Documentation Ring, latest News)

www.bah-bonn.de (Bundesverband der Arzneimittelhersteller)

www.pharmacy.org/journal.html (Übersicht über pharmazeutische Journale)

www.reutershealth.com (gesundheitsrelevante Informationen, ständig aktualisiert)

www.arznei-telegramm.de (Neuigkeiten über Produkte)

www.ifpma.org (International Federation of Pharmaceutical Manufacturers Association, IFPMA)

www.phrma.org (Pharmaceutical Research and Manufacturers of America, PhRMA)

Biotechnologie

www.lifescience.de (Portal für Bio- und Gentechnologie)

www.biocentury.com (Biotechnologie und Industrie)

www.who.int (WHO-Datenbank)

www.medizinforum.de (Suchmaschine für Gentechnik, Medizintechnik, Gesundheit)

www.bmn.com (biologisch-medizinisches Portal, Life Science)

www.nslij-genetics.org/ (Networks, News, Database, Reviews, Anwendungen zu Mikroarrays)

www.biochips.org (Biochips-Infos)

High Throuput Screening/Kombinatorische Chemie

www.combichem.net (Infoportal zur kombinatorischen Chemie)

www.iscpubs.com/articles/abl/b9904arm.pdf (Review zu HTS)

www.bentham.org/chts/index.html (Spezial-Journal für HTS, kombinatorische Chemie)

www.htscreening.net/ (News, Publikationen, Forum, Links zu HTS)

www.netsci.org/Science/index.html (aktuelle Artikel zu kombinatorischer Chemie,
Bioinformatics, LIMS)

www.combinatorial.com (Links, Literatur zu kombinatorischer Chemie)

Nanotechnologie

www.foresight.org (Foresight Institut, Portal zur Nanotechnologie)

www.foresight.org/nanodot/ (Latest News zur Nanotechnologie)

www.nanobionet.de (Kompetenznetzwerk NanoBioNet zur Nanobiotechnologie)

www.nanonet.de (Kompetenzzentren des BMBF zur Nanotechnologie)

www.cc-nanochem.de (Nanochemie)

www.nanoanalytik.de (Nanoanalytik)

Drug Delivery

www.the-infoshop.com (Drug Delivery, Medical Devices, Biotech, Online-Kataloge)

www.biocentury.com/other/pharma.html (Pharmazeutische Produkte, marketed or late stage)

www.pharma.biz/wwwpharmabiz.htm (weltweite Links zu pharmazeutischen Unternehmen, Drug Delivery, Genomics, Gene Therapy, Clinical Trials)

www.worldpharmaweb.com (Drug Delivery Firmen)

www.diahome.org (Drug Information Association, DIA)

Produktion, GMP

www.gmp-navigator.com (Portal zu GMP)

www.who.int/medicines/en (Division of Drug Management and Policies der Weltgesundheitsorganisation, WHO)

www.picscheme.org/index.htm (Pharmaceutical Inspection Convention Scheme, PIC/S)

www.ich.org/ (ICH /Q7-Guideline)

http://pharmacos.eudra.org/F2/eudralex/vol-4/home.htm (EG GMP-Leitfaden)

http://pharmacos.eudra.org/F2/eudralex/vol-1/home.htm (EG Directive Regulation /Human Drugs)

http://pharmacos.eudra.org/F2/eudralex/vol-2/home.htm (EG Notice to Applicants /Human Drugs)

http://pharmacos.eudra.org/F2/eudralex/vol-3/home.htm (EG Guidelines /Human Drugs)

http://www.bmg.bund.de (Pharmabetriebsverordnung, Deutschland)

http://www.gpoaccess.gov/cfr/index.html (US Code of Federal Regulation)

http://www.fda.gov/cder/guidance/index.htm (FDA Advisory Opinions)

http://www.fda.gov/ora/inspect_ref/igs/iglist.html (FDA Guide to Inspections)

http://www.zlg.de (Zentralstelle der Länder für Gesundheitsschutz bei Arzneimitteln und Medizinprodukten (ZLG), Informationsportal über Behördenaktivitäten in Deutschland, Gesetzestexte, Verordnungen, Richtlinien, Links)

Zulassung, Patente

http://www.emea.eu.int (Europäische Zulassungsbehörde, EMEA)

www.raps.org (Regulatory Affairs Professionals Society, RAPS)

www.eucomed.be (European Confederation of Medical Devices Association)

http://www.bfarm.de (Bundesinstitut für Arzneimittel und Medizinprodukte, BfarM)

www.bmgesundheit.de/bmg-frames/index.htm (Bundesministerium für Gesundheit und soziale Sicherung)

www.fda.gov (Food and Drug Administration, FDA)

www.bmbf.de (Bundesministerium für Bildung und Forschung, BMBF)

www.medagencies.org (Links zu Arzneimittel-zulassenden und kontrollierenden Behörden)

www.eudra.org (European Pharmaceutical Regulatory Affairs)

www.europa.eu.int (Die Europäische Union online)

www.pheur.org (European Directorate for the Quality of Medicines)

www.premier-research.com/prg/ (Zulassung von Arzneimitteln)

www.ich.org (International Conference on Harmonization of Technical Requirements for Registration of Pharmaceuticals for Human Use, ICH)

www.dpma.de (Deutsches Patent- und Markenamt)

www.european-patent-office.org (Europäisches Patent- und Markenamt)

www.wipo.org (World Intellectual Property Organization, News, Links zu Intellectual Properties)

www.oami.europa.eu (Office for Harmonization of the Internal Market, Trademarks and Design)

www.gesetze-im-internet.de (Sammlung deutscher Gesetze)

Marketing, Management

www.p-d-r.com/ (Pharmazeutische Merger, Latest News)

www.dataedge.com/cro_info.htm (Liste der CROs)

www.worldpharmaweb.com (Pharma-Ventures, Partnership Opportunities)

www.pharmamarketing.pl (Pharma-Marketing, News, Kontakte)

www.researchandmarkets.com (Marketing, Management, European market Research)

www.pwcglobal.com (News, Pharma-Market, Analysen, Entwicklungen)

www.homburg-und-partner.de (Marketing, Management Pharma, Medizintechnik)

www.mckinsey.de (Marketing, Management Pharma, Analysen, Entwicklungen) www.morganstanley.com (Marketing, Management Pharma, Analysen, Entwicklungen)

www.pharmalicensing.com (Lizenzgeschäfte, Ankündigung von Vereinbarung, Verkäufen etc.)

www.prnewswire.com (News im Bereich Pharma, insbesondere Lizenzgeschäfte, Akquisitionen)

www.medizin-2000.de (Pharmaökonomie)

www.healtheconomics.com/pharmco.cfm (Pharma- und Medizinökonomie)

Klinische Studien

www.medizinindex.de (Datenbank der medizinischen Server Deutschlands)

www.nih.gov (National Institutes of Health, NIH)

www.wma.net/e/ (World Medical Association)

www.KKS-info.de (Koordinierungszentren für klinische Studien)

www.bioethics.net (Informationen zur Bioethik in Studien)

www.law.cornell.edu/cfr (US Code of Federal Regulations)

www.uthscsa.edu/irb/ (Informationen und Links zu Guidelines)

http://ohsr.od.nih.gov/guidelines.graybook.html (Guidelines des NIH zu Conduct of Research involving Human Subjects)

Bisheriges Zulassungsformat (vgl. Kapitel 4.1.2.1)

Part I Summary of the Dossier

I A	Administrative data
I B	Summary of product characteristics
I C	Expert Reports on chemical/pharmaceutical, preclinical and clinical documentation

Part II Chemical, Pharmaceutical and Biological Documentation

II	Table of contents
II A	Composition
II B	Method of preparation
II C	Control of starting materials
II D	Control tests on intermediate products
II E	Control tests on the finished product
II F	Stability
II Q	Other information

Part III Pharmaco-toxicological Documentation

III	Table of contents
III A	Single dose toxicity
III B	Repeated dose toxicity
III C	Reproduction studies
III D	Mutagenic potential
III E	Oncogenic/carcinogenic potential
III F	Pharmacodynamics
III G	Pharmacokinetics
III H	Local tolerance (toxicity)
III Q	Other information

Part IV Clinical Documentation

IV	Table of contents
IV A	Clinical pharmacology
IV B	Clinical experience
VI Q	Other information

Part V Special Particulars

Common Technical Document (CTD, vgl. Kapitel 4.1.2.2)

CTD–Module 1 Administrative Information and Prescribing Information

CTD–Module 2 Common Technical Document Summaries

CTD–Module 3 Quality

CTD–Module 4   Nonclincal Studies

CTD–Module 5 Clinical Studies

Weiterführende und spezielle Literatur

Kapitel 1: Wandel und Herausforderung – die pharmazeutische Industrie

Drews J (1998) Die verspielte Zukunft. Birkhäuser Verlag

Fletcher AJ, Edwards LD, Fox AW, Stonier P (Hrsg; 2002) Principles and Practice of Pharmaceutical Medicine. John Wiley & Sons, New York

Hartmann W (2000) Die Dynamik des Pharmamarktes. IMS Deutschland, Frankfurt a. Main

Ortwein I (2001) Das Arzneimittel. Editio Cantor Verlag, Aulendorf

Ortwein I (Hrsg; 1993) Mensch und Medikament: Die Pharma-Industrie im Spannungsfeld der Gesellschaft. R. Piper Verlag, München

Pharma Graphiken, Zahlen und Fakten. Bundesverband der pharmazeutischen Industrie e.V., Frankfurt a. Main, 1993

Rautsola R (2000) E-Health? In: *Pharma-Marketing-Journal*, Ausgabe 03/00

Reekie W (1975) The Economics of the pharmaceutical Industry, Holmes&Meier, New York

Schmidt-Thome J (1966) Pharmaceutical research at Hoechst. In: Chem Ind 427–429

So funktionieren Arzneimittel, Brochürenreihe F&E konkret, Verband forschender Arzneimittelhersteller e.V. – Berlin, 2002

Statistics. Die Arzneimittelindustrie in Deutschland. Verband forschender Arzneimittelhersteller e.V. – Berlin, 2002

Swann JP (1995) The evolution of the American pharmaceutical industry. In: Pharm Ind 37: 76–86

Thiess M, Berger R (1991) European Mergers and Acquisitions in der Pharmaindustrie. In: *Die Pharmazeutische Industrie* 53: 877–883

Verg E (1988) Meilensteine. 125 Jahre Bayer, 1863–1988, Bayer AG

Wagner W (1993) Arzneimittel und Verantwortung, Grundlagen der Pharmaethik. Springer Verlag, Berlin, Heidelberg, New York

Wille E (1988) Ausgaben für Arzneimittel im System gesundheitlicher Leistungserstellung – Gefahren staatlicher Regulierung. In: *Pharm Ind* 50: 17–35

Worthen DB (2000) The pharmaceutical industry. In: *J Am Pharm Assoc* 40: 589–591

Kapitel 2: Das Nadelöhr – von der Forschung zur Entwicklung

Balkenhohl F, Bussche-Hünefeld C vd, Lansky A, Zechel C (1996) Kombinatorische Synthese von kleinen organischen Molekülen. In: *Angew Chem* 108: 2436–2488

Böhm HJ, Klebe G, Kubinyi H (2002) Wirkstoffdesign. Spektrum Akademischer Verlag, Heidelberg

Böhm HJ, Klebe G (1996) Was läßt sich aus der molekularen Erkennung in Protein-Ligand-Komplexen für das Design neuer Wirkstoffe lernen? In: *Angew Chem* 108: 2750–2778

Breinbauer R, Vetter IR, Waldmann H (2002) Von Proteindomänen zu Wirkstoffkandidaten – Naturstoffe als Leitstrukturen für das Design und die Synthese von Substanzbibliotheken. *Angew Chem* 116: 3002-3015

Brenk R, Naerum L, Grädler U, Gerber HD, Garcia GA, Reuter K, Stubbs MT, Klebe G (2002) Virtual Screening for Submicromolar Leads of TGT based on a New Unexpected Binding Mode Detected by Crystal Structure Analysis. In: *J Med Chem* im Druck

Burbaum JJ (1998) Miniaturization technologies in HTS: how fast, how small, how soon? *DDT* 3: 313 – 322

Burger A (1991) Isosterism and bioisosterism in drug design. In:*Fortschr Arzneimittelforsch* 37: 287–371

Buss AD, Waigh RD (1995) Natural Products as Leads for New Pharmaceuticals. Burger's Medicinal Chemistry and Drug Discovery (Wolff M, Hrsg) John Wiley & Sons, S. 983–1033

Cahn A, Hepp P (1886) Das Antifebrin, ein neues Fiebermittel. In: *Centralblatt für Klinische Medizin* 7: 561–564

Cooper MA (2002) Optical biosensors in drug discovery. *Nat Rev Drug Discov* 1: 515–528

Dearden JC (1990) Molecular Structure and Drug Transport. In: Ramsden CA (Hrsg) Comprehensive Medicinal Chemistry, Bd 4. Pergamon Press, Oxford, S. 375–411

Estler CJ (1997) Arzneimittel im Alter. Wissenschaftliche Verlagsgesellschaft, Stuttgart

Folkers G (Hrsg; 1995) Lock and Key – A Hundred Years After. Emil Fischer Commemorate Symposium. *Pharmaceutica Acta Helvetiae* 69: 175–269

Gohlke H, Klebe G (2002) Ansätze zur Vorhersage und Beschreibung der Bindungsaffinität niedermolekularer Liganden an makromolekulare Rezeptoren. In: *Angew Chem* 114: 2764–2798

Gonzalez JE, Oades K, Leychkis Y, Harootunian A, Negulescu PA (1999) Cell-based assays and instrumentation for screening ion-channel targets. *DDT* 4: 431-439

Goodford P (1984) Drug design by the method of receptor fit. In: *J Med Chem* 27: 557–564

Greer J, Erickson JW, Baldwin JJ, Varney MD (1994) Application of the three-dimensional structures of protein target molecules in structure-based drug design. In: *J Med Chem* 37: 1035–1054

Günther J (2001) Anleitung zur Bewertung klinischer Studien. Wissenschaftliche Verlagsgesellschaft, Stuttgart

Gurrath M (2001) Der humane AT1-Rezeptor. In: *Pharm u Zeit* 4: 288–295

Hansch C, Leo A (1995) Exploring QSAR. Fundamentals and Applications in Chemistry and Biology, Bd 1. American Chemical Society, Washington

Hertzberg RP, Pope AJ (2000) High-throughput screening: new technology for the 21st century. In: *Curr Op Chem Biol* 4: 445–451

Hughes WH (1974) Fleming and Penicillin. Priority Press Ltd, Hove, Sussex

Hylands PJ, Nisbet LJ (1991) The Search for Molecular Diversity (I): Natural Products. In: *Ann Rep Med Chem* 26: 259–269

Klebe G (2001) Wirkstoffdesign bei der Entwicklung substratähnlicher HIV-Protease-Hemmstoffe. In: *Pharm u Zeit* 3: 194–201

Kubinyi H (1995) Lock and Key in the Real World: Concluding Remarks. In: *Pharmac Acta Helv* 69: 259–269

Kubinyi H (1994) Der Schlüssel zum Schloß. II. Hansch-Analyse, 3D-QSAR und *de novo*-Design. In: *Pharmazie u Zeit* 23: 281–290

Kubinyi H (1993) QSAR: Hansch Analysis and Related Approaches. VCH, Weinheim

Kuntz ID (1992) Structure-based strategies for drug design and discovery. In: *Science* 257: 1078–1082

Kutter E (1978) Arzneimittelentwicklung. Grundlagen – Strategien – Perspektiven. Georg Thieme Verlag, Stuttgart

Lichtenthaler FW (1994) Hundert Jahre Schlüssel-Schloß-Prinzip: Was führte Emil Fischer zu dieser Analogie? In: *Angew Chem* 106: 2456–2467

Lipinski CA (1986) Bioisosterism in Drug Design. In: *Ann Rep Med Chem* 21: 283–291

Lipinski CA, Lombardo F, Dominy BW, Feeney PJ (1997) Experimental and computational approaches to estimate solubility and permeability in drug discovery and development settings. In: *Adv Drug Deliv Rev* 23: 3–25

Lipnick RL (1990) Selectivity. In: Kennewell PD (Hrsg) General Principles, Bd1 von: Hansch P Sammes PG, Taylor JB (Hrsg) Comprehensive Medicinal Chemistry. Pergamon Press, Oxford, S. 239–247

Mager PP (1987) Zur Entwicklung von bioaktiven Leitstrukturen. Versuch einer Systematik. In: *Pharmazie u Zeit* 16: 97–121

Müller G (2000) Toward 3D Structures of G Protein-coupled Receptors: A Multidisciplinary Approach. In: *Curr Med Chem* 7: 83–95

Prabhakar KJ, Francis PA, Woerner J, Chang CH, Garber SS, Anton ED, Bacheler LT (1997) Cyclic urea amides: HIV-1-protease inhibitors with low nanomolar potency against both wild type and protease inhibitor resistant mutants of HIV. In: *J Med Chem* 40: 181–191

Reinhardt CA (Hrsg; 1994) Alternatives to Animal Testing. VCH, Weinheim

Roberts RM (1989) Serendipity. Accidental Discoveries in Science. John Wiley & Sons, New York

Schena M, D. Shalon D, Davis RW, Brown PO (1995) Quantitative monitoring of gene expression patterns with a complementary DNA microarray. In: *Science* 270: 467–470

Schwalbe H, Wess G (2002) Dissecting G-Protein-Coupled Receptors: Structure, Function, and Ligand Interactions. In: *ChemBioChem* 2: 915–1016

Sneader W (1990) Chronology of Drug Introductions. In: Hansch C, Sammes PG, Taylor JB (Hrsg) Comprehensive Medicinal Chemistry, Band 1. Pergamon Press, Oxford, S. 7–80

Spezial-Heft: Proteomics and Drug Development. *Biospektrum*, September 2002

Stevens G de (1986) Serendipity and tructured research in drug discovery. In: *Fortschr Arzneimittelforsch* 30: 189–203

Stryer L (2003) Biochemie, 5. Auflage. Spektrum Akademischer Verlag, Heidelberg, S. 236–238

Sundberg SA (2000) High-throughput and ultra-high-throughput screening: solution- and cell-based approaches. In: *Curr Op Biotech* 11: 47–53

Tempesta MS, King SR (1994) Ethnobotany as a Source for New Drugs. In: *Ann Rep Med Chem* 29: 325–330

Thornber CW (1979) Isosterism and Molecular Modification in Drug Design. In: *Chem Soc Rev* 8: 563–580

Todd MJ, Luque L, Velázquez-Campoy A, Freire E (2000) Thermodynamic basis of resistance to HIV-1-protease inhibition: calorimetric analysis of the V82F/I84V active site resistant mutant. In: *Biochemistry* 39: 11876–11883

Kapitel 3: Dem Arzneistoff eine Chance – die Arzneiform

Bauer K-H, Frömming K, Führer K (2002) Lehrbuch der Pharmazeutischen Technologie. Wissenschaftliche Verlagsgesellschaft, Stuttgart

Carstensen JT (2001) Advanced Pharmaceutical Solids. Marcel Dekker Inc, New York, Basel

Christ GA (1998) Gute Laborpraxis, Handbuch für Praktiker. Git Verlag, Darmstadt

Müller RH, Kayser O (2000) Pharmazeutische Biotechnologie. Wissenschaftliche Verlagsgesellschaft

Müller RH, Hildebrand GE (1998) Pharmazeutische Technologie: Moderne Arzneiformen. Wissenschaftliche Verlagsgesellschaft, Stuttgart

Schöffling U (1998) Arzneiformenlehre. Deutscher Apotheker Verlag, Stuttgart

Stricker H (2003) Arzneiformenentwicklung. Springer Verlag, Berlin

Voigt R (2000) Pharmazeutische Technologie für Studium und Beruf. Wissenschaftliche Verlagsgesellschaft, Stuttgart

Kapitel 4: The proof of the pudding – die Zulassung

Collatz B (1996) Die neuen europäischen Zulassungsverfahren für Arzneimittel. Editior Cantor Verlag, Aulendorf

Guarino RA (1987) New Drug Approval Process, Clinical and Regulatory Management. Marcel Dekker Inc, New York

Kapitel 5: Menschen, Technologien, Material, Kapital – die Produktion

Die Regelung der Arzneimittel in der Europäischen Union Band 4 – Leitfaden für die gute Herstellungspraxis: Humanarzneimittel und Tierarzneimittel, Ausgabe 1999, EUROPÄISCHE KOMMISSION, Generaldirektion III – Industrie, Arzneimittel und Kosmetika

Feiden K (1998) Betriebsordnung für pharmazeutische Unternehmer. Deutscher Apotheker Verlag, Stuttgart

Gesetz über den Verkehr mit Arzneimitteln (AMG)

Hauser M (2001) Arzneimittelqualität: Vom Ausgangsstoff zum Arzneimittel, DAV

Künzel J (1994) In: Pharm Ind 56: 1085

Lücke T, Andruschek C (1998) Grundsätze der Gestaltung von Fertigungsstätten für steroidhaltige Arzneimittel. Berichte aus Technik und Wissenschaft 77

Völler RH (1997) Qualitätssicherungssystem, Inprozeßkontrolle und Freigabeverfahren? Einige Aspekte aus amerikanischer, europäischer und deutscher Sicht. In: *Pharm Ind* 59

Ritschel WA, Bauer-Brandl A (2002) Die Tablette – Handbuch der Entwicklung, Herstellung und Qualitätssicherung. Editor Cantor Verlag

Kapitel 6: Zukunftsorientiertes Pharma-Marketing – Ansätze zur erfolgreichen Optimierung

Baikei A (2000) One-to-One-Marketing. In: *Pharma-Marketing-Journal* 01/00

Bothner K, Meissner FW (1999) Wissen aus medizinischen Datenbanken nutzen. In: *Deutsches Ärzteblatt* 96: A-1336–1338, Ausgabe 20/99

Dichtl E, Raffée H, M. Thiess M (Hrsg; 1989) Innovatives Pharma Marketing. Gabler Verlag, Wiesbaden

GehrigW (1992) Pharma Marketing. Verlag moderne Industrie, Zürich

Hames F, Grosse-Wichtrup L (2000) Direct-to-Consumer (DTC): Möglichkeiten und Grenzen in Europa, Teil 1. In: *Pharma-Marketing-Journal*, Ausgabe 5/00

Heuer HO, Heuer HS, Lennecke K (1999) Compliance in der Arzneitherapie. Wissenschaftliche Verlagsgesellschaft

Klose G et al. (2001) Lifestyle-Arzneimittel. DAV

Müller-Bohn U (2000) Pharmakoökonomie. DAV

Kapitel 7: Intellectual Property – Patente und Marken

Althammer W, Ströbele P, Klaka R (1997) Markengesetz. 5. Aufl. Carl Heymanns Verlag
Schulte R (1994) Patentgesetz. Carl Heymanns Verlag, 5. Aufl.

Eine Sammlung deutscher Gesetze findet sich außerdem unter http://jurcom5.juris.de/bundesrecht

Kapitel 8: Business Development – Geschäftsentwicklung und Lizenzgeschäft

Friesewinkel H (1992) Pharma-Business. E. Habrich-Verlag, Berlin

Kapitel 9: Quo vadis? Versuch eines Ausblick

1. Lanz H (4.3.02) www.moneycab.com
2. Drews J (2001) Festvortrag anlässlich der Verleihung der Novartis-Preise 2001, www.novartis.at, 25.01.2002
3. Kuchenburg P, Financial Times Deutschland, 9.1.2002
4. Wirtschaftswoche 45/ 2002: 52
5. Tufts Center for the Study of Drug Development, www.tufts.edu
6. Bauer E (2002) Pharmazeutische Zeitung 147: 742
7. Diener F (2002) Pharmazeutische Zeitung 147: 2168
8. Bauer E (2001) Pharmazeutische Zeitung 147: 2196
9. Föller-Mancini A, Info3, November 2000
10. We L, Financial Times Deutschland, 18.4.2000
11. Tils C, www.jrc.es/iptsreport/vol18/german/COM1G186.htm
12. Eysenberg G (2001) Journal of Medical Internet Research 3(2): e20
13. www.homburg-und-partner.de, Pharmastudie 2000
14. Bauer E (2002) Pharmazeutische Zeitung 147: 742
15. Branchenreport der WGZ-Bank, 04/2002, www.nanonet.de
16. Kothapalli R (2002) BMC Bioinformatics 3, 2002:22
17. Von der Weiden S (2001) Die Zeit (Ausgabe 28)
18. Baron D et al (2002) Pharmazeutische Zeitung 147:38
19. Gensthaler BM (2002) Pharmazeutische Zeitung 147: 2360
20. Nuhn P (2002) Pharmazeutische Zeitung, 147:9
21. Stieve G (2000) Pharmazeutische Zeitung 41
22. Price Waterhouse&Coopers, 18.Juni 2002, www.pwcglobal.com

Register